高职高专"工作过程导向"新理念教材 计算机

丛书主编 吴文虎 姜大源

Windows组网技术

实训教程(第2版)

梁锦锐 主编

曹侃 许建豪 邓启润 谭卫泽 副主编

清华大学出版社

北京

内 容 简 介

本书以"基于工作过程系统化"的理念为指导,以实际应用为目的,在介绍 Windows Server 2008 组网的基本知识和基本理论的基础上着重介绍 Windows Server 2008 网络的实际应用技术,通过完成多个精心设计的完整的项目,以任务驱动的形式深入浅出、循序渐进地介绍网络操作系统的安装、对等网络的组建、共享和保护网络资源、DNS 服务器的配置与管理、DHCP 服务器的配置与管理、网站的配置与使用、ETP 服务器的配置与使用、连接 Internet、终端服务器的安装与配置、配置和管理磁盘、域结构网络的构建、邮件服务器的配置与使用、组策略应用、电子证书服务器的安装与配置等。

本书坚持"实用、够用"的原则,以实用技术为主,以培养学生的动手能力为目的,立足于"看得懂、学得会、用得上",介绍最重要和最需要的知识,强调学生技能的培养,方法与技术并重,深入浅出、循序渐进地介绍网络的组建与维护。

本书编写力求选材得当、内容新颖、结构完整、概念清晰、实用性强、通俗易懂,是一本网络组建与维护的实用教材。本书可以作为高职高专计算机专业的教材,也可以作为组网技术的培训教材和自学读物。

图书在版编目(CIP)数据

Windows 组网技术实训教程/梁锦锐主编.--2 版.--北京:清华大学出版社,2014

高职高专"工作过程导向"新理念教材.计算机系列

ISBN 978-7-302-36861-8

Ⅰ.①W… Ⅱ.①梁… Ⅲ.①Windows 操作系统-网络服务器-高等职业教育-教材
Ⅳ.①TP316.86

中国版本图书馆 CIP 数据核字(2014)第 127070 号

责任编辑:孟毅新
封面设计:傅瑞学
责任校对:李 梅
责任印制:李红英

出版发行:清华大学出版社
　　　　　网　　址:http://www.tup.com.cn,http://www.wqbook.com
　　　　　地　　址:北京清华大学学研大厦 A 座　　　邮　　编:100084
　　　　　社 总 机:010-62770175　　　　　　　　　邮　　购:010-62786544
　　　　　投稿与读者服务:010-62776969,c-service@tup.tsinghua.edu.cn
　　　　　质 量 反 馈:010-62772015,zhiliang@tup.tsinghua.edu.cn
　　　　　课 件 下 载:http://www.tup.com.cn,010-62795764
印 装 者:北京密云胶印厂
经　　销:全国新华书店
开　　本:185mm×260mm　　　印　张:20.75　　字　　数:477 千字
版　　次:2007 年 9 月第 1 版　2014 年 8 月第 2 版　印　　次:2014 年 8 月第 1 次印刷
印　　数:1~2500
定　　价:42.00 元

产品编号:053587-01

前　言

本书是作者在长期应用与教学实践的基础上编写而成的。本书的编写原则根据高职高专教育"培养并输送生产、建设、管理、服务第一线高素质技术应用型人才"的培养目标和要求确定。

本书特点如下。

(1) 针对性强。结合高职高专学生的实际情况,以项目和任务驱动的教学方法,让学生在自主地、逐步地解决实际问题的过程中享受成功的喜悦,增强自信心。

(2) 时效性强。在项目和任务的设计上充分考虑到实用性,符合市场技术潮流、符合职业院校专业课程需要,专为技能型紧缺人才量身定制,同时使用最新的软件版本、最新的技术。

(3) 教学理念新。改变"以教师的教为主"的思路,树立"以学生的学和练为主"的新的教学理念。

(4) 精心设计任务。本书设计的任务来自合作企业,并经过精心选择。任务是一些有意义、学生感兴趣的内容,可以提高学生兴趣、激发学习动机。有的任务是根据实际需要选择的,有的作了必要的简化,但仍接近实际情况,这样学生学习了本书后可以很快地应用到实际工作中去。

(5) "任务驱动"为教材体系。精心设计了若干个典型的任务,学生在教师指导下,通过完成这些典型任务来学习有关知识和技能。

全书分为14个既独立又相互关联的项目,全面地介绍了 Windows 网络的组网技术,每个项目的内容安排如下。

(1) 项目问题:提出一个实际应用中的问题。

(2) 主要任务:把项目问题分解为有意义、有趣味且具体的简单任务。

(3) 项目目标:学习本项目达到的目标,掌握实际工作中常用的知识和技能。

(4) 探索与实践:叙述完成任务的详细操作步骤。

(5) 归纳与提高:对完成任务过程中涉及的新知识、新技能、新原理等进行进一步的归纳总结,使学生在实现任务的过程中建立起来的感性认识得以梳理,逐渐形成较系统的新认识的建构,达到真正掌握知识和技能的目的。

（6）思考与自测：为了使学生将掌握的知识和技能达到灵活运用的目的，本书设计了测试题并给出评分标准，由学生自主完成，相互评分，从而达到举一反三的学习效果。

（7）实训指导：指导学生完成自测题。

本书项目 1 和项目 10 由谭卫泽编写，项目 2～4 由邓启润编写，项目 5、项目 6 和项目 12 由许建豪编写，项目 7 和项目 8 由曹侃编写，项目 9～项目 11、项目 13 和项目 14 由梁锦锐编写，书中的任务由刘劲虎和宁超提供，全书由梁锦锐统稿、定稿。

本书由第一版修订而来，与第一版相比，增加了项目 1——网络操作系统的安装和项目 14——电子证书服务器的安装与配置，删除了项目 5——WINS 服务器的配置与管理，其他项目的内容也进行了一些调整。网络平台由 Windows Server 2003 改为 Windows Server 2008，与当前网络主流技术更贴近。

本书语言由浅入深、图文并茂，内容安排合理，循序渐进，通俗易懂，以最新的实例为基础，配以大量的图片演示操作过程，是一本网络组建与维护的实用教材。本书可以作为高职高专计算机专业的教材，也可以作为组网技术的培训教材和自学读物。

由于作者水平有限，书中难免存在一些不足之处，敬请专家及读者批评指正。

编　者

2014 年 6 月

目　录

项目1 网络操作系统的安装

本项目将进行 Windows Server 2008 的安装,学习计算机网络操作系统的发展、功能、特点和分类、流行网络操作系统的发展及特性、网络及网络操作系统规划选择的一般原则和方法。

1.1 项 目 问 题

某单位内部局域网的服务器原来安装的是 Windows Server 2003,现在要升级为 Windows Server 2008,在完成 Windows Server 2008 的安装后,进行一些基本配置。

1.2 主 要 任 务

(1) 安装 Windows Server 2008。
(2) Windows Server 2008 基本配置。

1.3 项 目 目 标

了解计算机网络操作系统的发展、功能、特点和分类、流行网络操作系统的发展及特性,掌握网络及网络操作系统规划选择的一般原则和方法,了解 Windows Server 2008 系列产品的性能,熟练进行 Windows Server 2008 的安装。

1.4 探 索 与 实 践

1.4.1 项目实施环境

两台计算机,一台已安装 Windows XP 或 Windows Server 2003,在另一台上安装 Windows Server 2008。安装 Windows Server 2008 的计算机要满足表 1.1 所列出的条件。

表 1.1 安装 Windows Server 2008 的条件

种　类	建议事项	
处理器	最低：1GHz	
	建议：2GHz	
	最佳：3GHz 或者更高频	
	注意：安腾 2 处理器支持基于安腾系统的 Windows Server 2008	
内存	最小：512MB	
	建议：1GB	
	最佳：2GB(完整安装)或者 1GB(Server Core 安装)或者其他	
	最大(32 位系统)：4GB(标准版)或者 64GB(企业版以及数据中心版)	
	最大(64 位系统)：32GB(标准版)或者 2TB(企业版、数据中心版以及 Itanium-based 系统)	
允许的硬盘空间	最小：8GB	
	建议：40GB(完整安装)或者 10GB(Server Core 安装)	
	最佳：80GB(完整安装)或者 40GB(Server Core 安装)或者其他	
光盘驱动器	DVD-ROM	
显示	Super VGA(800×600 像素)或者更高级的显示器	
	键盘	
	Microsoft Mouse 或者其他可以支持的装置	

1.4.2 安装虚拟机

虚拟机是指通过软件模拟的具有完整硬件系统功能的、运行在一个完全隔离环境中的完整计算机系统。通过虚拟机软件，可以在一台物理计算机上模拟出一台或多台虚拟的计算机，这些虚拟机完全就像真正的计算机那样进行工作，例如可以安装操作系统、安装应用程序、访问网络资源等。

虚拟机不仅仅应用于学习与实验中，还可以直接应用于现实。使用 VMware Workstation 可以在一台高性能的服务器上同时运行多台虚拟机服务器，每台虚拟机相当于一台独立的服务器直接对外提供服务，与网络中的服务器具有相同的功能。

1. 安装 VMware Workstation

(1) 在网上下载 VMware Workstation 7.0,然后运行 VMware Workstation 安装文件 VMware-workstation-full-7.0.1-227600.exe,单击 Next 按钮,出现图 1.1 所示的"安装类型"对话框。

(2) 在图 1.1 所示的"安装类型"对话框中,单击 Typical 旁边的按钮,显示如图 1.2 所示的安装路径对话框。

(3) 在图 1.2 所示的安装路径对话框中,选择安装路径,再连续单击 Next 按钮,直到出现如图 1.3 所示的提示对话框,单击 Continue 按钮。

(4) 完成安装后,重新启动机器并接受许可协议之后,程序就可以用了。

(5) 运行 VMware,可以看见 VMware Workstation 的操作界面的大体布局,如

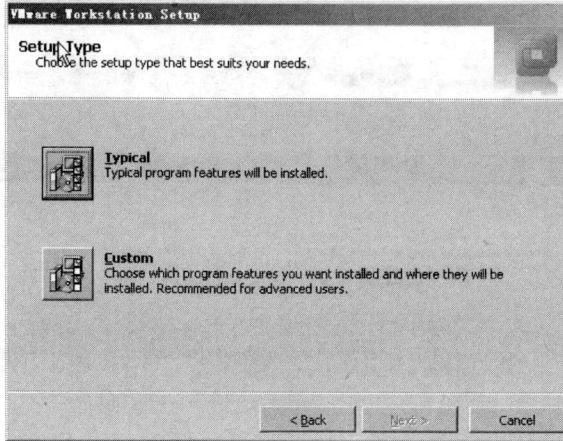

图 1.1　"安装类型"对话框

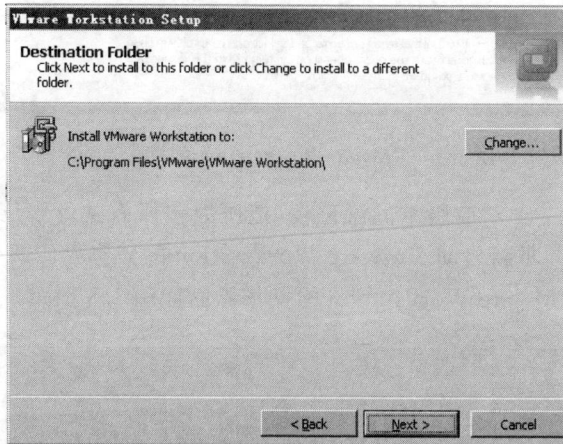

图 1.2　设置安装路径

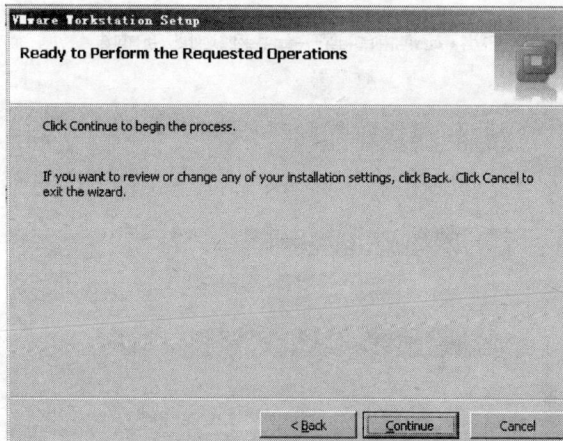

图 1.3　确认安装路径

图 1.4 所示,这个就是原来的英文版,初学者使用起来有相当难度。

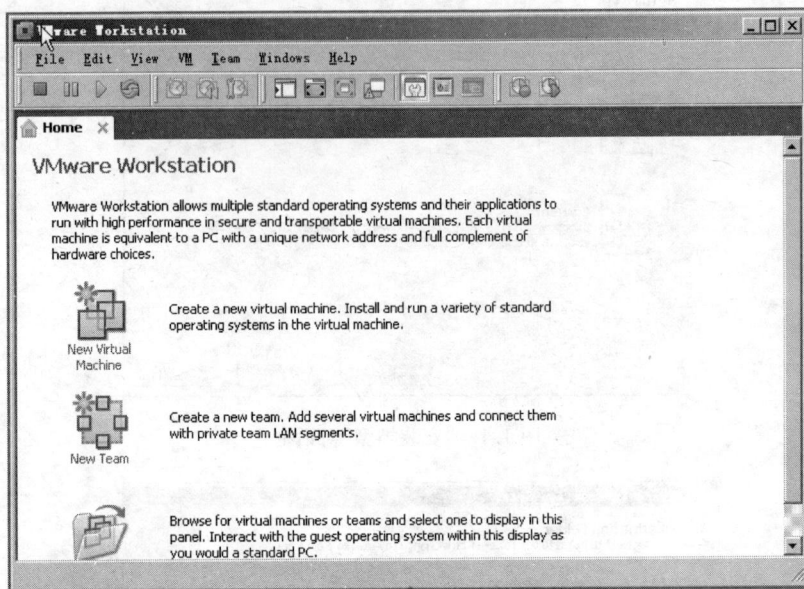

图 1.4 VMware Workstation 的操作界面

(6) 再上网下载一个对应版本的汉化包,把压缩包所有文件解压到安装软件内部根目录并替换原先文件,重新启动 VMware Workstation 的操作界面即可。

(7) 汉化之后 VMware Workstation 的操作界面如图 1.5 所示。

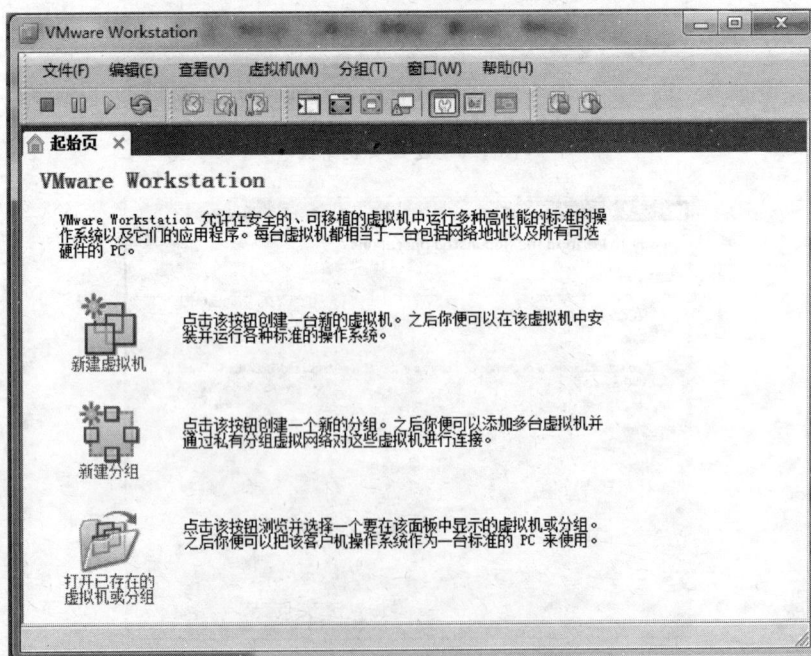

图 1.5 VMware Workstation 的汉化界面

2. 创建一台新虚拟机

（1）在图 1.5 所示的 VMware Workstation 的操作界面中依次选择"文件"→"新建"→"虚拟机"命令或者在"起始页"选项卡中单击"新建虚拟机"按钮，弹出如图 1.6 所示的"新建虚拟机向导"对话框。

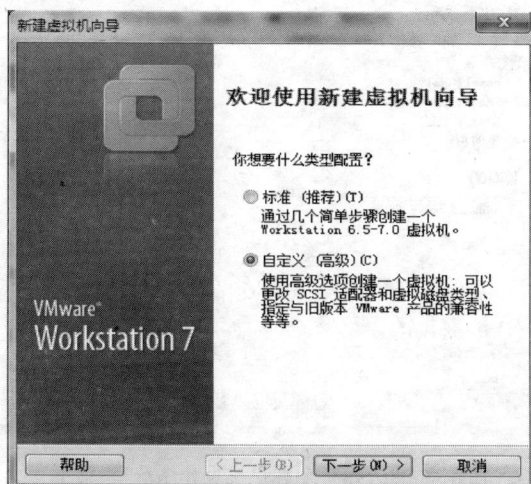

图 1.6　"新建虚拟机向导"对话框

（2）在图 1.6 所示的"新建虚拟机向导"对话框中，有两种类型配置选择，分别是"标准（推荐）"和"自定义（高级）"。选择"自定义（高级）"选项，单击"下一步"按钮，在"选择虚拟机硬件兼容性"对话框中，直接单击"下一步"按钮，显示如图 1.7 所示的"安装客户机操作系统"对话框。

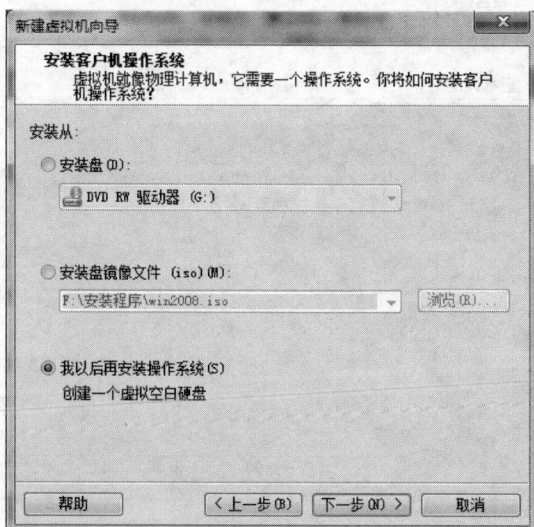

图 1.7　"安装客户机操作系统"对话框

（3）在图 1.7 所示的"安装客户机操作系统"对话框中选择"我以后再安装操作系统"，单击"下一步"按钮，显示如图 1.8 所示的"选择一个客户机操作系统"对话框。

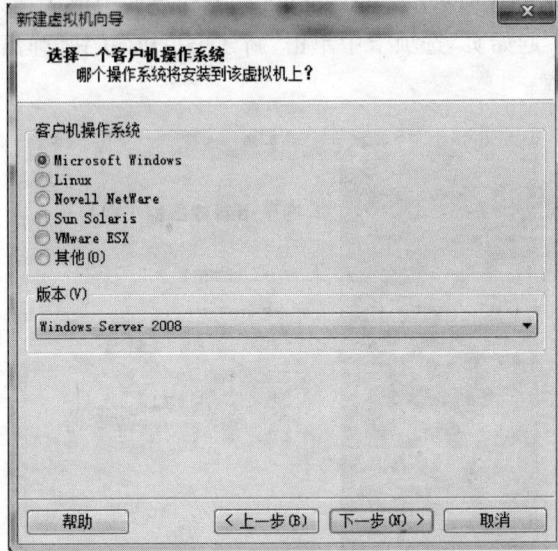

图 1.8　"选择一个客户机操作系统"对话框

（4）在图 1.8 所示的"选择一个客户机操作系统"对话框中选择新虚拟机将要使用的操作系统和版本。在"客户机操作系统"选项组中选中 Microsoft Windows 选项，在"版本"下拉菜单中选择 Windows Server 2008 选项，单击"下一步"按钮，显示如图 1.9 所示的"命名虚拟机"对话框。

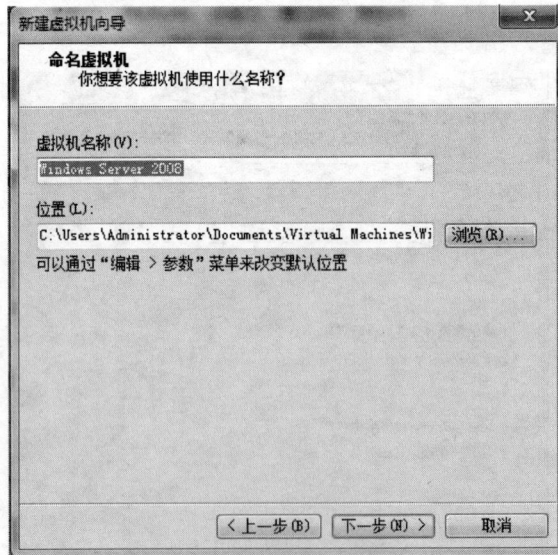

图 1.9　"命名虚拟机"对话框

（5）在图 1.9 所示的"命名虚拟机"对话框中为新虚拟机取个名字并选择位置。单击"下一步"按钮，在"处理器配置"对话框中直接单击"下一步"按钮，显示如图 1.10 所示的"虚拟机内存"对话框。

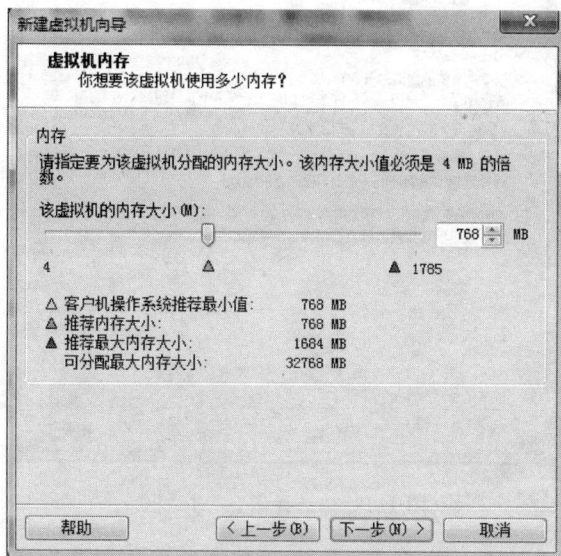

图 1.10　"虚拟机内存"对话框

（6）在图 1.10 所示的"虚拟机内存"对话框中选择虚拟机的内存，单击"下一步"按钮，显示如图 1.11 所示的"网络类型"对话框。

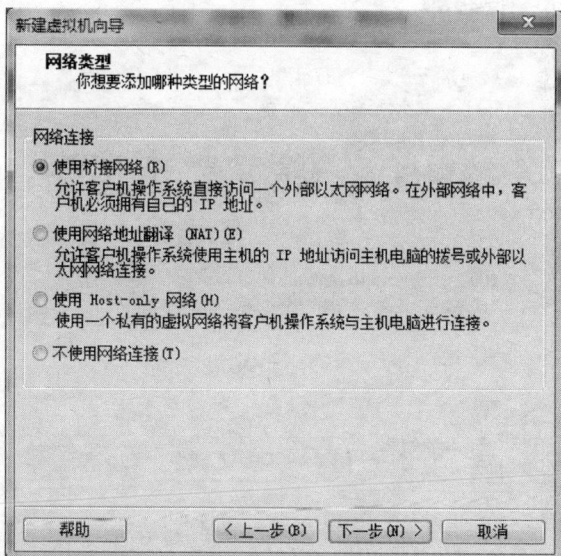

图 1.11　"网络类型"对话框

（7）在图 1.11 所示的"网络类型"对话框中，选择"使用桥接网络"选项，单击"下一步"按钮，在"选择 I/O 适配器类型"对话框中直接单击"下一步"按钮，显示如图 1.12 所示的"选择磁盘"对话框。

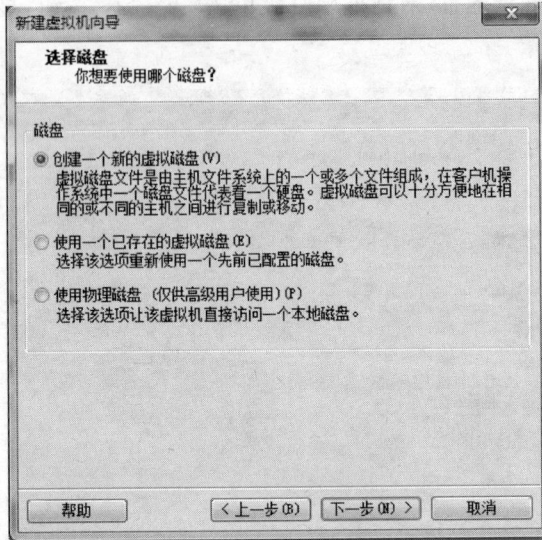

图 1.12 "选择磁盘"对话框

(8) 在"选择磁盘"对话框中,选择"创建一个新的虚拟磁盘"选项。单击"下一步"按钮,在"选择磁盘类型"对话框中直接单击"下一步"按钮,显示如图 1.13 所示的"指定磁盘容量"对话框。

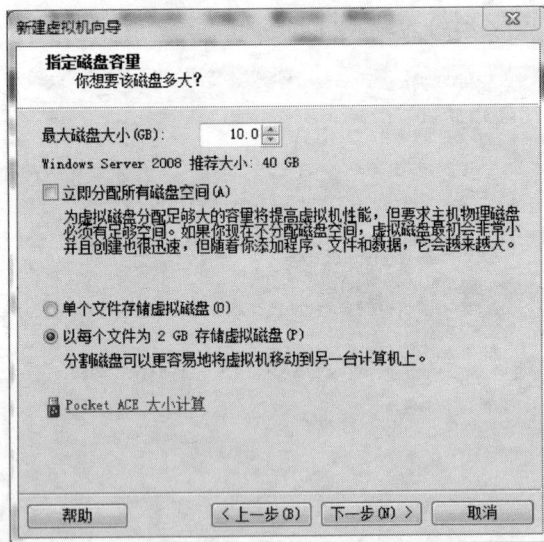

图 1.13 "指定磁盘容量"对话框

(9) 在图 1.13 所示的"指定磁盘容量"对话框中,决定想要分配给新虚拟机的磁盘空间数量。单击"下一步"按钮,在"指定磁盘文件"对话框中直接单击"下一步"按钮,再单击"完成"按钮,就创建了一台崭新的虚拟机,如图 1.14 所示。

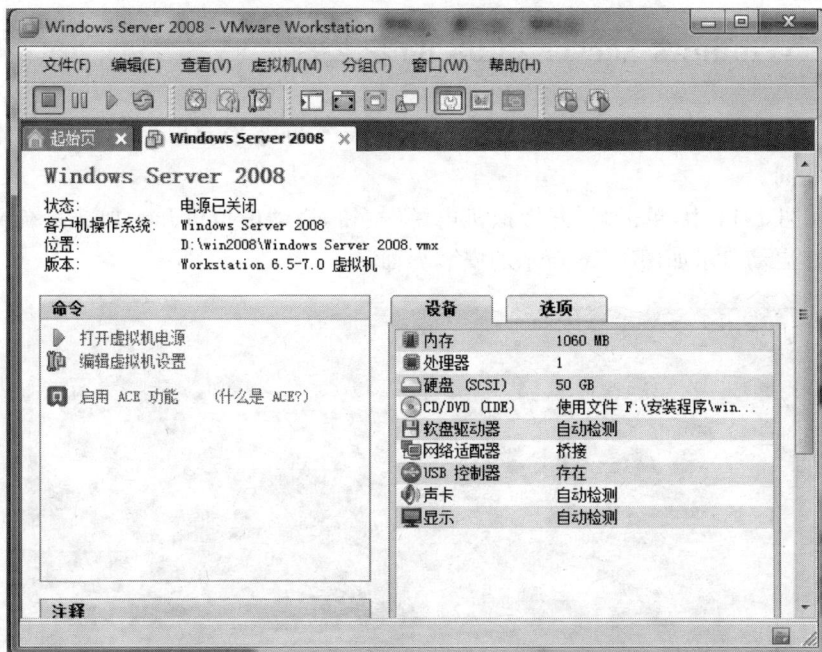

图 1.14 新建的虚拟机窗口

(10) 在图 1.14 中,单击"编辑虚拟机设置"按钮来修改虚拟机参数,如可以单击 CD/DVD(IDE)按钮,选中"使用 ISO 映像文件"选项,然后单击"浏览"按钮,指定 Windows Server 2008 的安装 ISO 映像文件的位置,如图 1.15 所示。完成虚拟机参数设置后,单击"确定"按钮。

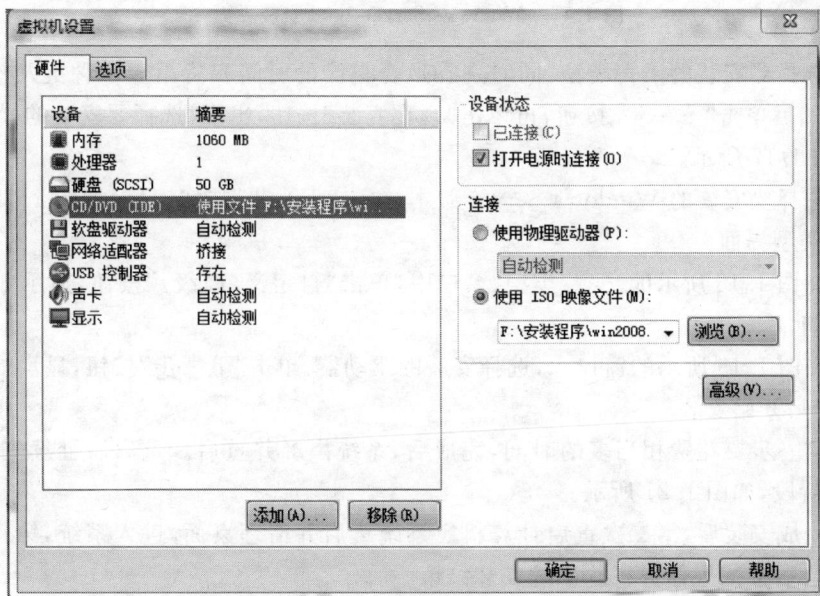

图 1.15 "虚拟机设置"对话框

1.4.3 Windows Server 2008 的安装

以下步骤是用虚拟机全新安装 Windows Server 2008 Enterprise。其他版本的安装方法与此相同。

（1）在图 1.14 中，单击"打开虚拟机电源"按钮，启动虚拟机开始加载系统文件。等待安装程序启动显示如图 1.16 所示的安装界面。

图 1.16　Windows Server 2008 安装界面

（2）选择要安装的语言类型，同时选择适合自己的时间和货币显示种类及键盘和输入方式。然后单击"下一步"按钮，再单击"现在安装"按钮，出现"选择要安装的操作系统"界面，如图 1.17 所示。

（3）选择要安装的 Windows Server 版本，单击"下一步"按钮，显示如图 1.18 所示的选择安装类型界面。

（4）在图 1.18 所示的"安装类型"窗口中，单击"自定义（高级）"按钮，显示如图 1.19 所示的窗口。

（5）在图 1.19 所示的窗口中，选择安装的驱动器，单击"下一步"按钮，显示如图 1.20 所示的窗口，开始安装。

（6）这一步要花费相当多的时间，完成后，系统黑屏并重启。重启后继续安装，进入完成安装阶段，如图 1.21 所示。

（7）完成安装后，第二次重启计算机。系统重启并清理桌面，进入系统，第一次进入系统会弹出服务配置任务栏。系统安装结束。

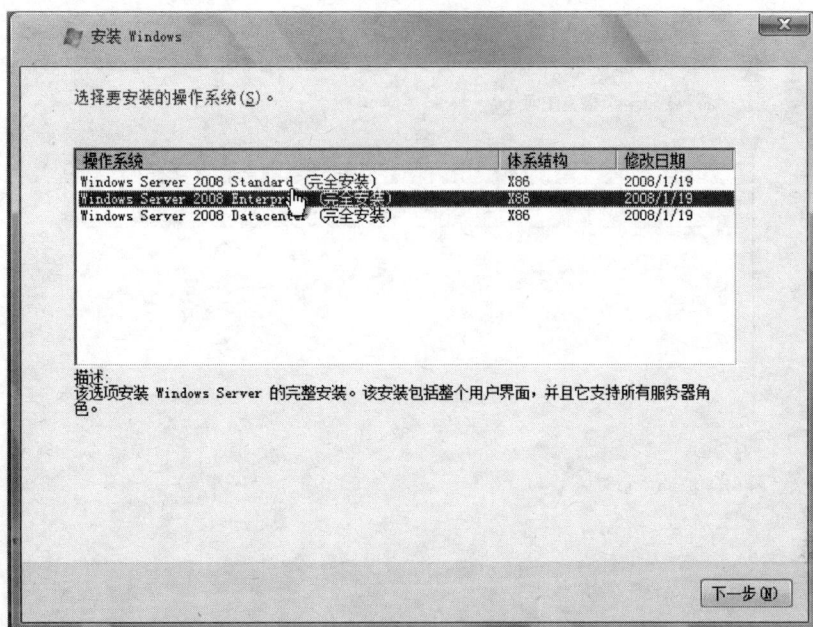

图 1.17　选择要安装的操作系统

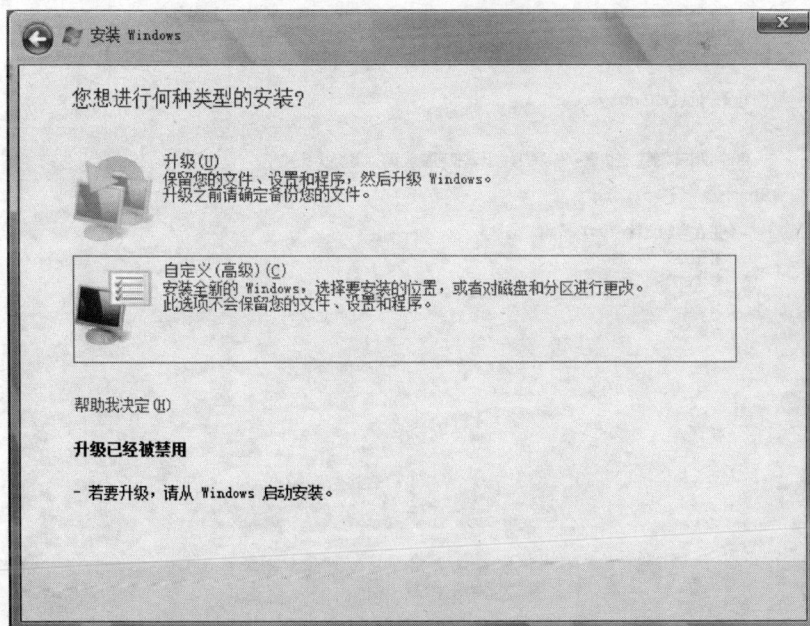

图 1.18　选择安装类型

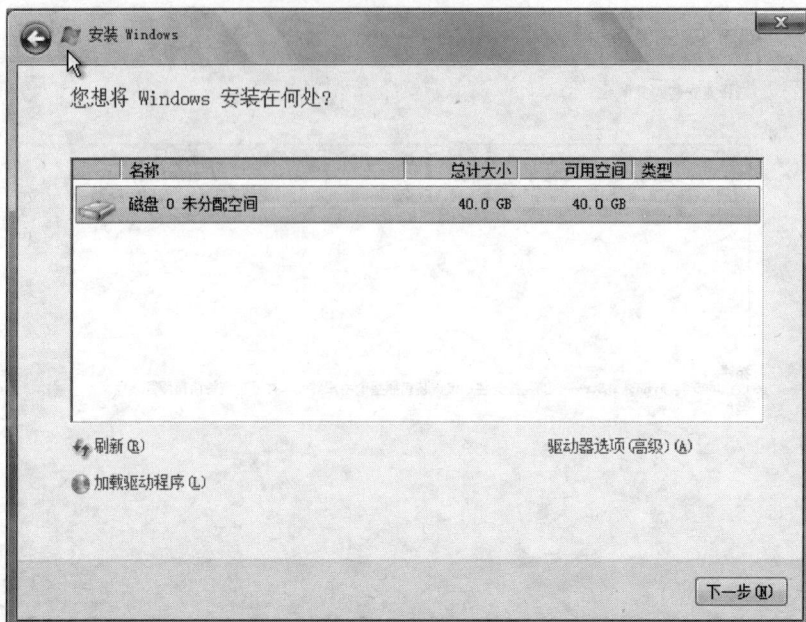

图 1.19　选择安装位置

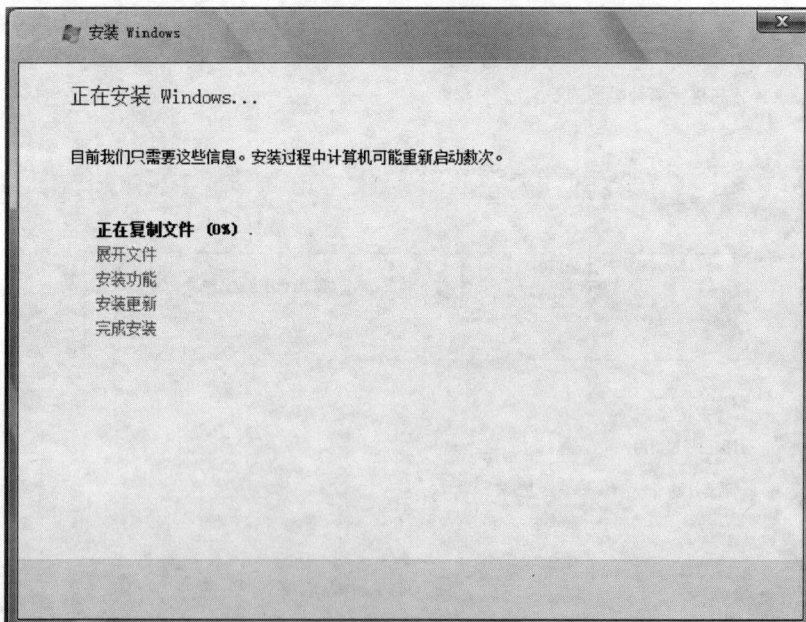

图 1.20　安装进度(1)

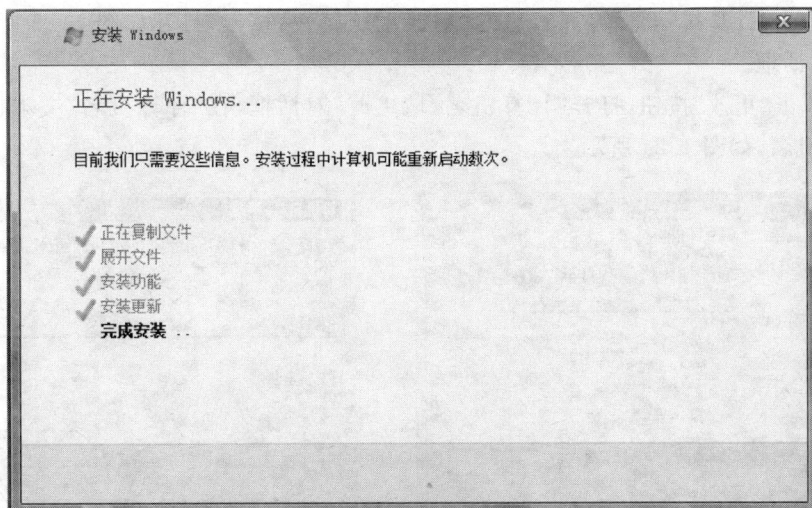

图 1.21 安装进度(2)

1.4.4 Windows Server 2008 的基本配置

1. 修改计算机名

（1）选择"开始"→"管理工具"→"服务器管理器"命令，打开如图 1.22 所示的"服务器管理器"窗口。

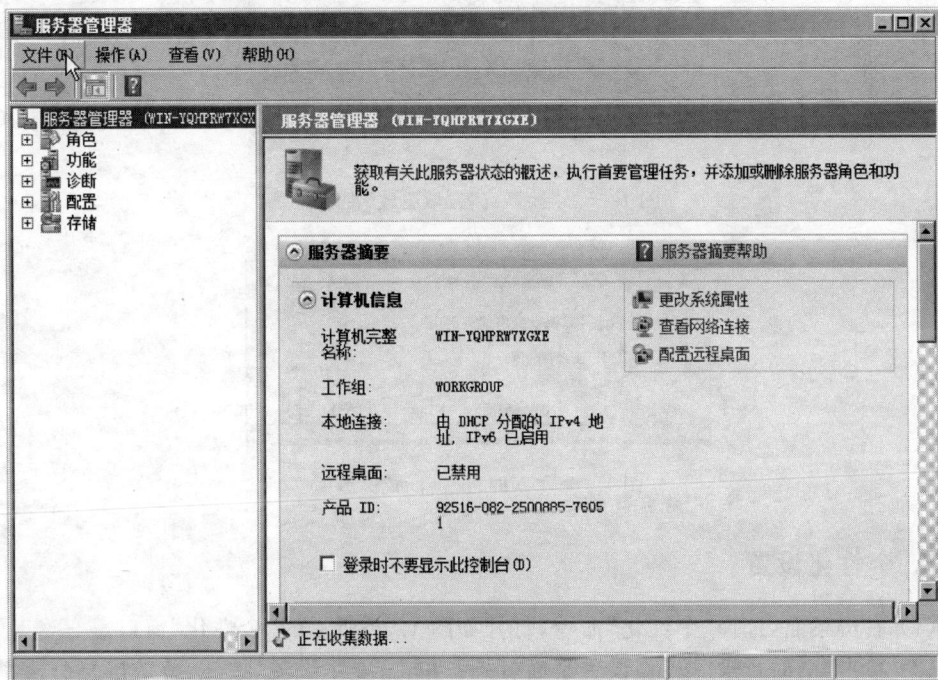

图 1.22 "服务器管理器"窗口

13

（2）单击"计算机信息"界面右边的"更改系统属性"按钮，打开如图 1.23 所示的"系统属性"对话框。

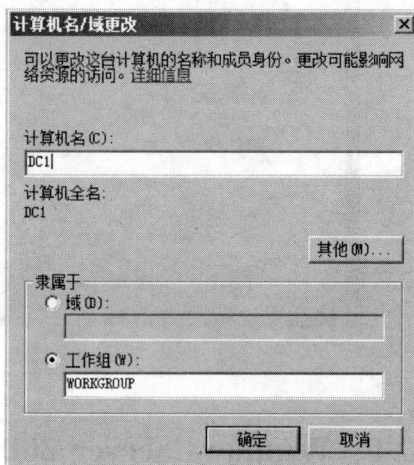

（3）单击"更改"按钮，打开"计算机名/域更改"对话框，在"计算机名"文本框中输入新的计算机名，如图 1.24 所示。

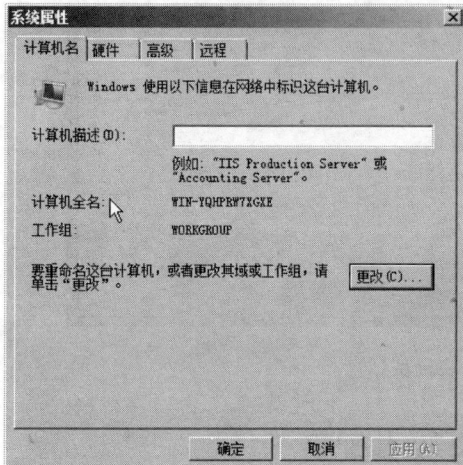

图 1.23　"系统属性"对话框

图 1.24　"计算机名/域更改"对话框

（4）单击"确定"按钮，显示"计算机名/域更改"提示框，如图 1.25 所示。单击"确定"按钮，提示必须重启计算机才能更改应用，如图 1.26 所示。

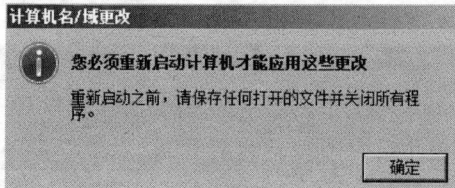

图 1.25　"计算机名/域更改"提示框

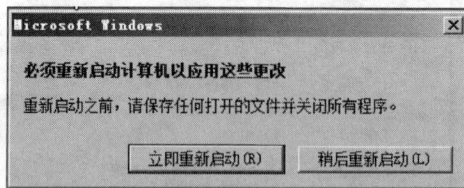

图 1.26　"立即重新启动"提示框

2. 个性化设置

（1）右击桌面，选择"个性化"命令，打开如图 1.27 所示的"个性化"窗口。

（2）单击"桌面背景"按钮，设置桌面背景。单击"显示设置"按钮，修改屏幕分辨率。

14

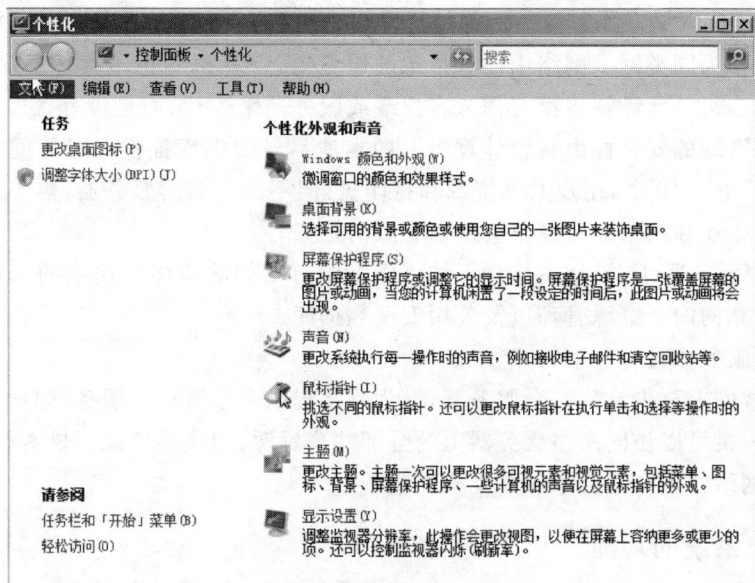

图 1.27 "个性化"窗口

1.5 归纳与提高

1.5.1 网络操作系统综述

1. 网络操作系统概述

(1) 网络操作系统的定义

操作系统是一种软件,它提供了应用程序与计算机硬件交互动作的方法,操作系统的功能如下。

① 硬件管理。使计算机与诸如打印机或鼠标等外围设备通信。

② 软件管理。提供了创建应用程序进程的机制。

③ 内存管理。在不影响已经被其他程序所使用的内存的前提下,为每个应用程序分配内存。

④ 数据管理。管理存储在硬盘和其他大容量存储设备上的文件。

在计算机网络上配置网络操作系统(Network Operating System,NOS)是为了管理网络中的共享资源,实现用户通信以及方便用户使用网络,因而网络操作系统是作为网络用户与网络系统之间的接口。

网络操作系统是协调在网络上同时运行的众多应用程序以及管理连接到网络的各种外围设备的一种系统软件。

(2) 网络操作系统的发展

纵观网络操作系统的发展,网络操作系统经历了从对等结构向非对等结构演变的过程。

① 对等结构网络操作系统。对等结构网络操作系统中,网络上的所有连接站点地位平等,因此又称为同类网。网络中没有指定的服务器,计算机间也不存在层次,所有计算机都是平等的,每一台计算机都可作为客户端或服务器来运行,而且没有管理员负责维护该网络,对等网络的安全性由每台计算机上的本地目录数据库提供。对等网用于以下环境:用户数不超过 10 个,用户共享资源和打印机,但不设立专用服务器,集中的安全性并不十分重要,企业和网络的规模只会发生有限的扩张。

② 客户/服务器(C/S)网络操作系统。网络中有专门响应用户请求的计算机作为服务器,提供可靠的网络资源管理以及公用安全数据库。

客户端/服务器具有如下特点。

每个局域网上至少具备一台服务器,专为网络提供共享资源和服务,因此对服务器要求较高。客户机可以访问网络服务器上的全部共享资源,但本机资源只供本机用户使用,具有良好的网络性能并适合于较大规模网络。

2. 操作系统的功能

网络的核心是网络操作系统,网络操作系统功能通常包括:处理机管理、存储器管理、设备管理、文件系统管理以及为了方便用户使用操作系统向用户提供的用户接口,网络环境下的通信、网络资源管理、网络应用等特定功能。此外还有协调网络上各种设备的活动,从而确保通信只在需要时才发生,并且按预期发生;向客户端提供网络资源访问;使用集中式管理工具确保网络上数据和设备的安全等作用。

(1) 网络通信。网络通信是网络最基本的功能,其任务是在源主机和目标主机之间,实现无差错的数据传输。

(2) 资源管理。对网络中的共享资源(硬件和软件)实施有效的管理、协调诸用户对共享资源的使用、保证数据的安全性和一致性。

(3) 网络服务。电子邮件服务、文件传输、存取和管理服务、共享硬盘服务、共享打印服务等。

(4) 网络管理。网络管理最主要的任务是安全管理,一般这是通过"存取控制"来确保存取数据的安全性,以及通过"容错技术"来保证系统故障时数据的安全性。

(5) 互操作能力。所谓互操作,在客户/服务器模式的 LAN 环境下,是指连接在服务器上的多种客户机和主机,不仅能与服务器通信,而且还能以透明的方式访问服务器上的文件系统。

3. 网络操作系统的分类

(1) UNIX

UNIX 是一种重要的网络操作系统,它的主要功能是多任务、多用户的联网。UNIX 有很多版本,Sun Microsystems 的 Solaris、IBM 的 AIX、Silicon Graphics 的 IRIX、Linux Hewlett-Packard 的 HP-UX,各种版本的操作基本相同。

UNIX 是一个命令行驱动平台,通过其他操作系统或相同机器上的终端会话进行访问,Windows 客户端可通过终端模拟程序访问 UNIX,UNIX 客户端能与其他网络操作系统相配合。UNIX 具有良好的稳定性、健壮性、安全性等优秀的特性。

UNIX 系统从一个非常简单的操作系统发展成为性能先进、功能强大、使用广泛的操作系统,并成为事实上的多用户、多任务操作系统的标准。

（2）Linux

Linux 是与 UNIX 相关的网络操作系统,它是作为开放源代码操作系统开发的,Linux 是目前世界上最强大并且最可靠的操作系统之一,已经作为平台打入高级用户和企业服务器市场,Linux 的版本很多,最近发行的 Linux 已经内置了用于连接局域网、建立 Internet 或其他远程网络拨号连接的联网组件,TCP/IP 协议已集成到 Linux 内核中,Linux 具有如下特点。

① 真正的 32 位网络操作系统;

② 真正的多任务、多用户系统,内置网络支持,能与 NetWare、Windows NT、OS/2、UNIX 等无缝连接;

③ 可运行于多种硬件平台;

④ 对硬件要求较低;

⑤ 有广泛的应用程序支持;

⑥ 设备独立性;

⑦ 支持抢占式的多任务和虚拟内存;

⑧ 良好的可移植性;

⑨ 具有庞大且素质较高的用户群。

（3）NetWare 局域网操作系统

1983 年伴随着 Novell 公司的面世,NetWare 局域网操作系统出现了。其 NetWare 3.12、4.11 两个版本得以广泛使用,1998 年发布了 NetWare 5 版本,目前 Novell 正准备发布 NetWare 6。

Novell NetWare 是一种流行的局域网操作系统,支持多种局域网,如以太网和令牌环网,NetWare 使用 NetWare 目录服务（NetWare Directory Services,NDS）,在 NDS 中物理文件系统和逻辑文件系统都可以用来安排文件和日期,NetWare 的文件系统是文件分配表和目录项表的结合体,Novell NetWare 能与 DOS、Windows 3.11、Windows 9x 及 Windows NT 等多种操作系统协调工作。

NetWare 能够提供"共享文件存取"和"打印"功能,使多台 PC 可以通过局域网同文件服务器连接起来,共享大硬盘和打印机。Novell 的 NDS 目录服务及后来的基于 Internet 的 e-Directory 目录服务是 NetWare 中最有特色的功能。

NetWare 5.0 以前的版本是一个基于文本的网络操作系统,在服务器控制台可以完成一些管理功能,多数管理功能是在一台客户机工作站上完成的。NetWare 3.X 使用 IPX/SPX 协议,NetWare 4.X 以后的版本可用 TCP/IP 和 IPX/SPX 协议,NetWare 的新版本也和 Windows 一样提供图形界面。

（4）Windows 网络操作系统

Windows NT 是 Microsoft 公司推出的网络操作系统。微软最早推出的 NT 版本是 Windows NT 3.1,之后微软公司又在 1994 年正式推出了 Windows NT 3.51 版本。1996 年,微软公司正式推出了 Windows NT 4.0 版本,在之后的 1997 年年初又推出了 Windows NT 中文版。

2000 年微软公司推出了 Windows 2000,包括专业版和服务器版。2003 年推出 Windows Server 2003。2008 又推出了 Windows Server 2008。

4. 操作系统的选择

构建一个网络,需要分析网络的规模、应用,归纳网络应提供的服务、性能等,在此基础上设计网络拓扑,选择网络硬件设备、网络操作系统、网络应用软件。

网络操作系统的选择要从网络应用出发,分析网络需要提供什么服务,然后分析各种操作系统提供这些服务的性能与特点,最后确定使用的品牌。

操作系统的选择应遵循的一般原则:①标准化;②可靠性;③安全性;④网络应用服务的支持;⑤易用性。

(1)选择单一网络操作系统

选择单一网络操作系统的好处在于易于构架、易于管理、丰富的服务、服务应用软件多、稳定性和安全性强。

(2)多网络操作系统集成

在一个网络环境中使用多种类型网络操作系统,可以充分利用各种操作系统的特性和优点。

1.5.2　Windows Server 2008 各版本对比

Windows Server 2008 有多种版本,以支持各种规模的企业对服务器不断变化的需求。Windows Server 2008 有 5 种不同版本,另外还有 3 个不支持 Windows Server Hyper-V 技术的版本,因此总共有 8 种版本。各版本的特点如表 1.2 所示。

表 1.2　Windows Server 2008 各版本对比

产　品	描　述
Windows Server 2008 Standard	该版本提供大多数服务器所需要的角色和功能,包括全功能的 Server Core 安装选项
Windows Server 2008 Enterprise	该版本在 Windows Server 2008 Standard 版本的基础上提供更好的可伸缩性和可用性,添加了企业技术例如 Failover Clustering 与活动目录联合服务
Windows Server 2008 Datacenter	该版本在 Windows Server 2008 Enterprise 版本的基础上支持更多的内存和处理器,以及无限量使用虚拟镜像
Windows Web Server 2008	这是一个特别版本的应用程序服务器,只包含 Web 应用,其他角色和 Server Core 都不存在。其整合了重新设计架构的 IIS 7.0、MicrosoASP.NET 和 ft.NET Framework,以便提供任何企业快速部署网页、网站、Web 应用程式和 Web 服务
Windows Server 2008 for Itanium-Based Systems	该版本专为 Intel Itanium 64 位处理器设计,提供 Web 和应用程序服务器功能,根据平台支持的不同,部分角色和功能可能无法正确运行。Web 版本主要用于网站

1.5.3 Windows Server 2008 的安装方法

1. 全新安装

（1）光盘启动、直接安装

如果 Windows Server 2008 的安装盘带启动程序，直接利用 Windows Server 2008 中文版的光盘来启动，然后利用光盘安装 Windows Server 2008。这也是安装 Windows Server 2008 最简单的方式。

（2）在 Windows 下进行安装

在 Windows 下，直接运行根目录下的 Setup.exe 文件或运行 I386 目录下的 Winnt32.exe 文件，根据向导的提示进行安装。

（3）网络安装

在 Windows 系统下，找到保存安装文件的文件夹，运行安装文件，与 Windows 下的安装方法相似。

2. 升级安装

如果执行升级，安装程序会自动将 Windows Server 2008 Enterprise 安装到当前操作系统所在的文件夹中。可以从下列的 Windows 版本升级至 Windows Server 2008 Enterprise。

① Windows NT Server 4.0（带有 Service Pack 5 或更高版本）；

② Windows 2000 Server；

③ Windows 2000 Advanced Server；

④ Windows Server 2003。

1.6 思考与自测

1.6.1 思考题

1．网络操作系统的主要功能是什么？

2．管理员维护哪一种网络工作量较小，并且使网络内每一台计算机既能作为客户端使用，又能作为服务器使用？

3．若网络中计算机数量较多，并且计算机之间的距离和流量也较大，那么哪一种网络能最好地适应这种情况？

1.6.2 自测题

1．在 Windows XP/Windows 7 计算机上安装 VMware Workstation 7.0，并建立一

个虚拟机。(30 分)

2. 在虚拟机上安装 Windows Server 2008 Enterprise。(40 分)

(1) 利用 VMware Workstation 软件,安装 Windows Server 2008 系统,存放位置为 D:\WIN2008,内存为 512MB,网卡使用桥接模式连接,硬盘空间为 20GB。

(2) 虚拟机服务器的名称为 win2008,系统管理员密码为 12345。

3. 在安装 Windows Server 2008 Enterprise 的计算机上,把计算机名修改为 win2008,进行个性化设置。(30 分)

1.6.3 评分标准

评分标准见表 1.3。

表 1.3 评分标准

题号	要　　求	得分	备注
1	在计算机上安装虚拟机软件 VMware Workstation 7.0	30	10 分钟完成
2	在虚拟机上安装 Windows Server 2008 Enterprise	40	40 分钟完成
3	修改计算机名,进行个性化设置	30	10 分钟完成

1.7 实 训 指 导

1. 安装虚拟机

(1) 安装 VMware Workstation 7.0。

(2) 建立虚拟机。

2. 安装 Windows Server 2008

(1) 确定安装 Windows Server 2008 的计算机要满足以下条件。

① 处理器:最小 1GHz。

② 内存:最小 512MB RAM。

③ 允许的硬盘空间:最小 8GB。

④ 光盘驱动器:DVD-ROM。

⑤ 显示:Super VGA(800×600)或者更高级的显示器。

(2) 安装时磁盘分区应为 NTFS 格式。

(3) 确定要启动安装程序的计算机是可从 DVD-ROM 驱动器启动的,将光盘插入驱动器,然后重新启动计算机。

(4) 按照 1.4.3 小节的步骤进行安装。

3. 修改计算机名，进行个性化设置

（1）选择"开始"→"管理工具"→"服务器管理器"命令，打开"服务器管理器"窗口。

（2）单击"计算机信息"界面右边的"更改系统属性"按钮，修改计算机名。

（3）右击桌面，选择"个性化"命令，进行个性化设置。

项目 2　对等网络的组建

本项目将进行对等网络的组建,认识网络设备,学习双绞线的制作、网络硬件的连接、网络的连通、网络故障测试以及 Windows Server 2008 本地用户和组的管理等。

2.1　项　目　问　题

某单位办公室有 5 台计算机,其中一台连接有打印机,现需要把这 5 台计算机接入网络,实现网络资源共享。同时,要求为用户创建账号并设置相应权限。

2.2　主　要　任　务

(1) 网络设备的认识与双绞线的制作。

(2) 网络协议的安装与设置。

(3) 网络的连通性测试。

(4) 网络故障检测。

(5) Windows Server 2008 本地用户和组的管理。

2.3　项　目　目　标

(1) 熟悉以太网的网卡、双绞线、水晶头、集线器、交换机等网络硬件设备。

(2) 熟练进行直通双绞线、交叉双绞线和全反双绞线的制作。

(3) 了解 Windows Server 2008 中常用的网络协议。

(4) 熟练掌握在 Windows 中 TCP/IP 协议的设置与测试。

(5) 理解对等网络的基本概念和特点,熟练进行对等网络的组建。

(6) 掌握用 ping 命令测试网络连通性的方法。

(7) 理解用户账户的类型及特点。

(8) 掌握组的分类和作用域。

(9) 掌握本地用户账户和组的创建与管理。

2.4 探索与实践

2.4.1 项目实施环境

5类或超5类UTP线缆(非屏蔽双绞线)、RJ-45水晶头、剥线/压线钳、双绞线检测仪、交换机、计算机(安装Windows Server 2008的PC)若干台。

2.4.2 网络设备的认识与双绞线的制作

1. UTP排线顺序

非屏蔽双绞线的制作标准遵循EIA/TIA-568-A(简称T568A)或EIA/TIA-568-B标准(简称T568B),其排线顺序如表2.1所示。

表2.1 UTP排线顺序

标准	1	2	3	4	5	6	7	8
T568A	绿白	绿	橙白	蓝	蓝白	橙	棕白	棕
T568B	橙白	橙	绿白	蓝	蓝白	绿	棕白	棕

2. 直通双绞线的制作

直通双绞线的两端排线顺序完全相同,两端都按T568B或T568A标准排线,如图2.1所示,制作方法如下。

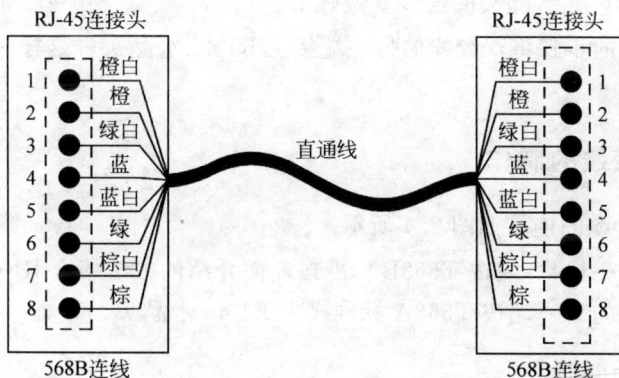

图2.1 直通双绞线的连接图

(1)根据需要的长度用压线钳的剪线刀口取双绞线一段(不超过100m),用剥线钳上的剥线刀口将双绞线的一端剥掉约2cm的外皮,露出UTP电缆中的8根导线。

(2)将这8根导线的绞扭拆开、理顺、捋平直、排拢,4对双绞线按EIA/TIA-568-B标准排好顺序,如图2.2所示。

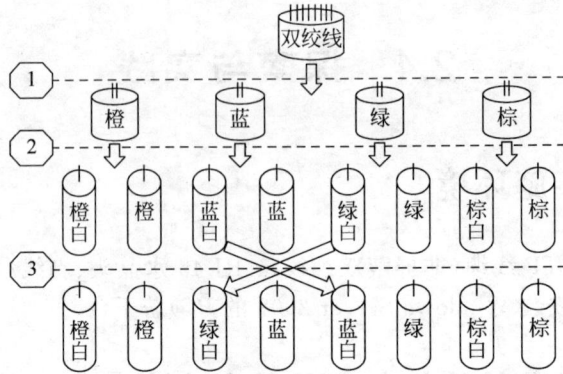

图 2.2　双绞线 T568B 标准的排序方法

排序方法如下。

① 将 4 对双绞线按橙、蓝、绿、棕颜色的顺序依次展开。

② 将每对线缆展开，白杂色在前。

③ 第 3 根线和第 5 根线位置对换。

（3）用剥线钳的剪切刀口将双绞线端头剪齐。

（4）取水晶头一个，将带有金属片的一面朝上，将双绞线的 8 根线插入 RJ-45 水晶头内（应尽量往里插，直到 RJ-45 水晶头的另一端能看到 8 根黄色铜芯），这一步完成后还应检查一下各线的排列顺序是否正确。水晶头的排列如图 2.3 所示。

（5）将已插入双绞线的 RJ-45 水晶头放入线钳的压线口内，（此时要注意将双绞线的外皮一并放在 RJ-45 水晶头内压紧，以增强其抗拉性能）并用力将线钳压到底，再将其取出，则双绞线的一端与 RJ-45 水晶头的连接就做好了。

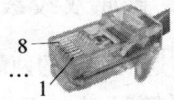

图 2.3　水晶头的排列顺序

（6）重复同样的步骤将双绞线的另一端接上 RJ-45 水晶头。这样一根直通双绞线制作完毕。

3. 交叉双绞线的制作

交叉双绞线电缆的连接如图 2.4 所示。

（1）取双绞线一根，一端按 T568B 标准按前面介绍的方法接上 RJ-45 水晶头。

（2）将双绞线的另一端按 T568A 标准接上 RJ-45 水晶头。

4. 全反线的制作

双绞线的两头按表 2.2 所示的线序制作，线的两端的信息引脚顺序为对方引脚的倒序，如图 2.5 所示，压线方法参照直通线的制作。

DB−9 是 PC 的 COM 口，全反线需要使用 DB−9/RJ-45 的转接头进行接口的转换，主要用于路由器或交换机的 Console 端口与计算机 COM 端口的连接。

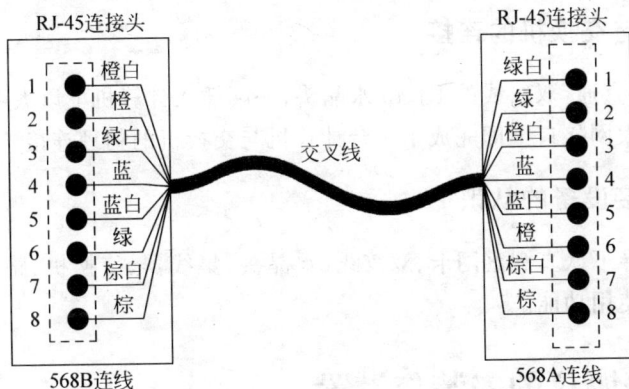

图 2.4　交叉双绞线的连接图

表 2.2　UTP 全反线的排线顺序

1	2	3	4	5	6	7	8
橙白	橙	绿白	绿	蓝白	蓝	棕白	棕
8	7	6	5	4	3	2	1
棕	棕白	蓝	蓝白	绿	绿白	橙	橙白

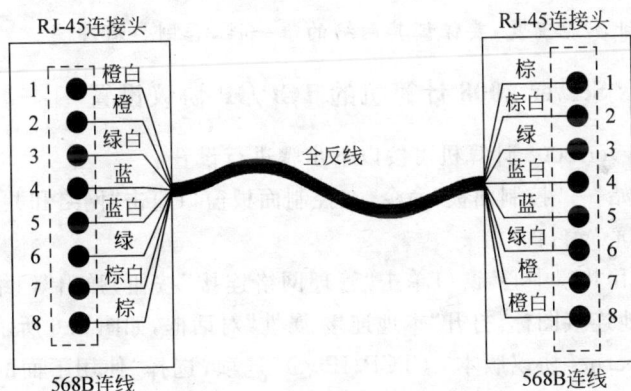

图 2.5　全反双绞线的连接图

5. 双绞线的测试

(1) 取双绞线检测仪一个,将已经做好水晶头的双绞线的两端分别插入检测仪主、次仪器的 RJ-45 接口内,打开主仪器上的开关。

(2) 观测主、次仪器上的指示灯,对于"直通线",如果这 8 个指示灯(按编号)一一对应闪亮,则说明此"直通线"能正常工作;对于"交叉线",主、次仪器上的指示灯对应闪亮的关系为(主仪器上的 1、2 号灯对应于次仪器上的 3、6 号指示灯,主仪器上的 3、6 号灯对应于次仪器上的 1、2 号指示灯),其余同"直通线"的对应关系;如果主仪器上的指示灯与次仪器上的指示灯对应闪亮的关系为:1 对 8、2 对 7、3 对 6、4 对 5、5 对 4、6 对 3、7 对 2、8 对 1,则该电缆为全反线。

6. 计算机与交换机的连接

用测试好的"直通"双绞线的 RJ-45 水晶头,一端插入计算机上以太网卡接口,另一端插入交换机的以太网接口上即完成了一台计算机与交换机的物理连接。

7. 网络连接设备的认识

在教师的指导下认真观察网卡、双绞线、水晶头、集线器、交换机、路由器的外观并初步了解各设备的使用功能。

2.4.3 网络协议的安装与设置

建立一个基于 Windows Server 2008 的对等网,物理拓扑结构为 100BASE-T 以太网。

1. IP 地址的分配

5 台计算机的 IP 地址设为:192.168.56.x(x 的取值范围为 1~254),子网掩码为 255.255.255.0。

注意:IP 地址不能重复,要保证其网络的唯一性,否则会有冲突。

2. Windows Server 2008 计算机的 TCP/IP 协议设置

Windows Server 2008 计算机可按以下步骤进行设置。

(1) 选择"开始"→"控制面板"命令,在控制面板窗口双击"网络和共享中心"选项,打开"网络和共享中心"窗口。

(2) 在"网络和共享中心"窗口单击"管理网络连接"按钮,弹出"网络连接"窗口;右击需要设置的本地连接图标,打开"本地连接 属性"对话框,如图 2.6 所示。

(3) 双击"Internet 协议版本 4(TCP/IPv4)"选项,选择"使用下面的 IP 地址"选项;设置 IP 地址(192.168.1.109)及子网掩码(255.255.255.0),如图 2.7 所示。

注意:因为不涉及跨网络的通信,所以暂时不用设置网关;也不涉及通过域名访问本地或远程主机,因此也暂时不用设置 DNS 服务器信息。

(4) 在"控制面板"窗口中双击"系统"图标,打开"系统"窗口。单击"改变设置"按钮,弹出"系统属性"对话框。单击"更改"按钮,弹出"计算机名/域更改"对话框。选定工作组,将工作组名称改为 NCVT-G01,如图 2.8 所示。然后单击"确定"按钮。为便于管理,建议将计算机名按企业自己统一的命名规则进行修改。

(5) 若成功加入工作组,则会出现"欢迎加入工作组 NCVT-G01"的提示,单击"确定"按钮,完成设置。根据系统提示,重启设备,使配置生效。

注意:"工作组"是对等网络的概念,而"域"是 C/S 结构网络的概念。本项目组建的是对等网络,所以设置的是"工作组"。

图 2.6 "本地连接 属性"对话框

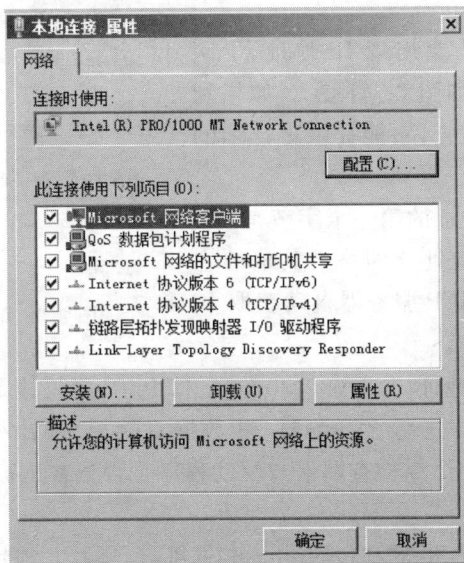

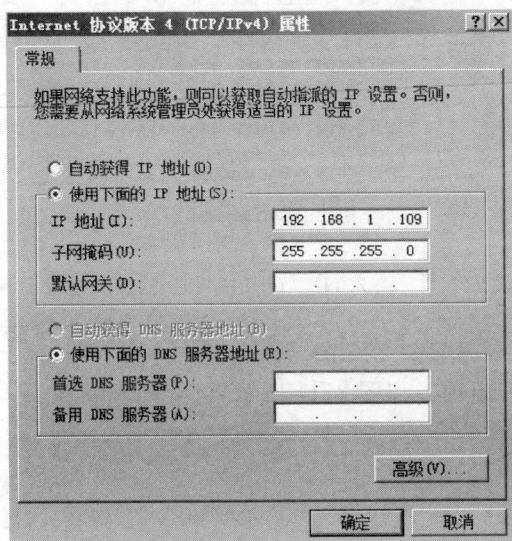

图 2.7 "Internet 协议版本 4(TCP/IPv4)属性"
对话框

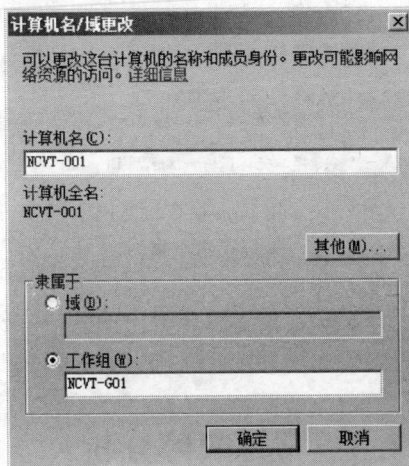

图 2.8 "计算机名/域更改"对话框

3. 网络连通性及故障检测

IP 地址设置好后,可利用 TCP/IP 工具程序 ipconfig 命令与 ping 命令来检测 TCP/IP 是否安装与设置正确并正常工作。先依次选择"开始"→"命令提示符"命令,进入命令提示符的环境,然后利用以下的步骤进行测试。

(1) 执行 ipconfig 命令以便检查 TCP/IP 通信协议是否已经正常启动,IP 地址是否与其他的主机相冲突。

① 如果正常,界面上会出现 IP 地址、子网掩码、默认网关等数据,如图 2.9 所示。如果利用 ipconfig /all 命令来检查,它能提供更详细的信息。

② 如果看到的 IP 地址的第一个字节是 169 的专用地址,则表示 IP 地址与网络上其他的主机相冲突或无法通过 DHCP 服务器自动获取 IP 地址。

```
C:\Users\Administrator>ipconfig

Windows IP 配置

以太网适配器 本地连接:

   连接特定的 DNS 后缀 . . . . . . . :
   本地链接 IPv6 地址. . . . . . . : fe80::80a0:9a7e:ba44:4c70%10
   IPv4 地址 . . . . . . . . . . . : 192.168.1.109
   子网掩码 . . . . . . . . . . . : 255.255.255.0
   默认网关. . . . . . . . . . . :
```

图 2.9   ipconfig 命令的结果

(2) 测试 loop back 地址(127.0.0.1)验证 TCP/IP 协议栈是否能正常工作。此时,输入 ping 127.0.0.1 命令进行循环测试,其数据直接由"输出缓冲区"传回"输入缓冲区",并没有离开网卡。此命令检查网卡与驱动程序是否正常运行,如果正常,则将出现如图 2.10 所示的界面。

(3) 检查 IP 地址是否正常,输入"ping 本主机自己的 IP 地址"命令。如果该地址有效,并没有与其他的主机冲突,则会出现如图 2.11 所示的界面。

```
C:\Users\Administrator>ping 127.0.0.1

正在 Ping 127.0.0.1 具有 32 字节的数据:
来自 127.0.0.1 的回复: 字节=32 时间=28ms TTL=128
来自 127.0.0.1 的回复: 字节=32 时间<1ms TTL=128
来自 127.0.0.1 的回复: 字节=32 时间<1ms TTL=128
来自 127.0.0.1 的回复: 字节=32 时间<1ms TTL=128

127.0.0.1 的 Ping 统计信息:
    数据包: 已发送 =4, 已接收 =4, 丢失 =0(0% 丢失),
    往返行程的估计时间(以毫秒为单位):
    最短 =0ms, 最长 = 28ms, 平均 =7ms
```

图 2.10   用 ping 命令检测网卡、TCP/IP 协议
运行正常结果

```
C:\Users\Administrator>ping 192.168.1.109

正在 Ping 192.168.1.109 具有 32 字节的数据:
来自 192.168.1.109 的回复: 字节=32 时间<1ms TTL=128
来自 192.168.1.109 的回复: 字节=32 时间<1ms TTL=128
来自 192.168.1.109 的回复: 字节=32 时间<1ms TTL=128
来自 192.168.1.109 的回复: 字节=32 时间<1ms TTL=128

192.168.1.109 的 Ping 统计信息:
    数据包: 已发送 =4, 已接收 =4, 丢失 =0(0% 丢失),
    往返行程的估计时间(以毫秒为单位):
    最短 =0ms, 最长 =0ms, 平均 =0ms
```

图 2.11   "ping 主机自己的 IP 地址"
命令的结果

(4) ping 位于工作组内的其他主机。若出现类似图 2.11 所示界面,则表明 TCP/IP 协议安装成功并配置正确,网络可以正常工作。

2.4.4   常见故障分析

有时两台计算机之间能 Ping 通,但双击客户端桌面的"网络"图标,在打开的窗口看不到服务器图标,这时可能是以下原因造成的。

(1) 要访问的计算机没有设置管理员(Administrator)的密码。可通过设置管理员密码或者将本地安全策略中的"使用空白密码的本地账户只允许进行控制台登录"策略禁用,方法如下。

① 依次选择"开始"→"管理工具"→"本地安全策略"命令,打开"本地安全策略"窗口。展开控制台树状目录中的"本地策略"目录,选择"安全选项"目录,在"策略"一栏可以看到"账户:使用空白密码的本地账户只允许进行控制台登录"策略,如图 2.12 所示。

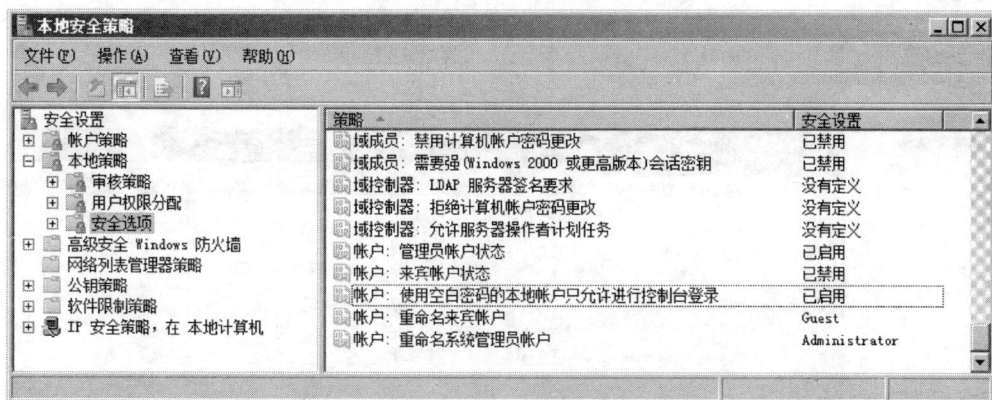

图 2.12　本地安全策略

　　② 双击打开该策略,选择"已禁用"选项,将该策略禁用,如图 2.13 所示。然后单击"完成"按钮。

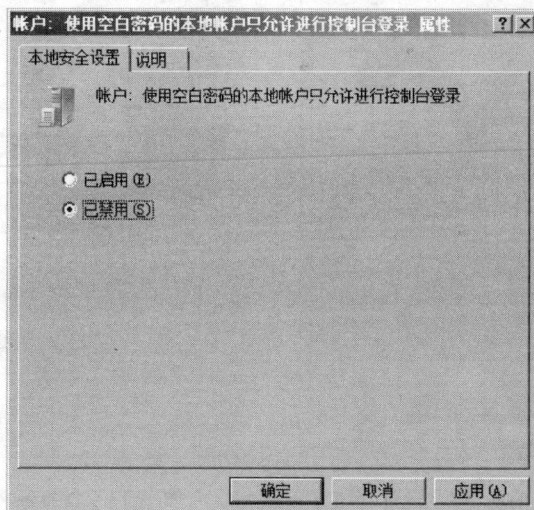

图 2.13　策略属性对话框

　　(2) 服务器上 Workstation 服务或 Server 服务停止,可查看服务以解决该问题,方法如下。

　　① 选择"开始"→"程序"→"管理工具"→"服务"命令,打开"服务"窗口。在右侧窗口中选择要配置的服务：Workstation,如图 2.14 所示。

　　② 右击 Workstation 服务,在弹出的快捷菜单中选择"启动"命令。

　　③ 如果想让该服务在系统启动的时候自动启动,则双击 Workstation 服务,打开其属性对话框。在"常规"选项卡下,将启动类型设置为"自动",如图 2.15 所示。以后每次系统启动的同时,将自动启动 Workstation 服务。

　　在"恢复"选项卡下,选择服务失败时计算机的响应方式,如图 2.16 所示。

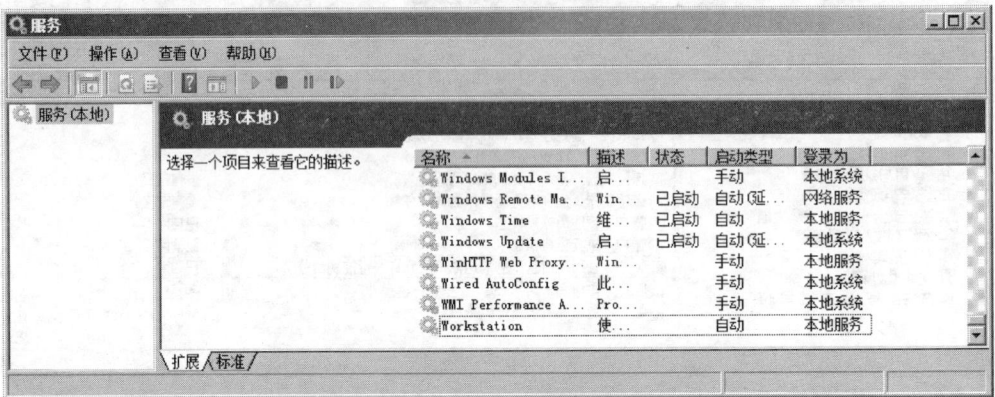

图 2.14 选择要配置的服务

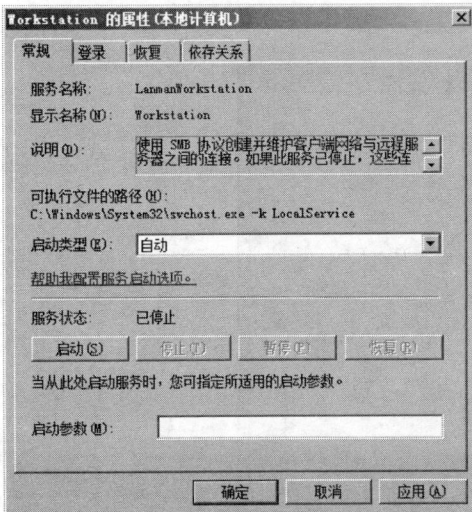

图 2.15 "Workstation 的属性(本地计算机)"
对话框

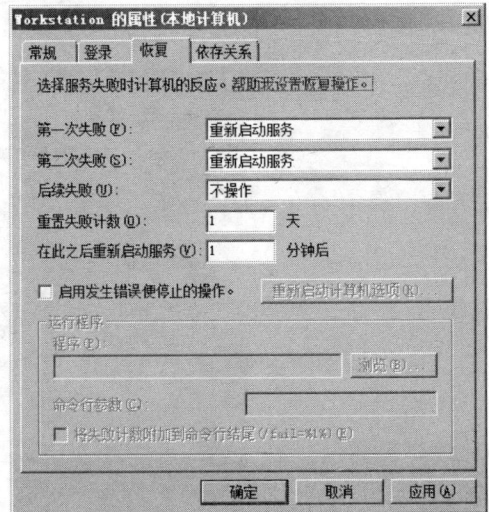

图 2.16 设置服务器故障恢复方式

2.4.5 本地用户账户的创建与管理

1. 本地用户账户的创建

(1) 打开"服务器管理器"窗口

Windows Server 2008 打开"服务器管理器"窗口的方法:右击桌面的"计算机"图标,选择"管理"命令,或者选择"开始"→"管理工具"→"服务器管理器"命令。依次展开控制台的树状目录,选择"配置"→"本地用户和组"命令,选择"用户"选项,可以看到当前已经被创建的用户账号,如图 2.17 所示。

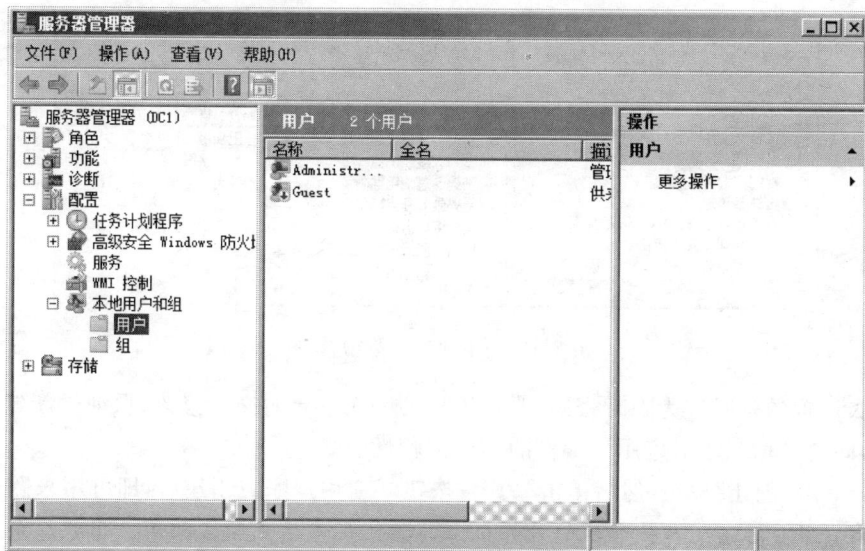

图 2.17　"服务器管理器"窗口

（2）右击控制台树状目录中的"用户"目录，在弹出的快捷菜单中选择"新用户"选项，打开"新用户"窗口，输入账号信息，如图 2.18 所示。

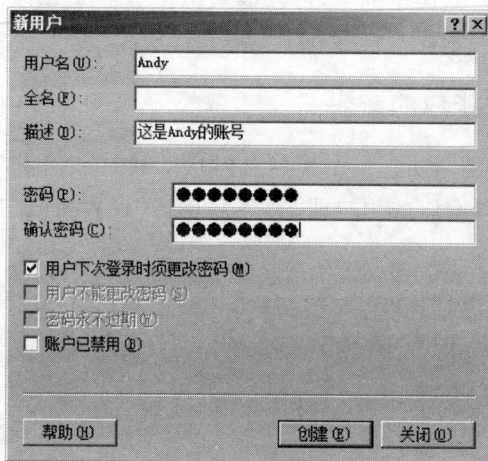

图 2.18　"新用户"窗口

对话框中的必填字段为用户名、密码及确认密码。

默认的密码策略如下。

① 至少有 7 位字符长。

② 至少包含 3 种下列字符的组合：大写字母、小写字母、数字和符号（标点符号）。

③ 不要用包含用户的用户名的密码。

可以依次选择"开始"→"管理工具"→"本地安全策略"命令，打开"本地安全策略"窗口，设置用户账号的密码策略，以保证账号安全，如图 2.19 所示。

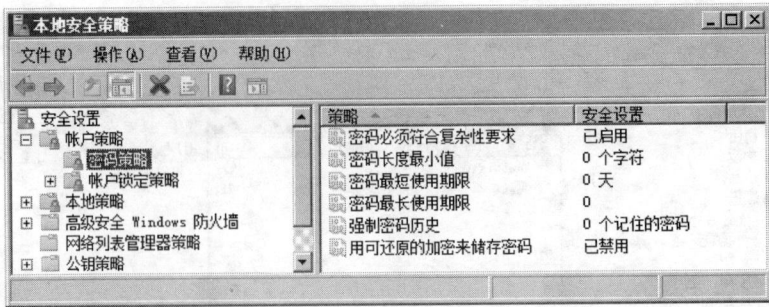

图 2.19 "本地安全策略"窗口

此次设置的密码应为临时密码,要求用户第一次登录时必须修改,保证了新建用户的私密性,同时也增强了对应用户操作的不可抵赖性。

(3) 单击"创建"按钮,然后单击"关闭"按钮。新用户账户创建后,即可用来登录。

注意:用户名不能与被管理的计算机上的其他用户名或组名相同。用户名最多可以包含 20 个大写或小写字符,但不能包含下列字符:

" / \ [ ] : ; | = , + * ? < >

用户名不能只由句点、括号和空格组成。

在"密码"和"确认密码"文本框中,可以输入包含不超过 127 个字符的密码。

使用强密码和合适的密码策略有利于保护计算机免受攻击。

2. 重置本地用户账户的密码

(1) 在"服务器管理器"窗口,单击控制台树状目录中的"用户"目录。

(2) 右击要为其重置密码的用户账户,然后单击"设置密码"按钮,显示警告信息,如图 2.20 所示。

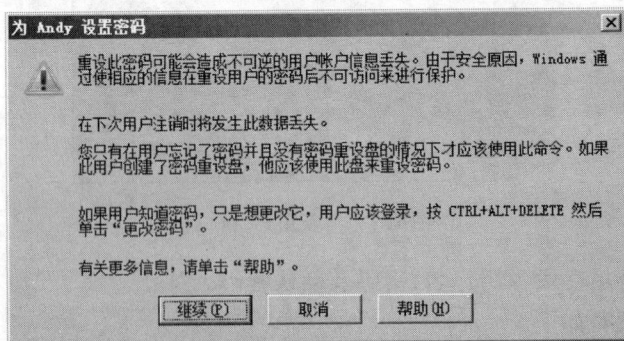

图 2.20 修改密码警告信息

(3) 阅读警告消息,如果要继续,则单击"继续"按钮,显示设置密码对话框,如图 2.21 所示。

(4) 在"新密码"和"确认密码"文本框中,输入新密码,然后单击"确定"按钮。

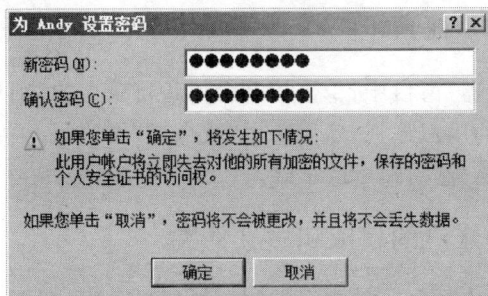

图 2.21 "为 Andy 设置密码"对话框

3. 禁用或激活本地用户账户

（1）在"服务器管理器"窗口中，单击控制台树状目录中的"用户"目录。

（2）右击要更改的用户账户，然后单击"属性"按钮，打开用户属性对话框，如图 2.22
所示。

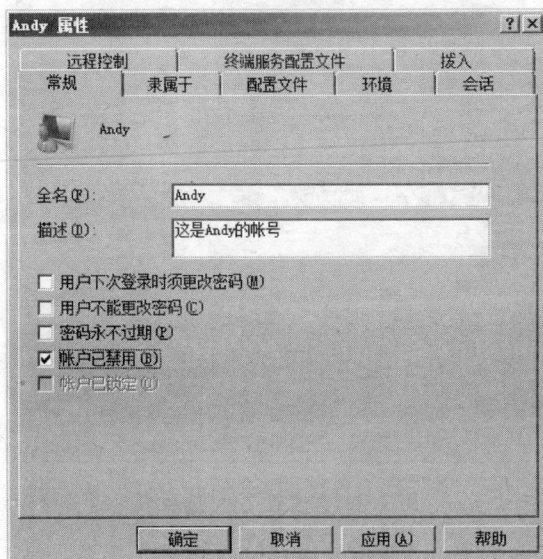

图 2.22 用户属性对话框

（3）执行以下任一操作。

① 要禁用所选的用户账户，选中"账户已禁用"复选框。

② 要激活所选的用户账户，清除"账户已禁用"复选框。

4. 删除本地用户账户

（1）在"服务器管理器"窗口中，单击控制台树状目录中的"用户"目录。

（2）右击要删除的用户账户，然后单击"删除"按钮。

5. 重命名本地用户账户

(1) 在"服务器管理器"窗口中,单击控制台树状目录中的"用户"目录。

(2) 右击要重命名的用户账户,然后单击"重命名"按钮。

(3) 输入新的用户名,然后按 Enter 键。

6. 指派本地用户账户的权限和主文件夹

(1) 在"服务器管理器"窗口中,单击控制台树状目录中的"用户"目录。

(2) 右击要为其指定主文件夹的用户账户,然后单击"属性"按钮,选择"隶属于"选项卡。单击"添加"按钮,在新对话框中单击"高级"按钮,再单击"立即查找"按钮,找到 Backup Operators 组,单击"确定"按钮,直到完成操作。

(3) 选择"配置文件"选项卡,如图 2.23 所示。

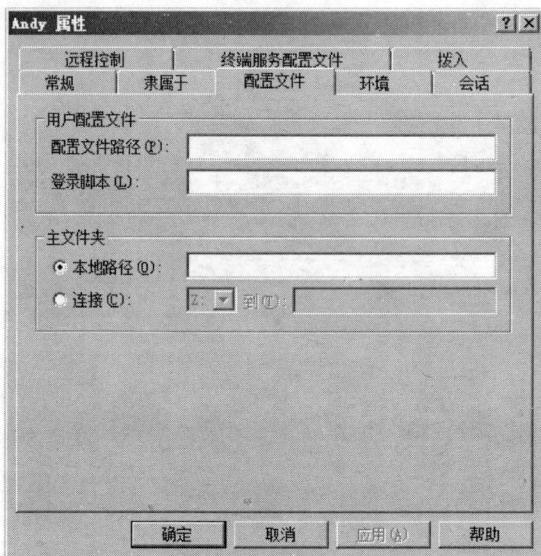

图 2.23 "配置文件"选项卡

(4) 在"配置文件"选项卡上,执行下列某项操作。

① 要指定本地主文件夹,请选择"本地路径"选项,然后输入路径,如 C:\users\nicolette。

② 要在共享资源上指定主文件夹,请选择"连接"选项,然后选择合适的驱动器盘符,并键入网络路径,如\\airedale\users\nathan。

2.4.6 本地组的管理

1. 创建本地组

(1) 在"服务器管理器"窗口中,单击控制台树状目录中的"组"目录。

（2）右击"组"选项，选择快捷菜单上的"新建组"命令，打开"新建组"对话框。在"组名"文本框中输入新组的名称，在"描述"文本框中，输入新组的说明，如图 2.24 所示。

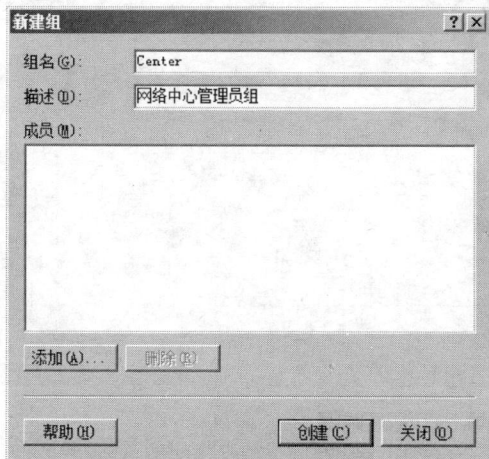

图 2.24　"新建组"对话框

（3）要向新组添加一个或多个成员，请单击"添加"按钮，打开"选择用户"对话框，如图 2.25 所示。

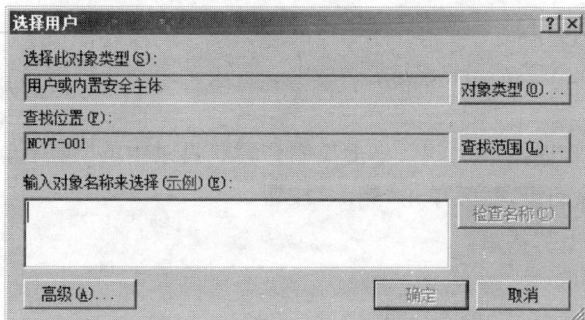

图 2.25　"选择用户"对话框

（4）单击"高级"按钮，然后单击"立即查找"按钮，选定用户，如图 2.26 所示，单击两次"确定"按钮。

（5）在"新建组"对话框中，依次单击"创建"和"关闭"按钮即可完成组的创建。

2. 为本地组添加成员

（1）在"服务器管理器"窗口中，单击控制台树状目录中的"组"目录。

（2）右击要在其中添加成员的组，然后单击"添加到组"按钮。

（3）在"选择用户"对话框中（图 2.25），执行以下操作。

① 要向该组添加用户账户或组账户，请在"输入对象名称来选择"文本框中输入要添加到组的用户账户或组账户的名称，然后单击"确定"按钮。

② 要向该组添加计算机账户，请单击"对象类型"按钮，选中"计算机"复选框，然后单

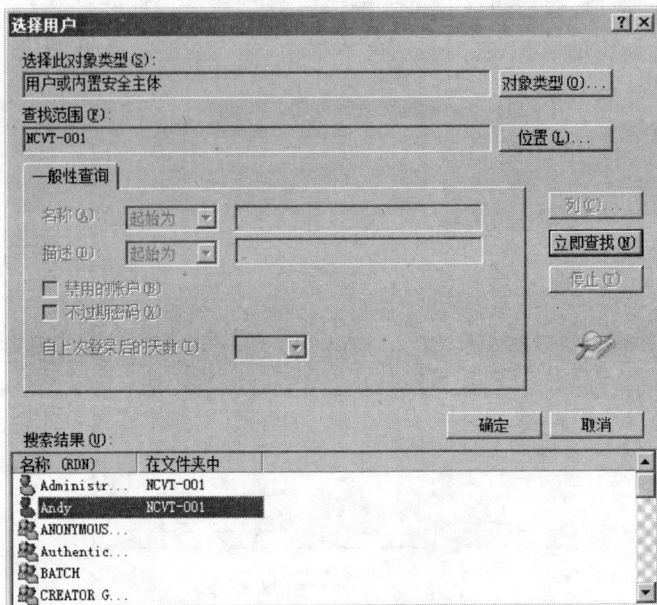

图 2.26 "选择用户"对话框的"高级"选项

击"确定"按钮。在"输入对象名称来选择"文本框中输入要添加到组的计算机账户的名称,然后单击"确定"按钮。

3. 删除本地组

(1) 在"服务器管理器"窗口中,单击控制台树状目录中的"组"目录。

(2) 右击要删除的组,然后单击"删除"按钮。

① 无法删除以下默认组。

Administrators

Backup Operators

Guests

Network Configuration Operators

Performance Log Users

Performance Monitor Users

Power Users

Print Operators

Remote Desktop Users

Replicator

Users

② 不能恢复已删除的组。

③ 删除本地组只是删除这个组,而不删除该组中的用户账户、计算机账户或组账户。

2.5 归纳与提高

2.5.1 计算机网络基础

1. 计算机网络定义

计算机网络就是利用通信线路和设备,将分散在不同地点、并具有独立功能的多个计算机系统互连起来,按照网络协议,在功能完善的网络软件支持下,实现资源共享和信息交换的系统。

2. 计算机联网的作用

联网的主要目的是资源共享,相互通信,提高可靠性,便于集中管理。

(1) 共享硬件资源。

(2) 共享软件资源。

(3) 通信应用。

3. 对等网络

对等网表示网络中各主机的地位完全相同,如图 2.27 所示。同等地位即网络中没有客户机(Client)和服务器(Server)的区别,网络中的每一台计算机既可充当工作站的角色,又可以充当服务器的角色,它们分别管理着自己的用户信息,在不同的主机间相互访问时都要进行身份认证。在 Windows 系列操作系统中,对等网又被称为工作组模式。这种网络的优点是连接和管理都比较简单,通常情况下对等网所包括的主机不超过 10 台,其缺点是安全性差、效率低,只适用于安全性要求不高的小型网络。

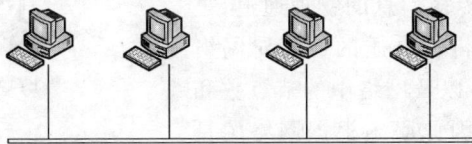

图 2.27 对等网络

4. 客户/服务器网络

在客户/服务器网络中,主机之间的通信是依照请求/响应模式进行的,如图 2.28 所示。当客户机需要访问集中管理的数据资源或者请求特别的网络服务时,首先向一台管理资源或者提供服务的网络发出请求,该服务器收到请求后,对客户端用户的身份和权限认证并作出适当响应。在客户/服务器模式中,由一台服务器集中进行身份的认证和管理,该模式适用于安全性较高的大型网络。

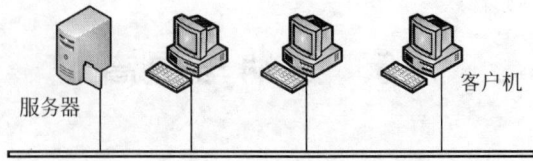

图 2.28　客户/服务器网络

5. 计算机网络拓扑结构

网络的拓扑结构是指计算机网络节点和通信链路按不同的形式所组成的几何形状,这种不同的形式就是网络的拓扑结构(Topology)。网络的拓扑结构对整个网络的设计、功能、可靠性、费用等方面有着重要的影响。选用何种类型的网络拓扑结构,要根据实际需要而定。计算机网络通常有以下几种拓扑结构。

大多数网络使用以下 5 种基本拓扑之一:星状拓扑、总线拓扑、环状拓扑、网状拓扑、树状拓扑,如图 2.29 所示。

星状拓扑结构指每个远程节点都通过一条单独的通信线路直接与中心节点连接,以中央网络节点为中心,与周边网络节点连接而构成的网络布局。

在星状网络中,各网络主机与中央节点通过点对点方式连接,任意两台网络主机间的通信都要经过中央网络节点。中央节点上网络交换设备执行集中式通信控制策略,而周边节点上的网络主机负责数据发送和接收。

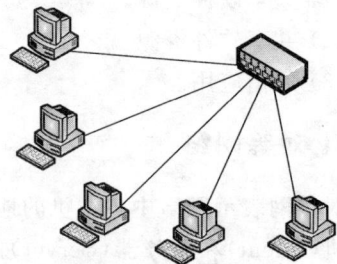

6. 网络传输介质

传输介质是网络中传输信息的物理通道,是不可缺少的物质基础。传输介质的性能对网络的通信、速度、距离、价格以及网络中的节点数和可靠性都有很大影响。因此必须根据网络的具体要求,选择适当的传输介质。常用的网络传输介质有很多种,可分为两大类:一类是有线传输介质,如双绞线、同轴电缆、光纤;另一类是无线传输介质,如微波和卫星信道等。

双绞线(Twisted Pair,TP)是最常用的一种传输介质,它是由两条具有绝缘保护层的铜线相互绞合而成。把两条铜导线按一定密度绞合在一起,可增强双绞线的抗电磁干扰能力。一对双绞线形成一条通信链路。在双绞线中可传输模

(a) 星状拓扑结构示意图

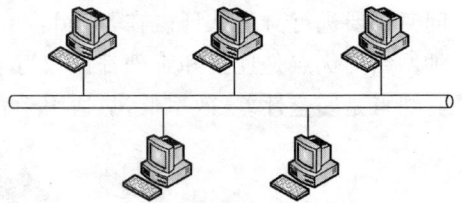

(b) 总线拓扑结构示意图

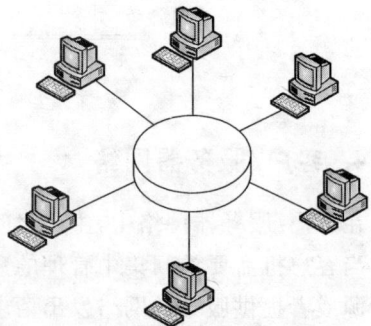

(c) 环状拓扑结构示意图

图 2.29　几种网络拓扑结构

拟信号、数字信号。

非屏蔽双绞线(Unshielded Twisted Pair,UTP)
是把一对或多对双绞线组合在一起,并用塑料套装,
组成双绞线电缆,如图 2.30 所示。用于计算机网络
中的 UTP 不同于其他类型的双绞线,其阻抗为
100Ω,通常使用一种称为 RJ-45 的 8 针连接器(水晶
头)与 UTP 连接构成 UTP 电缆。常用的 UTP 有
3 类、4 类、5 类和超 5 类等形式。

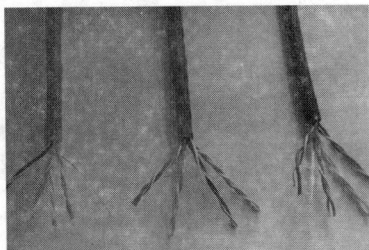

图 2.30　非屏蔽双绞线(UTP)

2.5.2　网络协议

1. 网络协议

计算机网络中为进行数据传输而建立的一系列规则、标准或约定称为网络协议
(Protocol)。网络协议通常由语义、语法和定时关系 3 部分组成。语义定义做什么,语法
定义怎么做,而定时关系定义何时做。

Windows 网络支持的网络通信协议主要有以下 4 种。

(1) TCP/IP(Transmission Control Protocol/Internet Protocol)

TCP/IP 通信协议是目前最完整、最被广泛支持的通信协议,它让不同网络结构、不
同操作系统的计算机之间相互沟通,例如,Windows 2000 计算机、UNIX 主机、大型计算
机、NetWare 客户端等,它是 Internet 的标准通信协议,也是 Windows 域必须采用的通信
协议,速度慢、尺寸大、可路由。

(2) NWLink IPX/SPX Compatible

Microsoft NWLink 是与 Novell NetWare IPX/SPX 兼容的 32 位通信协议,可以利
用它来跟 NetWare Server 沟通,Windows 网络中的计算机之间也可以利用 NWLink
网络通信协议来沟通。其速度中等、大小中等、可路由,但网络规模较大时,路由效
果不好。

(3) NetBEUI(Net BIOS Extended User Interface)

NetBEUI 是一个体积小、效率高的通信协议,是 Windows 网络中速度最快的协议,
它特别适合于在一个只有 20~200 台计算机的小型局域网中使用。但 NetBEUI 通信协
议却无法通过路由器,也就是采用 NetBEUI 通信协议时,两个局域网络间的计算机无法
通过路由器,因此它无法被用在广域网络上。如果有 MS-DOS 客户端要连接 Windows
网络,则建议此客户端最好采用 NetBEUI,因为它所占用的内存最少、速度最快。但要注
意 Windows Server 2008 系统不支持该协议。

(4) DLC(Data Link Control)

DLC 是为了让 Windows 网络的计算机可与 IBM 的大型计算机联机、与配备网卡的
接口设备能够相互沟通。

2. 传输协议的选择

若网络规模小,网络中只提供内部文件传输,没有路由器,不与 Internet 相连,应选 NetBEUI 协议。

如果客户端要连接 Internet,必须安装 TCP/IP 协议。

如果网络中有 Netware 服务器,则选择 NWLink 协议。

3. IP 地址的组成及分类

目前互联网地址使用的是 IPv4(IP 第 4 版本)的 IP 地址,它用 32 位二进制(4 个字节)表示。如 IP 地址:11001010 01110111 00000010 11000111,其对应的十进制格式为: 202.119.2.199。

一般地,IP 地址由网络号(Network ID)和主机号(Host ID)两个部分组成,如图 2.31 所示,网络号用来标识互联网中的一个特定网络,而主机号则用来表示该网络中主机的一个特定连接。

所有在相同物理网络上的系统必须有同样的网络号,网络号在互联网上应该是独一无二的。主机号在某一特定的网络中才必须是唯一的。

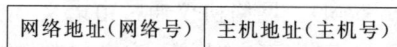

网络地址(网络号)	主机地址(主机号)

图 2.31　IP 地址结构

为了适应各种不同的网络规模,IP 协议将 IP 地址分成 A、B、C、D、E 五类,Internet 上常用的是 A、B、C 三类。它们可以根据第一字节的前几位加以区分。

(1) A 类

A 类地址分配给规模特别大的网络使用。A 类地址用第一个字节来表示网络 ID,其中最高 1 位设为 0,实际上只有 7 位用来标识网络地址,后面 3 个字节用来表示主机 ID。允许有 126 个网络和在每个网络里有 16777412 台主机。

(2) B 类

B 类地址分配给中等到大型规模的网络。B 类地址用前面两个字节来表示网络 ID, 其中第一个字节的两个最高位设为 10,实际只有 14 位用来标识网络地址,后两个字节用来表示网络上的主机 ID。允许有 16384 个网络,每个网络允许拥有 65534 台主机。

(3) C 类

C 类地址分配给小型网络,如大量的局域网和校园网。C 类地址用前 3 个字节表示网络 ID,其中第一字节最高 3 位为 100,实际只有 21 位用来标识网络地址,最后一个字节作为网络的主机地址。允许有 2097152 个网络,每个网络拥有 254 台主机。

(4) D 类

D 类地址是为 IP 多点传送地址而保留的。D 类地址的前 4 位通常置为 1110。

(5) E 类

E 类地址是为将来用途所保留的实验地址。E 类地址的前 4 位为 1111。

4. IP 地址的分配

IP 地址的分配是 TCP/IP 网络管理的中心问题,这些地址必须以某种形式被分配以满足它们的唯一性。

一个物理网络上的用户要想进入因特网,必须获得 IP 地址授权机构(称为网络信息中心 NIC)分配的 IP 地址。国内用户可以通过 CNNIC 申请。一般的企业网可以根据具体的接入因特网的情况,向上一级机构或其他代理机构申请 IP 地址。

对于那些不连接到 Internet 上的网络,可以自行选择 IP 地址分配方案,但最好还是使用由 IANA(因特网地址分配管理局)保留的私有 IP 地址(也称专用地址),为将来接入 Internet 作准备。

2.5.3　本地用户和组

1. 本地用户和组概述

"本地用户和组"选项位于"计算机管理"界面中,用户可以利用这一组管理工具来管理单个本地或远程计算机。可以使用"本地用户和组"选项保护并管理存储在本地计算机上的用户账户和组。可以在特定计算机和仅这台计算机上指派本地用户或组账户的权限和权利。

通过"本地用户和组"选项,可以为用户和组指派权利和权限,从而限制了用户和组执行某些操作的能力。权利可授权用户在计算机上执行某些操作,如备份文件、文件夹或者关机。权限是与对象(通常是文件、文件夹或打印机)相关联的一种规则,它规定哪些用户可以访问该对象以及以何种方式访问。

2. 用户账户的定义

用户账户是由所有用于定义用户的信息组成的对象,包括用户名、密码以及该用户账户所在的组。用户账户可以存储在 Active Directory 中,也可以存储在本地计算机上。

3. 用户账户的类型

(1) 本地用户账户

本地用户账户建立在 Windows 2003 的本地安全数据库内。用户利用本地用户账户只能登录到本机,并且只能使用本机的资源。

(2) 域用户账户

域用户账户建立在域控制器的 Active Directory 数据库内。用户可以利用域用户账户在任何一台计算机上登录到域,并访问域中的资源。

当用户利用域用户账户登录时,由域控制器检查用户所输入的账号名称与密码是否正确。

4. 内置的用户账户

(1) Administrator(系统管理员)

Administrator 拥有不受限制的权限,可以管理计算机与域内的设置,例如建立、修改、删除用户与组账户、设置用户与组账户的权限、设置安全策略等。

（2）Guest（客户）

Guest 是供临时访问网络或只访问网络一次的用户使用的账户,只有少部分的访问权限。默认情况下,该账户是禁止登录的,如果要使用,必须修改其属性。

5. 组的基本概念

组是用户和计算机账户、联系人以及其他可作为单个单元管理的组的集合。属于特定组的用户和计算机称为组成员。组是管理用户的策略,组可以包含用户、计算机以及其他组。组可用于将用户账户、计算机账户和其他组账户收集到可管理的单元中。

使用组可同时为许多账户指派一组公共的权限和权利,而不用单独为每个账户指派权限和权利,这样可简化管理。将具有相同权限的用户划分到一个组中,使他们成为该组的成员,只要赋予该组一定的权限,则其中每一个成员也都具有相应的权限。

6. 默认本地组

表 2.3 列出了"组"文件夹中默认组的描述以及为每个组指派的用户权利。这些权利是在本地安全策略中指派的。

表 2.3　组指派的用户权利

组	描　述	默认用户权利
Administrators	该组的成员具有对服务器的完全控制权限,并且可以根据需要向用户指派用户权利和访问控制权限。管理员账户也是默认成员。当该服务器加入域中时,Domain Admins 组会自动添加到该组中。由于该组可以完全控制服务器,所以向该组添加用户时请谨慎	从网络访问此计算机;调整某个进程的内存配额;允许本地登录;允许通过终端服务登录;备份文件和目录;忽略遍历检查;更改系统时间;创建页面文件;调试程序;从远程系统强制关机;提高调度优先级;加载和卸载设备驱动程序;管理审核和安全日志;修改固件环境变量;执行卷维护任务;调整单一进程;调整系统性能;从扩展坞中取出计算机;恢复文件和目录;关闭系统;取得文件或其他对象的所有权
Backup Operators	该组的成员可以备份和还原服务器上的文件,而不管保护这些文件的权限如何。这是因为执行备份任务的权利要高于所有文件权限。他们不能更改安全设置	从网络访问此计算机;允许本地登录;备份文件和目录;忽略遍历检查;还原文件和目录;关闭系统
DHCP Administrators（与"DHCP 服务器"服务一起安装）	该组的成员具有对"动态主机配置协议(DHCP)服务器"服务的管理访问权限。该组提供了一种方式,仅授予对 DHCP 服务器的有限管理访问权,而不提供对服务器的完全访问权。该组的成员可以使用 DHCP 控制台或 netsh 命令在服务器上管理 DHCP,但不能在服务器执行其他管理任务	没有默认的用户权利

续表

组	描　述	默认用户权利
DHCP Users(与"DHCP 服务器"一起安装)	该组的成员具有对"DHCP 服务器"服务的只读访问权。该权限允许成员查看存储在特定 DHCP 服务器上的信息和属性。当支持人员需要获得 DHCP 状态报告时,这种信息对他们很有用	没有默认的用户权利
Guests	该组的成员拥有一个在登录时创建的临时配置文件,在注销时,该配置文件将被删除。来宾账户(默认情况下已禁用)也是该组的默认成员	没有默认的用户权利
HelpServicesGroup	该组允许管理员将对所有支持应用程序的权利设置成公用的。默认情况下,该组的唯一成员是与 Microsoft 支持应用程序相关的账户,例如远程协助。不要在该组中添加用户	没有默认的用户权利
Network Configuration Operators	该组的成员可以更改 TCP/IP 设置并更新和发布 TCP/IP 地址。该组中没有默认的成员	没有默认的用户权利
Performance Monitor Users	该组的成员可以从本地服务器和远程客户端监视性能计数器,而不用成为 Administrators 或 Performance Log Users 组的成员	没有默认的用户权利
Performance Log Users	该组的成员可以从本地服务器和远程客户端管理性能计数器、日志和警报,而不用成为 Administrators 组的成员	没有默认的用户权利
Power Users	该组的成员可以创建用户账户,然后修改并删除所创建的账户。他们可以创建本地组,然后在他们已创建的本地组中添加或删除用户。还可以在 Power Users 组、Users 组和 Guests 组中添加或删除用户。成员可以创建共享资源并管理所创建的共享资源。他们不能取得文件的所有权、备份或还原目录、加载或卸载设备驱动程序,或者管理安全性以及审核日志	从网络访问此计算机;允许本地登录;忽略遍历检查;更改系统时间;调整单一进程;从扩展坞中取出计算机;关闭系统
Print Operators	该组的成员可以管理打印机和打印队列	没有默认的用户权利
Remote Desktop Users	该组的成员可以远程登录服务器	允许通过终端服务登录
Replicator	Replicator 组支持复制功能。Replicator 组的唯一成员应该是域用户账户,用于登录域控制器的"复制程序"服务。不能将实际用户的用户账户添加到该组中	没有默认的用户权利

续表

组	描 述	默认用户权利
Terminal Server Users	该组包含当前登录到使用终端服务器的系统的所有用户。用户可以与 Windows NT 2.0 一起运行的任何程序为 Terminal Server Users 组的成员而运行。指派给该组的默认权限使其成员可以运行大多数较旧版本的程序	没有默认的用户权利
Users	该组的成员可以执行一些常见任务,例如运行应用程序、使用本地和网络打印机以及锁定服务器。用户不能共享目录或创建本地打印机。默认情况下,Domain Users、Authenticated Users 以及 Interactive 组是该组的成员。因此,在域中创建的任何用户账户都将成为该组的成员	从网络访问此计算机;允许本地登录;忽略遍历检查
WINS Users(与 WINS 服务一起安装)	该组的成员具有对 Windows Internet 名称服务(WINS)的只读访问权。该权限允许成员查看存储在某个指定的 WINS 服务器上的信息和属性。当支持人员需要获得 WINS 状态报告时,这种信息对他们很有用	没有默认的用户权利

2.6 思考与自测

2.6.1 思考题

1. 两台计算机直接相连,使用什么电缆?
2. 什么是对等网?
3. 为什么要创建用户账户?
4. 什么是组? 它与工作组的概念是一样的吗?

2.6.2 自测题

1. 按 568A 和 568B 标准制作一根双绞线交叉电缆。(30 分)
2. 把两台计算机连成对等网络,要求如下。(30 分)

正确配置 TCP/IP 协议及其必要参数(IP 地址:192.168.××.1 和 192.168.××.10,××为自己学号的最后两位数;子网掩码)。

在计算机的命令行界面下能 Ping 通对方端计算机的 IP 地址。

3. 在 Windows Server 2008 服务器创建名为 jp1、jp2 的本地用户,并把用户 jp1 加入到内置的组中,使之具有备份网络数据的权限,设定用户 jp2 可以管理共享打印机。(25 分)

4. 在 Windows Server 2008 服务器创建一个组 Group1,并把用户 jp1、jp2 加入到该组中。(15 分)

2.6.3 评分标准

评分标准见表 2.4。

表 2.4 评分标准

题号	要 求	得分	备注
1	① 排线正确	15	5 分钟完成,若①不正确该题为 0 分
	② 用测试仪电缆接通	10	
	③ 水晶头连接外表美观	5	
2	两台计算机的协议(IP 地址)设置正确	20	5 分钟完成
	两台计算机能相互 Ping 通	10	
3	① 在"计算机管理"窗口的"用户"中有用户 jp1 和 jp2	10	10 分钟完成
	② 在 Backup Operators 组的成员中有用户 jp1	10	
	③ 共享打印机的属性设置中,用户 jp2 的权限为"打印"及"管理打印机"或 Backup Operators 组的成员中有用户 jp2	5	
4	① 在"计算机管理"窗口的"组"界面中有组 Group1	10	5 分钟完成
	② 在 Group1 组的成员中有用户 jp1 及 jp2	5	

2.7 实 训 指 导

1. 组建对等网

(1) 准备工作

准备安装 Windows Server 2008 的计算机两台;交换机一台;2m 左右的非屏蔽双绞线(UTP)两根;剥线钳/压线钳一把;测线器一台;RJ-45 水晶头若干。

(2) 制作两根直通双绞线

将 UTP 线缆的两头按 568B 标准用 RJ-45 水晶头压制,用测线器测试保证其可用性。

(3) 用做好的平行双绞线将计算机和交换机连接,计算机的以太网卡接口连接交换机的任意接口。

(4) 配置 TCP/IPv4 协议

依次选择"开始"→"控制面板"→"网络和共享中心"→"管理网络连接"命令,右击要设置的网卡图标,选择"属性"命令。双击"Internet 协议版本 4"选项,设置 IP 地址分别为 192.168.56.1 和 192.168.56.128,子网掩码都用 255.255.255.0。

45

（5）测试

使用 ping 命令,测试本地计算机的 TCP/IP 协议栈是否工作正常,测试两台计算机之间的基本通信是否正常。

2. 建立用户

（1）打开计算机管理控制台,建立用户 JP1、JP2。

（2）设置用户 JP1、JP2 的属性,把用户 JP1 加入默认组 Backup Operators 中,用户 JP2 加入默认组 Print Operators 中。

3. 建立组

（1）建立组 Group1。

（2）设置组 Group1 的属性,为其添加成员 JP1、JP2。

项目 3　共享和保护网络资源

本项目将进行打印服务器及文件服务器的配置，学习网络资源的共享与访问、文件系统、文件及文件夹权限等。

3.1　项 目 问 题

某单位局域网存放着重要的内部数据，要求单位内部所有职员能够通过网络进行访问。但只允许 Administrators 组的成员能够进行读、写权限的访问，其余操作人员只能进行读取访问。为方便管理，希望通过分布式文件系统管理共享资源。

3.2　主 要 任 务

(1) 安装并配置网络打印机。
(2) 建立共享文件夹并设置共享权限。
(3) 设置文件夹的安全权限。
(4) 安装并配置分布式文件系统。

3.3　项 目 目 标

(1) 理解共享权限及 NTFS 权限的概念。
(2) 掌握目录和文件权限的内容及目录共享的操作过程。
(3) 确定用户的有效权限。
(4) 掌握对等网中共享资源的使用。
(5) 掌握打印机共享的设置方法。
(6) 理解分布式文件系统的概念，掌握分布式义件系统的设置方法。

3.4 探索与实践

3.4.1 项目实施环境

两台计算机,客户机安装 Windows XP 或 Windows 7 系统,打印服务器安装 Windows Server 2008 系统,接入局域网,并已通过连通性测试。

3.4.2 打印机的共享

1. 打印服务器的安装与配置

(1) 配置网络打印机的要求

① 打印服务器可以运行任何一种网络操作系统:本书以 Windows Sever 2008 为例。

② 有足够的 RAM 来处理文档。

③ 打印服务器上有足够的磁盘空间来存储文档。

(2) 添加打印服务器角色

① 依次选择"开始"→"管理工具"→"服务器管理器"命令,打开"服务器管理器"窗口。单击树状目录中的"角色"目录,打开"角色"配置信息框,如图 3.1 所示。

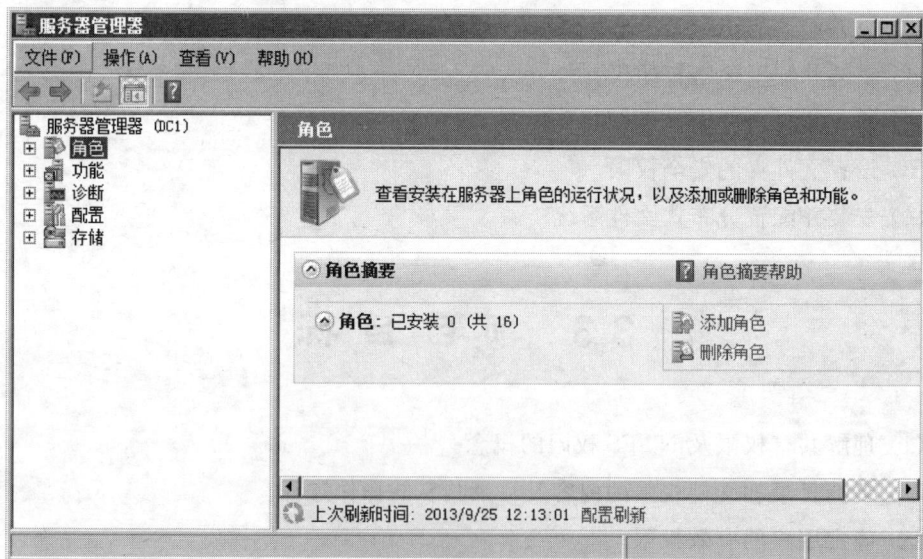

图 3.1 "服务器管理器"窗口

② 单击"添加角色"按钮,打开"添加角色向导"对话框。单击"下一步"按钮,在"选择服务器角色"界面选中"打印服务"复选框,如图 3.2 所示。

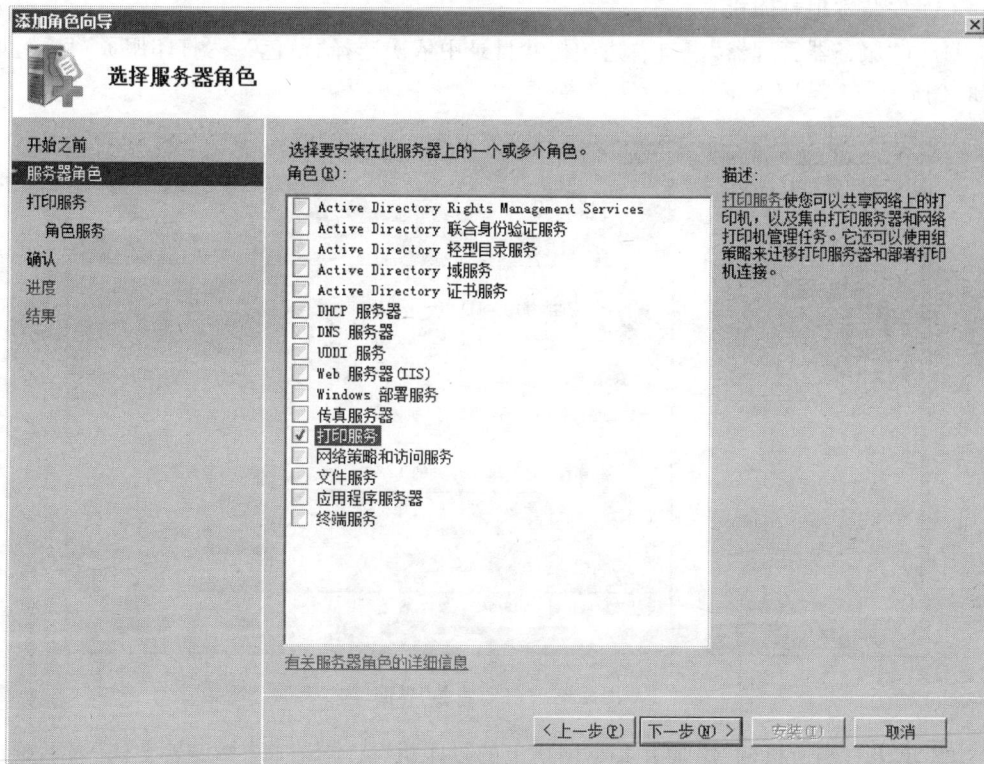

图 3.2 "选择服务器角色"对话框

③ 单击"下一步"按钮,直到"确认安装选择"界面,单击"安装"按钮。完成安装后,在"服务器管理器"窗口可以看到已经安装的角色,如图 3.3 所示。

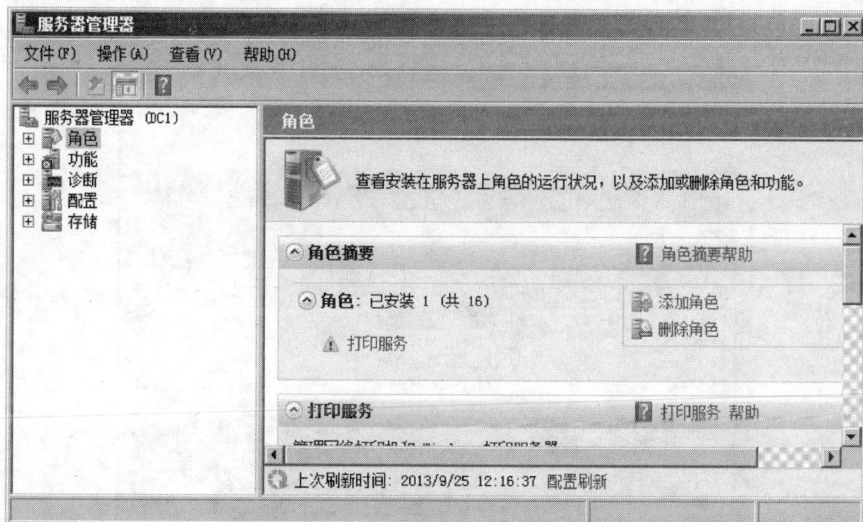

图 3.3 打印服务器状态

（3）安装本地打印机

① 在"服务器管理器"窗口左边的树状目录中依次选择"角色"→"打印服务"目录,如图 3.4 所示。

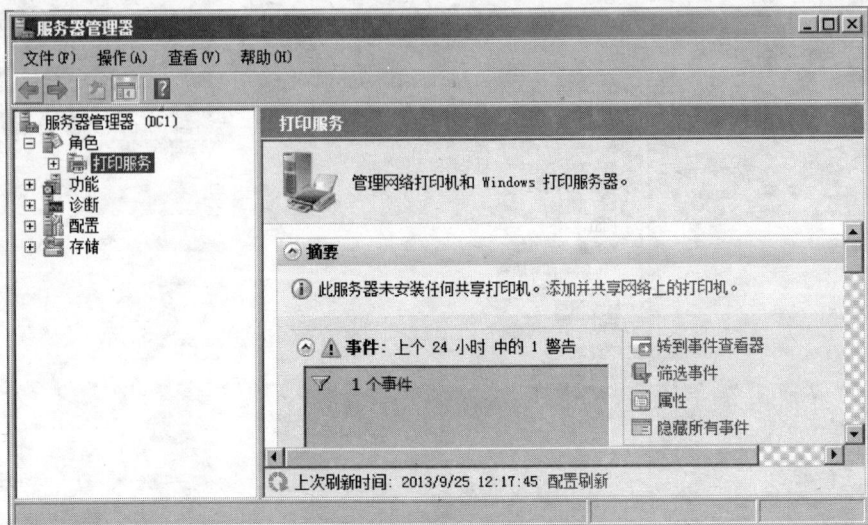

图 3.4　"打印服务"界面

② 单击右侧窗格的"添加并共享网络上的打印机"文本,在"选择安装方法"对话框中选择"使用现有的端口添加新打印机"选项。单击"下一步"按钮,在"选择打印机的驱动程序"对话框中,选择"安装新驱动程序"选项。单击"下一步"按钮,在"选择打印机的制造商和型号"对话框中,利用滚动条找到打印机的制造商和型号,如图 3.5 所示。

注意：如未找到相应型号,则单击"从磁盘安装"按钮,通过打印机附带的光盘或官方网站下载的驱动程序,根据提示完成驱动的安装。

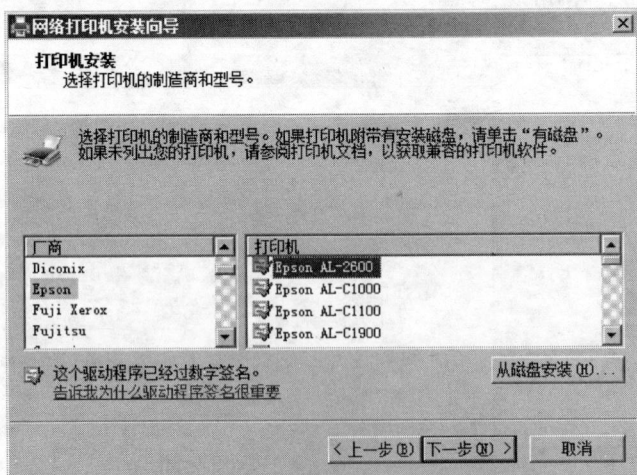

图 3.5　"选择打印机的制造商和型号"对话框

③ 单击"下一步"按钮,在出现的对话框中选中"共享此打印机"选项,如图 3.6 所示。
单击"下一步"按钮,直到完成。

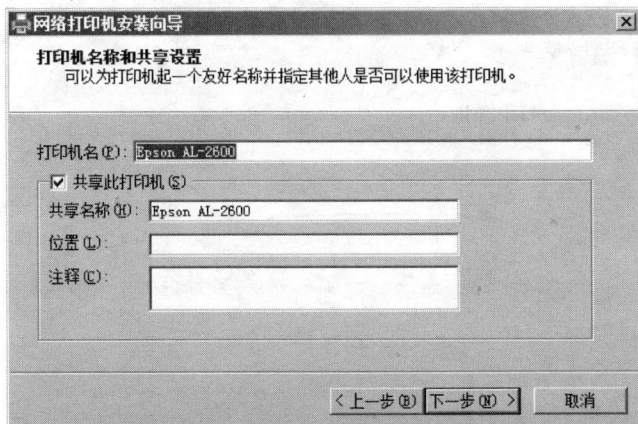

图 3.6　"打印机名称和共享设置"对话框

④ 安装完成后,在"服务器管理器"窗口的树状目录中,依次选择"角色"→"打印服务"→"打印管理"→"打印服务器"→"DC1(本地)"→"打印机"选项,可以看到已经安装好的打印机及其状态,如图 3.7 所示。

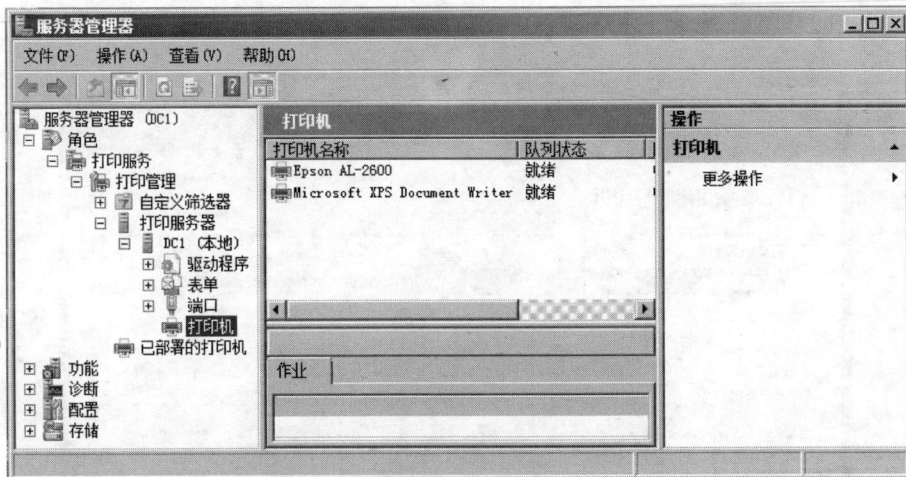

图 3.7　安装好的打印机及其状态

2. 连接到网络打印机

(1) 检查并确保客户端(另一台计算机,安装 Windows 7 操作系统)和打印服务器的连通性及权限。(默认情况下,服务器的本地安全策略开启了"使用空白密码的本地账户只允许进行控制台登录"服务,导致客户端无法使用空密码账号登录,需将该策略禁用。)

(2) 在客户端依次选择"开始"→"设备和打印机"→"添加打印机"命令,打开"添加打印机"对话框,如图 3.8 所示。

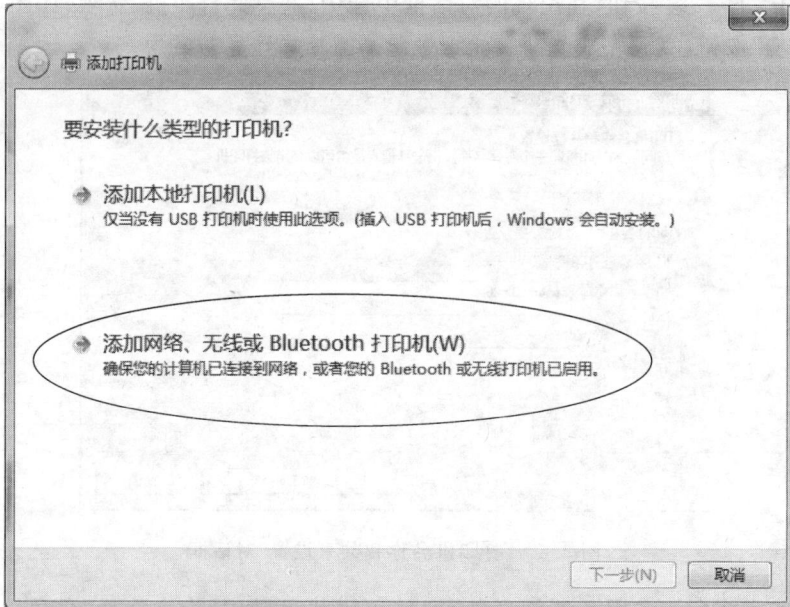

图 3.8 "添加打印机"对话框

（3）选择"添加网络、无线或 Bluetooth 打印机"选项，单击"下一步"按钮；系统会自动搜索可用的打印机，在列表中选择要连接的打印机，如图 3.9 所示。

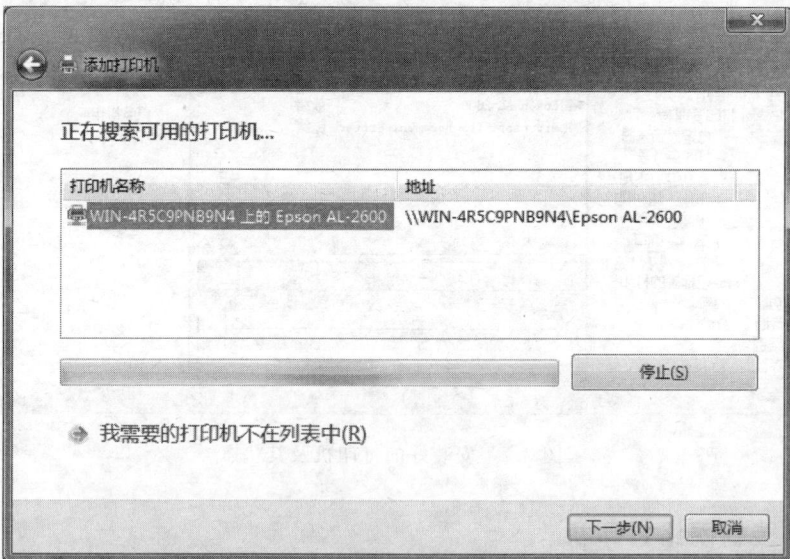

图 3.9 搜索可用的打印机

（4）单击"下一步"按钮。如果系统没有自带驱动程序，则会提示要求提供驱动存放的目录。如果系统自带相应打印机的驱动程序，则安装自动完成。依次选择"开始"→"设备和打印机"命令，可以看到已经安装好的打印机，如图 3.10 所示。

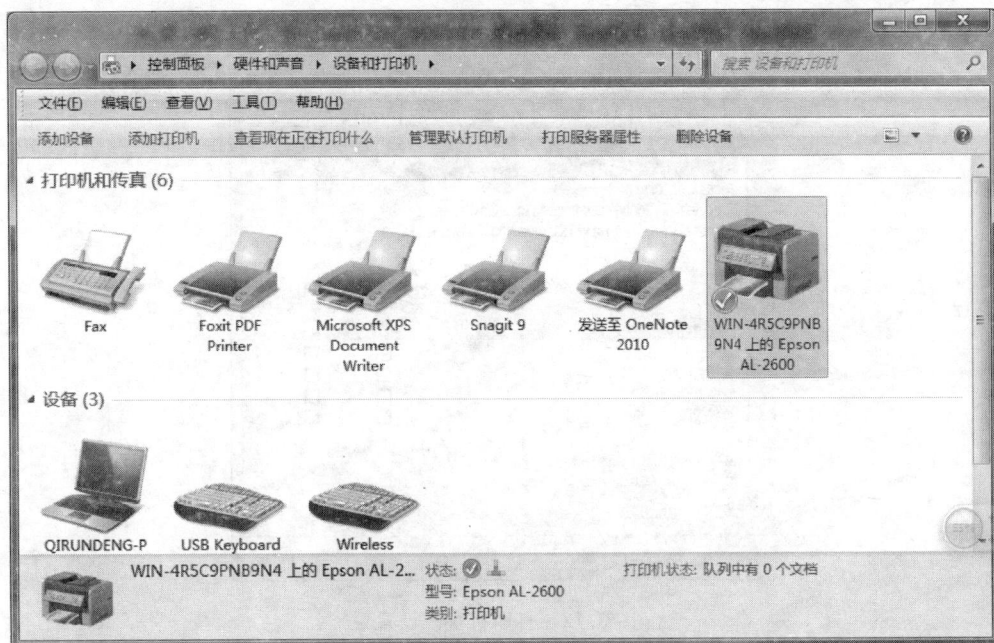

图 3.10 设备和打印机窗口中的设备图标

3. 配置并管理网络打印机

在服务器端依次选择"开始"→"管理工具"→"打印管理"命令,打开"打印管理"窗口。依次选择"打印服务器"→"主机"→"打印机"命令,展开树状目录。在中间区域的打印机列表中,右击,选择"打印机"命令,打开"打印机属性"窗口,在"常规"选项卡中可对打印机进行重命名和打印测试、打印首选项设置,如图 3.11 所示。

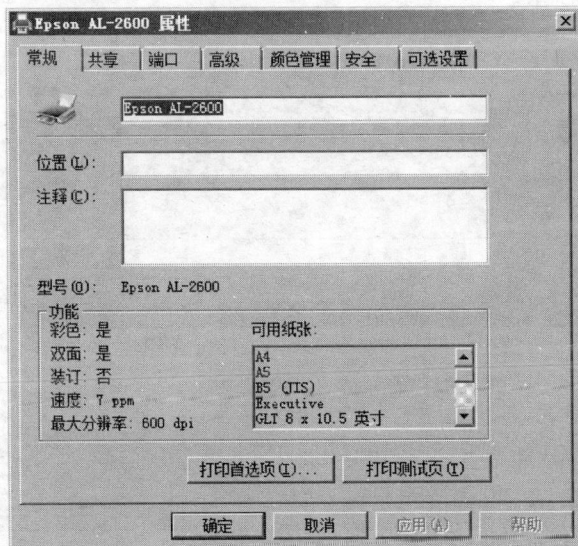

图 3.11 打印机属性对话框

选择"安全"选项卡,可以设置打印机的使用权限,如图 3.12 所示。

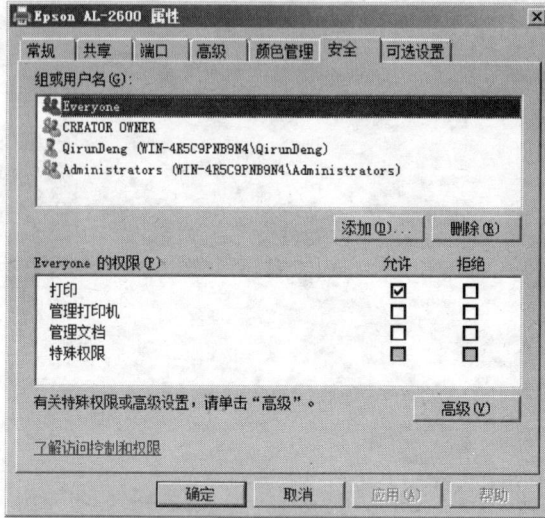

图 3.12　打印机权限设置

3.4.3　文件服务器的配置

Windows Server 2008 的文件服务默认已经安装。

(1) 打开资源管理器,双击要添加共享文件夹的驱动器,打开该驱动器,并用右击待共享的文件夹,从弹出的快捷菜单中选择"共享"命令,弹出"文件共享"对话框。

选择要与其共享的用户(当选择的是 Everyone 时,所有用户均可以访问),单击"添加"按钮(还可以通过下拉菜单设置权限级别为:读者、参与者或共有者)。然后单击"共享"按钮,如图 3.13 所示。

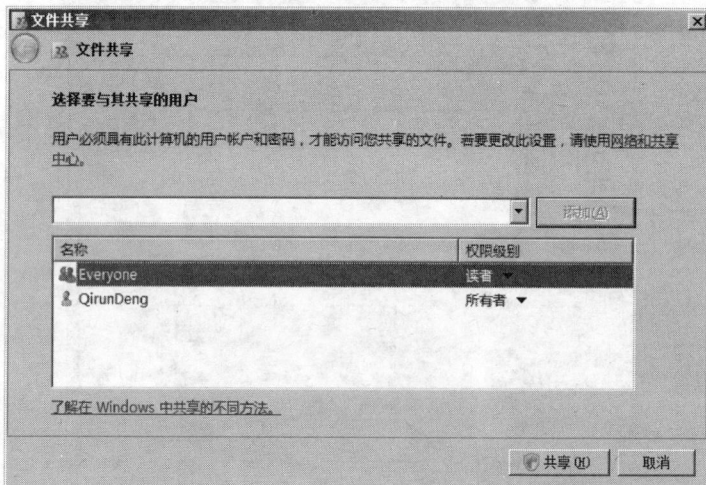

图 3.13　"文件共享"对话框

（2）也可以右击待共享的文件夹，从弹出的快捷菜单中选择"属性"命令，弹出"属性"对话框。选择"高级共享"命令，在弹出的"高级共享"对话框中选中"共享此文件夹"复选框，如图 3.14 所示。

（3）在此对话框中还可以单击"权限"按钮，对共享文件夹的访问权限进行限制，如图 3.15 所示。

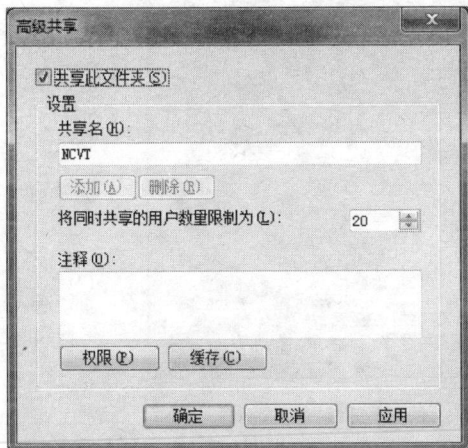

图 3.14　"高级共享"对话框

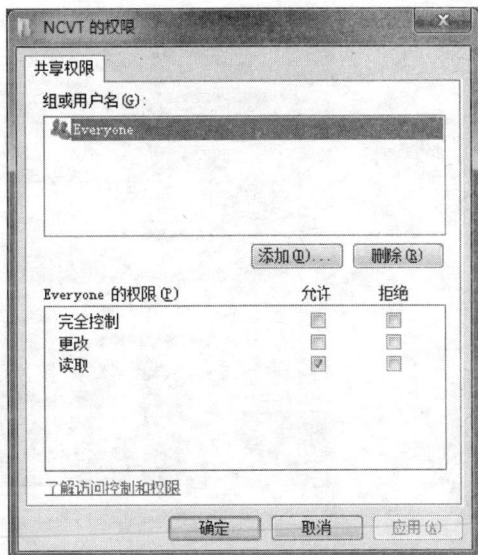

图 3.15　文件夹共享权限对话框

默认的组为 Everyone，权限为允许读取，意味着所有用户均可以读取该文件夹下的所有资源。

如果要对特定的用户进行设置，则可以删除 Everyone 组后，单击"添加"按钮，增加新的用户，根据需求进行权限（读取、更改、完全控制）的设置。

（4）共享成功以后，在资源管理器中可以看到被共享文件夹的图标发生了变化，如图 3.16 所示。

图 3.16　共享前后的文件夹图标对比

3.4.4　访问共享资源

可以通过 3 种方法访问共享资源。

（1）选择"开始"→"运行"命令，输入"\\计算机名"或"\\IP 地址"，打开需要访问的计算机进行访问。

（2）双击桌面的"网络"图标，找到并打开需要访问的服务器，就可以看到该服务器共享的资源。

（3）如果需要经常访问共享资源，则可以通过映射网络驱动器，在客户端的资源管理器中建立一个永久的盘符，供日常访问。

① 可以通过以下途径来映射网络驱动器。依次右击桌面图标"计算机"→"映射网络驱动器",打开"映射网络驱动器"对话框。在"驱动器"文本框中选择一个未使用的盘符,在"文件夹"文本框中输入共享文件的位置,或者通过单击"浏览"按钮获取共享资源,如图 3.17 所示。图中把 IP 地址为 192.168.1.200 的服务器上的共享资源 NCVT 映射为本地 Z 盘。

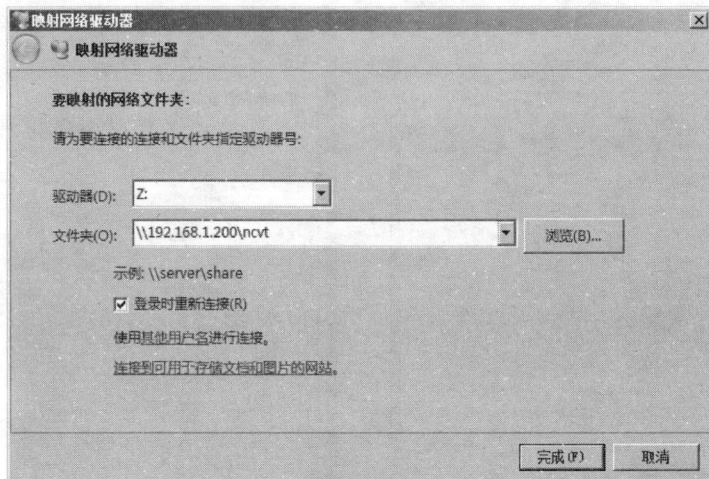

图 3.17 "映射网络驱动器"对话框

② 单击"完成"按钮,可以看到资源管理器"计算机"窗口中的映射盘符。以后只须通过打开 Z 盘就可以访问到相应的共享资源,如图 3.18 所示。

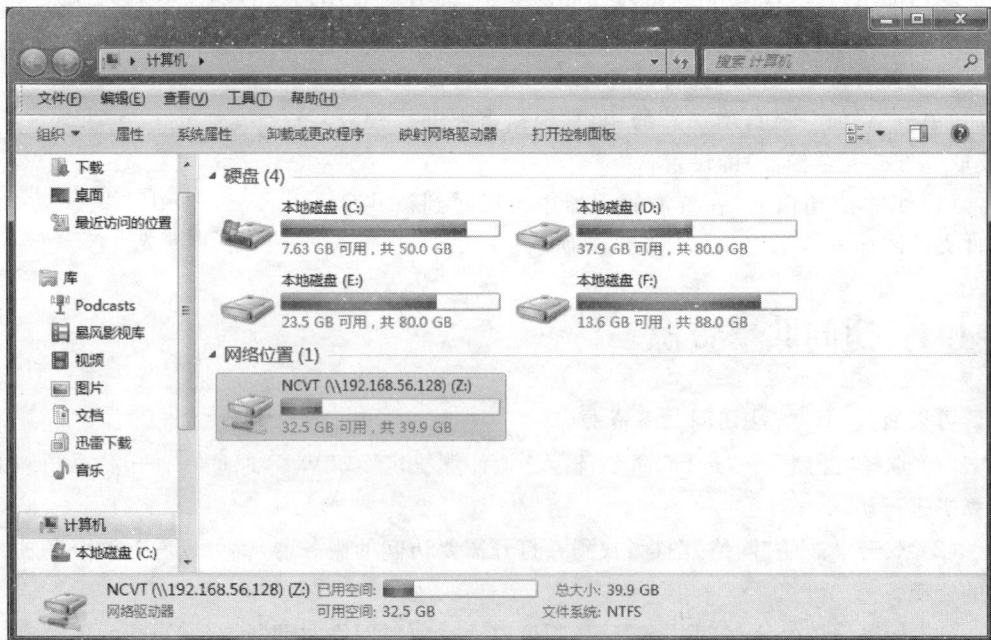

图 3.18 资源管理器中的"计算机"窗口

3.4.5 分布式文件系统

1. DFS 的安装与配置

(1) 在 DFS 的宿主服务器上安装"DFS 管理"管理单元。

(2) 创建一个指向该共享文件夹的 DFS 根。

① 依次选择"开始"→"管理工具"→"服务器管理器"命令,在打开窗口左边的属性目录中展开角色,选择"文件服务"目录,如图 3.19 所示。

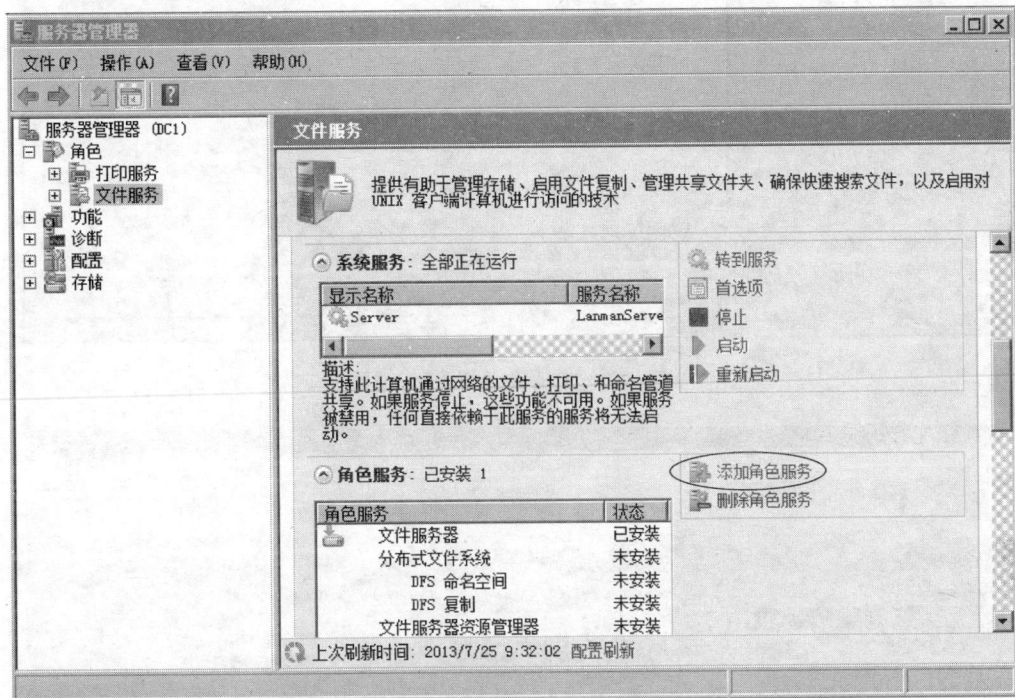

图 3.19 "文件服务"界面

② 选择"添加角色服务"选项,在弹出的对话框中选中"分布式文件系统"复选框,如图 3.20 所示。

③ 单击"下一步"按钮,在"创建 DFS 命名空间"对话框中,输入命名空间的名称,在此输入 NCVT-01(注意不能与现有的共享资源名重复,否则会出现冲突)。单击"下一步"按钮,出现如图 3.21 所示对话框。

④ 单击"下一步"按钮,在"命名空间配置"步骤中,可以单击"编辑设置"按钮修改共享文件夹的路径及权限信息。单击"下一步"按钮,直到出现"确认安装选择"对话框,如图 3.22 所示。单击"安装"按钮,随后系统自动完成安装过程。

⑤ 完成安装以后,在"服务器管理器"窗口中可以查到分布式文件服务系统的状态为"已安装",如图 3.23 所示。

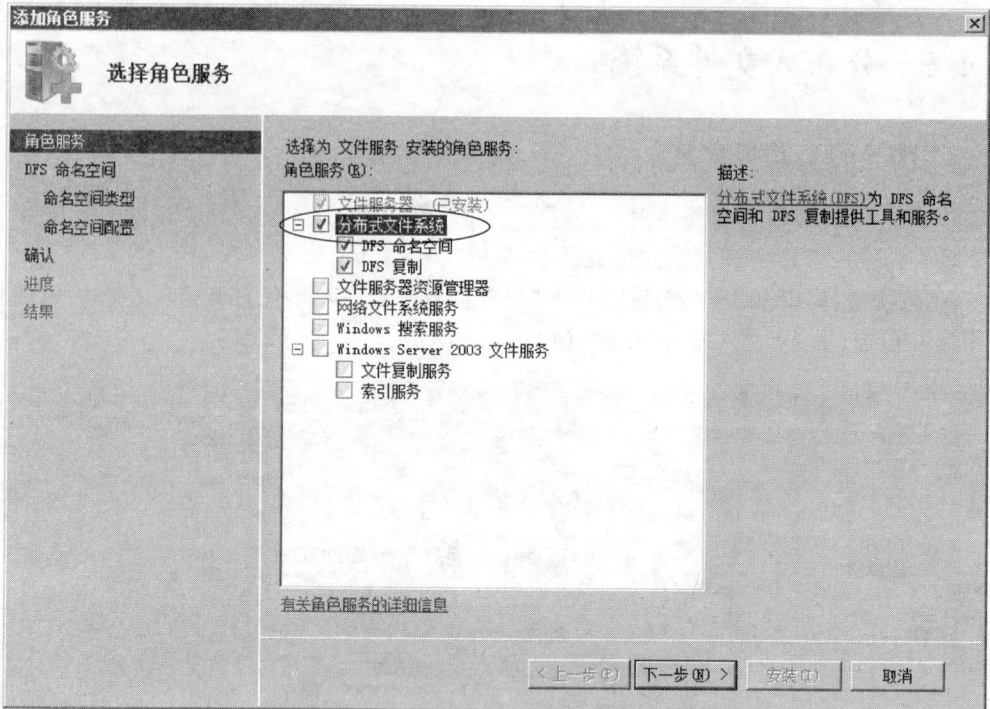

图 3.20 "选择角色服务"对话框

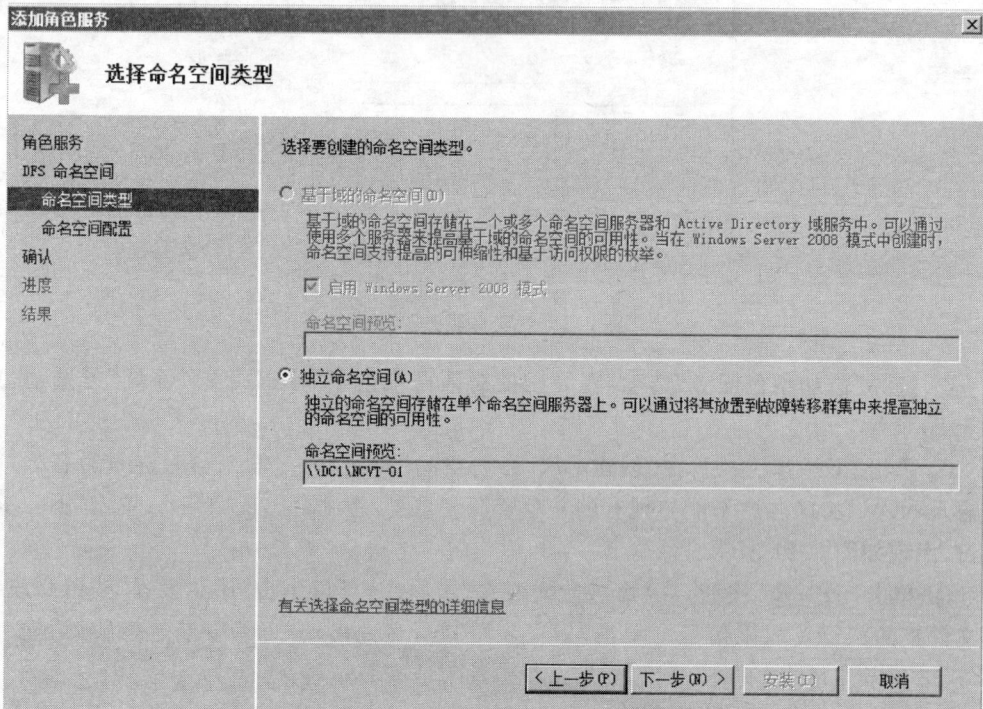

图 3.21 "选择命名空间类型"对话框

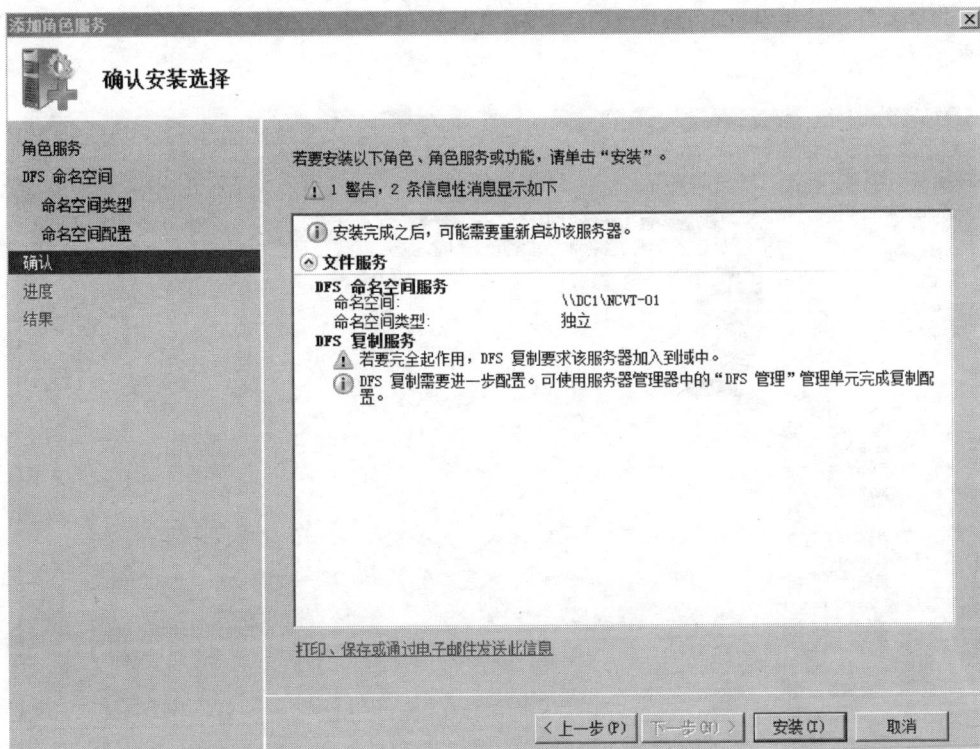

图 3.22　"确认安装选择"对话框

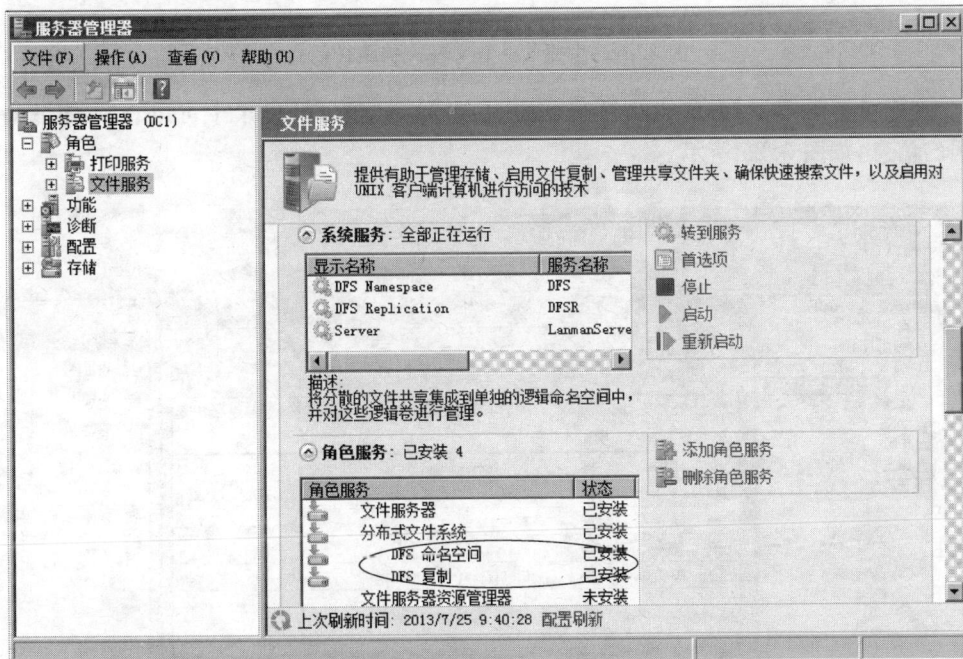

图 3.23　分布式文件服务系统状态

共享文件夹的默认路径为 C:\DfsRoots，文件夹的名称为命名空间的名称 NCVT-01，如图 3.24 所示。

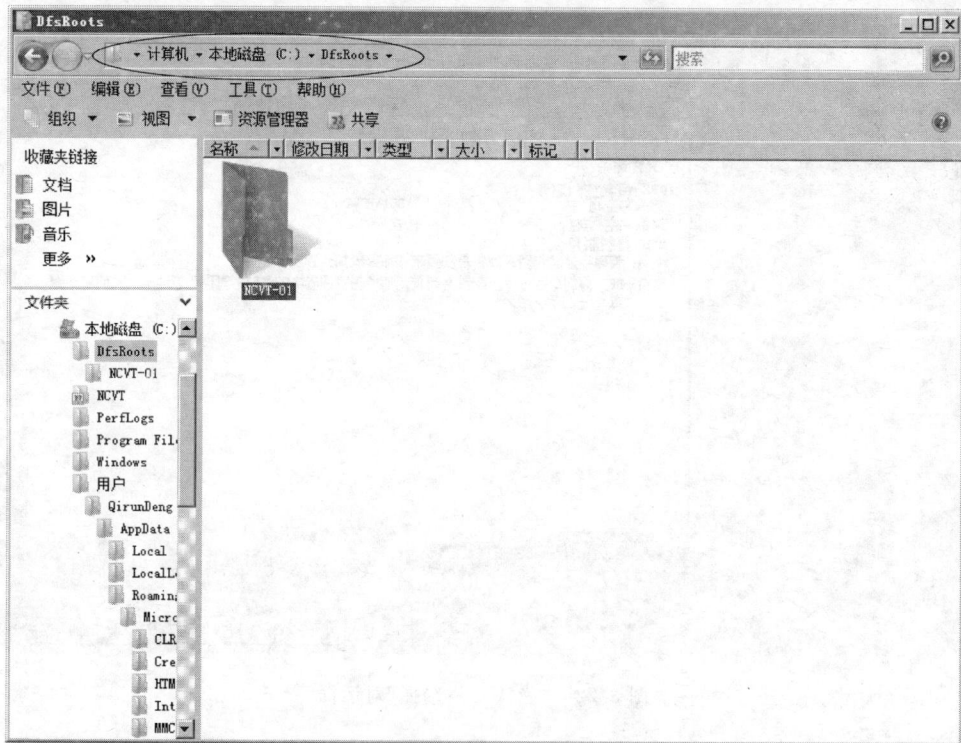

图 3.24　生成的共享文件夹的路径信息

在"服务器管理器"窗口树状目录下的"共享和存储管理"目录中可以看到 DFS 命名空间的信息，如图 3.25 所示。

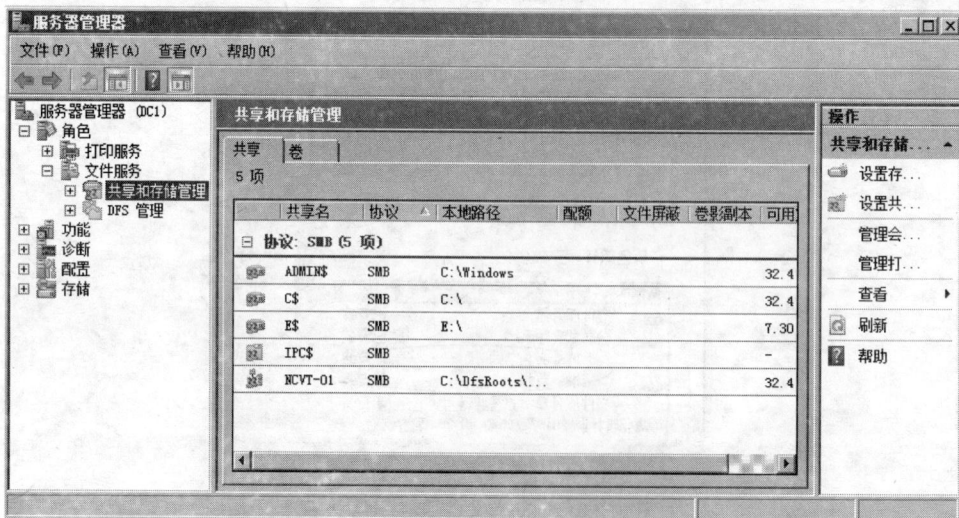

图 3.25　"共享和存储管理"界面

⑥ 右击共享名 NCVT-01,选择"属性"命令,在弹出的对话框中选择"权限"选项卡,如图 3.26 所示。通过单击"共享权限"按钮,对该共享资源的权限进行设置。

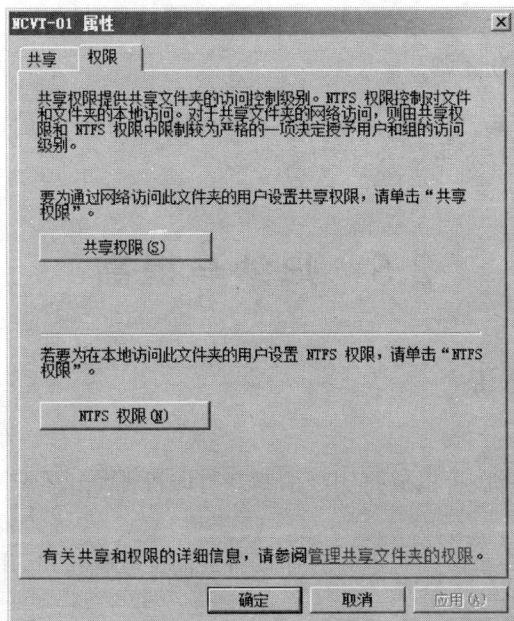

图 3.26 文件夹属性

2. DFS 管理

如果需要创建其他命名空间,则可以通过选择"开始"→"管理工具"→DFS Management(DFS 管理)命令,打开"DFS 管理"窗口,如图 3.27 所示。

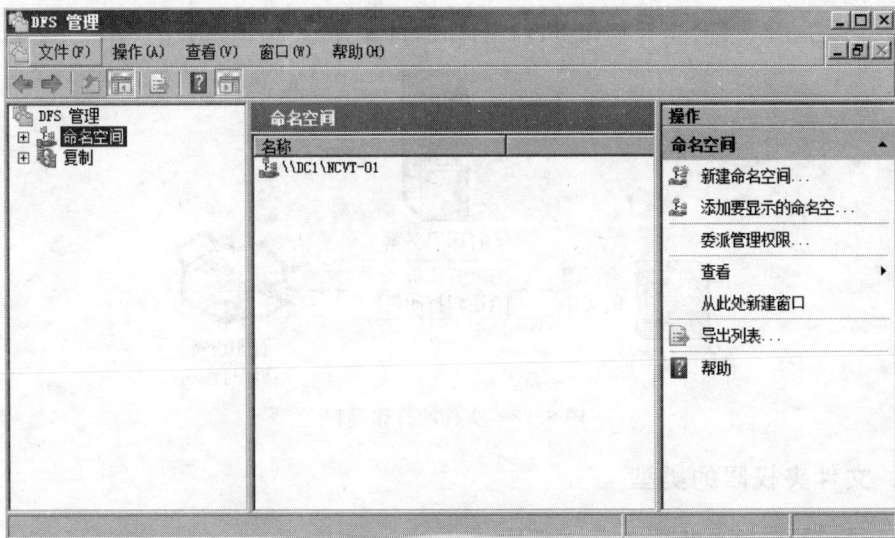

图 3.27 "DFS 管理"窗口

单击"新建命名空间"按钮,按提示重复步骤(3)~(5),直到创建完成。期间可以通过单击"命名空间名称和设置"步骤中的"编辑设置"按钮,进行共享文件夹本地路径和权限的设置。

3. 访问 DFS 上的资源

作为共享资源的一种,客户端访问 DFS 上的资源的方法与访问其他共享资源是一样的。具体方法参照 3.4.4 小节。

3.5　归纳与提高

1. 打印的基本术语

(1)打印设备

即通常所说的打印机,可以放打印纸的物理打印机。

(2)打印机

指逻辑打印机,是介于应用程序与打印设备之间的软件接口,用户的打印文档就是通过它发送给打印设备的。

(3)打印服务器

它是一台计算机,并连接有物理打印设备,负责接收用户所送来的文档,并将其送往打印设备进行打印。

(4)打印机驱动程序

负责将打印服务器接收到的打印文档转换为打印设备所能识别的格式,以便送往打印设备打印,不同的打印设备需要不同的打印驱动程序,通常所说的安装打印机即安装打印驱动程序。

图 3.28 是用户文件送往打印机进行打印的过程。

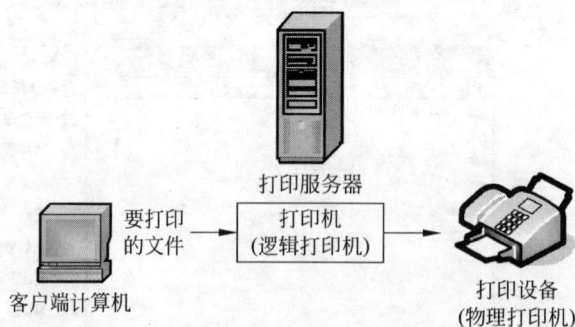

图 3.28　文件的打印过程

2. 文件夹权限的类型

(1)共享权限的类型

将计算机内的文件夹设为共享文件夹后,用户就可以通过网络来访问该文件夹内的文件、子文件夹等,不过用户还必须要有适当的权限。"共享文件夹"权限的类型有3种:读取、修改和完全控制。

(2)标准 NTFS 权限的类型

标准 NTFS 权限的类型和许可的操作如表 3.1 所示。

表 3.1 NTFS 权限类型

权　　限	对应的许可操作
读取	可以读取文件夹的内容、查看文件夹内的文件与子文件夹的名称、属性、所有者、权限等
写入	可以覆盖文件、在文件夹内添加文件和文件夹、改变文件与文件夹的属性以及查看文件与文件夹的所有者、权限;用户即使拥有此权限,也不可以直接更改文件的内容,只能够将该文件整个覆盖掉,因为此权限没有读取文件的属性
读取及运行	除了拥有"读取"的所有权限外,还具有运行应用程序的权限
列出文件夹目录	除了拥有"读取"的所有权限外,还具有"遍历子文件夹"的权限
修改	除了拥有"写入"与"读取及运行"的所有权限外,还具有更改文件的内容、删除文件与文件夹、改变文件与文件夹的名称等权限
完全控制	拥有所有 NTFS 文件的权限,也就是除拥有以上的所有权限以外,还具有"取得所有权"的权限

(3)设置安全的访问许可权

为用户设置访问许可权时应注意以下几点。

① 对服务器上的所有文件,实施强有力的基于许可的安全措施。

② 对中低安全性的安装,除系统卷和引导卷外,所有驱动器上均实施域用户(Domain User)管理,避免使用默认的每个用户(Everyone)、完全控制(Full Control)许可等安全措施。

③ 对于高安全性安装,去掉所有 Everyone、Full Control 许可权。

④ 以机构中的自然关系为基础建立组,按组分配文件许可权。

3. 用户的有效权限

用户对共享文件夹的有效权限遵循以下原则。

(1)权限的累加性(取大)

如果用户同时属于多个组,那么用户的有效权限为所有权限之和。

(2)"拒绝"权限将屏蔽所有其他的权限

如果用户对网络资源的权限中有"拒绝"的选项,用户将不能访问网络资源。

(3)文件权限会覆盖文件夹的权限

如果针对某个文件夹设置了 NTFS 权限,同时也对该文件夹内的文件设置了 NTFS 权限,则以文件的权限设置为优先。

（4）共享文件夹与 NTFS 权限的配合

若同时设置了共享文件夹权限与 NTFS 权限,则最后的有效权限取这两种权限之中最严格的设置。

4. 分布式文件系统

分布式文件系统 DFS(Distributed Files System)是一种服务,它允许系统管理员将分布式的网络共享组织到一个逻辑名称空间中,从而使用户不需要指定文件的物理位置和提供网络共享的负载就能访问文件,如图 3.29 所示。

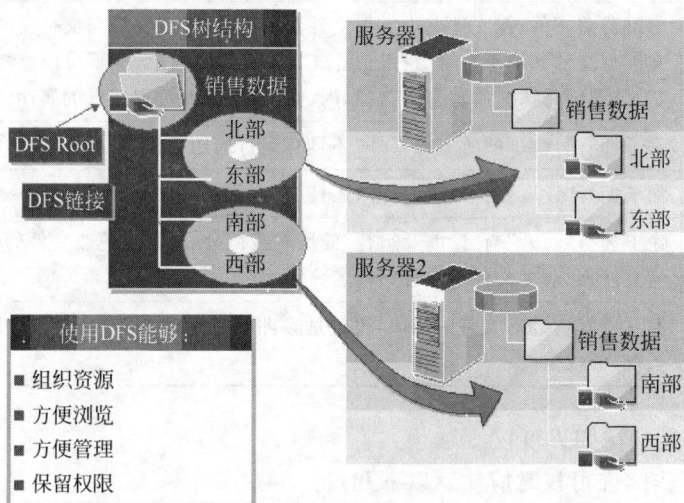

图 3.29　DFS 结构

（1）DFS 根目录的类型

DFS 根目录是 DFS 拓扑结构的最顶层,DFS 根目录有以下类型。

① 独立 DFS 根目录。独立 DFS 根目录装载在一台独立的计算机上,不使用 Active Directory。至多只能有一个根目录级别的目标。使用文件复制服务不能支持自动文件复制。通过服务器群集支持容错。

② 基于域的 DFS 根目录。基于域的 DFS 根目录装载在多个域控制器或者成员服务器上,DFS 拓扑结构存储在 Active Directory 内,DFS 名称空间自动发布到 Active Directory 中,可以有多个根目录级别的目标。通过 FRS 支持自动文件复制,通过 FRS 支持容错。

（2）DFS 术语

① DFS 拓扑：分布式文件系统的整体逻辑层次。

② DFS 根：DFS 拓扑的最顶层,基于域的 DFS 可在域中有多个根,但每个服务器上只能有一个根。

③ 根副本：服务器复制一个 DFS 根,以提供更好的安全性。

④ DFS 链接：DFS 根下的一部分。

3.6 思考与自测

3.6.1 思考题

1. 如果客户机不能访问服务器的共享资源,有可能是什么原因? 你在实训中是怎样解决的?

2. 在 Windows 7 的"计算机"界面中,如何表明该驱动器指向远程共享文件夹?

3. DFS 链接能指向另一台计算机吗?

3.6.2 自测题

1. 打印服务器的配置: 在 1 号机(安装 Windows Server 2008 系统)安装本地打印机并共享,在 2 号机中浏览该打印机,并设置为默认打印机。(30 分)

2. 文件服务器的配置: 在 1 号机的 D 盘创建一个用自己的名字命名的文件夹,把该文件夹共享,并授予所有用户允许读取、修改的共享权限;在 2 号机中访问该共享资源。(30 分)

3. 在 1 号机创建一个分布式文件系统,并创建一个命名空间: NCVT-02,指向第 2 题所创建的共享文件夹,权限为所有用户允许修改。(40 分)

3.6.3 评分标准

评分标准见表 3.2。

表 3.2 评分标准

题号	要 求	得分	备注
1	① 1 号机上安装有本地打印机,并共享	20	5 分钟完成
	② 2 号机能使用该打印机	10	
2	① 1 号机上有共享文件夹,且权限设置正确	20	5 分钟完成
	② 从 2 号机能访问到共享文件夹	10	
3	① 1 号机上有共享文件夹 NCVT	10	5 分钟完成
	② 1 号机上有分布式文件系统命名空间: NCVT-02	10	
	③ 命名空间的路径和权限正确	20	

3.7 实 训 指 导

1. 打印服务的安装及配置

(1) 在 Windows Server 2008 服务器(1 号机)上安装"打印服务"角色。

打开"服务器管理器"窗口,在树状目录中单击"角色"目录,在右边区域单击"添加角色"按钮,根据向导提示,完成"打印服务"角色的添加。

(2) 在服务器上安装打印机驱动,并将打印机共享给所有用户。

在"服务器管理器"窗口,展开树状目录中的"角色"目录,选中"打印服务"选项,在右边区域单击"添加并共享网络上的打印机"按钮,按向导完成打印机的安装与共享。

(3) 在客户端(2 号机)获取共享的打印机资源,并将网络打印机设置为默认打印机。

依次选择"开始"→"设备和打印机"→"添加打印机"命令,按向导完成网络打印机的添加。

添加完成后,右击网络打印机图标,选择"设置为默认打印机"命令,将打印机设置为默认打印设备。

2. 文件服务的安装及配置

(1) 在 Windows Server 2008 服务器(1 号机)上创建文件夹。

在 Windows Server 2008 服务器的 D 盘根目录下创建一个文件夹,并命名为 NCVT。

(2) 共享文件夹,并设置更改权限。

右击文件夹 NCVT,在弹出的快捷菜单中选择"属性"命令,弹出"属性"对话框。单击"高级共享"按钮,在新弹出的对话框中选中"共享此文件夹"复选框,输入共享名 NCVT。单击"权限"按钮,在弹出的权限对话框中添加 Administrators 组,把 Everyone 组的权限修改为"允许读取、修改",并设置 Administrators 组的权限为完全控制。

(3) 在客户端获取共享的文件资源。

Windows 7 系统桌面的"网络"界面,可以看到服务器的图标。双击打开它就可以看到服务器共享的文件夹 NCVT。双击打开 NCVT 文件夹,可以对共享资源进行读和写的操作。

3. 分布式文件系统(DFS)的安装及配置

(1) 在 Windows Server 2008 服务器(1 号机)上安装"分布式文件系统"角色。打开"服务器管理器"窗口,在树状目录单击"角色"目录,在右边区域单击"添加角色"按钮,根据向导提示,完成"分布式文件系统"角色的添加。

(2) 创建并配置命名空间。选择"开始"→"管理工具"→DFS Management(DFS 管理)命令,在弹出的窗口右边选择"新建命名空间"选项,按提示设置基本参数(服务器名称为本地 Windows Server 2008 服务器的名称或 IP 地址;空间名称为 NCVT-01),单击"编辑设置"按钮,在弹出的权限对话框中添加 Administrators 组;保持 Everyone 组的权限为"允许,读取",设置 Administrators 组的权限为完全控制。

(3) 在客户端(2 号机)获取共享的文件资源。打开 Windows 7 系统桌面的"网络"界面,可以看到服务器的图标。双击打开它就可以看到服务器共享的文件夹 NCVT-01。双击打开 NCVT-01 文件夹,可以对共享资源进行读和写的操作。

项目 4   DNS 服务器的配置与管理

本项目将进行 DNS 服务器的配置与管理,学习 DNS 的基本原理、DNS 服务器的安装、DNS 区域的建立、DNS 记录的创建及 DNS 客户端设置等。

4.1   项 目 问 题

某单位内部局域网要求为单位内网络用户提供 DNS 解析服务,使用户能够使用域名访问单位内部的计算机和网站。

4.2   主 要 任 务

(1) 安装 DNS 服务。
(2) 建立正向和反向区域。
(3) 在正向和反向区域内添加记录。
(4) 配置 DNS 客户端。

4.3   项 目 目 标

(1) 理解 DNS 的基本概念和工作原理。
(2) 掌握 DNS 服务器的安装方法。
(3) 掌握正向和反向查找区域的建立方法。
(4) 掌握 DNS 服务的测试方法。

4.4   探 索 与 实 践

4.4.1   项目实施环境

两台计算机,已安装 Windows XP 或(Windows 7)和 Windows Server 2008 系统,接入对等网络,并已通过连通性测试。

4.4.2　安装 DNS 服务

　　(1) 选择"开始"→"管理工具"→"服务器管理器"命令,打开"服务器管理器"窗口。单击控制台的树状目录中的"服务器管理器"目录,在"角色摘要"下单击"添加角色"按钮,弹出"添加角色向导"对话框。单击"下一步"按钮,在出现的"选择服务器角色"界面中选中"DNS 服务器"复选框,如图 4.1 所示。

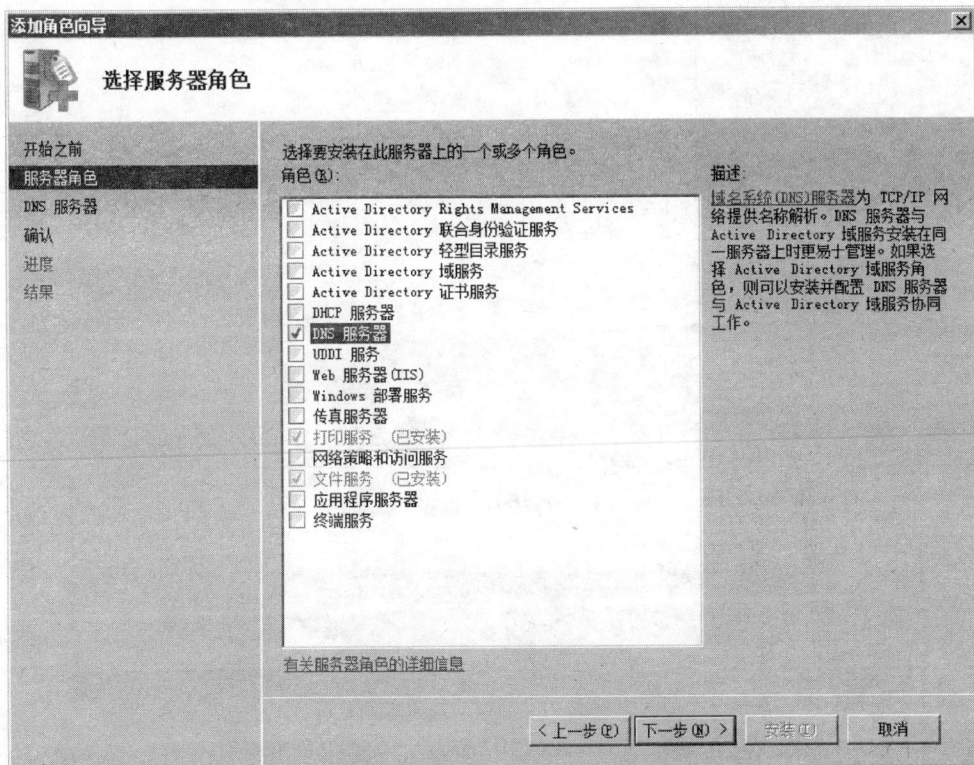

图 4.1　"选择服务器角色"对话框

　　(2) 连接单击"下一步"按钮,直到出现"确认安装选择"对话框,如图 4.2 所示。单击"安装"按钮,系统会自动完成 DNS 服务的安装。

　　完成安装后,在"服务器管理器"窗口的"角色"界面中多了一个"DNS 服务器"选项,说明 DNS 服务器已安装成功,如图 4.3 所示。

4.4.3　创建正向查找区域及其资源(主机)记录

1. 创建正向查找区域

　　(1) 依次选择"开始"→"管理工具"→DNS 命令,打开"DNS 管理器"窗口。

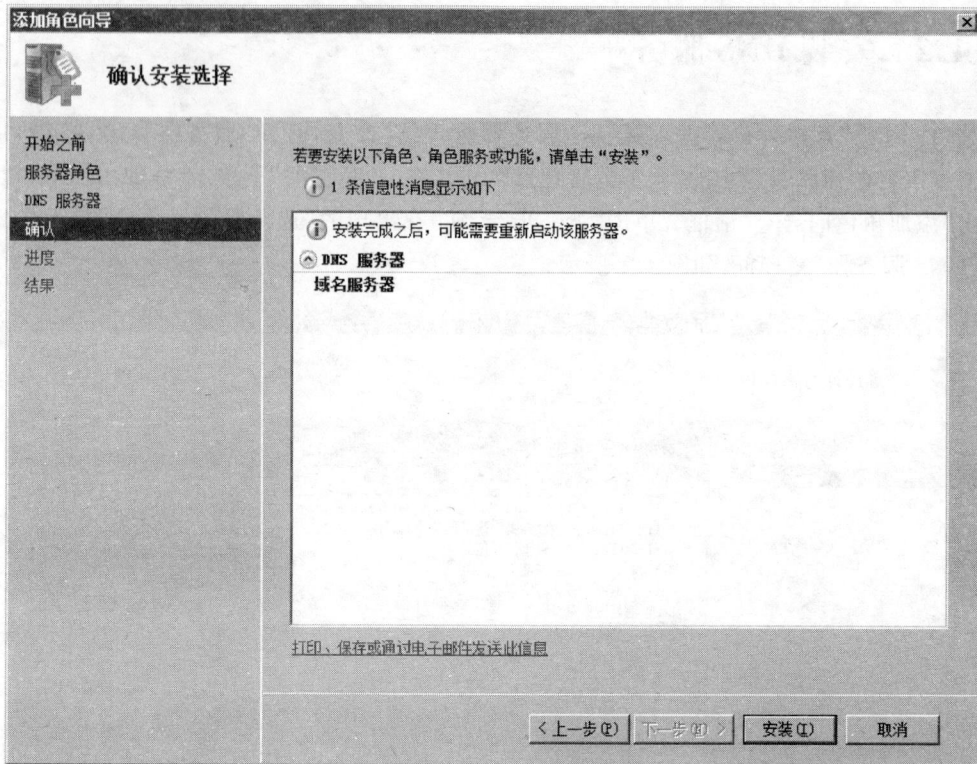

图 4.2　"确认安装选择"对话框

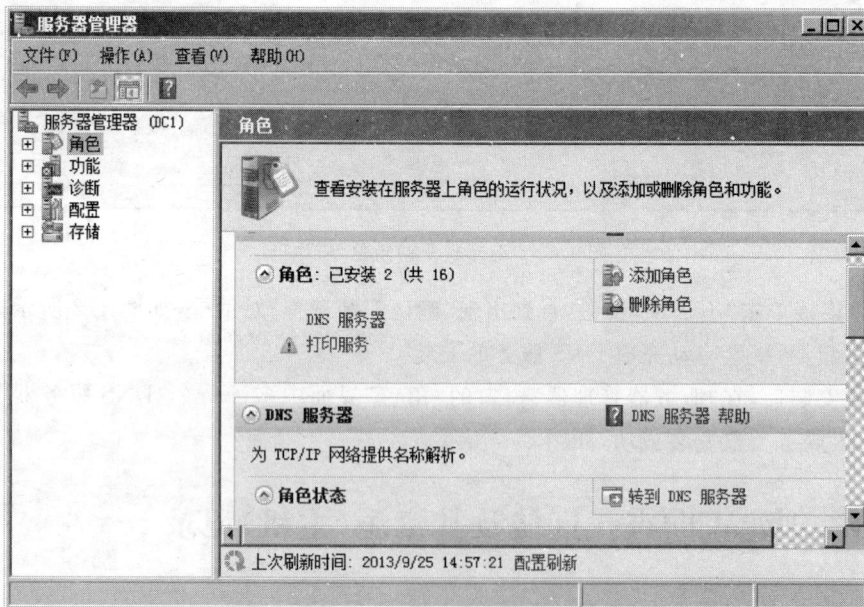

图 4.3　"服务器管理器"窗口的"角色"界面

（2）在"DNS 管理器"窗口中,依次展开控制台的树状目录。右击"正向查找区域"选项,选择"新建区域"命令,打开"新建区域向导"对话框。单击"下一步"按钮,弹出"区域类型"对话框,选择"主要区域"选项,如图 4.4 所示。

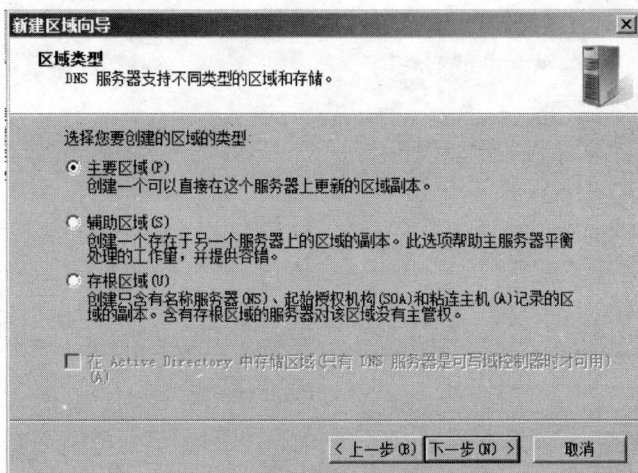

图 4.4　"区域类型"对话框

（3）单击"下一步"按钮,出现"区域名称"对话框,为此区域设置名称为 nzy.com,如图 4.5 所示。

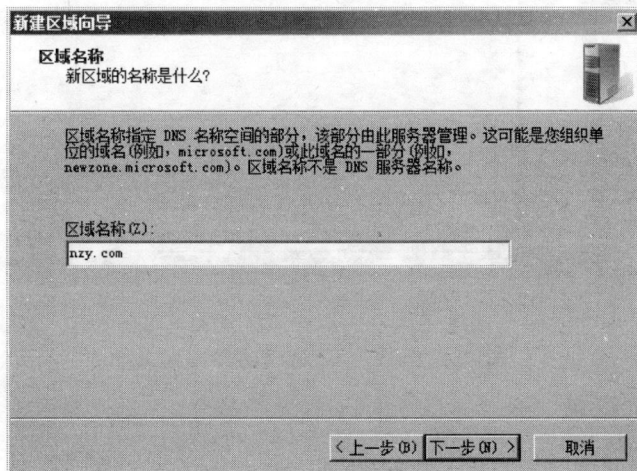

图 4.5　"区域名称"对话框

（4）单击"下一步"按钮,在"区域文件"对话框中直接单击"下一步"按钮,打开"动态更新"对话框。在"动态更新"对话框中,选择"不允许动态更新"选项,如图 4.6 所示。然后单击"下一步"按钮,再单击"完成"按钮即可完成正向查找区域的创建。

创建成功后,会在 DNS 控制台的"正向查询区域"树状目录下看到 nzy.com 区域信息,如图 4.7 所示。

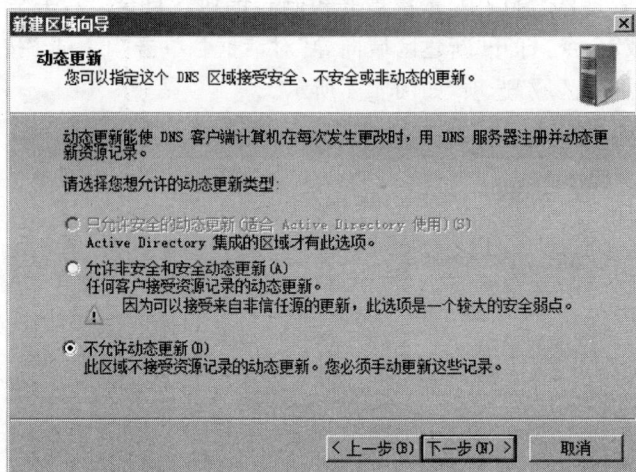

图 4.6 "动态更新"对话框

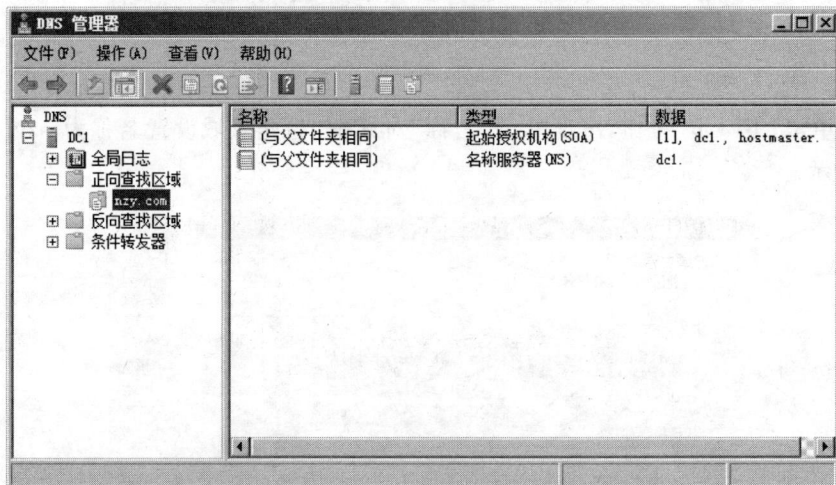

图 4.7 "DNS 管理器"窗口

2. 创建主机记录

创建主机记录是将主机的相关数据(主机名和 IP 地址)添加到 DNS 服务器的主要区域内,以满足 DNS 客户端查询主机名和 IP 地址的要求,具体步骤如下。

(1) 依次选择"开始"→"管理工具"→DNS 命令,打开"DNS 管理器"窗口。

(2) 选择已创建的主要区域(nzy.com),右击,弹出快捷菜单,选择"新建主机"命令,出现"新建主机"对话框。输入该主机的主机名称与 IP 地址,如图 4.8 所示。

(3) 然后单击"添加主机"按钮。出现"成功地创建了主机记录"的信息(单击"确定"按钮后,重复以上步骤,可以创建其他的主机记录),单击"完成"按钮,可以在"DNS 管理器"窗口看到已创建成功的主机记录,如图 4.9 所示。

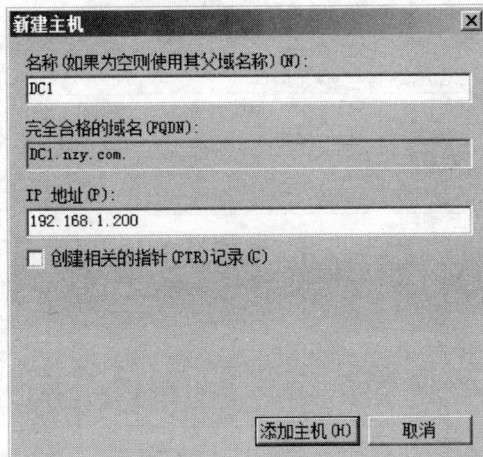

图 4.8 "新建主机"对话框

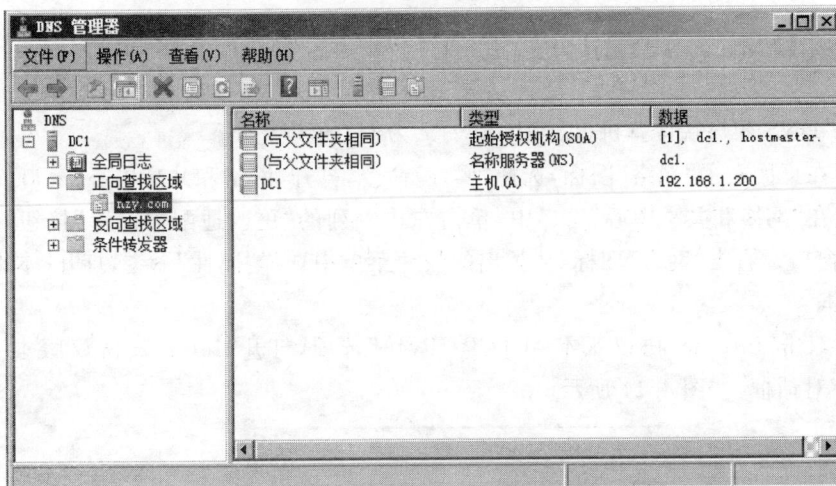

图 4.9 正向查找区域信息

3. 新建主机的别名

如果区域内的一台主机是 Web 服务器，主机名称为 dc1. nzy. com，同时又是 DNS 服务器，希望另外给它一个主机名称 dns. nzy. com，此时可以通过建立别名来实现。建立主机别名的步骤如下。

（1）打开"DNS 管理器"窗口。

（2）选择已创建的主要区域（nzy. com），右击，弹出快捷菜单，选择"新建别名"命令，出现"新建资源记录"对话框。输入别名与该主机的主机名称，如图 4.10 所示。

（3）单击"确定"按钮，完成创建。可以在"DNS 管理器"窗口看到已创建成功的别名。

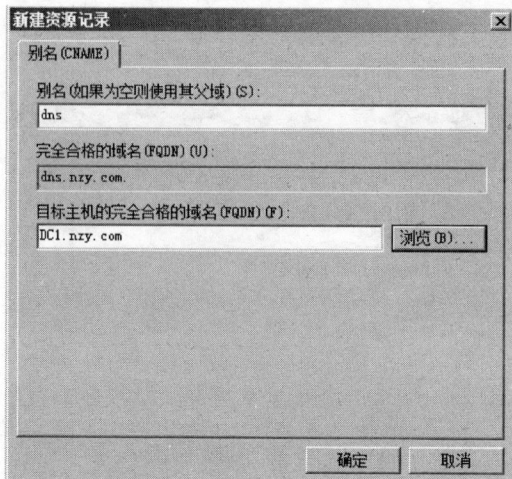

图 4.10 "新建资源记录"对话框

4.4.4 DNS 客户端的设置

设置 DNS 客户端计算机（以 Windows 7 为例）的步骤如下。

（1）在桌面右击"网络"图标，选择"属性"命令，打开"网络和共享中心"窗口。

（2）在"网络和共享中心"窗口中，单击左边一列的"更改适配器设置"按钮，打开"网络连接"窗口。右击"网卡"图标，从弹出的快捷菜单中选择"属性"命令，打开"本地连接属性"对话框。

（3）双击"Internet 协议版本 4（TCP/IPv4）"选项，打开"Internet 协议版本 4（TCP/IP)属性"对话框，如图 4.11 所示。

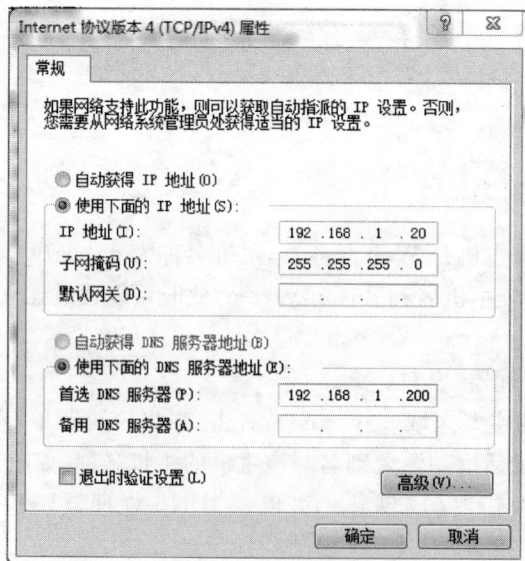

图 4.11 "Internet 协议版本 4（TCP/IPv4)属性"对话框

（4）选中"使用下面的 DNS 服务器地址"选项，在"首选 DNS 服务器"文本框中输入 DNS 服务器的 IP 地址（这里是 192.168.1.200，注意，同时它也是 Web 服务器）。如果还有其他的 DNS 服务器可供服务，在"备用 DNS 服务器"文本框中输入另外一台 DNS 服务器的 IP 地址，单击"确定"按钮。

DNS 服务器本身也应该要采用相同的步骤，指定其 DNS 服务器的 IP 地址。

4.4.5　DNS 服务器的检测

（1）利用监视工具检测 DNS 设置是否正常

在"DNS 管理器"窗口中，右击"DNS 服务器"选项，选择"属性"命令，打开"DNS 服务器属性"窗口。选择"监视"选项卡，选取测试类型为"对此 DNS 服务器的简单查询"，单击"立即测试"按钮进行手工测试，可以立刻显示测试结果，如图 4.12 所示。

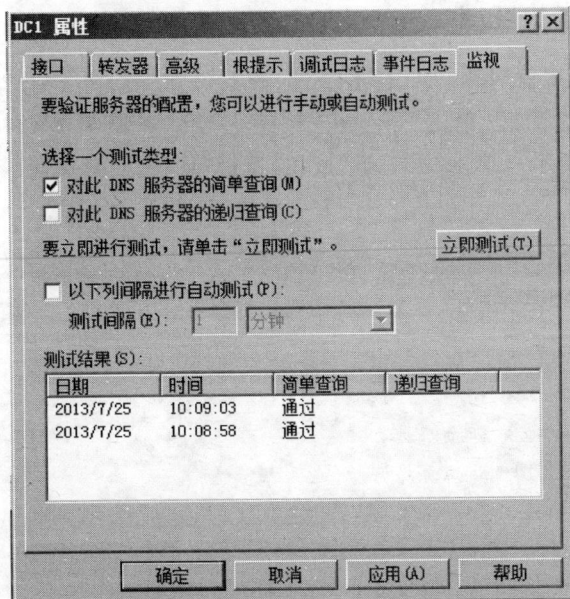

图 4.12　DNS 服务器属性的"监视"选项卡

（2）利用命令测试 DNS 设置是否正常

可通过以下两个命令测试 DNS 服务是否正常运行。

① ping 命令。执行"ping 域名"命令，如果能看到 IP 地址（192.168.1.200），表明 DNS 服务器已将域名（dc1.nzy.com）解析成功，如图 4.13 所示。

② 利用 nslookup 命令来检查记录。如果要测试 DNS 服务器是否能将主机名解析为 IP 地址，可用以下命令进行测试：

nslookup 主机名

如果能显示出主机名（dc1.nzy.com）和 IP 地址（192.168.1.200），则表明正向查找记录正确，如图 4.14 所示。

C:\ Users\ Administrator>ping dc1.nzy.com

正在 ping dc1.nzy.com [192.168.1.200] 具有 32 字节的数据
来自 192.168.1.200 的回复: 字节=32 时间<1ms TTL=128
来自 192.168.1.200 的回复: 字节=32 时间<1ms TTL=128
来自 192.168.1.200 的回复: 字节=32 时间<1ms TTL=128
来自 192.168.1.200 的回复: 字节=32 时间<1ms TTL=128

192.168.1.200 的 Ping 统计信息::
　　　数据包: 已发送 =4, 已接收 =4, 丢失 =0(0% 丢失),
往返行程的估计时间(以毫秒为单位):
　　　最短 =0ms, 最长 =0ms, 平均 =0ms

C:\Users\Administrator>nslookup dc1.nzy.com
服务器: dc1.nzy.com
Address: 192.168.1.200

名称: dc1.nzy.com
Address: 192.168.1.200

图 4.13　ping 命令测试结果　　　　图 4.14　"nslookup 主机名"命令测试结果

4.4.6　创建反向查找区域及其资源(指针)记录

1. 创建反向查找区域

(1) 在"DNS 管理器"窗口中,右击"反向查找区域"选项,选择"新建区域"选项,打开"新建区域向导"对话框,单击"下一步"按钮,弹出"区域类型"对话框,选择"主要区域"选项,如图 4.4 所示。单击"下一步"按钮,选择"IPv4 反向查询区域"选项,如图 4.15 所示。

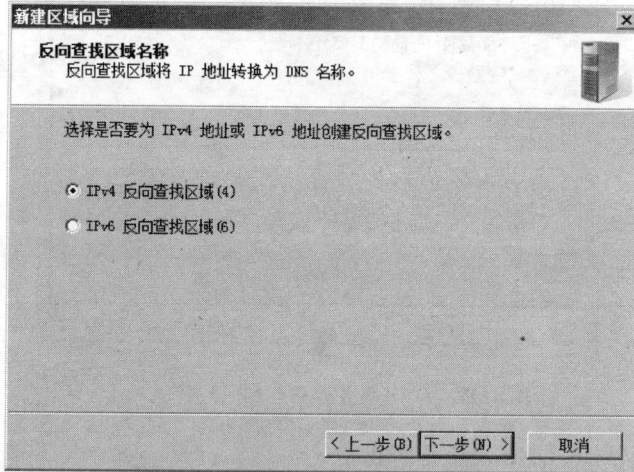

图 4.15　IPv4 和 IPv6 协议选择

(2) 单击"下一步"按钮,出现"反向查找区域名称"对话框,输入网络 ID192.168.1,如图 4.16 所示。

(3) 单击"下一步"按钮,在"区域文件"界面直接单击"下一步"按钮,打开"动态更新"对话框。在"动态更新"对话框中,选择"不允许动态更新"选项。然后单击"下一步"按钮,再单击"完成"按钮即可完成反向查找区域的创建。

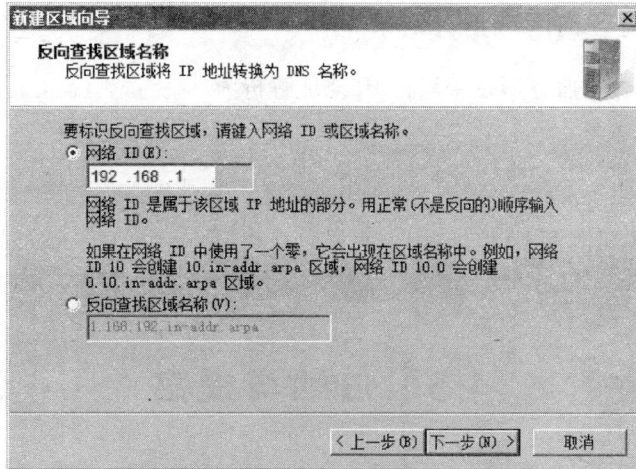

图 4.16　"反向查找区域名称"对话框

2. 创建指针记录

反向查找区域内必须有记录数据以便提供反向查询的服务，可以利用以下两种方式来创建反向区域的记录。

（1）在正向查找区域创建主机记录时，选中"创建相关的指针（PTR）记录"选项，则在创建主机记录的同时，顺便在反向查找区域内创建一条反向记录。

（2）右击"反向查找区域"（1.168.192.in-addr.arpa.dns）选项，并从弹出的快捷菜单中选择"新建指针"选项，显示"新建资源记录"对话框。在对话框中输入主机的 IP 地址与完整的主机名（也可以通过单击"浏览"按钮，在正向区域中寻找），如图 4.17 所示，单击"确定"按钮。

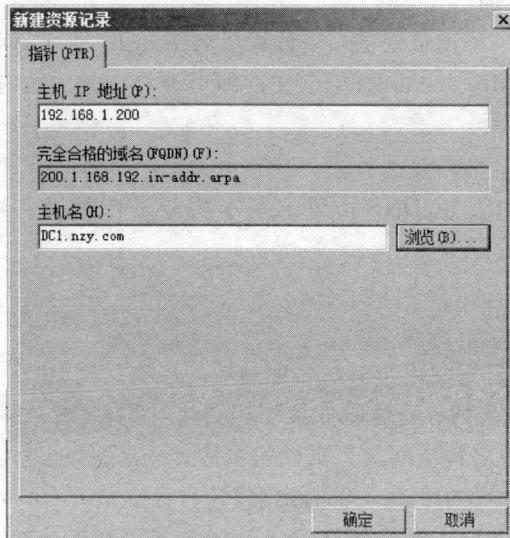

图 4.17　"新建资源记录"对话框

3. 测试反向查询区域指针记录

如果要测试 DNS 服务器是否能将 IP 地址解析为主机名,可用以下命令:

nslookup IP 地址

如果能显示主机名和 IP 地址,则表明反向查找记录正确,如图 4.18 所示。

```
C:\Users\Administrator>nslookup 192.168.1.200
服务器:  dc1.nzy.com
Address:  192.168.1.200

名称:     dc1.nzy.com
Address:  192.168.1.200
```

图 4.18   nslookup 命令测试结果

4.5   归纳与提高

1. DNS 简介

DNS 是域名系统(Domain Name System)的缩写,是一种组织成域层次结构的计算机和网络服务命名系统。DNS 命名用于 TCP/IP 网络,如 Internet,用来通过用户友好的名称定位计算机和服务。当用户在应用程序中输入 DNS 名称时,DNS 服务可以将此名称解析为与此名称相关的其他信息,如 IP 地址。

当 DNS 客户端向 DNS 服务器提出 IP 地址的查询要求时,DNS 服务器可以从其数据库内寻找所需要的 IP 地址,并传给 DNS 客户端。若数据库没有 DNS 客户所需的数据,此时,DNS 服务器则必须向外界求助。

2. 使用 hosts 文件的主机名解析

1984 年引入 DNS 之前,把计算机名解析为 IP 地址是通过使用称作主机(hosts)文件的共享静态文件来进行的。

hosts 文件中的每一条记录就是一个计算机名字和 IP 地址的对应关系。通过记事本打开\winnt\system32\drivers\etc\hosts 文件即可查看该文件的内容。

3. DNS 的功能

DNS 是一组协议和服务,DNS 协议的基本功能是在主机名与 IP 地址间建立映射关系。

4. NS 域名称空间

DNS 域名称空间,是定义用于组织名称的域的层次结构,由名字分布数据库组成,是负责分配、改写、查询域名的综合性服务系统。

DNS 建立了基于域名称空间的逻辑树状结构。

域名称空间是给 DNS 中的每一部分命名(这种命名最好有一定的含义、方便记忆)。

DNS 的命名规范:可以使用字符:a～z、A～Z、0～9、－(减号),不能使用\、/、.和_(下划线)。DNS 域名称空间的组成如图 4.19 所示。

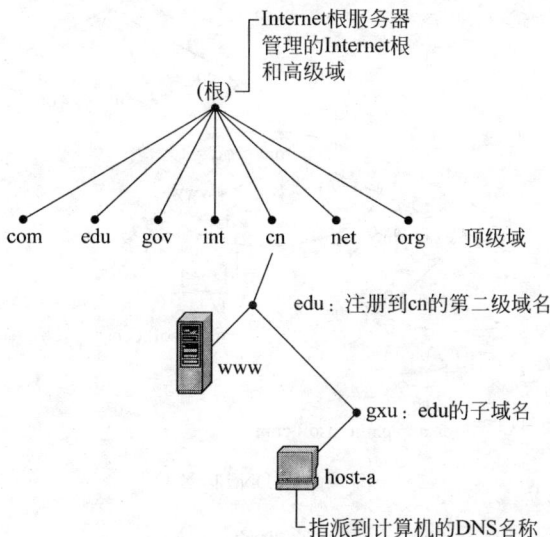

图 4.19　DNS 域名空间

（1）根域

代表域名空间的根，负责接受所有的 DNS 查询，由 Internet Network Information Center（InterNIC）管理，InterNIC 承担着划分域名空间和登记域名的职责。

（2）顶级域

顶级域有的按组织来划分，如 com 代表商业组织、net 代表网络服务机构、edu 代表教育科研部门、gov 代表政府机构。有的按地理位置来划分，如 cn 代表中国、jp 代表日本。

（3）二级子域

顶级域内的一个特定的组织，如 edu.cn 代表中国教育科研网。

（4）子域

二级域下面所创建的域，如：gxu.edu.cn 代表广西大学。

（5）主机

域名空间的最下面一层，如：host_a.gxu.edu.cn 是广西大学的一台主机。

5. DNS 的区域（Zone）

所谓"区域"，就是指域名称空间树状结构的一部分，是一个特殊的域。它让用户能够将域名称空间分为较小的区段，便于管理。

为了将网络管理的工作负荷分散开来，可以将一个 DNS 域划分为多个区域，如图 4.20 所示，microsoft.com 为一个区域，example.microsoft.com 为一个区域。

Windows Server 2008 的 DNS 允许建立以下 3 种类型的区域。

（1）主要区域：用来存储此区域内所有主机数据的正本；区域内的数据可以新建、修改、删除。

（2）辅助区域：用来存储此区域内所有主机数据的副本，这份数据是从其主要区域

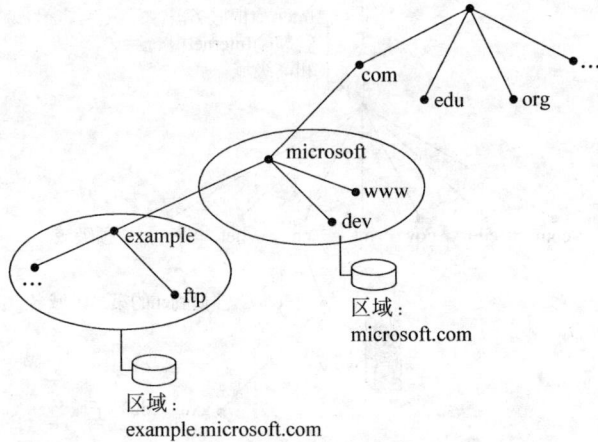

图 4.20　DNS 区域

利用区域转送的方式复制过来的,是不能修改的。

(3) 存根区域:是一个区域副本,只包含标识该区域的权威域名系统(DNS)服务器所需的那些资源记录。

6. 主机名称解析过程

客户端将主机名称解析为 IP 地址的过程如下。

(1) 输入命令。

(2) 查询是否本机的名字。

(3) 若不是,查询 hosts 文件 。

(4) 若找不到,向 DNS 服务器查询。

(5) 若还找不到,转到 WINS 服务器查询。

7. DNS 查询方式

当客户机需要访问网络上某一主机时,首先向本地 DNS 服务器查询对方的 IP 地址,若找不到相应数据,本地 DNS 服务器则向另外一台 DNS 服务器查询,直到解析出所需访问主机的 IP 地址。

DNS 客户端利用自己的 IP 地址查询它的主机名称,称为反向查询(Reverse Query)。当 DNS 客户端向 DNS 服务器查询 IP 地址时,或当 DNS 服务器向另外一台 DNS 服务器查询 IP 地址时,称为正向查询,有两种查询模式。

(1) 递归查询(Recursive Query)

客户机发出查询请求后,DNS 服务器必须告诉客户机正确的数据(IP 地址)或通知客户机找不到其所需数据。客户机只需接触一次 DNS 服务器系统,就可得到所需的节点地址。由 DNS 客户端所提出的查询要求属于递归查询。

(2) 循环查询(Iterative Query)

客户机送出查询请求后,若该 DNS 服务器中不包含所需数据,它会告诉客户机另外一台 DNS 服务器的 IP 地址,使客户机自动转向另外一台 DNS 服务器查询,以此类推,直到查到数据,否则由最后一台 DNS 服务器通知客户机查询失败。DNS 服务器与 DNS 服务器之间的查询属于循环查询。

4.6   思考与自测

4.6.1   思考题

1. 在 DNS 事件日志中能找到什么信息?
2. 怎样在客户机上配置 DNS?

4.6.2   自测题

将 1 号机(安装 Windows Server 2008 系统)配置为 DNS 服务器,分别建立标准的正向查找区域(ncvt. net)和反向查找区域(1. 168. 192. in-addr. arpa. dns),并在正向区域和反向区域中添加资源记录,使得两台计算机相互可以通过域名访问。

4.6.3   评分标准

评分标准见表 4.1。

表 4.1   评分标准

要 求	得分	备注
① 在 1 号机中安装有 DNS 服务	20	
② 正向查找区域 ncvt. net	15	
③ 在"DNS 管理器"窗口有反向查找区域 1. 168. 192. in-addr. arpa. dns	15	
④ 在正向查找区域 ncvt. net 有主机记录	15	10 分钟完成
⑤ 在反向查找区域 1. 168. 192. in-addr. arpa. dns 中有指针	15	
⑥ 两台计算机的"Internet 协议版本 4(TCP/IPv4)"属性设置正确	10	
⑦ 可通过域名访问(Ping)另一台计算机	10	

4.7   实 训 指 导

1. 安装 DNS 服务器

依次选择"开始"→"管理工具"→"服务器管理器"命令,打开"服务器管理器"窗口。单击控制台的树状目录中的"服务器管理器"目录,在"角色"界面下单击"添加角色"按钮,在后续的步骤中选择"DNS 服务器"角色,其他按默认参数安装,直到完成。

2. 创建正向查找区域及其资源(主机)记录

依次选择"开始"→"管理工具"→DNS 命令,打开"DNS 管理器"窗口。展开控制台的树状目录,右击"正向查找区域"选项,选择"新建区域"命令,在后续的步骤中,设置区域名称为 ncvt. net,其他参数按默认安装。

展开控制台的树状目录,右击刚刚创建的正向查询区域 ncvt. net,选择"添加主机"命令,在下一个步骤中输入该主机的主机名称(ftp)与 IP 地址(192.168.56.128),其他按默认参数完成安装。

3. 创建反向查找区域及其资源(指针)记录

依次选择"开始"→"管理工具"→DNS 命令,打开"DNS 管理器"窗口。展开控制台的树状目录,右击"反向查找区域"选项,选择"新建区域"命令,在后续的步骤中,设置网络 ID 为 192.168.56,其他参数按默认安装。

展开树状目录,右击刚创建的反向查询区域(56.168.192.in-addr.arpa.dns),并从弹出的快捷菜单中选择"新建指针"命令,在"新建资源记录"对话框中输入主机的 IP 地址 192.168.56.128。单击"浏览"按钮,在正向区域中寻找 ftp.ncvt.net 记录,单击"确定"按钮完成。

4. 配置客户端

在客户端(安装 Windows 7 系统)网卡的"属性"对话框中,配置"Internet 协议版本 4 (TCP/IPv4)"的"首选 DNS 服务器"参数为 DNS 服务器的 IP 地址(192.168.56.128),单击"确定"按钮完成。

注意:如果是实机环境,则配置本地网卡的属性;如果是 VMwear Workstation 虚拟机环境,则配置 VMware Network Adapter 属性。

5. 测试 DNS 解析

(1) 在命令行界面运行 nslookup ftp.ncvt.net 命令,查看正向查找区域是否正常。

(2) 在命令行界面运行 nslookup 192.168.56.128 命令,查看反向查找区域是否正常。

项目 5 DHCP 服务器的配置与管理

本项目将进行 DHCP 服务器的配置与管理,学习 DHCP 的工作原理、DHCP 服务的安装、IP 作用域的创建、DHCP 客户端的设置及为特定客户端保留 IP 地址等。

5.1 项 目 问 题

要求为某单位内部局域网提供 DHCP 服务,使所有客户机能够自动获取 IP 地址,以便减轻管理员的工作量。

5.2 主 要 任 务

(1) 安装 DHCP 服务。
(2) 建立可用的 IP 作用域。
(3) 设置 DHCP 客户端。
(4) 为特定的客户端保留 IP 地址。

5.3 项 目 目 标

(1) 理解 DHCP 的基本概念和运行原理。
(2) 掌握 DHCP 服务器的安装和授权。
(3) 掌握 DHCP 作用域的配置方法。
(4) 掌握 DHCP 客户端的设置方法。

5.4 探 索 与 实 践

5.4.1 项目实施环境

两台以上计算机,已安装 Windows XP(或 Windows 7)和 Windows Server 2008 系统,且已连成对等网络。

项目实施要求：在每组配置一台 DHCP 服务器，使客户端能够自动获得 IP 地址、子网掩码、默认网关、DNS 服务器地址等网络参数。DHCP 服务安装在其中的一台安装有 Windows Server 2008 系统的计算机上。

5.4.2　DHCP 服务器的安装

DHCP 服务器要求(Windows Server 2008)满足以下条件：安装 DHCP 服务，具有静态 IP 地址、子网掩码和默认网关，一组有效的 IP 地址用于客户端租用和分配。DHCP 服务的安装过程如下。

(1) 依次选择"开始"→"程序"→"管理工具"→"服务管理器"命令，出现如图 5.1 所示窗口。

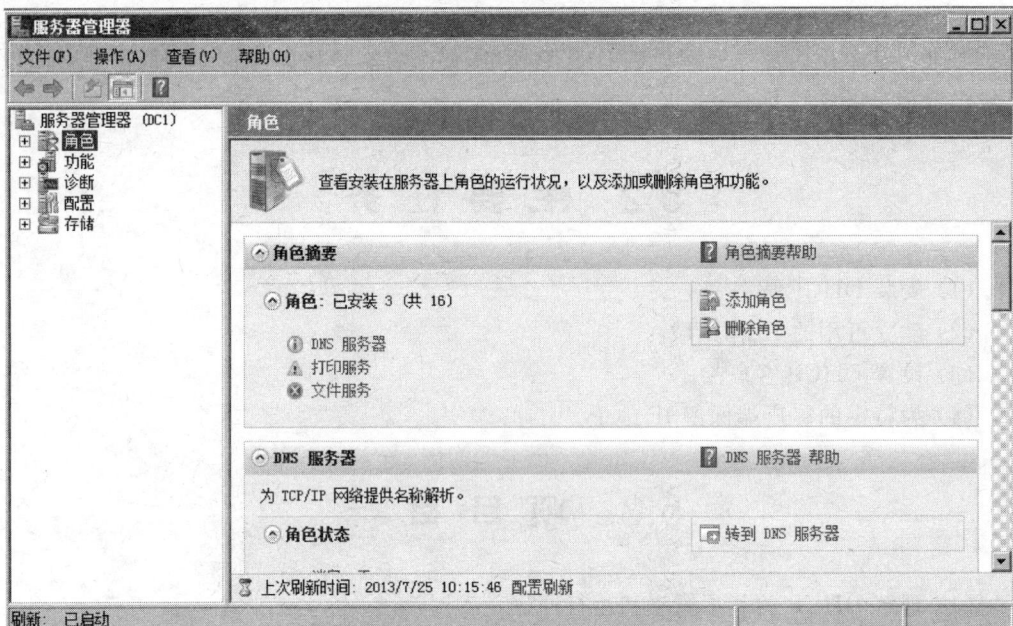

图 5.1　"服务器管理器"窗口

(2) 在如图 5.1 所示的"服务器管理器"窗口中，单击右侧窗口格中的"添加角色"按钮，打开"添加角色向导"对话框。单击"下一步"按钮，打开如图 5.2 所示的"选择服务器角色"对话框。选中"DHCP 服务器"复选框，单击"下一步"按钮。

(3) 出现如图 5.3 所示的"DHCP 服务器"对话框，单击"下一步"按钮。

(4) 在如图 5.4 所示的"选择网络连接绑定"对话框中，显示 DHCP 服务器绑定到的网卡的 IP 地址，在复选框中选中用于向客户端提供服务的网络连接的 DHCP 服务器 IP 地址，单击"下一步"按钮。

(5) 在图 5.5 所示的"指定 IPv4 DNS 服务器设置"对话框中，在文本框中输入"父域"或"首选 DNS 服务器 IPv4 地址"，并且单击"验证"按钮。验证有效后，单击"下一步"按钮。

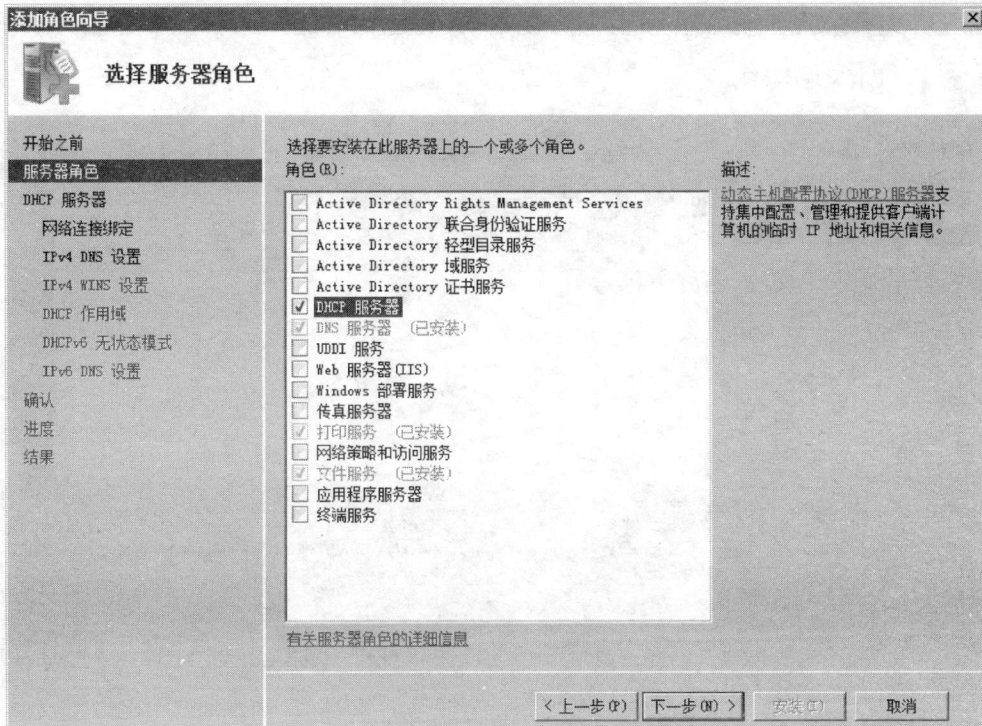

图 5.2　"选择服务器角色"对话框

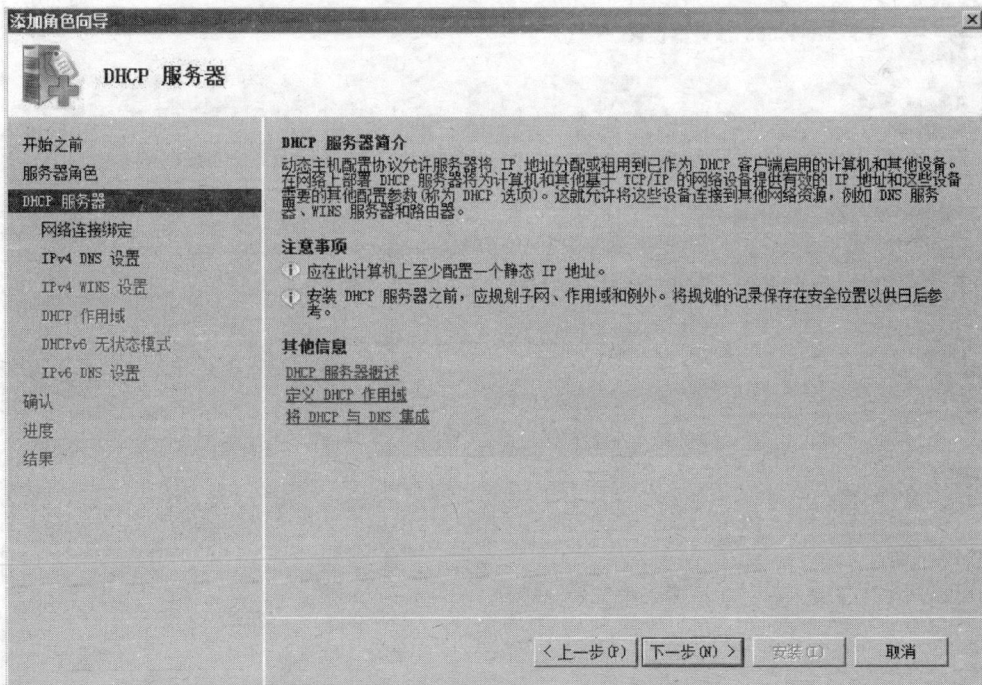

图 5.3　"DHCP 服务器"对话框

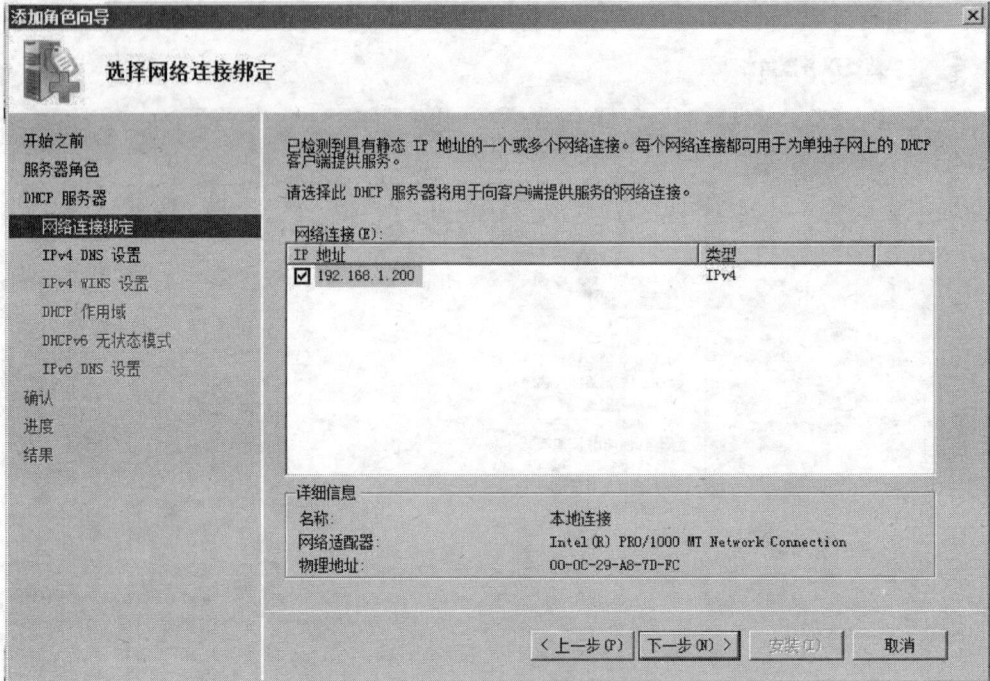

图 5.4 "选择网络连接绑定"对话框

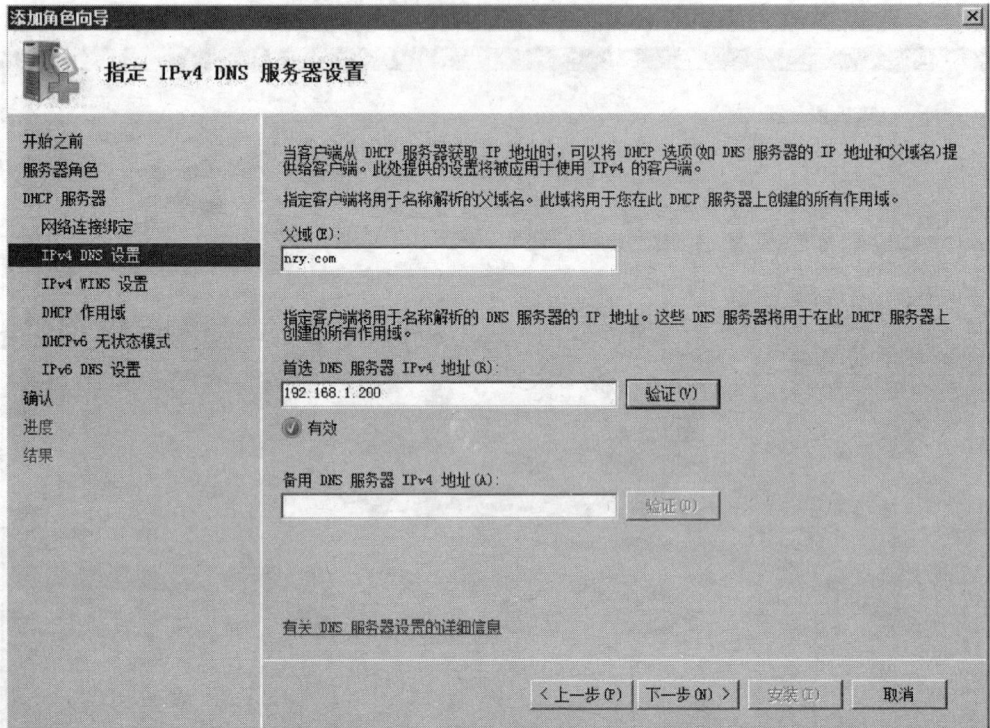

图 5.5 "指定 IPv4 DNS 服务器设置"对话框

（6）在如图 5.6 所示的"指定 IPv4 WINS 服务器设置"对话框中，选择"此网络上的应用程序需要 WINS"选项，并在文本框中输入"首选 WINS 服务器 IP 地址"，单击"下一步"按钮。

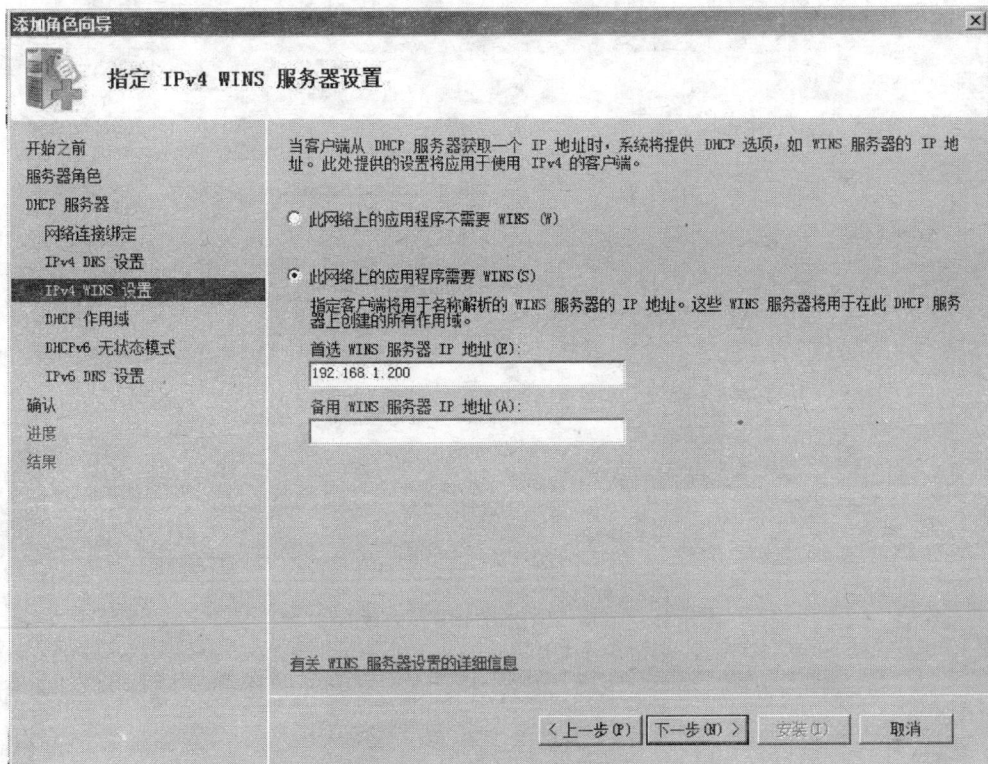

图 5.6 "指定 IPv4 WINS 服务器设置"对话框

（7）在如图 5.7 中所示的"添加或编辑 DHCP 作用域"对话框中，单击"添加"按钮，在弹出的"添加作用域"对话框中，输入"作用域名称"、"起始 IP 地址"、"结束 IP 地址"、"子网掩码"和"默认网关"，并选中"激活此作用域"复选框，单击"确定"按钮，然后单击"下一步"按钮。系统默认的有线网络租期为 6 天，无线网络租期为 8 小时。

（8）新建的 DHCP 作用域 dc1 如图 5.8 所示，单击"下一步"按钮。

（9）在此不对 IPv6 进行讨论，因此在如图 5.9 所示的"配置 DHCPv6 无状态模式"对话框中，选择"对此服务器禁用 DHCPv6 无状态模式"选项，单击"下一步"按钮。

（10）在如图 5.10 所示的"确认安装选择"对话框中，可以看到即将安装的 DHCP 服务器的信息，单击"安装"按钮。

（11）DHCP 服务器安装过程如图 5.11 所示。

（12）出现如图 5.12 所示的"安装结果"对话框，显示"安装成功"，单击"关闭"按钮，即完成 DHCP 的安装。

（13）如图 5.13 所示，在"服务器管理器"窗口中可以看到 DHCP 已经成功安装。

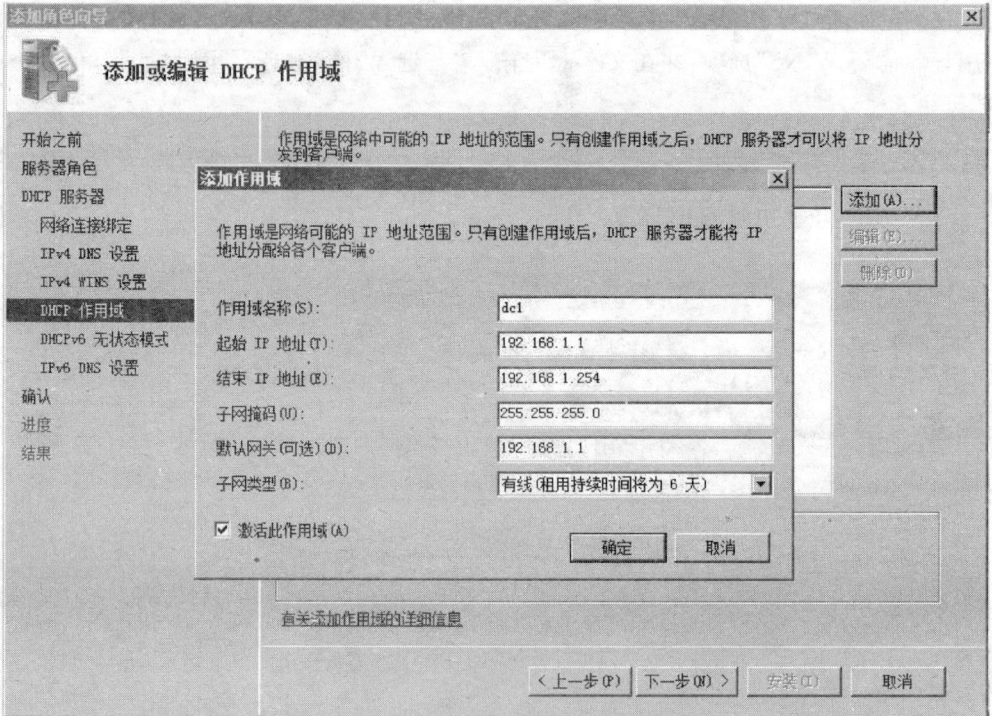

图 5.7 "添加或编辑 DHCP 作用域"对话框

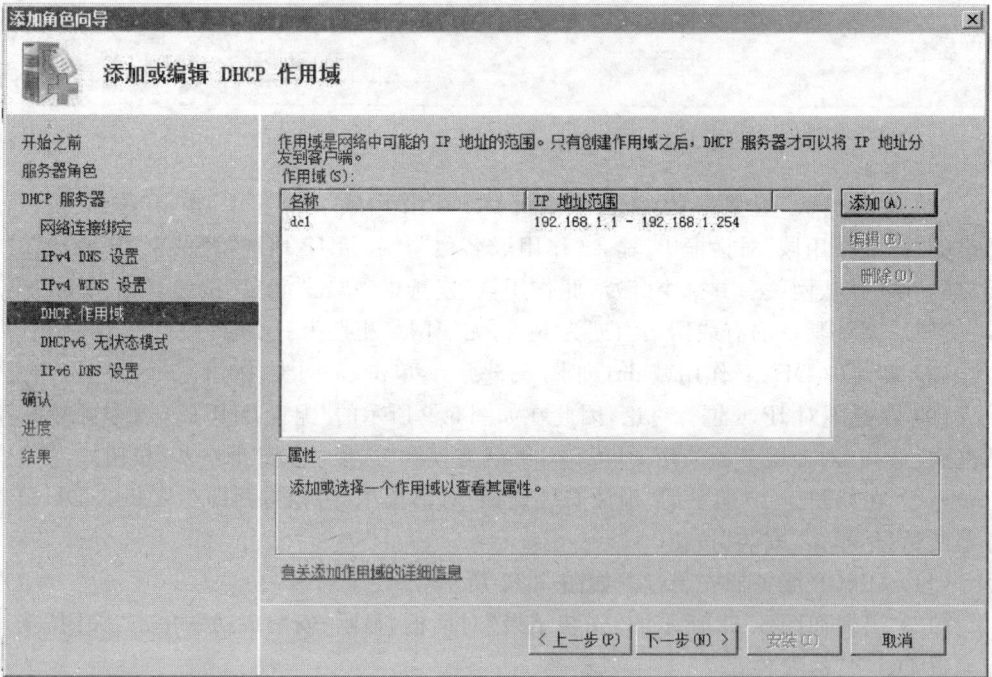

图 5.8 新建的 DHCP 作用域

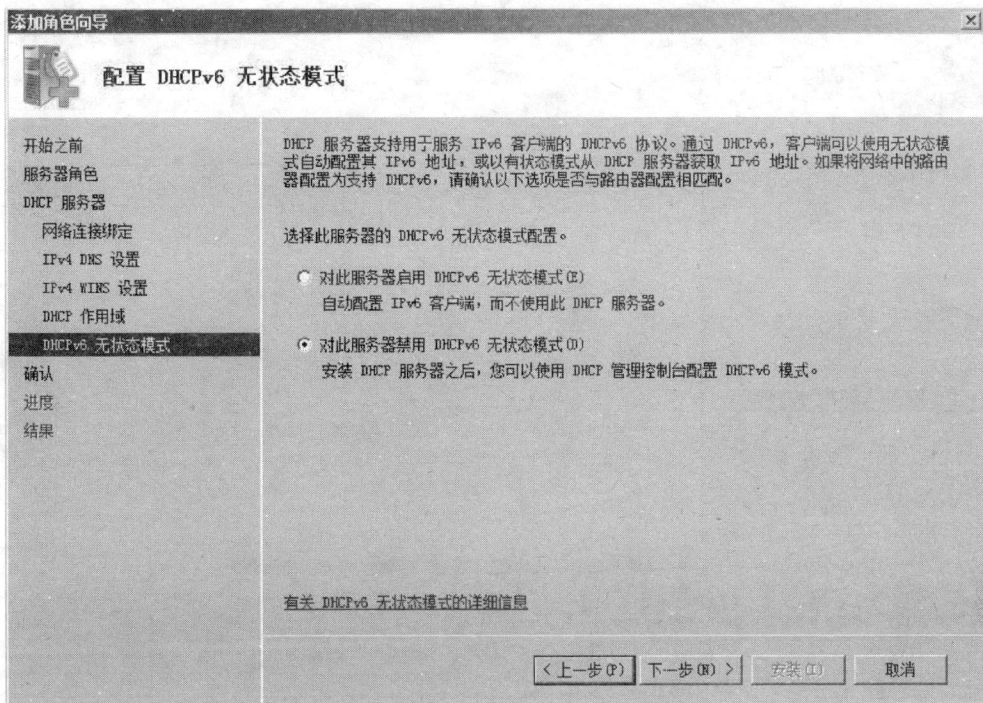

图 5.9　"配置 DHCPv6 无状态模式"对话框

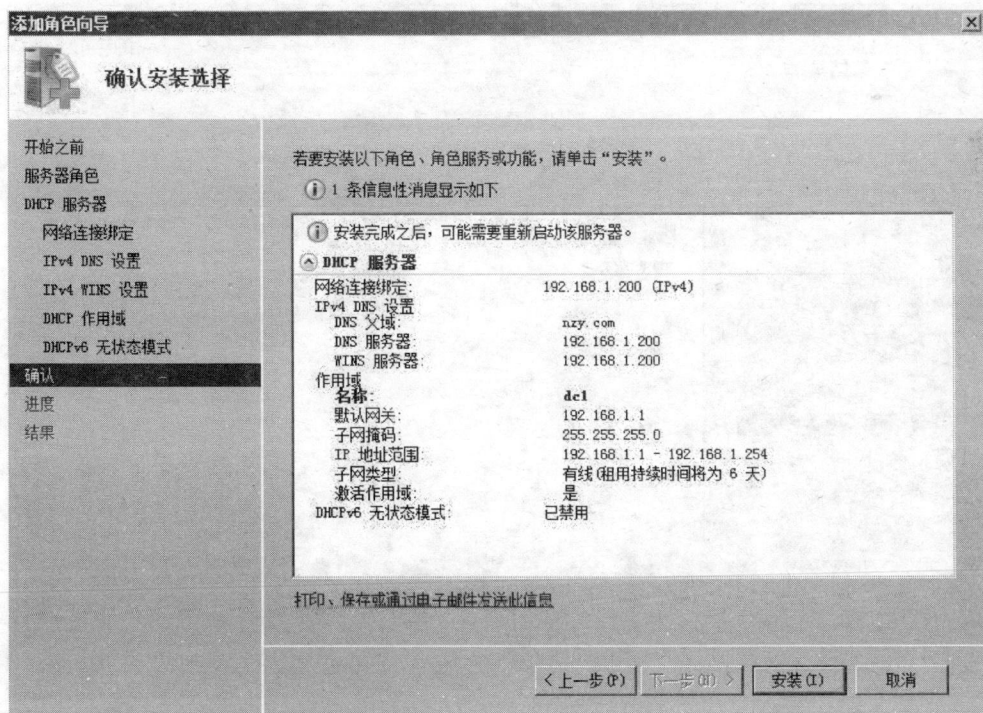

图 5.10　"确认安装选择"对话框

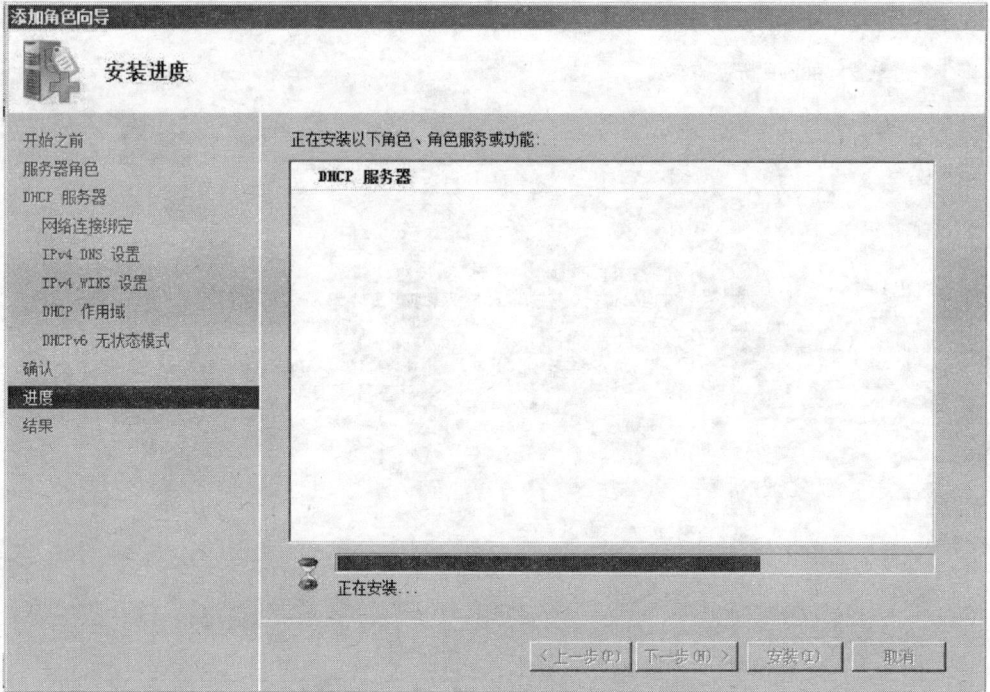

图 5.11 "安装进度"对话框

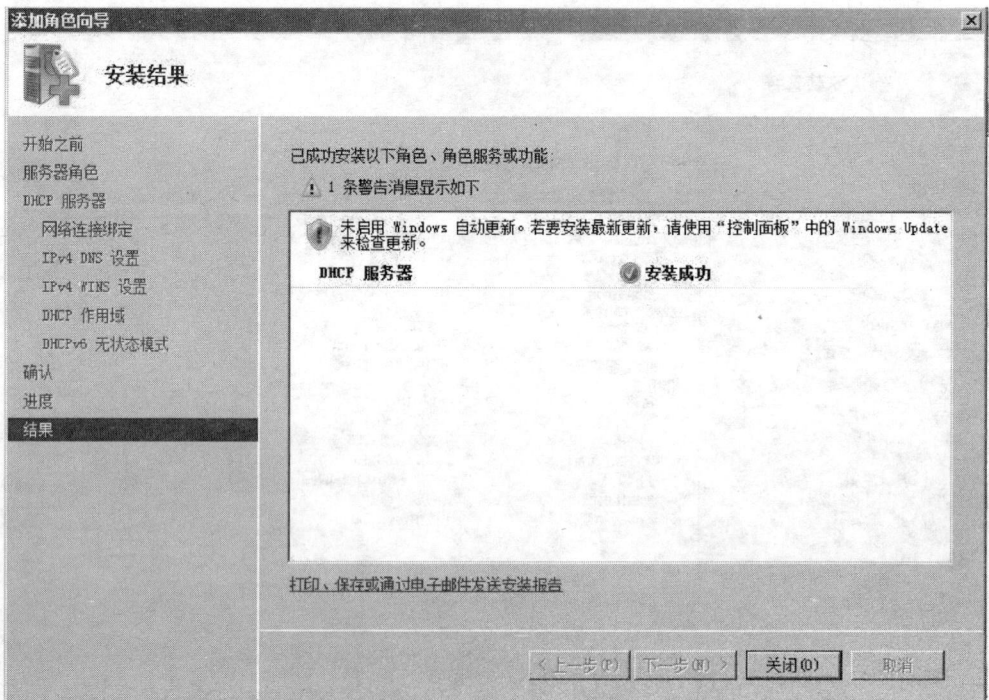

图 5.12 "安装结果"对话框

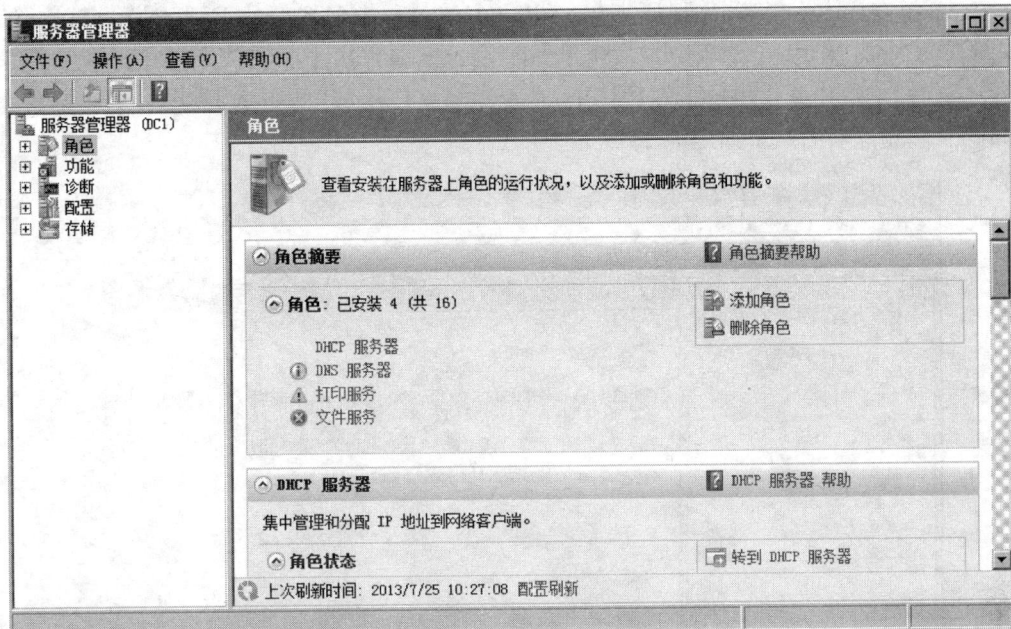

图 5.13　DHCP 服务器成功安装

5.4.3　建立、配置并分配 IP 作用域

任务：为 192.168.1.1～192.168.1.254 范围内的 IP 地址建立作用域，用计算机名作为作用域名，从作用域中排除 192.168.1.190～192.168.1.230 和该网段中最前及最后两个 IP 地址。

网关、DNS 服务器和 WINS 服务器均为本机的 IP 地址，配置过程如下。

(1) 选择"开始"→"管理工具"→DHCP 命令，打开如图 5.14 所示的 DHCP 窗口。

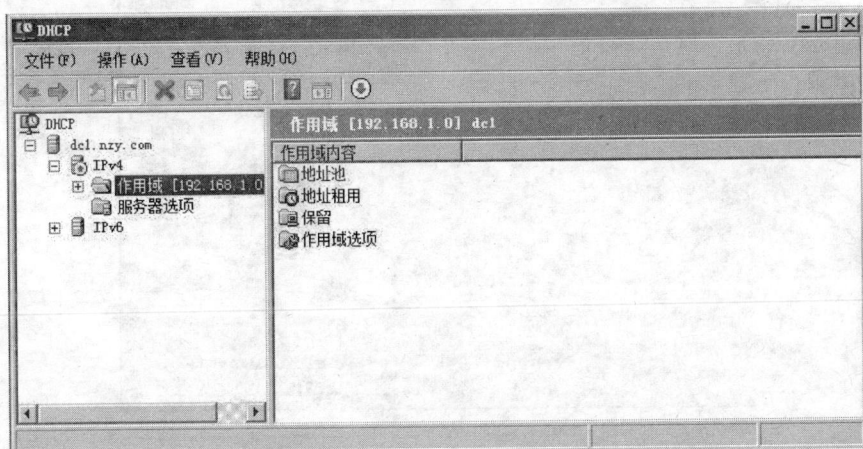

图 5.14　含有 DHCP 作用域的 DHCP 窗口

（2）要完成本次任务,先把原来在 DHCP 安装过程中配置好的 DHCP 作用域删除。在图 5.14 中的"作用域[192.168.1.0]"目录上右击,在弹出来的快捷菜单中选择"删除"命令,这时会弹出"该作用域正在使用中,是否删除该作用域"的提示,单击"是"按钮删除该作用域,删除后的结果如图 5.15 所示。

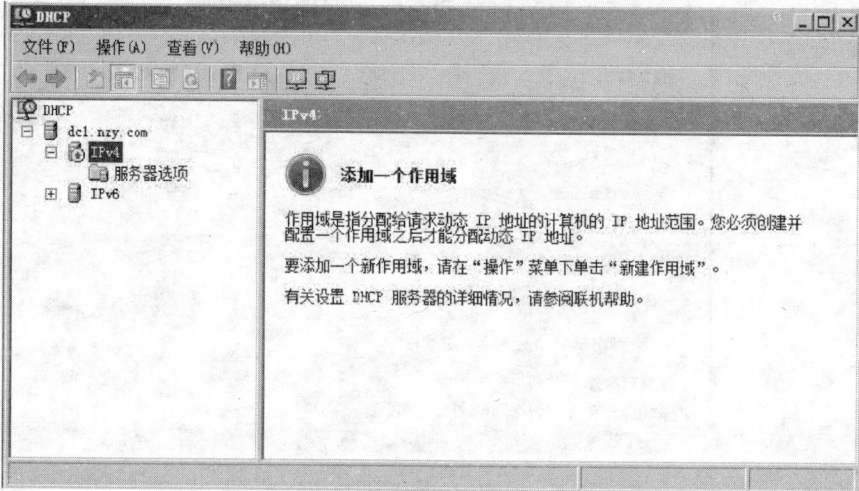

图 5.15　DHCP 窗口

（3）右击 IPv4 目录,在弹出的快捷菜单中选择"新建作用域"命令,出现"新建作用域向导"对话框时,单击"下一步"按钮,出现"作用域名称"对话框。为该作用域设置一个名称并输入一些说明文字,这里把服务器名称 dc1 当作作用域名称,如图 5.16 所示。

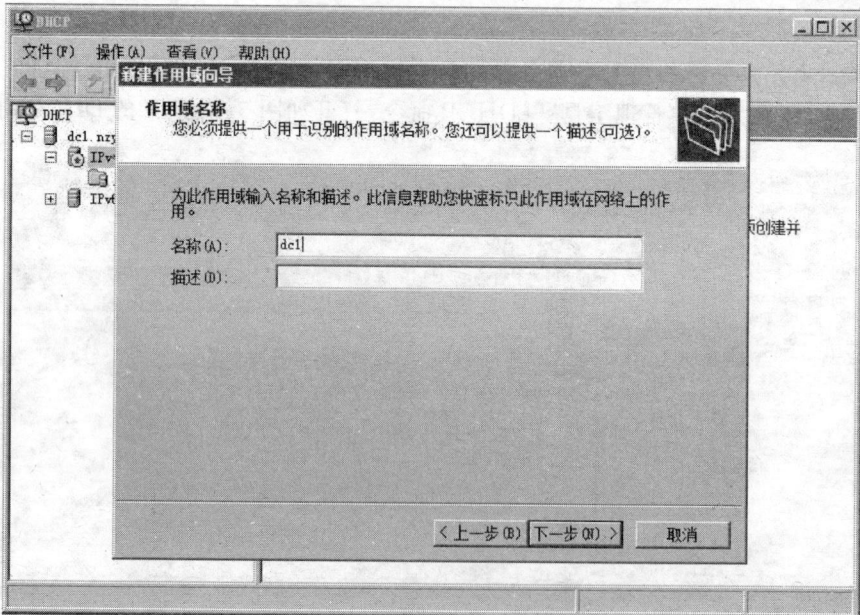

图 5.16　"新建作用域向导"对话框

（4）单击"下一步"按钮，出现"IP 地址范围"对话框，如图 5.17 所示。

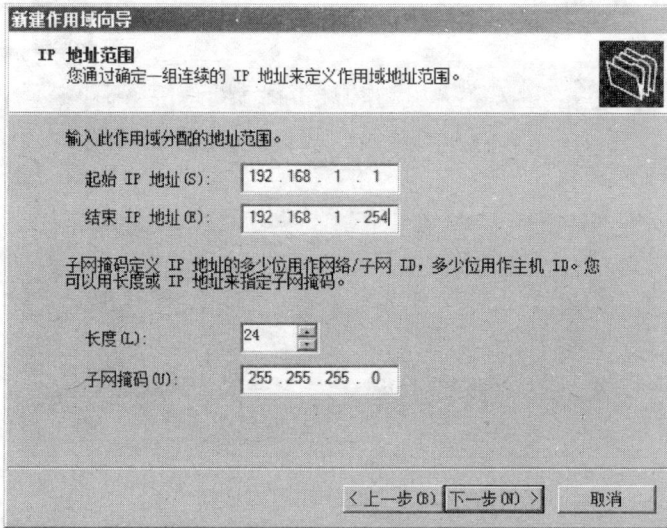

图 5.17　"IP 地址范围"对话框

　　（5）输入可供 DHCP 客户端使用的 IP 地址范围的起始地址与结束地址，并输入这些 IP 地址的子网掩码，单击"下一步"按钮，出现"添加排除"对话框，如图 5.18 所示。

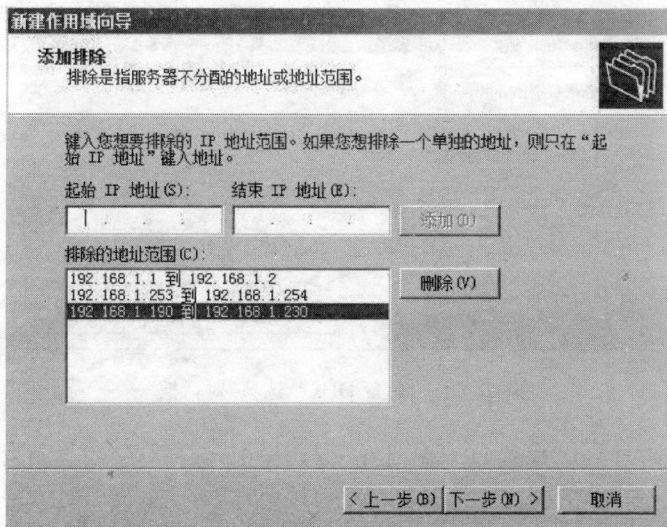

图 5.18　"添加排除"对话框

　　（6）输入在 IP 地址范围内不想提供给 DHCP 客户端使用的 IP 地址（如果网络上有非 DHCP 客户端，必须把已分配的 IP 地址从 DHCP 服务器的 IP 地址段中排除），完成后单击"下一步"按钮，出现"租用期限"对话框，如图 5.19 所示。

　　（7）设置 IP 地址的租用期限，系统默认为 8 天，用户可根据实际情况来重新选择，完成后单击"下一步"按钮，出现"配置 DHCP 选项"对话框，如图 5.20 所示。

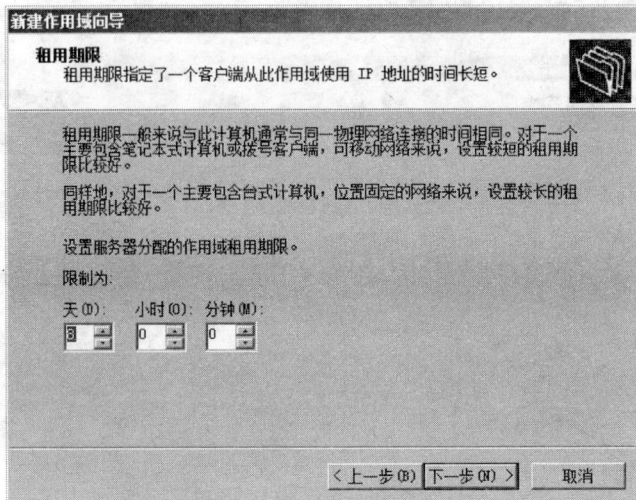

图 5.19　"租用期限"对话框

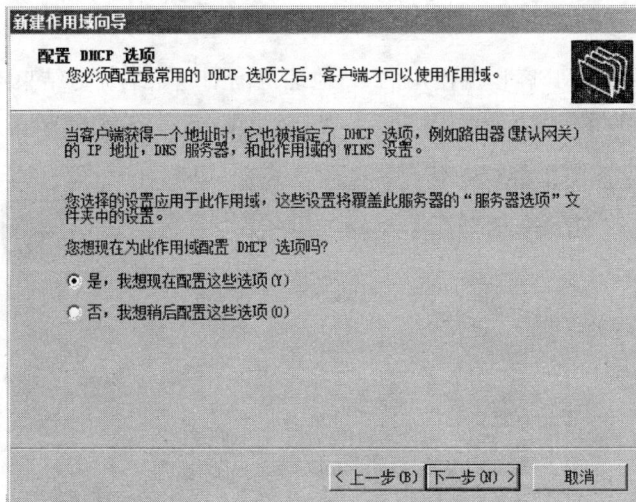

图 5.20　"配置 DHCP 选项"对话框

（8）如图 5.20 中，在"配置 DHCP 选项"对话框中，选择"否，我想稍后配置这些选项"选项。单击"下一步"按钮，出现"完成建立作用域向导"对话框时，单击"完成"按钮。

（9）在 DHCP 控制台中，右击该作用域，选择"激活"命令激活作用域。

（10）右击"作用域选项"选项，选择"配置选项"命令，打开如图 5.21 所示的"作用域选项"对话框。

（11）在图 5.21 中选择"003 路由器"复选框，然后在"IP 地址"处直接输入默认网关的 IP 地址，单击"添加"按钮。

（12）在图 5.21 中选择"006 DNS 服务器"复选框，然后在"IP 地址"处直接输入 DNS服务器的 IP 地址，如图 5.22 所示。单击"添加"按钮，最后单击"确定"按钮完成设置。

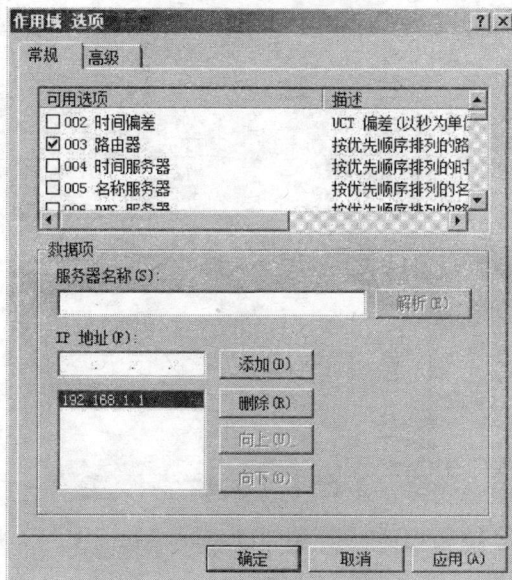

图 5.21　"作用域 选项"对话框

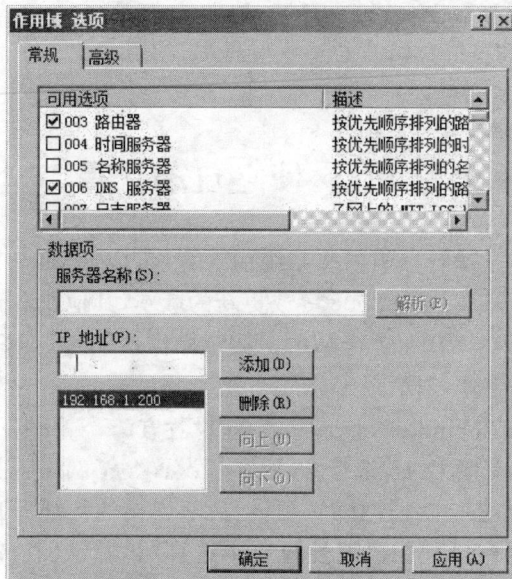

图 5.22　配置 DNS 服务器对话框

（13）完成后的窗口如图 5.23 所示。

通过以上设置，DHCP 服务器就可以开始接受 DHCP 客户端索取 IP 地址的要求了。

注意："作用域"是网络上可能的 IP 地址的完整连续范围。在 DHCP 服务器内，必须设定一段 IP 地址的范围（可用的 IP 作用域）。当 DHCP 客户端请求 IP 地址时，DHCP 服务器将从此段范围中提取一个尚未使用的 IP 地址分配给 DHCP 客户端。

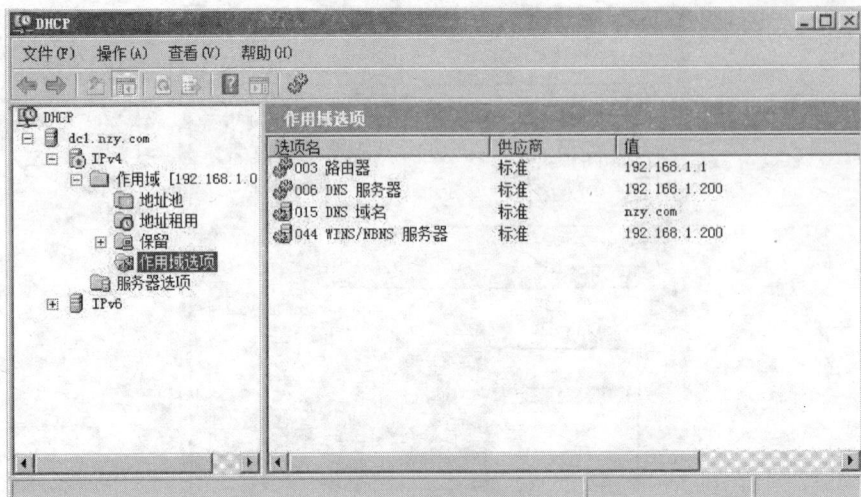

图 5.23　DHCP 作用域配置后的窗口

在一台 DHCP 服务器内，只能针对一个子网设置一个 IP 作用域。例如，不可以建立一个 IP 作用域为 192.168.10.1～192.168.10.60 后，又建立另一个 IP 作用域为192.168.10.100～192.168.10.160。解决方法是先设置一个连续的 IP 作用域为192.168.10.1～192.168.10.160，然后将中间的 192.168.10.61～192.168.10.99 添加到排除范围。

5.4.4　设置 DHCP 客户端，使之自动获得 IP 地址

DHCP 客户端可以是运行以下操作系统的计算机：Windows Server 2003，Windows XP，Windows 7、Windows Server 2008 等或更新的版本，其他非 Microsoft 操作系统。

以下是运行 Windows XP 和运行 Windows 7 操作系统的 DHCP 客户端的设置方法，其他客户机的设置方法基本相同。

（1）Windows XP 或 Windows Server 2003 设置方法

在 Windows XP 的计算机上，选择"开始"→"设置"→"网络连接"命令，打开"网络连接"窗口。在该窗口中右击"本地连接"选项，然后从弹出的快捷菜单中选择"属性"命令，打开"本地连接"的属性窗口。在该属性窗口中选择"Internet 协议版本 4（TCP/IP）"选项，单击"属性"按钮，出现如图 5.24 所示的对话框。选择"自动获得 IP 地址"，单击"确定"按钮即可完成设置。

（2）Windows 7 设置方法

在 Windows 7 的计算机上，选择"开始"→"控制面板"→"查看网络状态和任务"→"更改适配器设置"命令，打开"网络连接"窗口。在该窗口中右击"本地连接"选项，然后从弹出的快捷菜单中选择"属性"命令，打开"本地连接"的属性窗口。在该属性窗口中选择"Internet 协议版本 4（TCP/IPv4）"选项，单击"属性"按钮，出现如图 5.25 所示的对话框。选择"自动获得 IP 地址"选项，单击"确定"按钮即可完成设置。

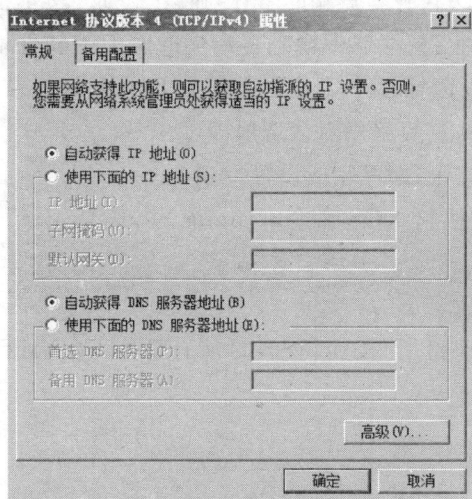

图 5.24　"Internet 协议(TCP/IP)属性"
对话框

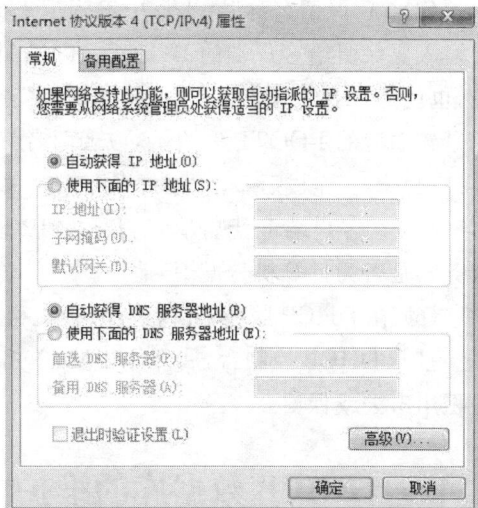

图 5.25　"Internet 协议版本 4(TCP/IPv4)属性"
对话框

5.4.5　建立并测试客户保留

在实际应用中,为了避免用户随意更改 IP 地址,或者使用户无须设置自己的 IP 地址、网关地址、DNS 服务器等信息,可使用"保留"创建 DHCP 服务器指派的永久地址租用。保留可确保子网上指定的硬件设备始终可使用相同的 IP 地址。为客户端保留 IP 地址的设置步骤如下。

(1) 在客户端用命令 ipconfig/all 查出客户端的 MAC 地址(Windows XP/2003/Windows 7/Server 2008)。

(2) 在 DHCP 窗口中,单击要建立保留的作用域,右击"保留"选项,选择"新建保留"命令,打开"新建保留"对话框,如图 5.26 所示。

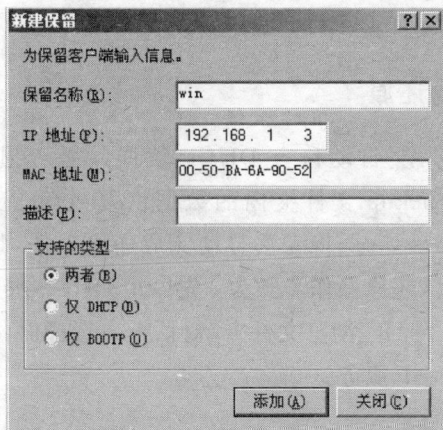

图 5.26　"新建保留"对话框

（3）在"保留名称"文本框中输入用来标识 DHCP 客户端的名称,在"IP 地址"文本框中输入要保留给客户端的 IP 地址,在"MAC 地址"文本框中输入客户端的网卡的硬件地址,也就是 MAC 地址。在"支持的类型"选项中选择客户端是否必须为 DHCP 客户端,还是较旧型的 BOOTP 客户端,或者两者都支持,这里采用默认选项即可。

（4）输入完成后单击"添加"按钮与"关闭"按钮,即可完成设置。

（5）在客户端重新启动获得新的 IP 地址,执行 DOS 命令 ipconfig/all,确认 DHCP 服务器是否为计算机分配 IP 地址。

（6）在 DHCP 服务器端检查客户机租用信息。

打开 DHCP 控制台,展开作用域,单击"地址租用"按钮,查看目前有哪些 IP 地址已经租用出去或保留。

5.4.6　DHCP 数据库的维护

1. DHCP 数据库的备份

在安装 DHCP 服务时会在\winnt\system32\dhcp 目录下自动创建 DHCP 服务器的数据库文件,其中的 dhcp.mdb 是其存储数据的文件,而其他的文件则是辅助性的文件,DHCP 服务器中的设置数据全部存放在 dhcp.mdb 文件中,用户不要随意修改和删除这些文件。

DHCP 服务器数据库是一个动态数据库,在向客户端提供租用或客户端释放租用时它会自动更新,在\winnt\system32\dhcp 文件夹内有一个子文件夹 backup,该文件夹中保存着 DHCP 数据库及相关文件的备份,DHCP 服务器默认会每隔 60 分钟自动将 DHCP 数据库文件备份到此处。为保证数据库的安全,用户可将\winnt\system32\dhcp\backup 文件夹内的所有内容进行备份,以备系统出现故障时恢复,进行备份操作时,必须将 DHCP 服务器停止。

手工备份操作步骤为:右击"DHCP 服务器"选项,选择"备份"命令,打开"浏览文件夹"对话框,选择备份目标文件夹,单击"确定"按钮。

2. DHCP 数据库的还原

DHCP 服务在启动时,会自动检查 DHCP 数据库是否损坏,如果损坏,将自动用\winnt\system32\dhcp\backup 文件夹内的数据恢复故障,还原损坏的数据库。但当 backup 文件夹内的数据被破坏时,将无法自动完成还原工作,此时可以利用手动的方式来还原 DHCP 数据库,手工还原操作步骤为:先停止 DHCP 服务器,再右击"DHCP 服务器"选项,选择"还原"命令,打开"浏览文件夹"对话框。选择保存备份数据的文件夹,单击"确定"按钮,重新启动 DHCP 服务。

5.5　归纳与提高

5.5.1　IP 地址的配置

1. IP 地址的设置方法

在使用 TCP/IP 协议的网络中,每台计算机都必须有唯一的 IP 地址,并且通过该 IP 地址与网络上的其他计算机沟通。IP 地址的设置可以使用以下两种方式。

(1) 手工设置

在小型网络中,可以使用静态 IP 地址,此时必须用手动输入的方式来分配 IP 地址。使用静态 IP 地址运行速度快、对服务器要求较低,占用网络的带宽较小,但容易出错。

(2) 自动向 DHCP 服务器索取

当网络中的计算机数较多时,要使用动态的 IP 地址,此时不必输入固定的 IP 地址,而由 DHCP 服务器自动分配,可以减少手工设置所造成的错误、减轻管理上的负担。

DHCP 是 Dynamic Host Configuration Protocol(动态主机配置协议)的缩写,采用 DHCP 服务的方式后,用户不再需要输入任何数据,而是由 DHCP 服务器自动分配客户端所需要的 IP 地址。

2. DHCP 服务器分配 IP 地址的方式

当 DHCP 客户端启动时,它会向 DHCP 服务器发出信息,要求 DHCP 服务器提供 IP 地址,而 DHCP 服务器在接收到 DHCP 客户端的请求后,则根据 DHCP 服务器端的设置,决定如何提供 IP 地址给客户端,一般有以下两种方式。

(1) 永久租用

当 DHCP 服务器向 DHCP 客户端提供一个 IP 地址后,这个 IP 地址就永远由这个 DHCP 客户端使用。当网络中有足够的 IP 地址可供给客户端使用时,就可以采用这种方式给客户端自动分派 IP 地址。

(2) 限定租期

当 DHCP 客户端从 DHCP 服务器获得 IP 地址后,DHCP 客户端可以使用这个地址一段时间。但当租约到期时,如果客户端没有重新租用,则 DHCP 服务器会收回这个 IP 地址,并将该 IP 地址提供给其他的 DHCP 客户端使用。当网络中的 IP 地址不够用时,可用这种方式给客户端自动分配 IP 地址。

5.5.2　DHCP 的工作原理

1. 从 DHCP 服务器获取 IP 地址

当 DHCP 客户端的计算机第一次启动时,它会与 DHCP 服务器沟通,向 DHCP 服务器索取 IP 地址、子网掩码等 TCP/IP 的设置参数。DHCP 客户端向 DHCP 服务器索取一个完整的 TCP/IP 配置需要经过以下几个过程。

(1) DHCP 请求

DHCP 请求也叫 IP 发现,当客户端第一次以 DHCP 客户端方式使用 TCP/IP 协议栈时,客户端向 DHCP 服务器发出索取新的 IP 地址的 DHCP Discover 广播信息。

(2) DHCP 供给

当网络中的任何一个 DHCP 服务器收到 DHCP 客户端的发现信息后,该 DHCP 服务器若能提供 IP 地址,则从尚未分配的 IP 地址中挑选一个,然后利用广播的方式给客户端发送 DHCP Offer 信息。在还没有将该 IP 地址正式租用给客户端之前,这个 IP 地址会暂时保留起来,以免再分配给其他的 DHCP 客户端。

(3) DHCP 选择

即 DHCP 客户端选择某台 DHCP 服务器提供的 IP 地址。如果网络上有多台 DHCP 服务器都收到 DHCP 客户端的发现信息,并且也都响应给该 DHCP 客户端,则 DHCP 客户端会从中挑选第一个收到的提供信息。当 DHCP 客户端选择好第一个收到的提供信息后,它就利用广播的方式,发送一个请求信息(DHCP Request)给网络中所有的 DHCP 服务器。

(4) DHCP 确认

即 DHCP 服务器确认所提供的 IP 地址。当被选择的 DHCP 服务器收到 DHCP 客户端的请求信息后,就将已保留的 IP 地址标识为已租用,然后利用广播的方式给 DHCP 客户端发出应答信息(DHCP ACK)。该信息内包含着 DHCP 客户端所需的 TCP/IP 设置数据,如:IP 地址、子网掩码、默认网关、DNS 服务器等。

DHCP 客户端在收到 DHCP 应答信息后,就完成获得 IP 地址的过程,也就可以开始利用这个已租到的 IP 地址与网络上其他的计算机进行沟通。

2. 更新 IP 地址的租约

当一台 DHCP 客户端租到一个 IP 地址后,该 IP 地址不可能长期被它占用,它会有一个使用期,即租期。当租期已到时,DHCP 服务器会收回出租的 IP 地址,如果 DHCP 客户端要续租,则必须更新其 IP 地址租约。

当 DHCP 客户端重新启动或在 IP 租约期过一半时,客户端向 DHCP 服务器发送 DHCP 请求信息,请求继续租用原 IP 地址,如果得到允许,DHCP 服务器返回一个 DHCP 确认信息,客户端收到该信息后开始新的租约期,否则,因为租约还没有到期, DHCP 客户端仍然可以继续使用原来的 IP 地址,在租约期过 3/4、7/8 时,再发出续租请求。如果还得不到允许,则 DHCP 客户端立即放弃其正在使用的 IP 地址,以便重新从 DHCP 服务器租用一个新的 IP 地址。

此外,DHCP 客户端也可以利用 ipconfig/renew 命令和 ipconfig/release 命令来手动更新或释放 IP 租约。

3. 自动分配私有 IP 地址

当 DHCP 客户端向 DHCP 服务器申请 IP 地址时,如果 DHCP 服务器无法提供 IP

地址,客户端可以使用临时的 IP 地址,地址段为 169.254.x.y,169.254.x.y 为私有 IP 地址,不在 Internet 使用。DHCP 客户端使用临时 IP 地址后,每过 5 分钟向服务器发出一个请求信息,以获得 DHCP 提供的 IP 地址租约期。

5.6 思考与自测

5.6.1 思考题

1. 如果 DHCP 可以分配的地址为:192.168.10.1～192.168.10.50、192.168.10.90～192.168.10.140、192.168.10.190～192.168.10.240,该如何设置?

2. 如何验证 DHCP 服务器工作正常? 请设计相应步骤进行验证。

3. 作为 DHCP 服务器的计算机应满足什么条件?

5.6.2 自测题

在 1 号机中安装 DHCP 服务器,1 号机 IP 地址为 192.168.1.188,并在 DHCP 服务器中建立作用域(IP 地址范围为 192.168.1.1～192.168.1.200,并排除 1 号机所用的地址),配置以下 DHCP 选项:默认网关(192.168.1.1)、DNS 服务器(192.168.1.188),为 2 号机保留一个 IP 地址(192.168.1.66),并使得该客户机可自动获取该 IP 地址。(100 分)

5.6.3 评分标准

评分标准见表 5.1

表 5.1 评分标准

要 求	得分	备注
① 安装 DHCP 服务	20	
② 按要求建立作用域,并按要求排除地址	30	
③ 按要求设置作用域选项	20	20 分钟完成
④ 建立保留 IP 地址	20	
⑤ 客户端能自动获取服务器分配的 IP 地址	10	

5.7 实 训 指 导

1. DHCP 服务器的安装

(1) 依次选择"开始"→"程序"→"管理工具"→"服务管理器"命令。

（2）在"服务器管理器"窗口中，单击"添加角色"按钮，单击左边列表的"选中服务器"按钮，打开"选择服务器角色"窗口。选中"DHCP 服务器"复选框，单击"下一步"按钮。

（3）在"DHCP 服务器"窗口中单击"下一步"按钮。

（4）在"选择网络连接绑定"窗口中，显示 DHCP 服务器绑定到的网卡的 IP 地址，在复选框中选中用于向客户端提供服务的网络连接的 DHCP 服务器 IP 地址，单击"下一步"按钮。

（5）在"指定 IPv4 DNS 服务器设置"窗口中，在文本框中输入"父域"或"首选 DNS 服务器 IPv4 地址"，并且单击"验证"按钮，验证有效后，单击"下一步"按钮。

（6）在"指定 IPv4 WINS 服务器设置"窗口中，选择"此网络上的应用程序需要WINS"选项，并在文本框中输入"首选 WINS 服务器 IP 地址"，单击"下一步"按钮。

（7）在"添加或编辑 DHCP 作用域"窗口中，单击"添加"按钮，在弹出的"添加作用域"窗口中，输入"作用域名称"、"起始 IP：192.168.1.1"、"结束 IP：192.168.1.200"、"子网掩码：255.255.255.0"和"默认网关：192.168.1.1"，并选中"激活此作用域"复选框，单击"确定"按钮，然后单击"下一步"按钮。

（8）完成新建的 DHCP 作用域，单击"下一步"按钮。

（9）在这不对 IPv6 进行讨论，因此在"配置 DHCPv6 无状态模式"窗口中，选择"对此服务器禁用 DHCPv6 无状态模式"选项，单击"下一步"按钮。

（10）在"确认安装选择"窗口中，可以看到即将安装的 DHCP 服务器的信息，单击"安装"按钮，出现"安装成功"提示，单击"关闭"按钮，即完成 DHCP 的安装。

2. 排除 1 号机 IP 地址

依次选择"开始"→"管理工具"→DHCP 命令，打开 DHCP 配置窗口，依次选择dc1.nzy.com→IPv4→"作用域[192.168.1.0]dc1"→"地址池"命令，在"地址池"选项上右击，选择"新建排除范围"命令，在弹出的"添加排除"对话框输入需要排除的 1 号机 IP地址为 192.168.1.188，子网掩码为 255.255.255.0。

3. 激活作用域

在 DHCP 控制台中，右击该作用域，选择"激活"命令激活作用域，如已激活则跳过该操作。

4. 配置默认网关、DNS 服务器

（1）右击"作用域选项"选项，选择"配置选项"命令，打开"作用域 选项"对话框。

（2）选择"003 路由器"选项，然后在"IP 地址"文本框中直接输入默认网关的 IP 地址，单击"添加"按钮。

（3）选择"006 DNS 服务器"选项，然后在"IP 地址"文本框中直接输入 DNS 服务器的 IP 地址，单击"添加"按钮。最后单击"确定"按钮完成设置。

5. 为 2 号客户机建立保留的 IP 地址

（1）在 2 号客户机 DOS 命令模式下用命令 ipconfig/all 查出客户机的 MAC 地址。

（2）在 DHCP 窗口中，单击要建立保留的作用域，右击"保留"选项，选择"新建保留"命令，打开"新建保留"对话框。

（3）在"保留名称"文本框中输入用来标识 DHCP 客户端的名称，在"IP 地址"文本框中输入要保留给 2 号客户机的 IP 地址，在"MAC 地址"文本框中输入客户端的网卡的硬件地址，也就是 MAC 地址。在"支持的类型"文本框中选择客户端是否必须为 DHCP 客户端，还是较旧型的 BOOTP 客户端，或者两者都支持，在此选择默认选项。

（4）输入完成后单击"添加"按钮与"关闭"按钮，即可完成设置。

（5）在客户端重新启动获得新的 IP 地址，执行 DOS 命令 ipconfig/all，确认 DHCP 服务器是否为计算机分配 IP 地址。

6. 设置 2 号客户端，使之自动获得 IP 地址

即完成所有配置，这时 2 号客户端可以自动获取 IP 地址。

项目6　网站的配置与使用

本项目将进行网站的构建,学习网站的基本知识、IIS 服务的安装、网站的配置、网站的构建、虚拟目录的概念及创建、网站的安全等。

6.1　项　目　问　题

某单位内部局域网要提供 IIS 服务,以便用户能够方便地浏览单位网站。网络管理员应该如何设置?

6.2　主　要　任　务

(1) 安装 IIS 7.0。
(2) 建立单位网站。
(3) 设置网站的属性。
(4) 为网站建立虚拟目录。

6.3　项　目　目　标

(1) 了解 IIS 7.0 核心组件。
(2) 掌握安装和卸载 IIS 7.0 组件。
(3) 掌握 Internet 信息服务管理器的基本使用方法。
(4) 掌握网站建立的方法。
(5) 掌握网站的配置和管理过程。

6.4　探　索　与　实　践

6.4.1　项目实施环境

两台计算机,已安装 Windows XP(或 Windows 7)和 Windows Server 2008 系统,且已连成对等网,1 号机上已配置好 DNS 服务器。

6.4.2　安装 IIS 7.0 组件

安装 IIS 7.0 可参照以下步骤。

(1) 选择"开始"→"程序"→"管理工具"→"服务器管理器"命令,单击"添加角色"按钮,打开"添加角色向导"对话框。选中"Web 服务器(IIS)"复选框,由于 IIS 依赖 Windows 进程激活服务(WAS),因此会弹出如图 6.1 所示的"是否添加 Web 服务器(IIS)所需的功能"对话框。单击"添加必需的功能"按钮,出现"选择服务器角色"对话框,如图 6.2 所示,单击"下一步"按钮。

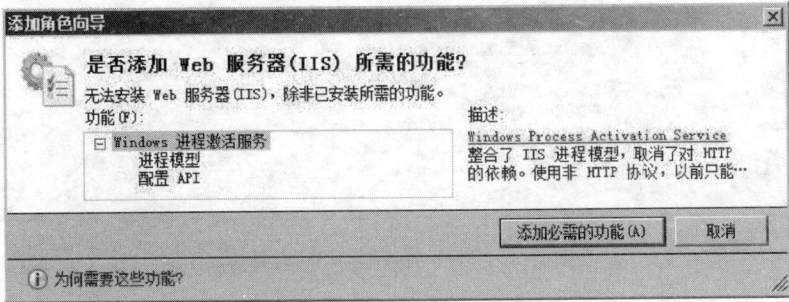

图 6.1　"是否添加 Web 服务器(IIS)所需的功能"对话框

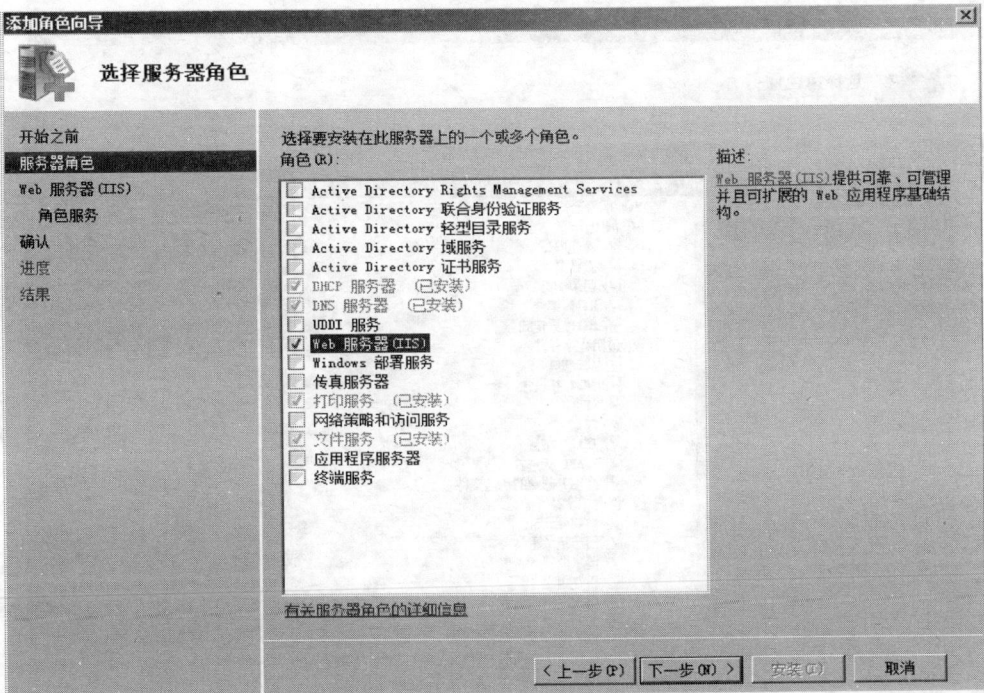

图 6.2　"选择服务器角色"对话框

(2) 出现如图 6.3 所示的"Web 服务器(IIS)"对话框,单击"下一步"按钮。

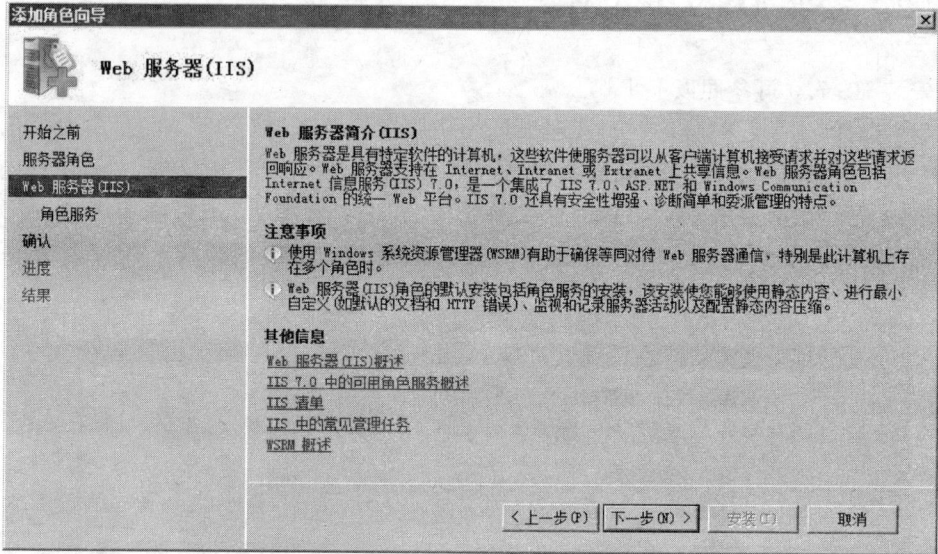

图 6.3 "Web 服务器(IIS)"对话框

(3) 出现如图 6.4 所示"选择角色服务"对话框,选择要安装的功能模块,这里建议选择所有的功能模块,单击"下一步"按钮。

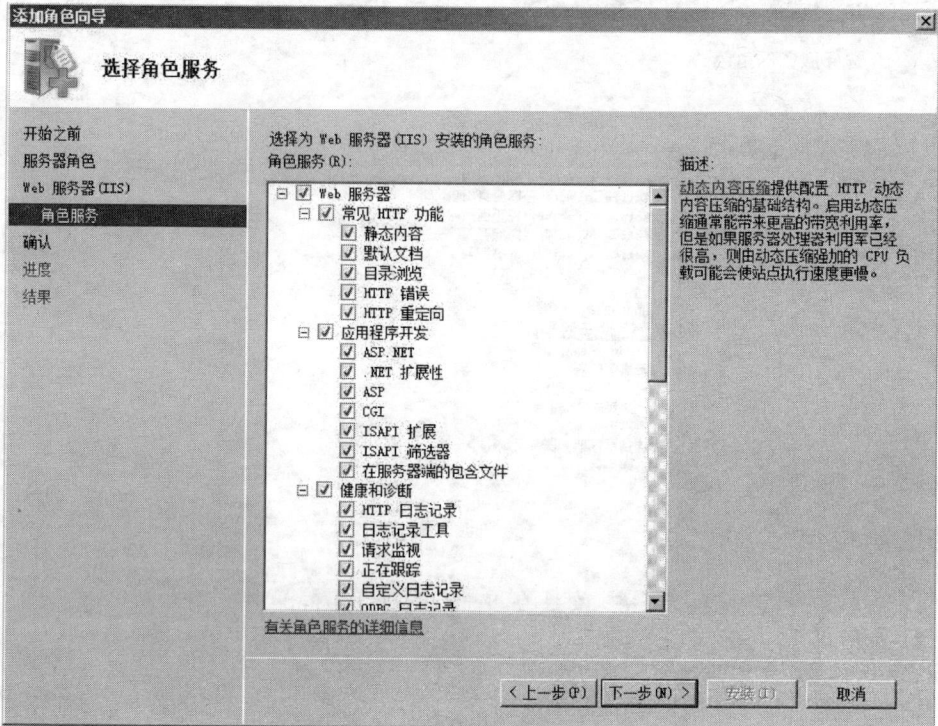

图 6.4 "选择角色服务"对话框

　　注意：在选择功能模块时,有部分模块会弹出"是否添加 Web 服务器(IIS)所需的功能"对话框,单击"添加必需的功能"按钮即可。

　　(4) 出现如图 6.5 所示的"确认安装选择"对话框,可以看到即将安装的 Web 服务器的信息。若需要修改可以单击"上一步"按钮继续进行修改设置;如果没有问题,单击"安装"按钮。

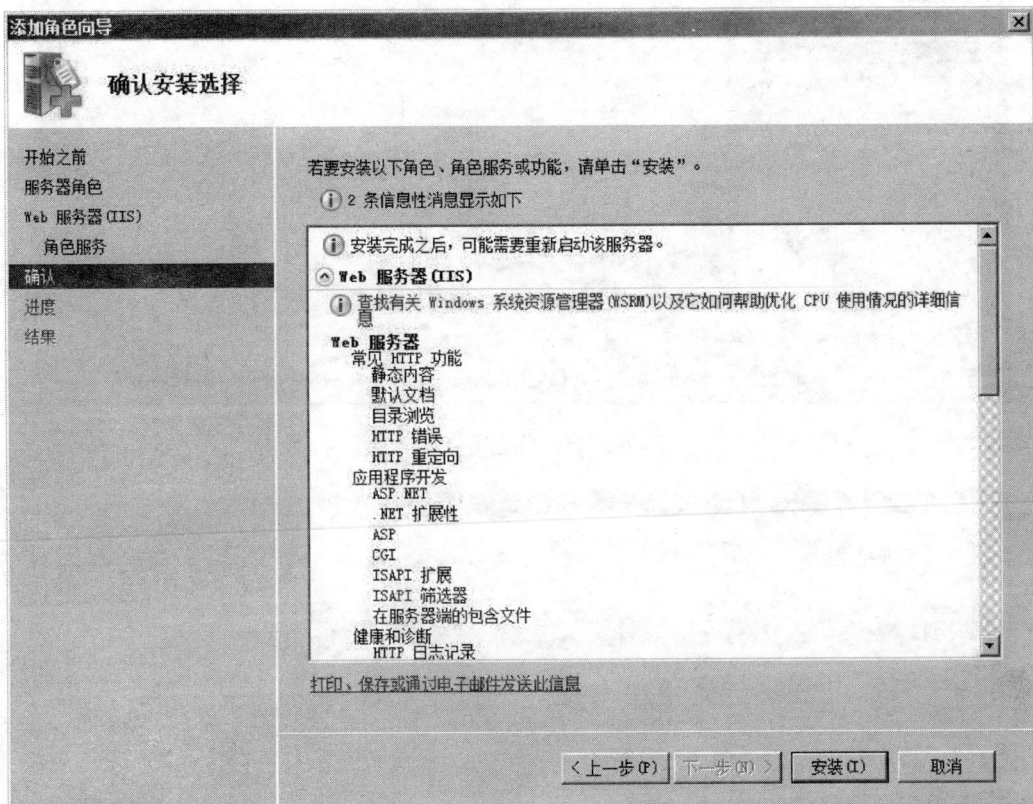

图 6.5　"确认安装选择"对话框

　　(5) 出现如图 6.6 所示的"安装进度"对话框。

　　(6) 出现如图 6.7 所示的"安装结果"对话框,显示"安装成功",单击"关闭"按钮,完成 IIS 7.0 的安装。

　　(7) 如果 6.8 所示,在"服务器管理器"窗口中看到"Web 服务器(IIS)"服务器已经成功安装。

　　(8) IIS 7.0 安装成功后,可以通过浏览器测试安装是否成功,在浏览器中输入 http:\\127.0.0.1 或"http:\\本地 IP 或域名",若出现如图 6.9 所示的 IIS 7.0 默认画面,就证明安装成功了。

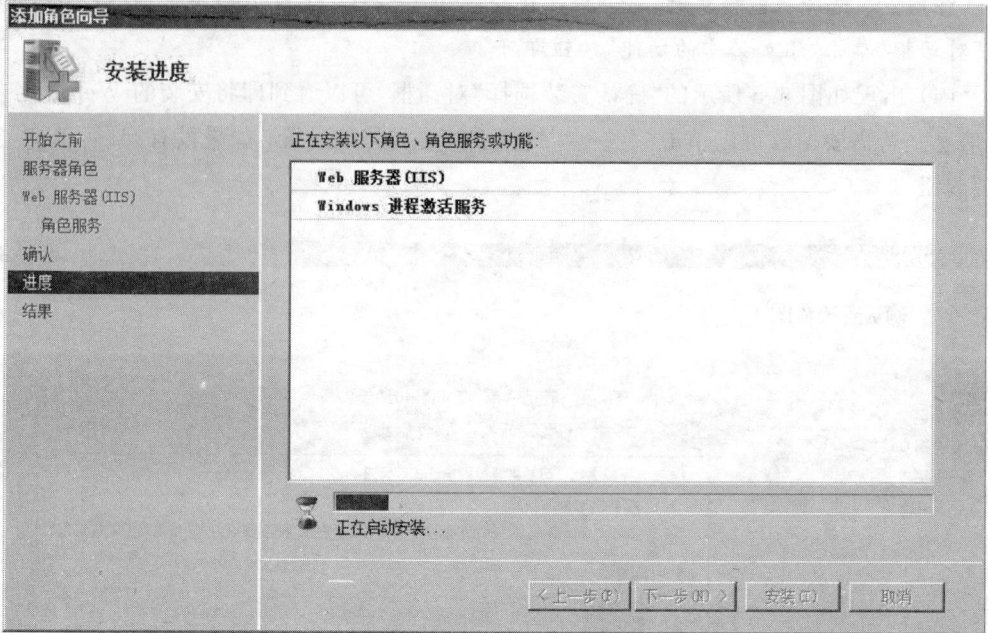

图 6.6 "安装进度"对话框

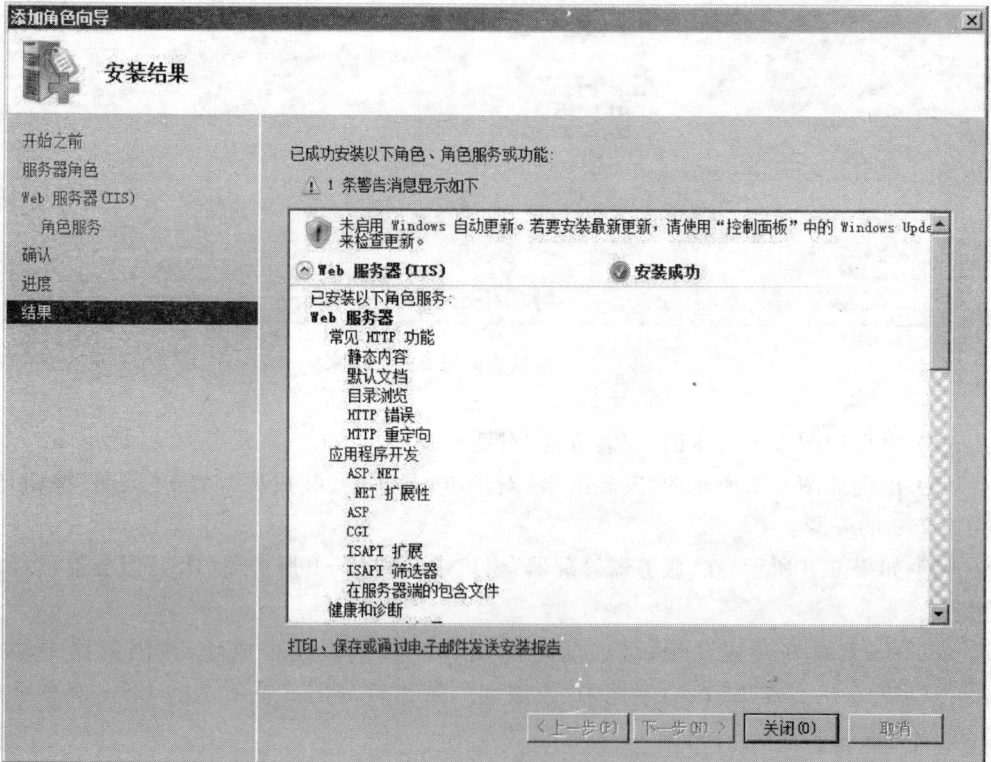

图 6.7 "安装结果"对话框

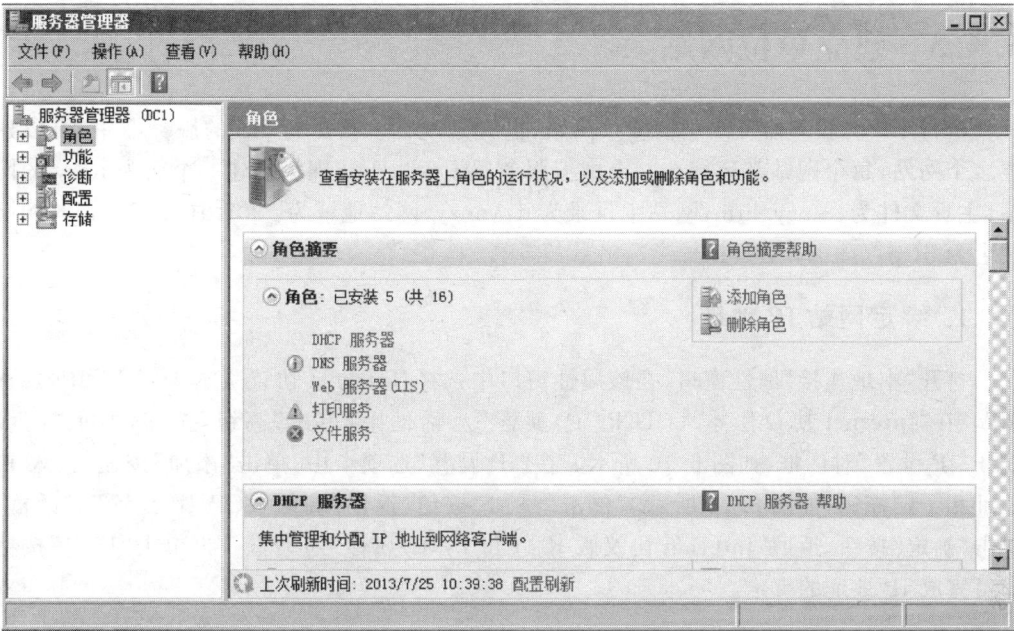

图 6.8　"服务器管理器"窗口

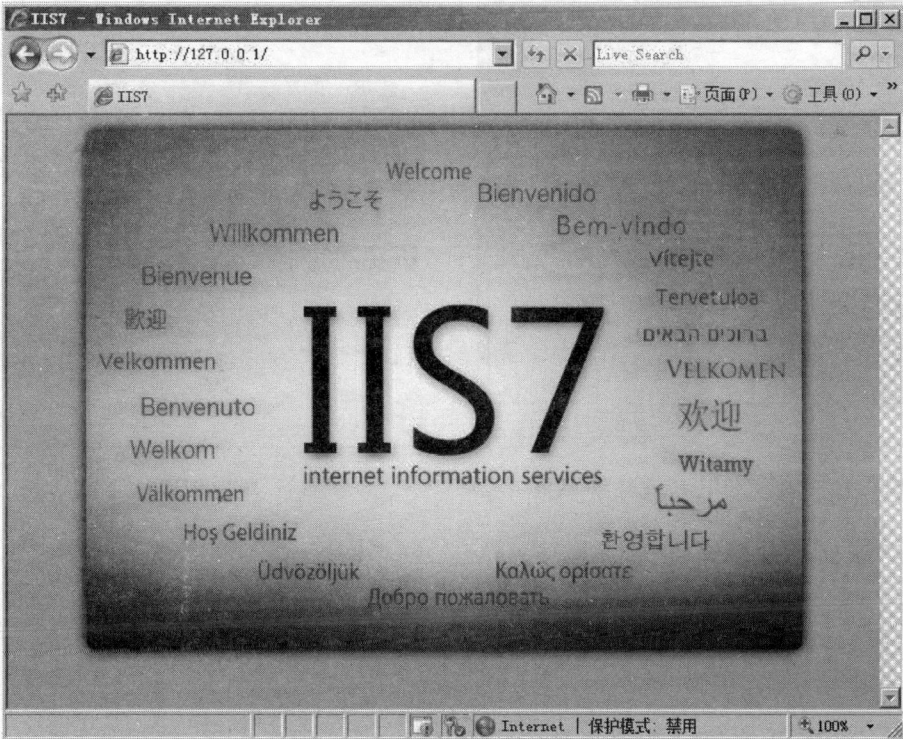

图 6.9　IIS 7.0 成功安装测试界面

6.4.3 建立单位网站

运行 IIS 的服务器可以主控多个网站,也就是说在一台运行 IIS 的服务器中,可以建立多个网站,每个网站都运行在一个虚拟服务器上。以下步骤为创建一个名为 nnzy 的网站,主页文件为: nnzy. htm,网站主目录为 d:\nnzy,网站地址为: 202.104.124.156,网站域名为 http://nnzy.163.net。

1. 绑定网站 IP 地址

打开"本地连接"属性窗口,在该属性窗口中选择"Internet 协议版本 4(TCP/IPv4)选项"。在"Internet 协议版本 4(TCP/IP)属性"对话框中,单击"高级"按钮,显示"高级 TCP/IP 设置"对话框,如图 6.10 所示。在"IP 设置"选项卡中,单击"添加"按钮,输入 IP 地址和子网掩码,如图 6.11 所示。单击"添加"按钮,返回"高级 TCP/IP 设置"对话框。单击"确定"按钮,返回"Internet 协议版本 4(TCP/IP)属性"对话框。再单击"确定"按钮即可完成 IP 地址的绑定。

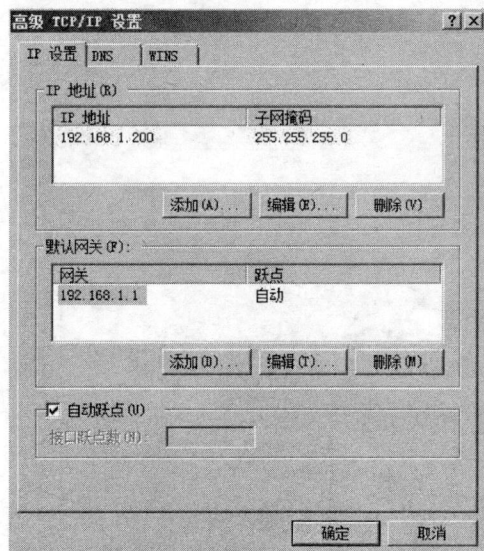

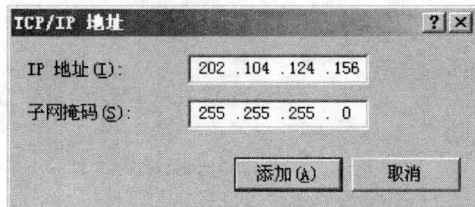

图 6.10 "高级 TCP/IP 设置"对话框   图 6.11 "TCP/IP 地址"对话框

2. 建立并共享文件夹

在 C 盘的根目录上创建一个文件夹 C:\nnzy,然后把网站文件复制到此文件夹内。

3. 建立网站 nnzy

(1) 选择"开始"→"管理工具"→"Internet 信息服务(IIS)管理器"命令,打开"Internet 信息服务(IIS)管理器"窗口。

(2) 在"Internet 信息服务(IIS)管理器"窗口中,右击"网站"选项,选择"添加网站"命令,打开"添加网站"对话框,如图 6.12 所示。在"添加网站"对话框中,输入"网站名称"为nnzy,选择"物理路径"为 C:\nnzy,绑定"IP 地址"为 202.104.124.156,"端口"为 80,主机名为空,选中"立即启动网站"复选框,完成所有操作后如图 6.13 所示。单击"确定"按钮。

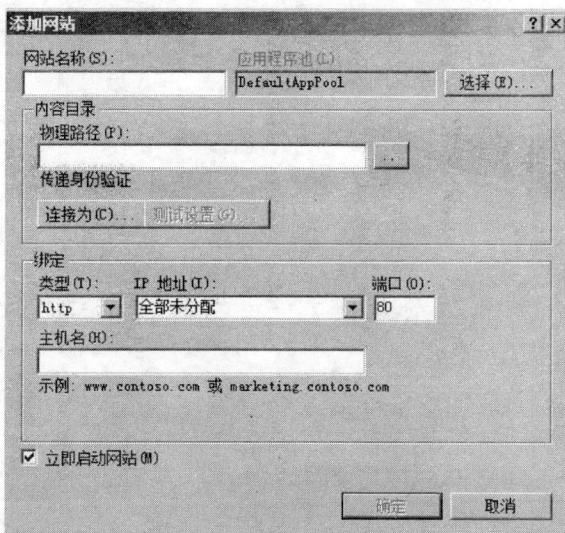

图 6.12　"添加网站"对话框

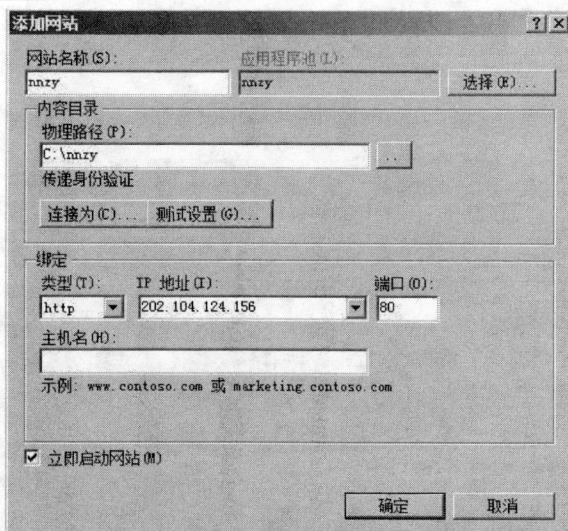

图 6.13　完成"添加网站"对话框设置

(3) 出现如图 6.14 所示的完成新建 nnzy 网站的窗口,IIS 采用的是常见的三列式界面。可以看到 nnzy 网站已经出现在三列式界面左边"连接"窗口了,三列式界面中间的"功能视图"窗口则显示 nnzy 已经启动,三列式界面右边则是"操作"窗口。

(4) 单击左边"连接"窗口中的 nnzy 网站,则中间出现 nnzy 网站的相关功能配置按钮,通过该功能视图进行 nnzy 功能视图配置,如图 6.15 所示。

111

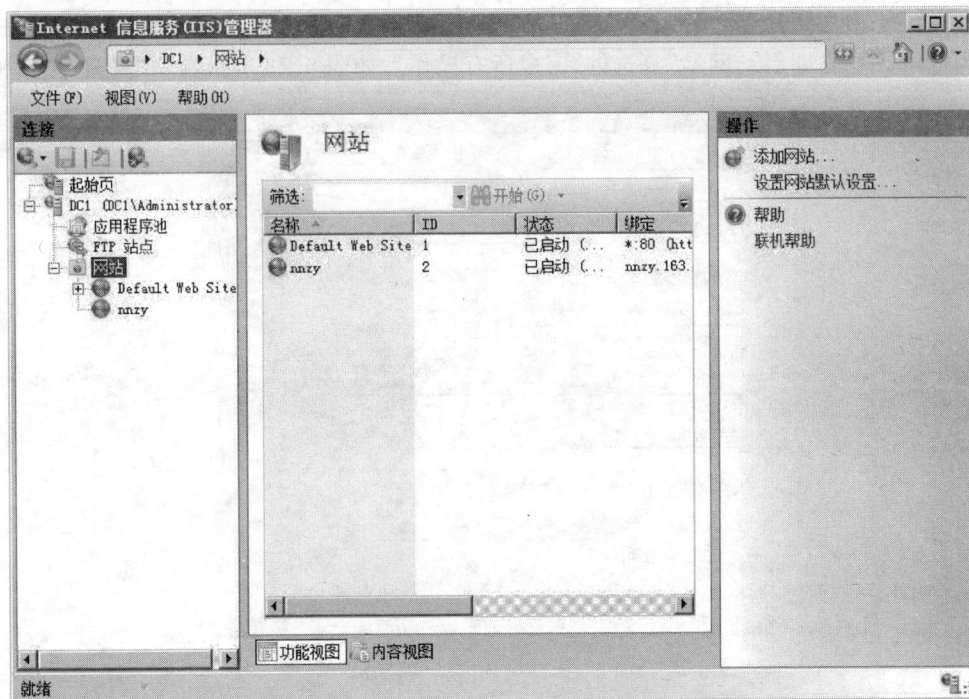

图 6.14　完成新建 nnzy 网站的窗口

图 6.15　nnzy 功能视图配置

4. 设置网站默认文档

（1）双击图 6.15 中"功能视图"界面的"默认文档"图标，出现如图 6.16 所示的"默认文档"界面。在"操作"窗口中单击"添加"按钮，在弹出的"添加默认文档"对话框中添加默认文档为 nnzy.htm，单击"确定"按钮。

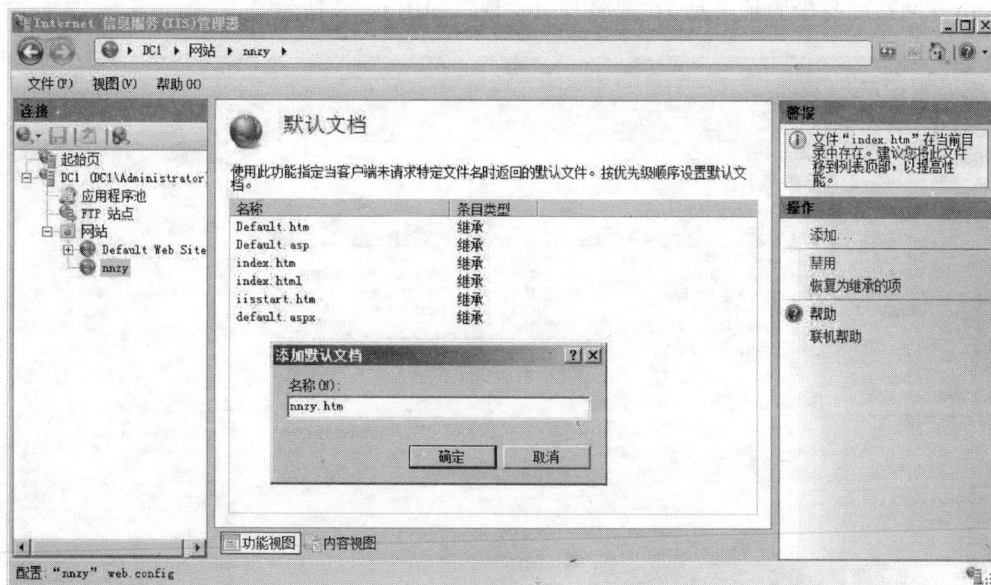

图 6.16　"默认文档"设置窗口

（2）出现如图 6.17 所示的"默认文档"设置成功窗口，表示 nnzy.htm 默认文档已经成功添加，并把 nnzy.htm 上移至第一个。如果要调整默认文档的位置，可以通过窗口右边的"操作"窗口进行上下移动等相关操作。

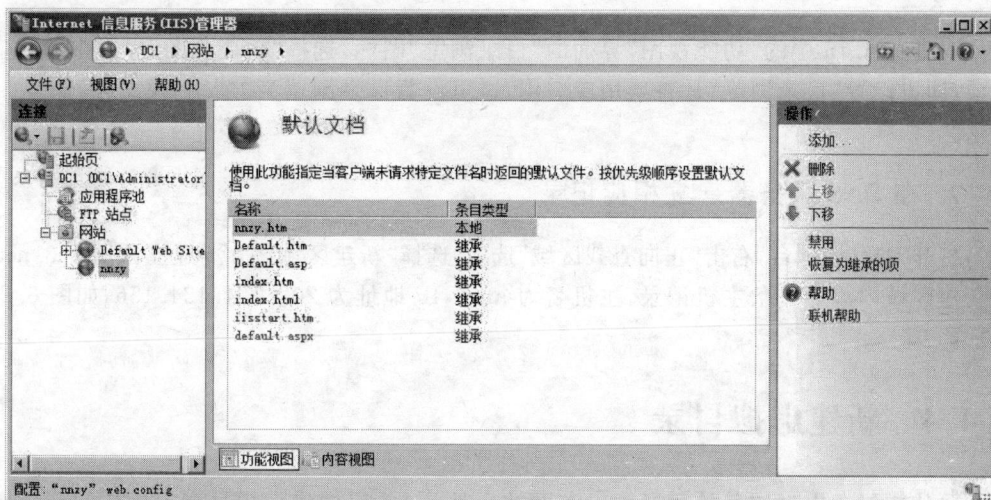

图 6.17　"默认文档"设置成功窗口

113

5. 设置身份验证

双击图 6.15 中的"功能视图"界面的"身份验证"图标,选择"功能视图"界面中的相应选项,即可设置"身份验证"的类型。在这里要设置 nnzy 网站的身份验证类型为"匿名身份验证"。先选择"匿名身份验证"选项,然后单击右边"操作"窗口的"启用"按钮,即可设置 nnzy 网站的身份验证类型为"匿名身份验证",如图 6.18 所示。

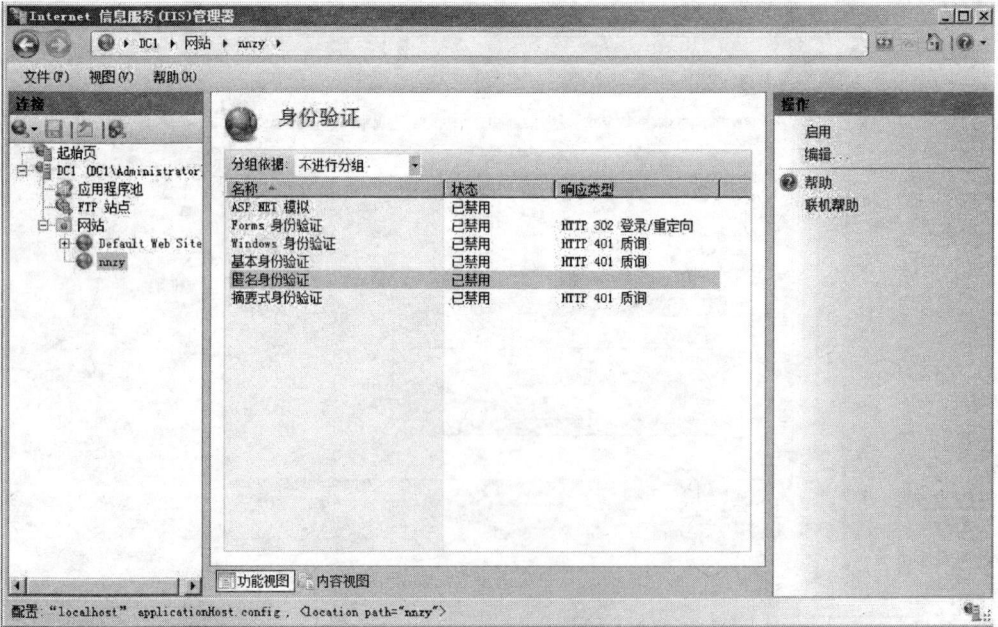

图 6.18 "身份验证"设置窗口

6. 设置目录浏览

双击图 6.15 中的"功能视图"界面的"目录浏览"图标,选择"功能视图"界面中的相应选项,即可设置"目录浏览"是否禁用或启用,这里设置目录浏览为"禁用"模式,如图 6.19 所示。

7. 在 DNS 服务器建立相应记录

打开 DNS 控制台,右击"正向查找区域"选项,选择"新建区域"命令,建立区域 163. net;在新建区域内添加一条主机记录,主机名为 nnzy,IP 地址为 202.104.124.156,如图 6.20 所示。

6.4.4 新建虚拟目录

要从主目录以外的其他目录中发布网站文件,就必须创建虚拟目录。虚拟目录不包含在主目录中,但在显示给客户浏览器时就像位于主目录中一样。

图 6.19 "目录浏览"设置窗口

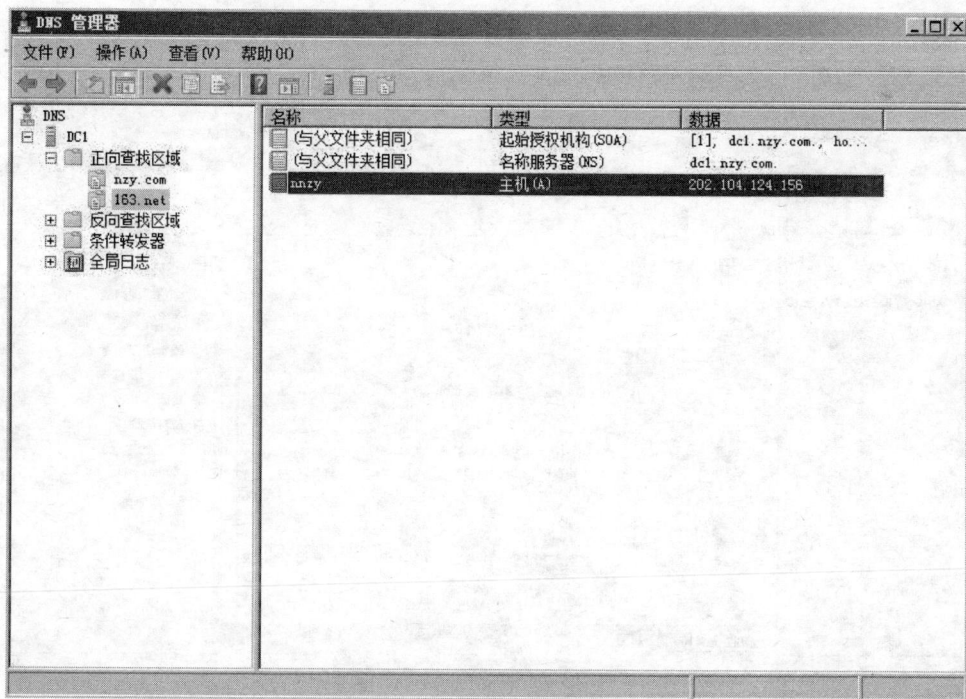

图 6.20 DNS 控制台窗口

虚拟目录有一个"别名"或名称,用于在浏览器中访问此目录。

虚拟目录只是一个文件夹,使用网站时,主目录文件夹必须位于本地计算机上,由于磁盘容量的限制导致了可设置的虚拟服务器的数量非常有限;而使用虚拟目录,可以将网站文件复制到本地计算机或其他计算机的磁盘上。访问时加上目录别名即可(http://IP 地址/目录别名)。

任务:在 C:\network 文件夹存放有单位的网页文件,现希望能通过 http://nnzy. 163. net/network 访问网页的内容。可通过创建虚拟目录来实现,其步骤如下。

(1) 打开"Internet 信息服务(IIS)管理器"窗口,右击要创建虚拟目录的网站,从弹出的快捷菜单中选择"添加虚拟目录"命令,显示"添加虚拟目录"对话框,如图 6.21 所示。在对话框中填入别名 network,设定好物理路径,单击"确定"按钮。

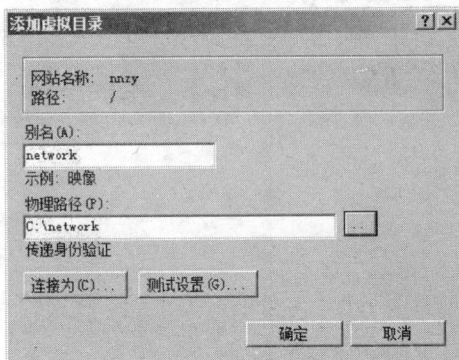

图 6.21 "添加虚拟目录"对话框

(2) 如图 6.22 所示,在"network 主页"界面完成虚拟目录的建立。在虚拟目录建立完成后,可以像网站一样通过图中的"功能视图"界面的相应图标修改相应的属性。此时在浏览器中输入 http://nnzy. 163. net/network,便可以访问虚拟目录。

图 6.22 "network 主页"界面

6.4.5　网站的管理与维护

网站的启动、停止和删除可按以下步骤进行。

打开"Internet 信息服务(IIS)管理器"窗口,右击,在弹出的快捷菜单中选择"管理网站"命令,在管理网站的下一级子菜单中可以选择执行"重新启动"、"启动"、"停止"、"浏览"和"高级设置"等命令对网站进行管理与维护。或者单击需要管理的网站,在右边的"操作"窗口的"管理网站"选项中可以选择"重新启动"、"启动"、"停止"、"浏览"和"高级设置"等命令对网站进行管理与维护。右击,在弹出的快捷菜单中选择"删除"命令,可以将网站删除。

6.4.6　网站的安全性

网站的安全是每个网络管理员必须关心的,必须通过各种方式和手段来降低入侵者攻击的机会,如果 Web 服务器采用正确的安全措施,就可以降低或消除不怀好意的个人以及意外获准访问限制信息或无意中更改重要文件的善意用户的各种安全威胁。

1. 验证用户身份

网站默认情况下都可以匿名访问,但如果网站的信息是机密性的,为了确保信息安全,要求访问网站的用户必须输入用户名和密码,可以根据网站对安全的具体要求来选择适当的验证方法,这里以基本身份验证为例。

IIS 支持以下 5 种身份验证方法。可以使用这些方法确认任何请求访问网站的用户的身份以及授予访问站点公共区域的权限,同时又可防止未经授权的用户访问专用文件和目录。

① 匿名身份验证:允许任意用户进行访问,不询问用户名和密码。

② 基本身份验证:提示用户输入用户名和密码,然后通过网络"非加密"发送这些信息。

③ Windows 域服务器的摘要式身份验证:与"基本身份验证"非常类似,所不同的是将密码作为"哈希"值发送。摘要式身份验证仅用于 Windows 域的域控制器或成员服务器。

④ 集成 Windows 身份验证:使用哈希技术来标识用户,而不通过网络实际发送密码。

⑤ 证书:是可以用来建立安全套接字层(SSL)连接的数字凭据。它们也可以用于验证。

⑥ . NET:passport 身份验证。

(1) 打开"Internet 信息服务(IIS)管理器"窗口,选择"网站"选项中的 nnzy 网站,双击图 6.15 中的"功能视图"界面的"身份验证"图标,出现图 6.23 所示的"身份验证"窗口,网站的默认的身份验证方法是"匿名身份验证"。

117

图 6.23 "身份验证"窗口

（2）在图 6.23 的"身份验证"窗口中选择"基本身份验证"选项,然后单击右边"操作"窗口的"启动"按钮,即可设置 nnzy 网站的身份验证类型为"基本身份验证",如图 6.24 所示,同时把"匿名身份验证"功能禁用。

图 6.24 "身份验证"设置窗口

（3）如果存在域，则在"身份验证"设置界面中的右边"操作"窗口单击"编辑"按钮，弹出"编辑基本身份验证设置"对话框，输入默认域为 163.net，如图 6.25 所示，单击"确定"按钮。

（4）在浏览器中输入 http://nnzy.163.net，就会弹出如图 6.26 所示的"连接到 nnzy.163.net"对话框，要求访问用户输入用户名和密码，用户只有输入有效的用户名和密码才可以访问网站。

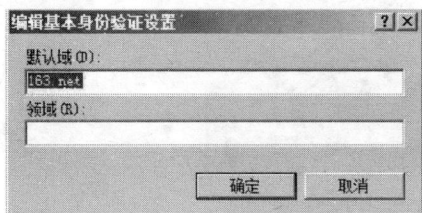

图 6.25　"编辑基本身份验证设置"对话框　　　　图 6.26　"连接到 nnzy.163.net"对话框

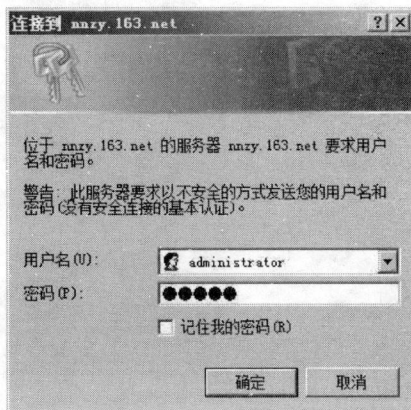

2. 使用 IP 地址限制保护站点

IP 地址限制仅适用于 IPv4 地址。

以下步骤为限定网站 nnzy 只允许同组的两台计算机访问。

（1）打开"Internet 信息服务（IIS）管理器"窗口，选择"网站"选项中的 nnzy 网站，双击"功能视图"界面中的"IPv4 地址和域限制"图标，如图 6.27 所示。

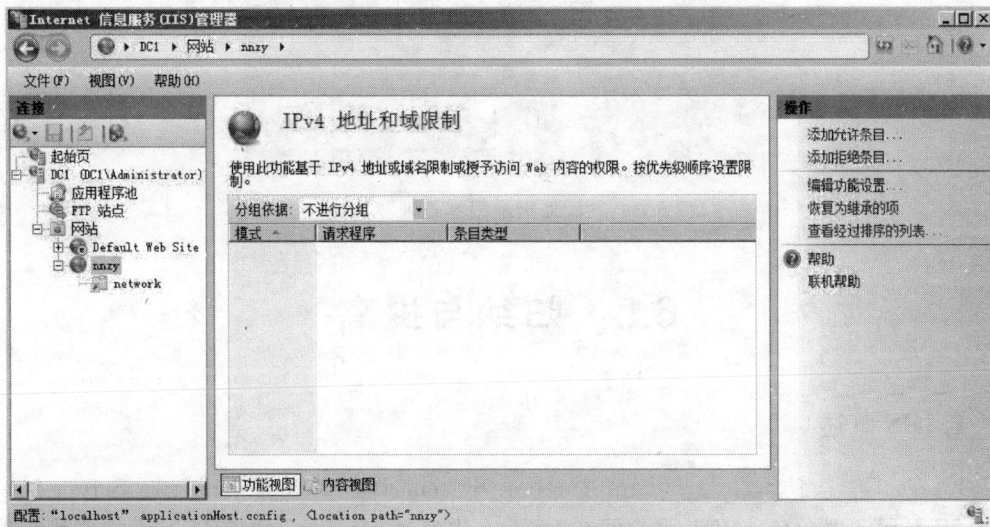

图 6.27　"IPv4 地址和域限制"窗口

（2）单击图中右边"操作"窗口的"添加允许条目"选项或"添加拒绝条目"选项，可以为特定的 IP 地址、IP 地址范围或 DNS 域名定义允许或拒绝访问内容的规则，如图 6.28和图 6.29 所示。

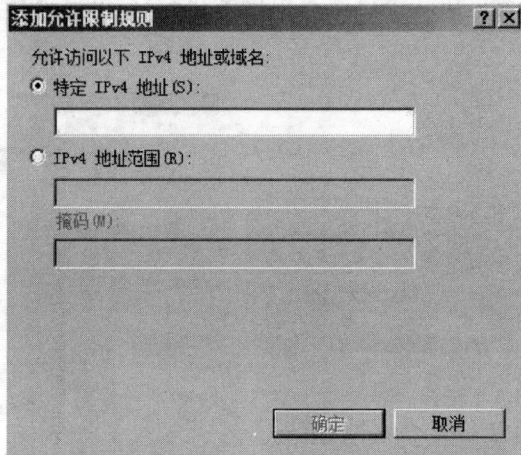

图 6.28 "添加允许限制规则"对话框

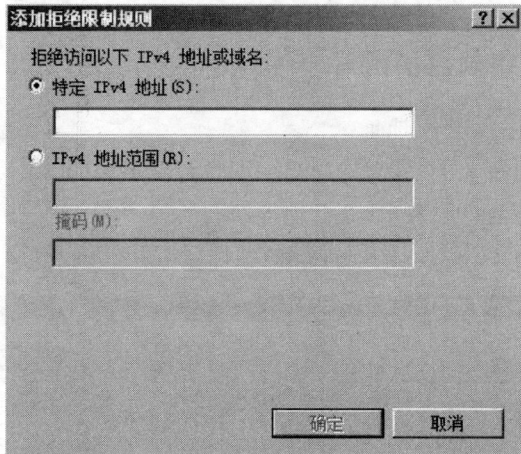

图 6.29 "添加拒绝限制规则"对话框

6.5 归纳与提高

1. IIS 概述

Internet 信息服务（Internet Information System，IIS）7.0 是 Windows Server 2008中的 Web 服务器角色。Web 服务器在 IIS 7.0 中经过重新设计，能够通过添加或删除模块来自定义服务器，同时模块是服务器用于处理请求的独特功能。例如，IIS 使用身份验证模块对客户端凭据进行身份验证,并使用缓存模块来管理缓存活动。IIS 7.0 使得需要负责/管理 Web 站点或 WCF 服务的人,可以将管理控制权限委托给开发者或内容的所有者,从而降低了因拥有而必须付出的代价和管理员的管理负担。它可以控制在 Web 服务器上安装/运行哪些特性。每个特性模块都可以独立地在服务器上安装,减小了服务器的受攻击面,也降低了管理开销。IIS 7.0 支持在 web.config 文件中保存设置,通过 XCOPY 部署,使它更容易地支持分布式配置。IIS 7.0 允许把配置设定存储在 web.config 文件,使得使用的 XCOPY 在多个前端的网站服务器之间复制应用程序变得更容易,从而避免了代价较高和容易出错的复制和同步问题。IIS 7.0 核心由称为模块的独立组件组成,本机代码和托管代码都通过新的 Core Web Server 中的同一条进程处理。IIS 7.0 支持使用.NET 框架开发核心 Web 服务器扩展。IIS 7.0 能自动隔离区域、应用程序和基础架构,防止系统崩溃和宕机的发生。IIS 7.0 只安装用户所需要的组件,最小化网络受击面,降低系统中断的风险。IIS 7.0 迅速发现问题,改善管理特性,在其成为问题之前轻松全面了解、诊断并解决所有出现的症结。IIS 7.0 中引入了 WMI 提供者技术以便能够访问和编辑配置设定。

2. 虚拟目录

要从主目录以外的其他目录中发布网站文件,就必须创建虚拟目录。虚拟目录不包含在主目录中,但在显示给客户浏览器时就像位于主目录中一样。

虚拟目录有一个“别名”或名称,用于在浏览器中访问此目录。由于别名通常要比目录的路径名短,更便于用户输入。使用别名更安全,因为用户不知道文件存在于服务器上的物理位置,所以便无法使用这些信息来修改文件。使用别名可以更方便地移动网站中的目录。无须更改目录的 URL,而只需更改别名与目录物理位置之间的映射。

虚拟目录只是一个文件夹,使用网站时,主目录文件夹必须位于本地计算机上,由于磁盘容量的限制导致了可设置的虚拟服务器的数量非常有限;而使用虚拟目录,可以将网站文件复制到本地计算机或其他计算机的磁盘上。访问时加上目录别名即可(http://IP 地址/目录别名)。

6.6　思考与自测

6.6.1　思考题

1. 你负责管理整个企业内部网站,企业内部使用各种类型的浏览器,应该怎样配置 IIS 验证方式使得所有员工都能访问?

2. 网站设计人员建立了企业的网站,主页文件名为:nzyhome.htm,如果希望发布后,用户不需要输入该文件名就可以访问企业网站,该如何设置?

3. 什么是虚拟目录?如何创建虚拟目录?

6.6.2　自测题

在 1 号机的 D 盘创建一个文件夹,把自己创建或从 Internet 上下载的网站内容保存在该文件夹中,创建一个网站 nnzd,站点地址为 192.168.1.156,站点主页文件指向下载的网站内容,在 DNS 服务器中添加记录,使用户能用域名:http://nnzd.163.com 访问该站点;为该站点添加一个虚拟目录"MP3",虚拟目录的路径指向另一文件夹。

6.6.3　评分标准

评分标准见表 6.1。

表 6.1　评分标准

要　　求	得分	备注
① 安装 Internet 信息服务	10	
② 为网卡绑定另一 IP 地址 192.168.1.156	10	
③ 创建网站 nnzd,且站点的属性设置正确	30	15 分钟完成
④ 在 DNS 服务器上有 nnzd 记录	20	
⑤ 在浏览器能用域名:http://nnzd.163.com 访问网站	10	
⑥ 创建虚拟目录,且能用网站的 IP 及域名访问到虚拟目录的内容	20	

6.7　实训指导

1. 安装 IIS 7.0

(1) 选择"开始"→"程序"→"管理工具"→"服务器管理器"命令,单击"添加角色"按钮,打开"添加角色向导"对话框。选择"Web 服务器(IIS)"复选框,弹出"是否添加 Web 服务器(IIS)所需的功能"对话框,单击"添加必需的功能"按钮后,出现"选择服务器角色"对话框,单击"下一步"按钮。

(2) 在"Web 服务器(IIS)"对话框中单击"下一步"按钮。

(3) 在"选择角色服务"对话框中选择所有的功能模块,单击"下一步"按钮。

(4) 在"确认安装选择"对话框中,可以看到即将安装的 Web 服务器的信息,如需要修改可以单击"上一步"按钮继续进行修改设置,如果没有问题,单击"安装"按钮。

(5) 出现"安装进度"对话框。

(6) 出现"安装结果"对话框,显示"安装成功",单击"关闭"按钮,完成 IIS 7.0 的安装。

(7) 这时在"服务器管理器"窗口中看到"Web 服务器(IIS)"服务器已经成功安装。

(8) IIS 7.0 安装成功后在浏览器中输入"http:\\127.0.0.1"或"http:\\本地 IP 或域名",如出现 IIS 7.0 默认画面,就证明安装成功了。

2. 绑定 IP

打开"本地连接"的属性窗口,在该属性窗口中选择"Internet 协议版本 4(TCP/IPv4)"选项,在"Internet 协议(TCP/IP)属性"对话框中,单击"高级"按钮,显示"高级 TCP/IP 设置"对话框。在"IP 设置"选项卡中,单击"添加"按钮,输入 IP 地址为 192.168.1.156 和子网掩码为 255.255.255.0。单击"添加"按钮,返回"高级 TCP/IP 设置"对话框。单击"确定"按钮,返回"Internet 协议(TCP/IP)属性"对话框,再单击"确定"按钮即可完成 IP 地址的绑定。

3. 建立并共享文件夹

在 D 盘的根目录上创建一个文件夹 D:\nnzd,然后把网站文件复制到此文件夹内。
建立网站 nnzd 的步骤如下。

(1) 选择"开始"→"管理工具"→"Internet 信息服务(IIS)管理器"命令,打开"Internet 信息服务(IIS)管理器"窗口。

(2) 在"Internet 信息服务(IIS)管理器"窗口中,右击"网站"选项,选择"添加网站"命令,打开"添加网站"对话框,在"添加网站"对话框中,输入"网站名称"为 nnzd,选择"物理路径"为 D:\nnzd,绑定"IP 地址"为 192.168.1.156,"端口"为 80,主机名为空,选中"立即启动网站"复选框,完成所有操作后单击"确定"按钮。

(3) 出现"完成新建 nnzd 网站"对话框,单击左边"连接"窗口中的 nnzd 网站,则中间出现 nnzd 网站的相关功能配置按钮,通过该功能视图进行 nnzy 功能视图配置即完成网站建立。

4. 设置网站默认文档

(1) 单击"功能视图"界面的"默认文档"图标,出现"默认文档"设置窗口,在"操作"窗口中单击"添加"按钮,在弹出的"添加默认文档"对话框中添加默认文档为 nnzd.htm,单击"确定"按钮。

(2) 出现"默认文档"设置成功窗口,表示 nnzd.htm 默认文档已经成功添加,并把 nnzd.htm 上移至第一个。

5. 设置身份验证

单击"功能视图"界面的"身份验证"图标,选择"功能视图"界面中的相应选项,即可设置"身份验证"的类型,选择"匿名身份验证"选项,然后单击右边"操作"窗口的"启动"按钮,即可设置 nnzd 网站的身份验证类型为"匿名身份验证"。

要在 DNS 服务器建立相应记录,打开 DNS 控制台,右击"正向查找区域"选项,选择"新建区域"命令,建立区域 163.com。在新建区域内添加一条主机记录,主机名为 nnzd,IP 地址为 192.168.1.156。

6. 新建虚拟目录

打开"Internet 信息服务(IIS)管理器"窗口,右击要创建虚拟目录的网站,从弹出的快捷菜单中选择"添加虚拟目录"命令,显示"添加虚拟目录"对话框。在对话框中填入别名,设定好物理路径,单击"确定"按钮。在虚拟目录建立完成后,可以像网站一样通过图中的"功能视图"界面的相应图标修改相应的属性。此时在浏览器中输入 http://nnzy.163.net/虚拟目录别名,便可以访问虚拟目录。

项目 7   FTP 服务器的配置与使用

本项目将进行 FTP 服务器的配置，学习 FTP 服务的安装、FTP 站点的创建及 FTP 站点的访问等。

7.1   项 目 问 题

某单位内部局域网中的域控制器要提供 FTP 数据上传和下载服务，以便用户能够方便地传输文件。网络管理员应该如何设置？如果希望不同用户访问 FTP 站点时互不影响，又该如何设置？

7.2   主 要 任 务

(1) 安装 FTP 服务。
(2) 建立隔离用户与不隔离用户的 FTP 站点。
(3) 设置 FTP 站点的属性。
(4) 为站点建立虚拟目录。

7.3   项 目 目 标

(1) 掌握 FTP 服务器的配置和管理。
(2) 掌握虚拟目录的基本概念，能够熟练进行"隔离用户"FTP 站点的构建。
(3) 掌握使用前端工具访问 FTP 服务器。

7.4   探 索 与 实 践

7.4.1   项目实施环境

两台计算机，已安装 Windows XP/7 和 Windows Server 2008 系统，且已连成对等网，1 号机上已配置好 DNS 服务器和 Web 服务器。

7.4.2　安装 FTP 服务

按照以下步骤安装 FTP 服务。

（1）依次选择"开始"→"管理工具"→"服务器管理器"命令，打开"服务器管理器"窗口。

（2）在"服务器管理器"窗口中，依次选择"角色"→"Web 服务器(IIS)"选项，并在展开的"Web 服务器(IIS)"目录中，单击"添加角色服务"按钮，如图 7.1 所示。

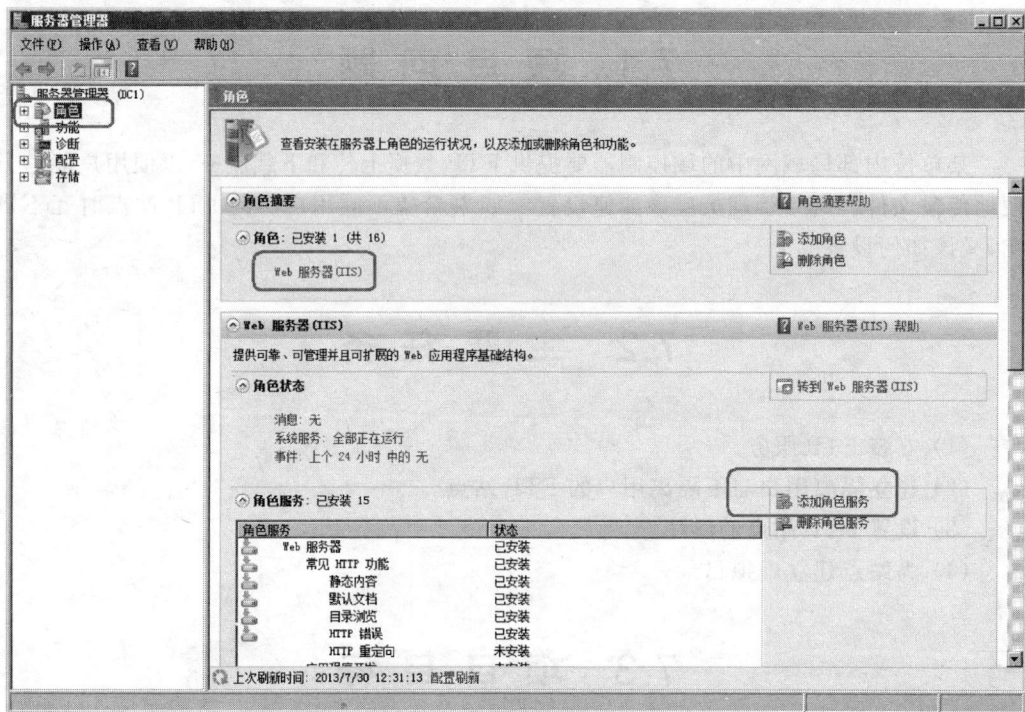

图 7.1　"服务器管理器"窗口

（3）默认情况下安装 IIS 7.0 服务不会自动安装 FTP 服务。因此，在"Web 服务器(IIS)"目录展开的角色服务中显示"FTP 发布服务"未安装。选中"FTP 发布服务"复选框，如图 7.2 所示。

（4）"FTP 发布服务"安装时要求有前提条件，未符合安装条件时会弹出提示对话框，在提示框中单击"添加必需的角色服务"按钮，如图 7.3 所示。

（5）"FTP 发布服务"和安装所需要的角色服务（IIS 6 元数据库兼容性）复选框显示已经选中，单击"下一步"按钮，如图 7.4 所示。

（6）在角色服务的"确认安装选择"对话框中，单击"安装"按钮，系统将安装所选项目，如图 7.5 所示。

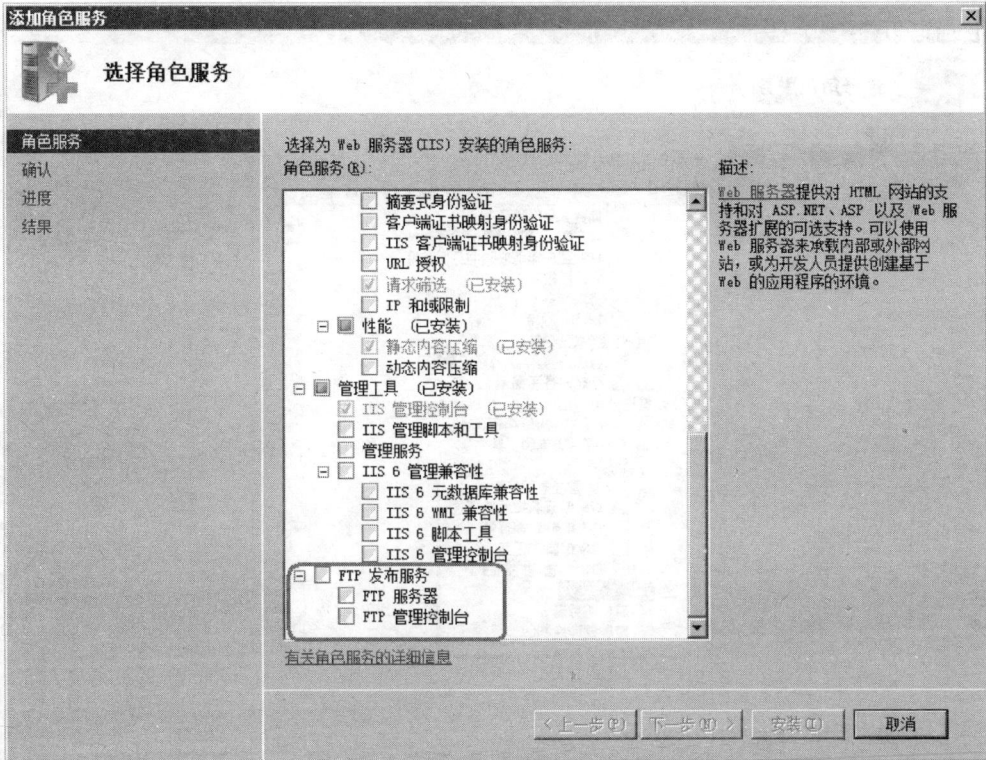

图 7.2　"添加角色服务"对话框

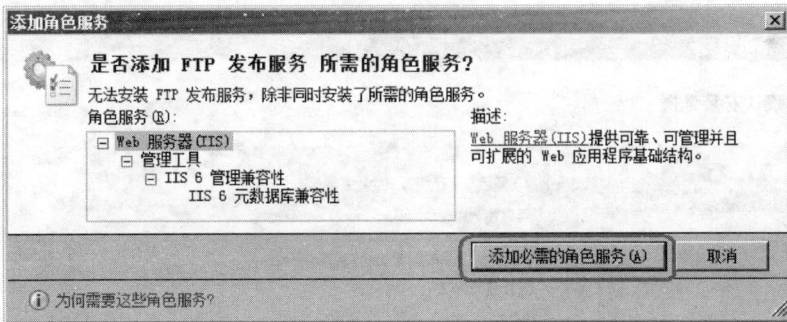

图 7.3　关联服务提示对话框

（7）安装完成后，"安装结果"对话框显示安装成功，单击"关闭"按钮，如图 7.6 所示。

7.4.3　FTP 站点的配置

在完成了"FTP 发布服务"的安装后，系统在信息服务（IIS）中默认设置了一个 FTP 站点。以下步骤将启动默认 FTP 站点。

（1）选择"开始"→"管理工具"→"Internet 信息服务（IIS）管理器"命令，展开角色服务列表，选中"FTP 站点"选项。单击右边"单击此处启动"链接，如图 7.7 所示。

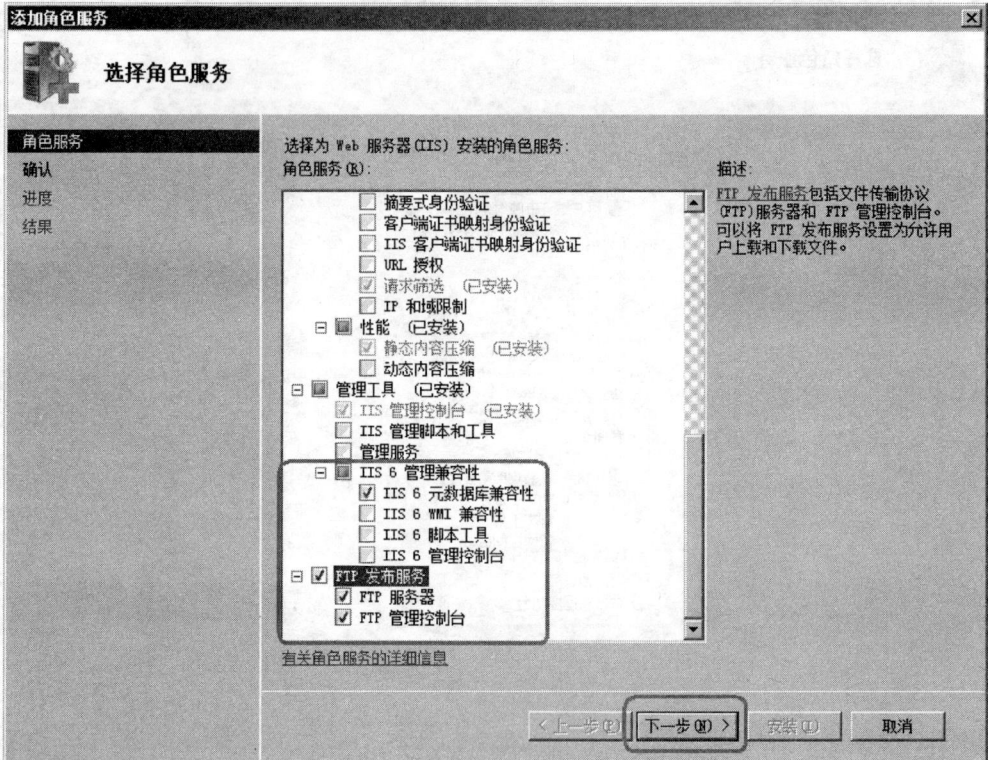

图 7.4　选中需要安装的服务后的"添加角色服务"对话框

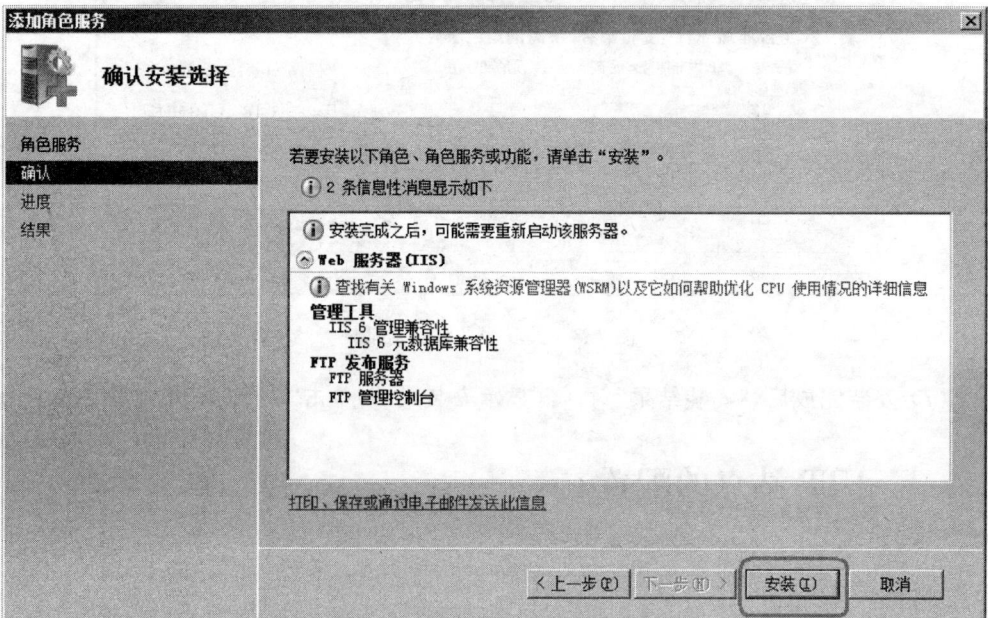

图 7.5　"确认安装选择"对话框

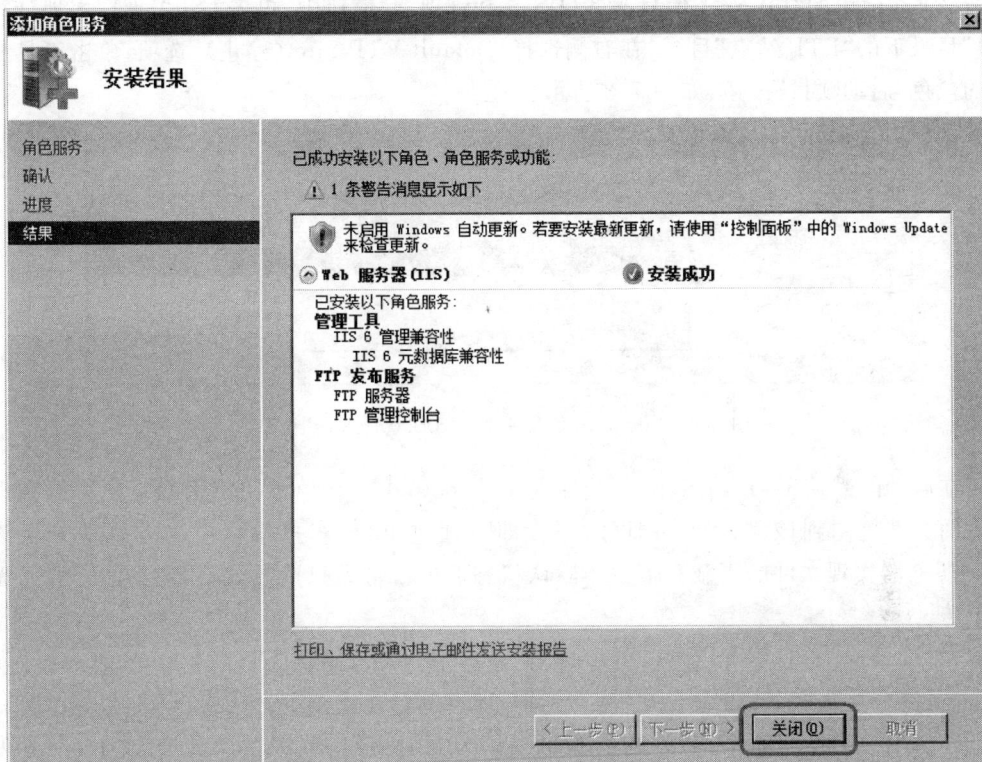

图 7.6　"安装结果"对话框

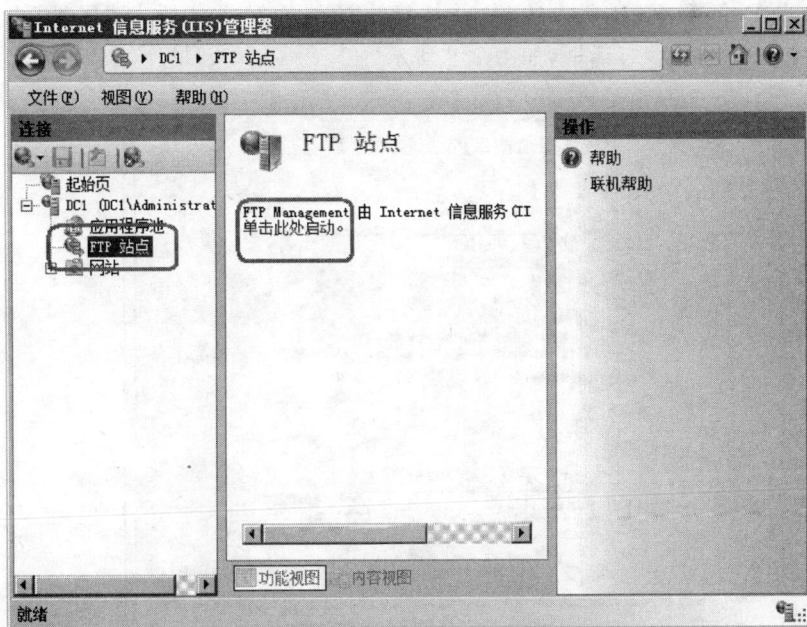

图 7.7　"Internet 信息服务(IIS)管理器"窗口

（2）在弹出的"Internet 信息服务(IIS)6.0 管理器"窗口中,单击左边"DC1(本地计算机)"目录下的"FTP 站点"目录,在右侧选择"Default FTP Site（停止）"选项,单击工具栏中的黑色"启动项目"按钮,如图 7.8 所示。

图 7.8 "Internet 信息服务(IIS)6.0 管理器"窗口

在启动的默认 FTP 站点中,主目录是 C:\Inetpub\ftproot,在使用时只须将欲实现共享的文件复制到该文件夹中即可,用户即可通过 FTP 客户端以匿名方式登录至该 FTP 服务器实现文件的下载。但由于默认状态下主目录为只读方式,用户只能下载而无法上传。

在"Internet 信息服务(IIS)6.0 管理器"窗口中,右击"默认 FTP 站点"选项,选择"属性"选项,打开"默认 FTP 站点 属性"对话框,即可进行配置。

以下步骤为把默认 FTP 站点的主目录设为"C:\FTP 默认站点目录",限定网段为 202.224.10.0 的计算机不能访问该 FTP 站点,限定站点的最大连接数为 1000。设定用户访问该站点、退出时的提示信息。

（1）右击 Default FTP Site 选项,并从弹出的快捷菜单中选择"属性"命令,显示"Default FTP Site 属性"对话框,如图 7.9 所示。

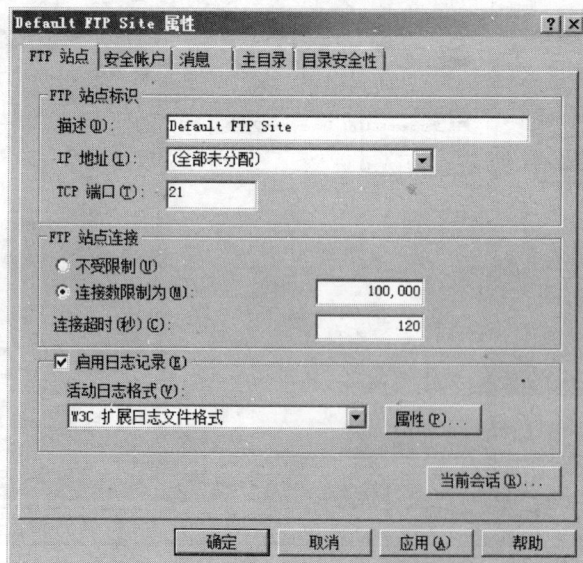

图 7.9 "Default FTP Site 属性"对话框

130

（2）在"Default FTP Site 属性"对话框中，选择"FTP 站点"选项卡，在该选项卡中可以设置服务器的标识参数：服务器名称、IP 地址及 TCP 端口。选中"连接数限制为"选项，然后输入站点的最大连接数。默认的 TCP 端口号为 21，若指定了非 21 的端口号，访问该站点时必须指定端口号（ftp://ipaddress:port）。

（3）单击"安全账号"选项卡，如图 7.10 所示，可设定用户访问站点的验证方法，默认为"匿名身份验证"，任何用户都可以使用匿名（anonymous）作为用户名登录到 FTP 服为务器。如果不允许匿名访问，只须清除"允许匿名连接"复选框即可。

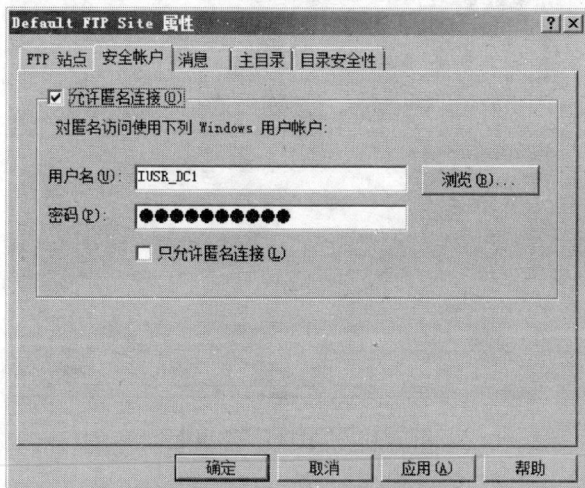

图 7.10 "安全账户"选项卡

（4）选中"消息"选项卡，显示图 7.11 所示的对话框，在"欢迎"及"最大连接数"文本框中输入图示的信息，则当用户访问该站点时会将"欢迎访问南宁职业技术学院信息工程学院 FTP 站点"的信息显示给用户。当访问站点的用户数超过 1000 时，会显示"本站点的最大连接数为 1000，请稍候再连接"。

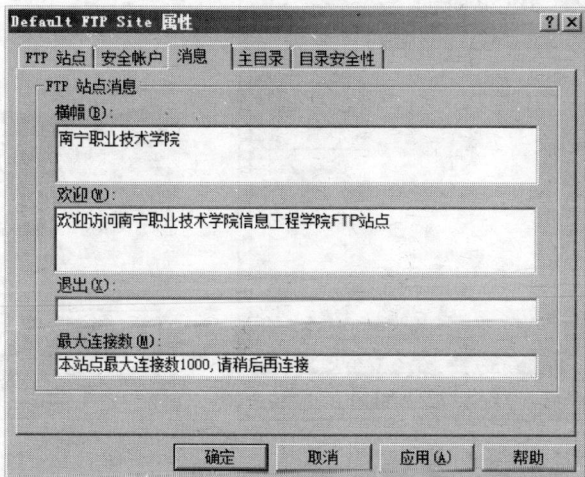

图 7.11 "消息"选项卡

(5) 选中"主目录"选项卡,显示如图 7.12 所示的窗口,选中"此计算机上的目录"选项。然后单击"浏览"按钮,选择本地计算机上的文件夹"C:\FTP 默认站点目录",选择站点的访问权限。

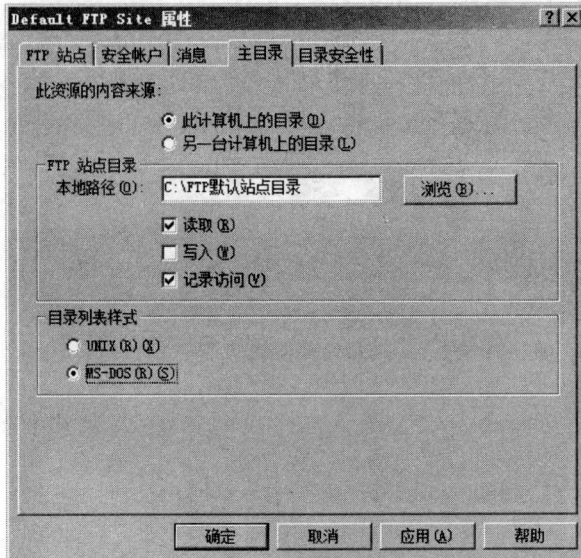

图 7.12 "主目录"选项卡

(6) 选中"目录安全性"选项卡,如图 7.13 所示,选中"授权访问"选项,单击"添加"按钮,显示"拒绝访问"对话框。在此对话框中选中"一组计算机"选项,然后输入如图 7.14 所示的信息,则网段 202.224.10 的计算机不能访问该站点。完成后,如图 7.15 所示。

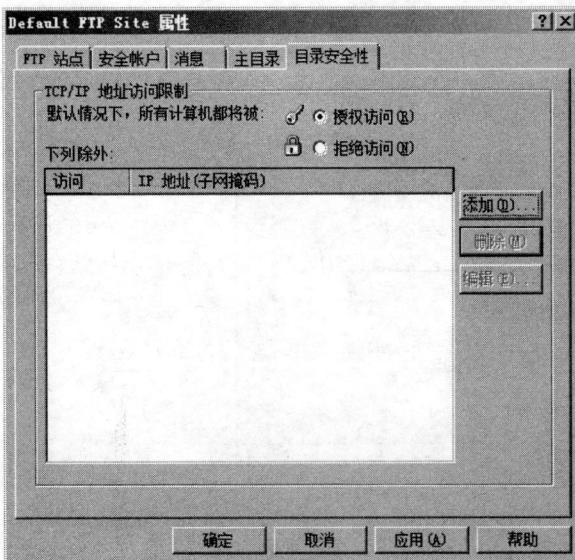

图 7.13 "目录安全性"选项卡

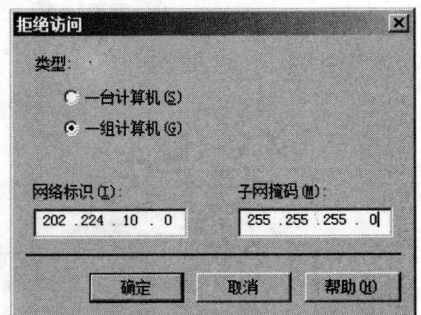

图 7.14 "拒绝访问"对话框

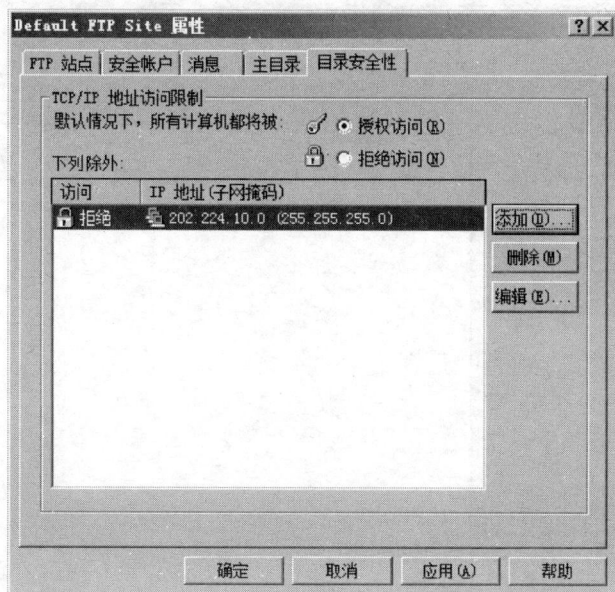

图 7.15   完成配置后的"目录安全性"选项卡

（7）所有属性设置完成后，单击"确定"或"应用"按钮。

7.4.4   建立新 FTP 站点

1. 建立前的准备工作

建立 FTP 站点之前，必须为服务器的网卡绑定多个 IP 地址，并且把站点的主目录设置为共享。

（1）设置多个 IP 地址

通过"网络连接"为每块网卡指定两个以上的 IP 地址。（方法见项目 6）

（2）建立并共享文件夹

在建立 FTP 站点之前必须先建立自己的主目录并根据需要为不同的文件夹设置不同的访问权限。

2. FTP 站点的建立

（1）创建不隔离用户的新 FTP 站点

例：在 C:\FTP_Test 目录下存放有网络资源，希望用户能用地址 172.168.1.111 进行匿名浏览、下载。

① 把 IP 地址 172.168.1.111 绑定到网卡。

② 打开"Internet 信息服务（IIS）6.0 管理器"窗口，右击"FTP 站点"选项，并从弹出的快捷菜单中选择"新建"→"FTP 站点"命令，如图 7.16 所示。

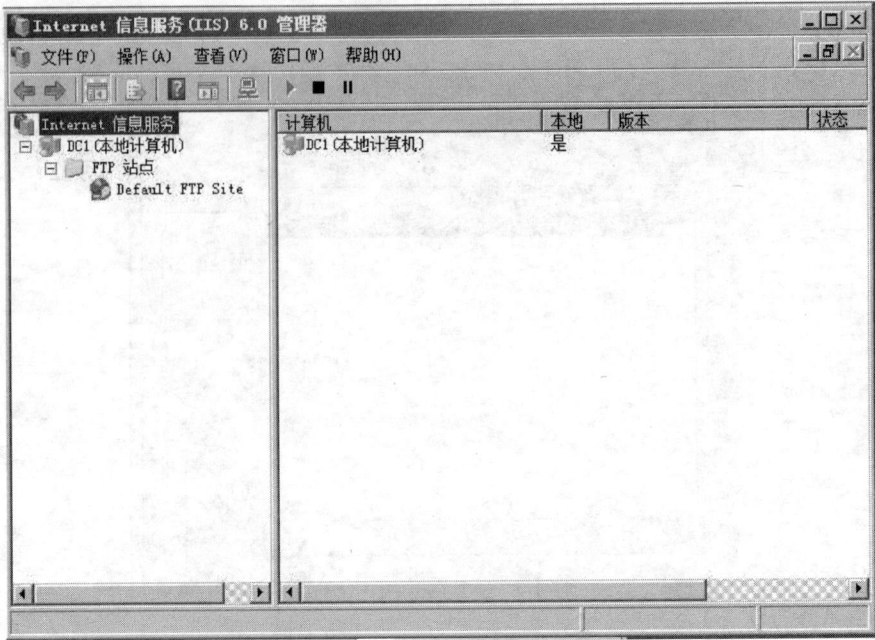

图 7.16 "Internet 信息服务(IIS)6.0 管理器"窗口

③ 出现"FTP 站点创建向导"对话框,单击"下一步"按钮,显示"FTP 站点描述"对话框,在此对话框中输入 FTP 站点名称,如图 7.17 和图 7.18 所示。

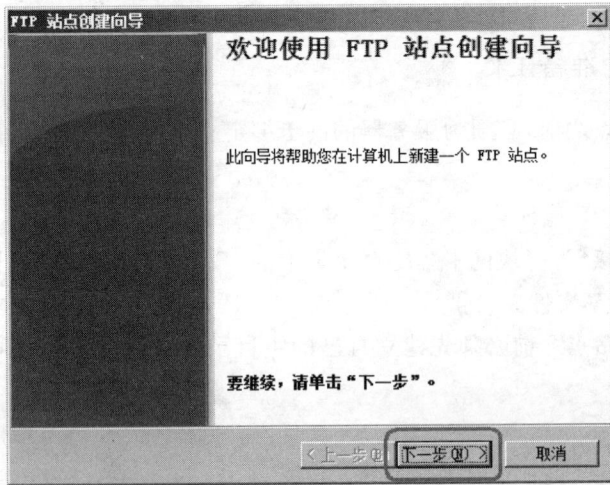

图 7.17 "FTP 站点创建向导"对话框

④ 设定 FTP 站点的 IP 地址和端口号为 21,如图 7.19 所示。

⑤ 单击"下一步"按钮,在"FTP 用户隔离"对话框中,选择"不隔离用户"选项,如图 7.20 所示。然后单击"下一步"按钮,显示"FTP 站点主目录"对话框,在"路径"文本框中输入 C:\FTP_Test。然后单击"下一步"按钮,如图 7.21 所示。

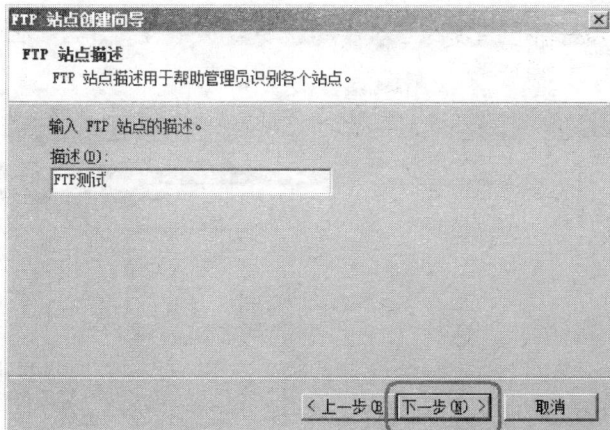

图 7.18 "FTP 站点描述"对话框

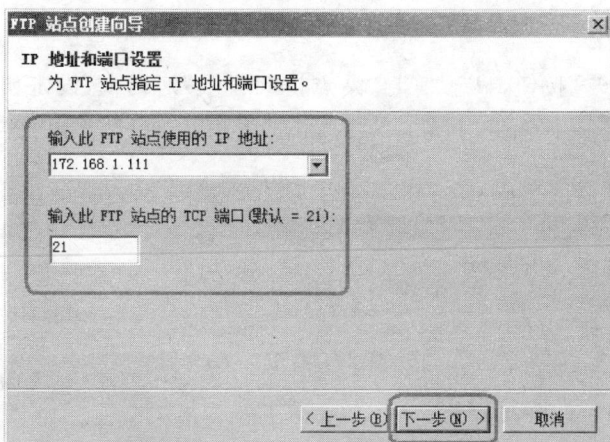

图 7.19 IP 地址和端口设置

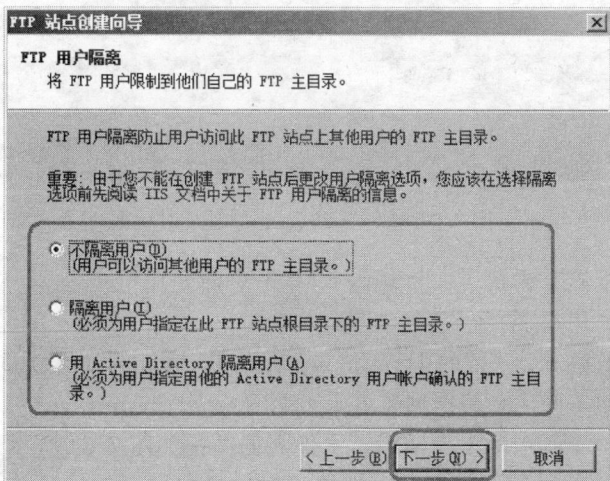

图 7.20 "FTP 用户隔离"对话框

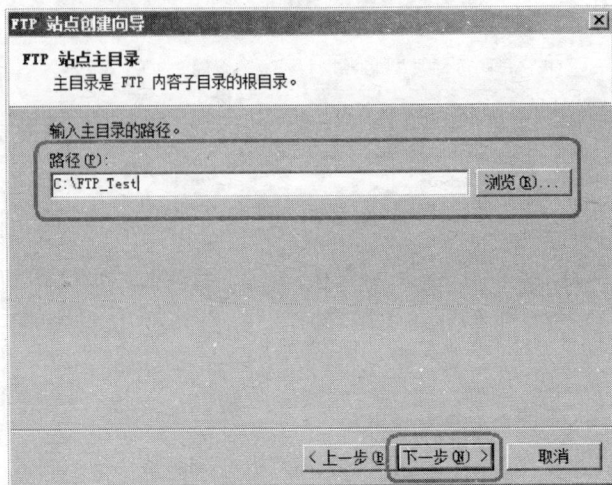

图 7.21 "FTP 站点主目录"对话框

⑥ 单击"下一步"按钮,显示"FTP 站点访问权限"对话框,设定相应的访问权限,如图 7.22 所示。单击"下一步"按钮,单击"完成"按钮。FTP 站点建立成功,如图 7.23 所示。

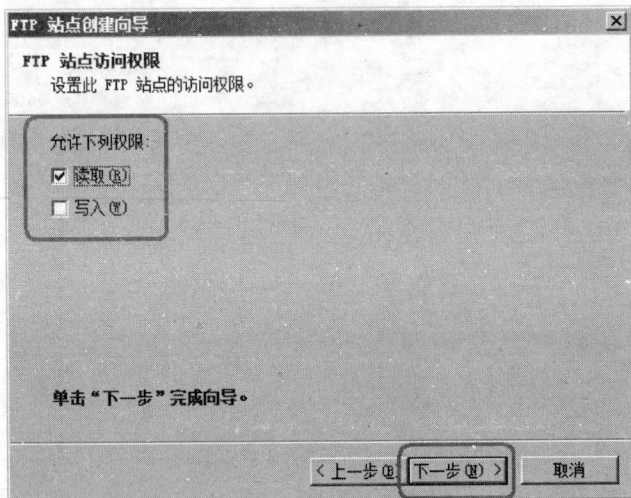

图 7.22 "FTP 站点访问权限"对话框

⑦ 新站点的配置方法及属性与默认 FTP 站点的配置相同。

(2) 创建"隔离用户"的新 FTP 站点

例:创建一个"隔离用户"的 FTP 站点,站点 IP 地址为 172.168.1.111,在主目录 C:\FTP_Test 下使不同用户只能浏览各自的目录。

① 创建如表 7.1 所示的文件结构。文件夹的结构如图 7.24 所示。

② 在"Internet 信息服务(IIS)6.0 管理器"窗口中,展开本地计算机目录,右击"FTP 站点"文件夹,指向"新建"选项,然后单击"FTP 站点"按钮。

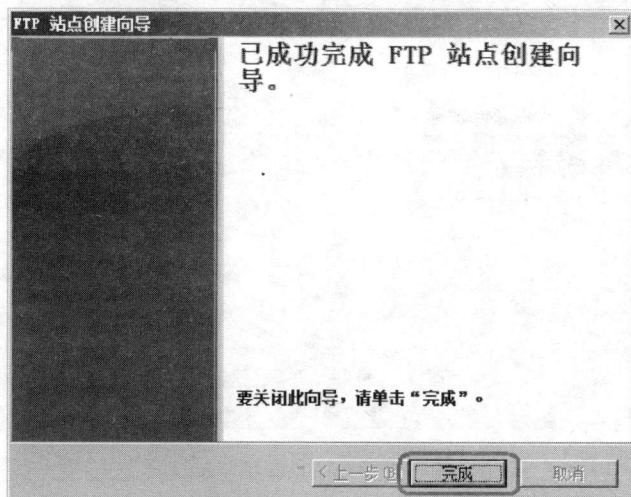

图 7.23　"FTP 站点创建完成"提示框

表 7.1　文件结构

用　户	文　件　夹
匿名用户	C:\FTP_Test\localuser\public
本地用户 lisi	C:\FTP_Test \localuser\lisi
本地用户 zhang	C:\FTP_Test\localuser\zhang
本地用户 administrator	C:\FTP_Test\localuser\administrator

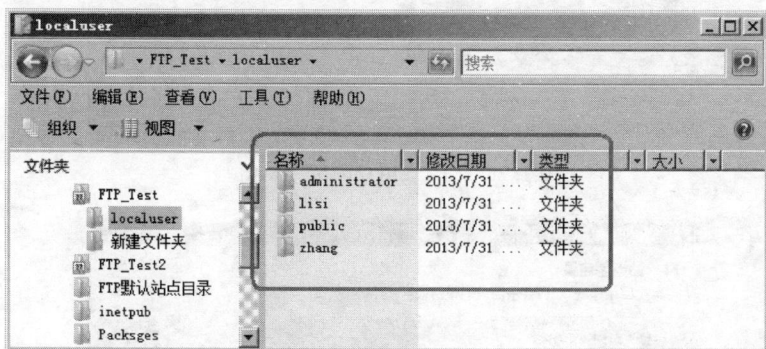

图 7.24　文件夹的结构

③ 在"FTP 站点描述"对话框中输入"隔离 FTP 站点",如图 7.25 所示,然后单击"下一步"按钮。

④ 在"IP 地址和端口设置"对话框中提供所需的信息,然后单击"下一步"按钮,显示"FTP 用户隔离"对话框,如图 7.26 所示。

⑤ 在"FTP 用户隔离"对话框中,选中"隔离用户"选项,然后单击"下一步"按钮,显示"FTP 站点主目录"对话框。在"路径"文本框中输入 C:\FTP_Test,然后单击"卜一步"按钮,完成向导的其余步骤,如图 7.27 所示。

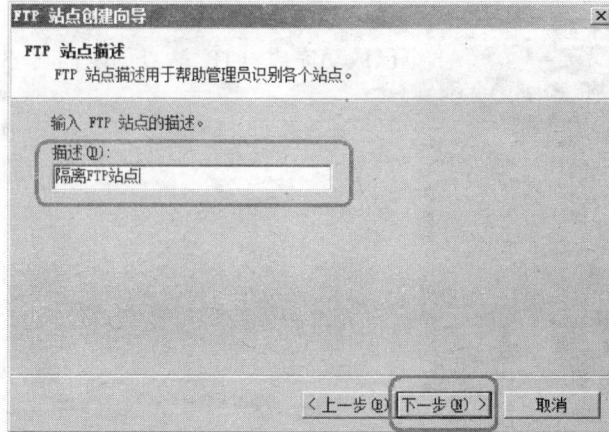

图 7.25 "FTP 站点描述"对话框

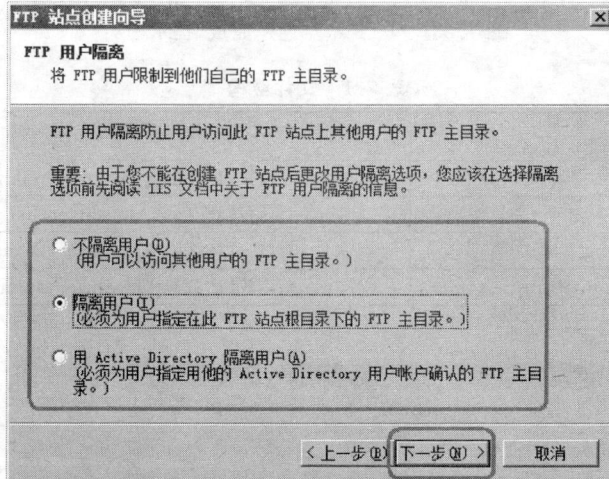

图 7.26 "FTP 用户隔离"对话框

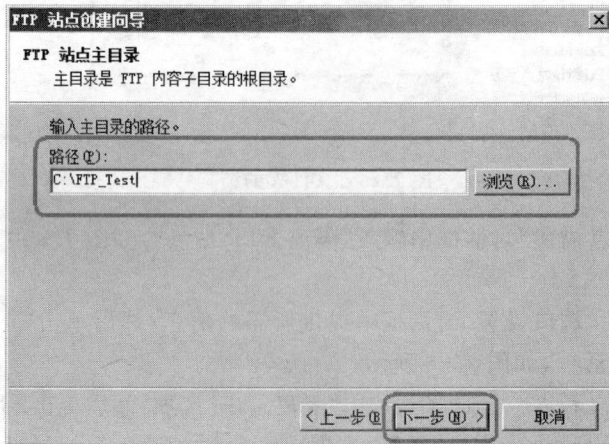

图 7.27 "FTP 站点主目录"对话框

访问"隔离用户"的 FTP 站点：匿名用户访问 ftp://172.168.1.111，如图 7.28 所示。

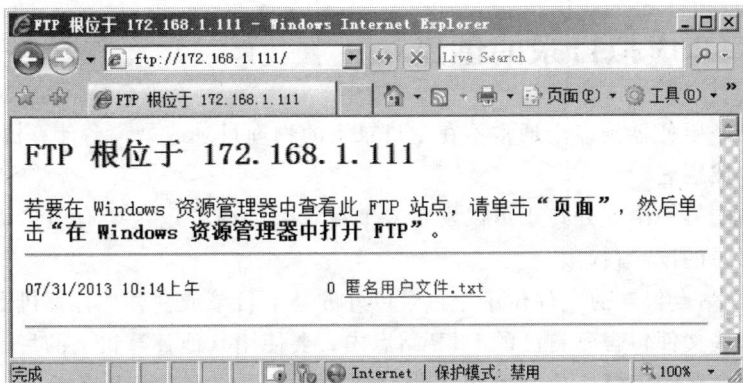

图 7.28 匿名用户访问

本地用户 lisi 访问 ftp://lisi@172.168.1.111，输入用户名和密码，如图 7.29 和图 7.30 所示。

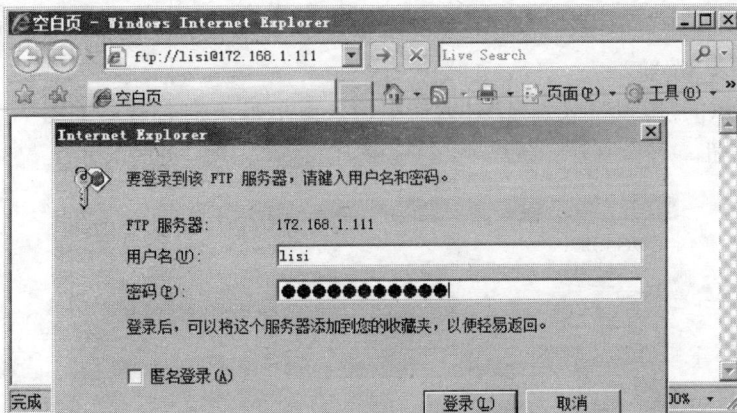

图 7.29 输入用户名和密码

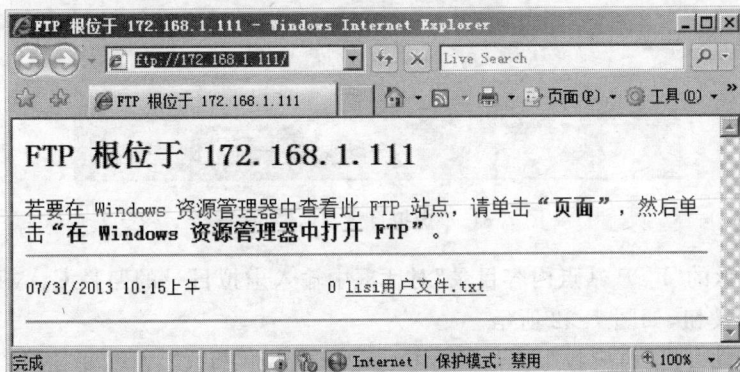

图 7.30 本地用户 lisi 访问 FTP

本地用户 Administrator 访问：ftp://administrator@172.168.1.111，输入用户名和密码。

7.4.5　FTP 虚拟目录的创建

虚拟目录是服务器硬盘上通常不在主目录下的物理目录或另一台计算机上的主目录的好记的名称或别名。

使用别名的另一个好处在于可以发布多个目录下的内容以供所有用户访问，单独控制每个虚拟目录的读/写权限。

如果 FTP 站点包含的文件位于主目录以外的某个目录或在其他计算机上，必须创建虚拟目录将这些文件包含到自己的 FTP 站点中。要使用其他计算机上的目录，必须指定该目录的通用命名约定(UNC)名称并提供验证用户权限的用户名和密码。

例如，在 C:\win2008 目录下有一个子目录 C:\win2008\jxx，希望用户能用地址 172.168.1.111 上载文件到子目录。

创建和使用虚拟目录的步骤如下。

(1) 在"Internet 信息服务(IIS)6.0 管理器"窗口中，右击要创建虚拟目录的 FTP 站点，并从弹出的快捷菜单中选择"新建"→"虚拟目录"命令，打开"虚拟目录创建向导"对话框，单击"下一步"按钮。

(2) 在显示的"虚拟目录别名"对话框中输入虚拟目录别名 jxx，如图 7.31 所示。单击"下一步"按钮。

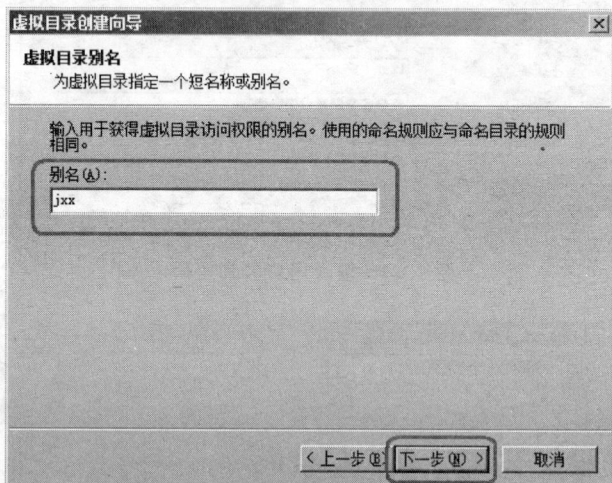

图 7.31　"虚拟目录别名"对话框

(3) 在显示的"FTP 站点内容目录"对话框中输入虚拟目录的路径 C:\win2008\jxx，单击"下一步"按钮，如图 7.32 所示。

(4) 在"虚拟目录访问权限"对话框中选择"读取"和"写入"权限，单击"下一步"按钮，单击"完成"按钮即可完成虚拟目录的创建，如图 7.33 和图 7.34 所示。

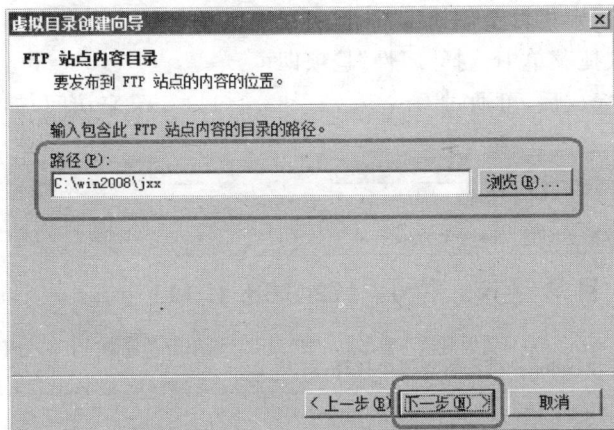

图 7.32　"FTP 站点内容目录"对话框

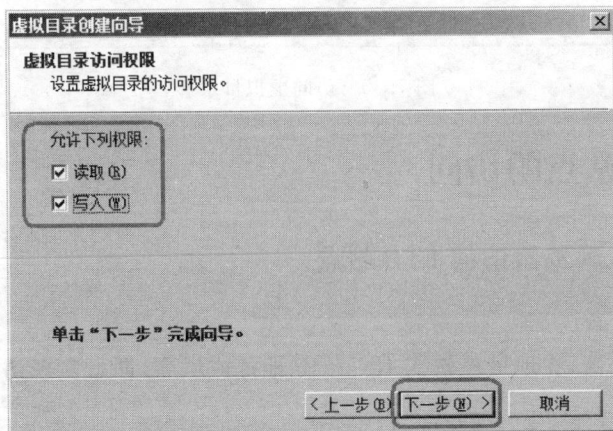

图 7.33　"虚拟目录访问权限"对话框

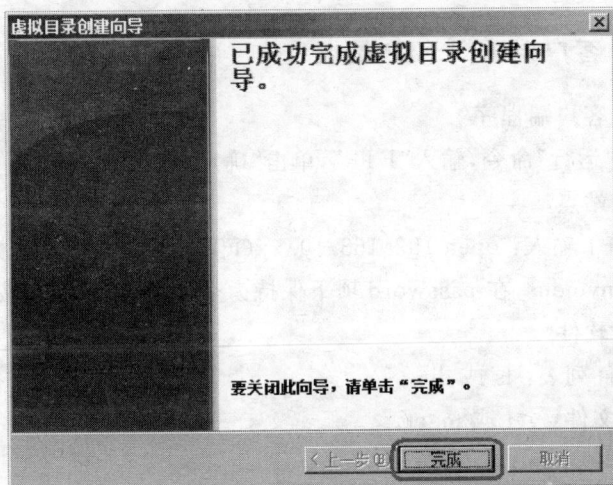

图 7.34　虚拟目录创建完成

当根据向导完成虚拟目录创建后,同样可以对其进行相应的属性配置。右击虚拟目录名,并从弹出的快捷菜单中选择"属性"选项即可。

虚拟目录创建完成后,可通过 ftp://172.168.1.111/jxx 来访问,如图 7.35 所示。

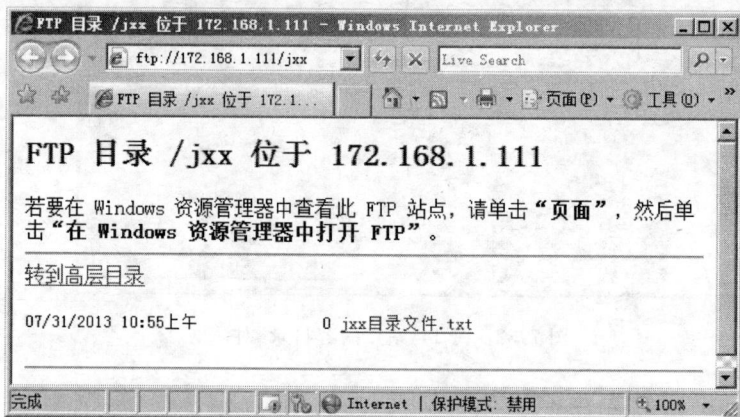

图 7.35　访问虚拟目录

7.4.6　FTP 站点的访问

1. 利用 Web 浏览器访问 FTP 站点

(1) 访问 FTP 站点

运行 Web 浏览器,在地址栏输入 ftp://IP 地址或域名,即可实现访问。

(2) 访问虚拟目录

运行 Web 浏览器,在地址栏输入 ftp://IP 地址或域名/虚拟目录名,即可实现访问。

2. 利用 FTP 客户端访问 FTP 站点

(1) 启动 FTP 客户端程序

选择"开始"→"运行"命令,输入"FTP",单击"确定"按钮。

(2) 连接 FTP 站点

在 ftp>提示符下输入: open 192.168.10. xx(FTP 站点的 IP 地址),出现提示后,在 User 项下输入 anonymous,在 password 项下保持为空(或输入口令),按 Enter 键。

(3) 使用 FTP 软件

显示服务器文件列表: ls 或 dir。

从服务器下载文件: get 或 mget。

上载文件: put 或 mput。

关闭 FTP 程序: bye 或 quit。

7.5　归纳与提高

1. 文件传送协议

使用 FTP(File Transfer Protocol,文件传输协议)服务可以在 Internet 上的计算机之间快速传送文件。FTP 使用客户/服务器模式,客户程序把客户的请求告诉服务器,并将服务器发回的结果显示出来。而服务器端执行真正的工作,比如存储、发送文件等。

2. FTP 用户隔离模式

FTP 用户隔离通过将用户限制在自己的目录中,来防止用户查看或覆盖其他用户的内容。因为顶层目录就是 FTP 服务的根目录,用户无法浏览目录树的上一层。在特定的站点内,用户能创建、修改或删除文件和文件夹。

FTP 用户隔离支持如表 7.2 所示的 3 种隔离模式。每一种模式都会启动不同的隔离和验证等级。

表 7.2　FTP 用户隔离模式

隔离模式	描　　述
不隔离用户	该模式不启用 FTP 用户隔离。该模式的工作方式与以前版本的 IIS 类似。由于在登录到 FTP 站点的不同用户间的隔离尚未实施,该模式最适合于只提供共享内容下载功能的站点或不需要在用户间进行数据访问保护的站点
隔离用户	该模式在用户访问与其用户名匹配的主目录前,根据本机或域账户验证用户。所有用户的主目录都在单一 FTP 主目录下,每个用户均被安放和限制在自己的主目录中。不允许用户浏览自己主目录外的内容
用 Active Directory 隔离用户	该模式根据相应的 Active Directory 容器验证用户凭据,而不是搜索整个 Active Directory,那样做需要大量的处理时间。将为每个客户指定特定的 FTP 服务器实例,以确保数据完整性及隔离性。用户只能看见自己的 FTP 根位置,因此受限制而无法向上浏览目录树

7.6　思考与自测

7.6.1　思考题

1. "默认 FTP 站点"服务监听端口是什么?

2. 假设你负责管理整个企业内部 FTP 站点。企业内部使用各种类型的浏览器,应该怎样配置 FTP 站点,使得所有员工都能用自己的用户名访问 FTP 站点,并且每个员工只能游览管理员为自己设定的目录?

3. 如果你的 FTP 站点遭受来自 162. 105. 10 段 IP 的计算机的过量访问导致网络负担,你该怎么办?

7.6.2 自测题

1. 在 1 号机的 D 盘下创建文件夹 public1,并在该文件夹下建立分类目录 drive 和 office,分别复制一些文件到不同目录中,创建一个 FTP 站点 PUB1,站点的 IP 地址为 192. 168. 1. 168,站点主目录为 D:\ public1,访问权限为读取,连接数量限制为 100。为该 FTP 站点创建一个虚拟目录,指向 D:\public1\drive,访问权限为读取和写入。在 DNS 服务器中添加该站点的信息,使用户能用域名 ftp://nnzd. 163. net 访问该站点。(60 分)

2. 创建一个隔离用户的 FTP 站点,站点主目录为 d:\blic1,IP 地址为 192. 168. 1. 168,TCP 端口号为 2121,使得不同用户访问该站点时只能浏览自己的文件夹。(40 分)

7.6.3 评分标准

评分标准见表 7.3。

表 7.3 评分标准

题号	要　　求	得分	备注
1	① 在 1 号机的 D 盘下有文件夹 public1,public1 下有 device 和 office 文件夹,文件夹下有文件,且文件夹为共享,权限为只读	10	15 分钟完成
	② 为网卡绑定另一 IP 地址 192. 168. 1. 168	10	
	③ FTP 站点"PUB1"的建立、权限、连接数量设置正确	10	
	④ 在"PUB1"站点下有虚拟目录,且访问权限正确	10	
	⑤ 在 DNS 服务器上有 FTP 站点记录	10	
	⑥ 在浏览器上能用域名 ftp://nnzd. 163. net 访问站点	10	
2	① 文件夹结构正确	10	10 分钟完成
	② 创建有隔离用户的 FTP 站点 PUB2	10	
	③ 站点的 IP 地址、端口号设置正确	10	
	④ 不同用户能访问站点,匿名用户也能访问站点	10	

7.7　实训指导

1. 创建不隔离用户的 FTP 站点

(1) 在 1 号机的 D 盘下创建文件夹 public1,创建下级子目录 drive 和 office,复制数个文件在两个子目录下。右击 public1 文件夹,选择"属性"命令,在"属性"窗口的"常规"选项卡中选择"只读"复选框。选择"共享"选项卡,单击"共享"按钮,共享该目录。

144

（2）依次选择"开始"→"控制面板"→"网络和 Internet"→"网络和共享中心"→"本地连接"→"Internet 协议版本 4(TCP/IPv4)"命令，单击"属性"按钮。在"Internet 协议版本 4(TCP/IPv4)属性"对话框中单击"高级"按钮，在弹出的"高级 TCP/IP 设置"对话框中选择 IP 地址单击"添加"按钮，绑定 192.168.1.168。

（3）在"Internet 信息服务(IIS)6.0 管理器"窗口展开本地计算机目录，右击"FTP 站点"文件夹，选择"新建""FTP 站点"命令。新建 FTP 站点"PUB1"，按向导提示操作，选择创建"不隔离用户"站点，依次完成站点 IP 地址设置 192.168.1.168、端口设置 21、主目录设置 D:\ public1、连接数设置 100。

（4）在"Internet 信息服务(IIS)6.0 管理器"窗口中，右击要创建虚拟目录的 FTP 站点 PUB1，并从弹出的快捷菜单中选择"新建"→"虚拟目录"命令，打开"虚拟目录创建向导"对话框，分别设置虚拟目录指向和访问权限。

（5）依次选择"开始"→"管理工具"→DNS 命令，打开"DNS 管理器"窗口，配置 FTP 站点域名：ftp://nnzd.163.net。

（6）使用浏览器访问 ftp://nnzd.163.net 站点。

2. 创建隔离用户的 FTP 站点

（1）在 1 号机的 D 盘下创建如表 7.4 所示的文件夹结构。

表 7.4　文件夹结构

用　　户	文　件　夹
匿名用户	D:\blic1\localuser\public
本地用户 JP1	D:\blic1\localuser\JP1
本地用户 JP2	D:\blic1\localuser\JP2
本地用户 administrator	D:\blic1\localuser\administrator

复制数个文件在每个子目录下。

（2）在"Internet 信息服务(IIS)6.0 管理器"窗口中，展开本地计算机目录，右击"FTP 站点"文件夹，指向"新建"选项，然后单击"FTP 站点"按钮。新建 FTP 站点"PUB2"，按向导提示操作，选择创建"隔离用户"站点，依次完成站点 IP 地址设置 192.168.1.168、端口设置 2121、主目录设置 D:\ blic1。

（3）使用浏览器用不同用户访问 PUB2 站点。

项目 8 连 接 Internet

本项目将进行局域网共享上网的设置，学习 Internet 连接技术、局域网连接 Internet 的方法等。

8.1 项 目 问 题

为使单位内部局域网的计算机都能通过一条线路连接到 Internet，需要进行 Internet 连接共享的设置。作为网络管理员该如何选择有效的连接方法？

8.2 主 要 任 务

（1）ADSL 接入 Internet。
（2）家庭无线路由器共享接入 Internet。
（3）通过专线方式连接 Internet。

8.3 项 目 目 标

（1）掌握接入 Internet 的方法。
（2）掌握 Internet 连接共享的设置方法。

8.4 探 索 与 实 践

8.4.1 项目实施环境

若干台计算机，已安装 Windows 7/Vista/XP 和 Windows Server 2008 系统，且已连成对等网，一个 ADSL 分离器、一台 ADSL Modem、一台支持 802.11b/n 或以上协议的无线路由器。

8.4.2　ADSL 接入 Internet

在当前很多小区中,电话依然是最普遍的网络宽带接入方式,依靠电话线,外加一个 ADSL 分离器和一台 ADSL Modem 就能实现 Internet 的接入。以下步骤将实现 ADSL 宽带接入 Internet。

(1) 物理设备介绍。ADSL 语音分离器(Asymmetrical Digital Subscriber Line,非对称用户线路)即基于传统语音电话线路上共线传输宽带数字信号和语音信号的分离器,外形及接口如图 8.1 所示。

ADSL Modem 又常称为 ADSL 猫,它是为 ADSL 提供调制数据和解调数据的硬件设备,一般有一个 RJ-11 电话线孔(LINE)和一个或多个 RJ-45 接口(LAN),某些型号的 ADSL Modem 还带有路由和无线功能,外形及接口如图 8.2 所示。

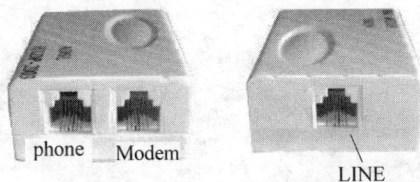

图 8.1　ADSL 语音分离器

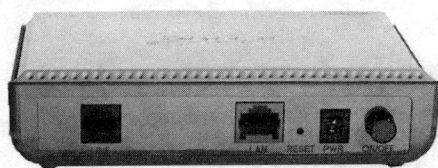

图 8.2　ADSL Modem

(2) 物理设备的连接。将进入室内的电话线接入 ADSL 分离器的 LINE 口,将电话机与分离器的 phone 口连接,将 ADSL Modem 的 LINE 口与分离器的 Modem 口连接,以上连接均采用 RJ-11 规格接口的电话线进行。ADSL Modem 的 LAN 口用 RJ-45 的超五类双绞线与 PC 的网卡接口连接,如图 8.3 所示。

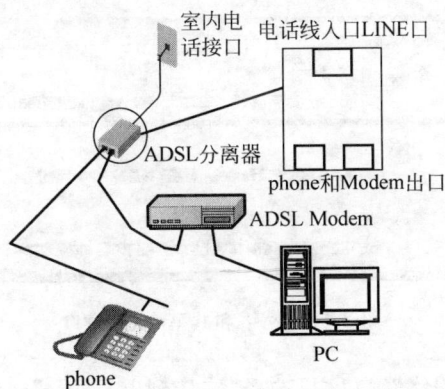

图 8.3　ADSL 接入 Internet 连接图

(3) 在 PC 上设置 PPPoE 拨号的宽带连接。首先,依次选择"开始"→"控制面板"→"网络和 Internet"→"网络和共享中心"命令,单击下面的"设置新的连接或网络"按钮,如图 8.4 和图 8.5 所示。

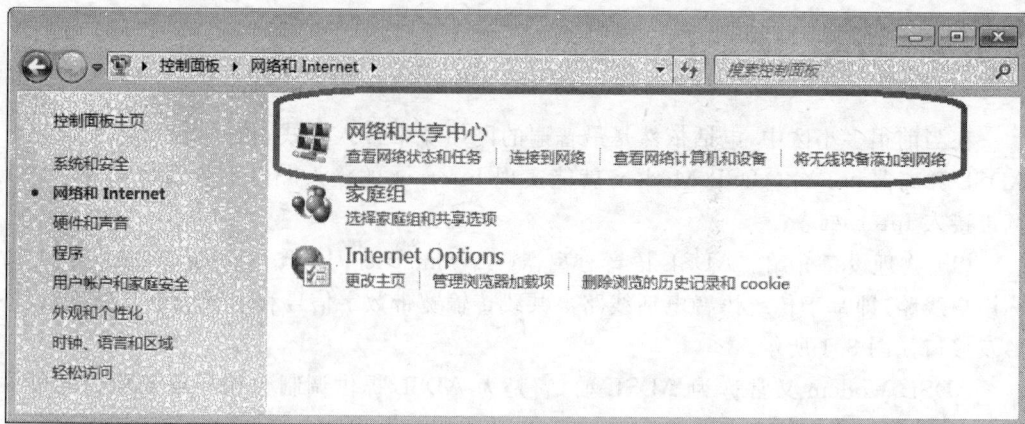

图 8.4 "网络和 Internet"窗口

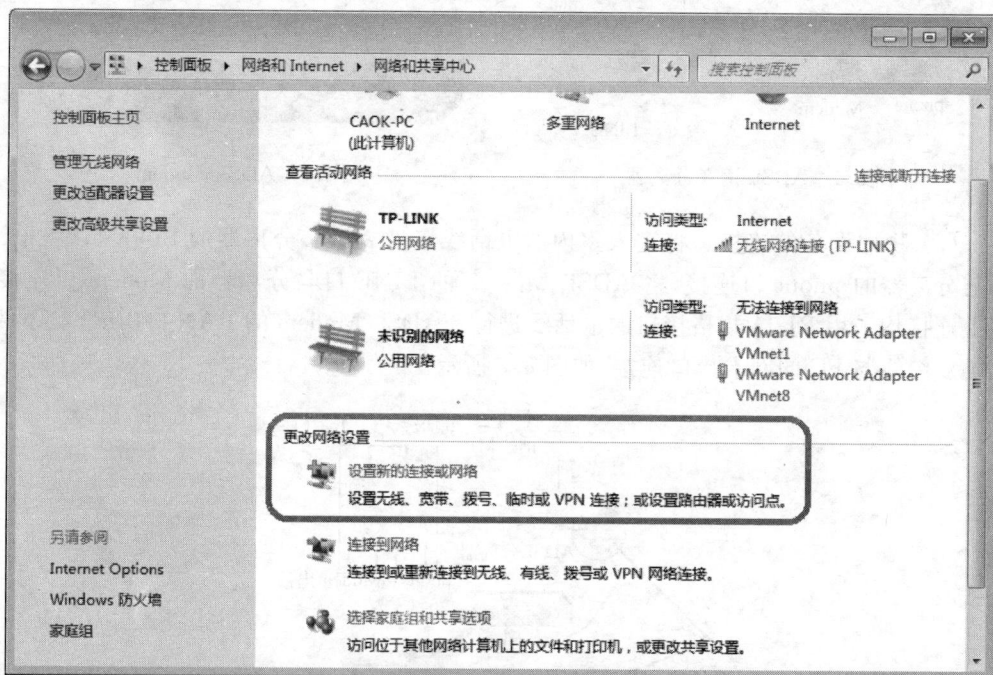

图 8.5 "网络和共享中心"窗口

(4) 在"设置连接或网络"窗口中,选择"连接到 Internet"选项,并单击"下一步"按钮,如图 8.6 所示。

(5) 在"连接到 Internet"窗口中,单击"宽带(PPPoE)"按钮,如图 8.7 所示。

(6) 在用户名和密码中输入 Internet 服务提供商(ISP)提供的宽带账号和密码,可同时选中"记住此密码"复选框,并设置本连接的名字为"宽带连接",单击"连接"按钮,"宽带连接"尝试连接网络,如图 8.8 和图 8.9 所示。

图 8.6 "设置连接或网络"窗口

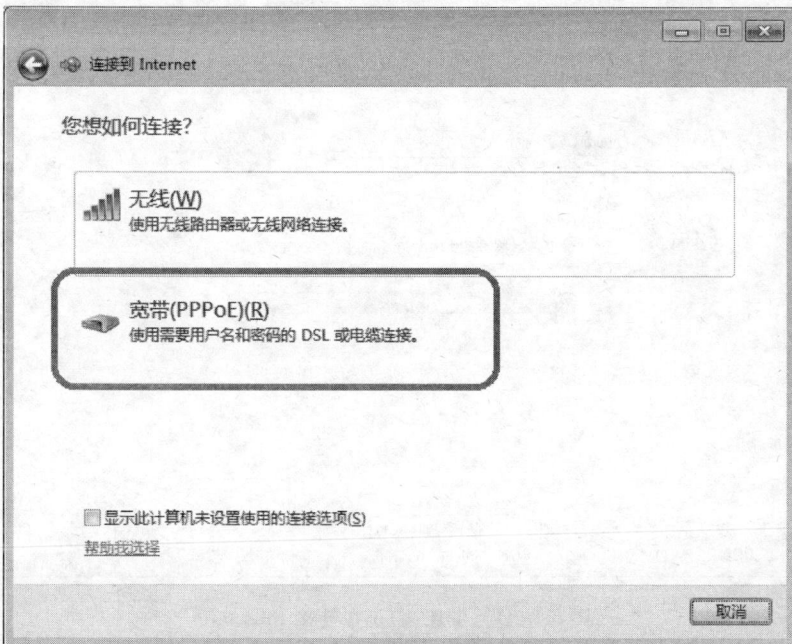

图 8.7 "连接到 Internet"窗口

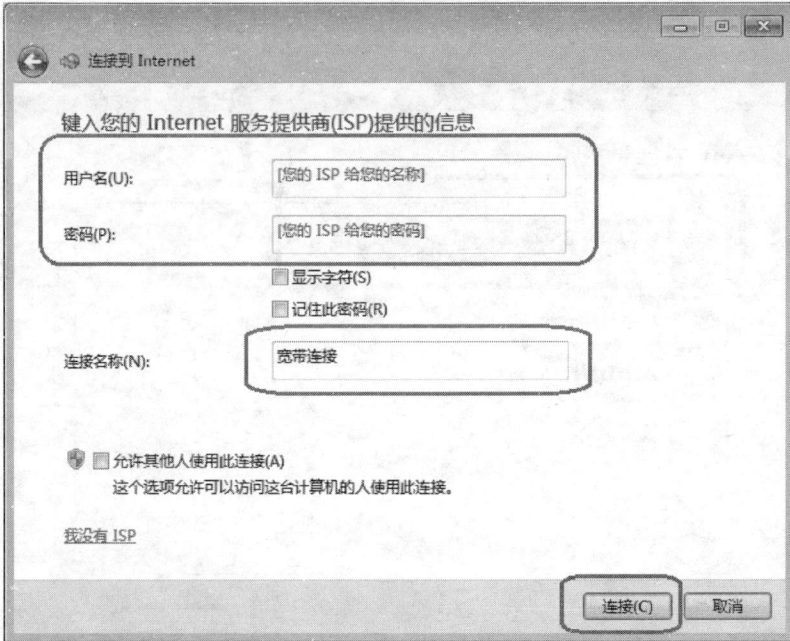

图 8.8　输入连接信息的界面

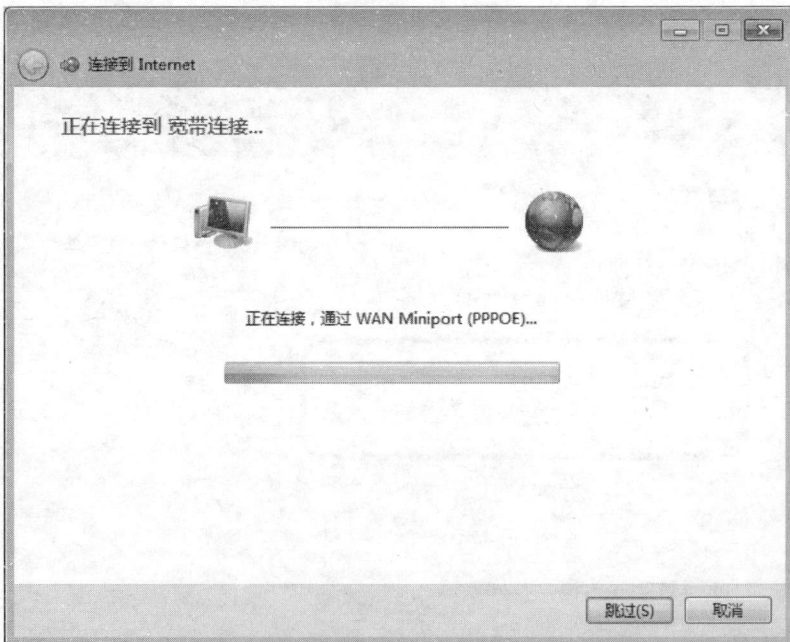

图 8.9　"宽带连接"正在连接 Internet

（7）回到开始设置时的"网络和共享中心"窗口,单击左侧的"更改适配器设置"按钮,如图 8.10 所示。

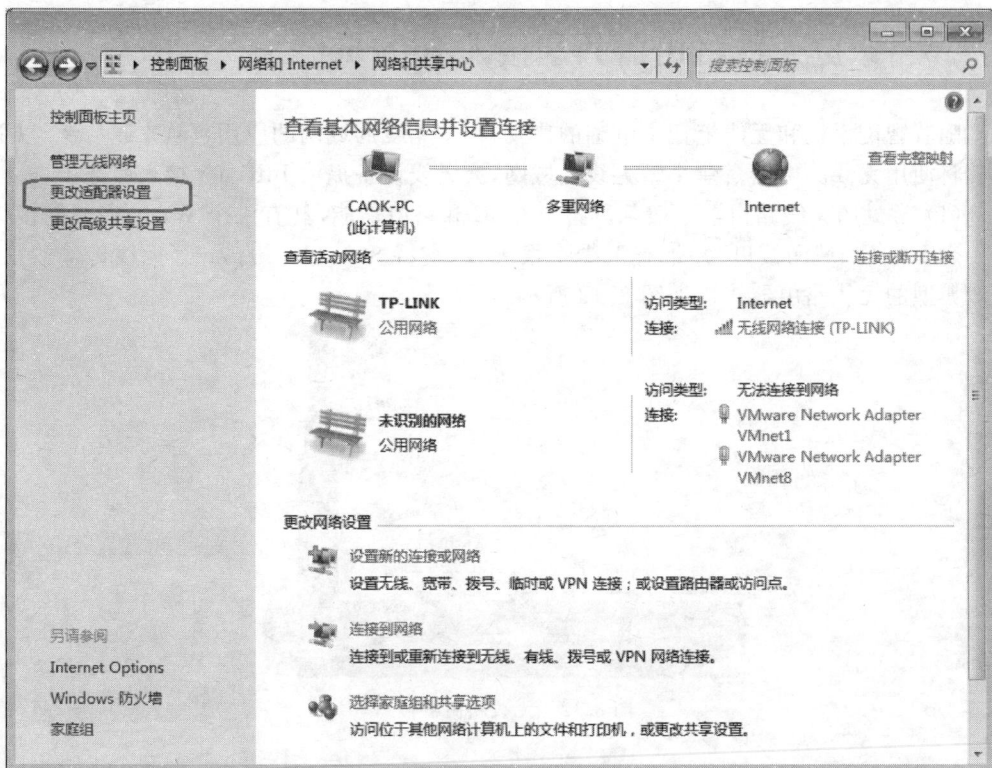

图 8.10 "网络和共享中心"窗口

（8）在已经创建好的"宽带连接"上右击，选择"创建快捷方式"命令，这时系统会提示"无法在当前位置创建快捷方式，是否要把快捷方式放在桌面吗？"。单击"是"按钮，桌面就会创建一个"宽带连接"的快捷方式，如图 8.11 所示。

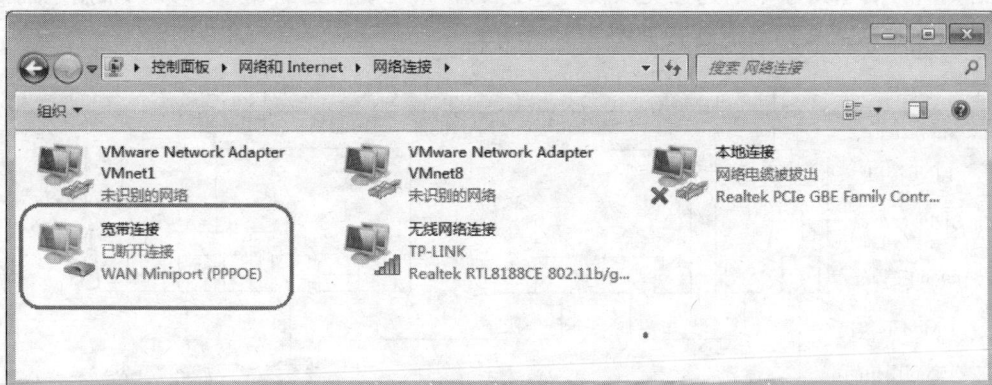

图 8.11 为"宽带连接"创建桌面快捷方式

经过上述设置后，计算机就可以通过"宽带连接"的方式接入 Internet，开始浏览 Internet 网上资源。

8.4.3 家庭无线路由器共享接入 Internet

随着智能手机和无线笔记本电脑的普及,小型无线局域网的应用也越来越广泛,以下步骤将使用无线路由器搭建小型无线局域网,为无线设备提供 Internet 接入服务。

(1) 常见的无线路由器一般都具备 PPPoE 和路由功能,具有一个 WAN 广域网接口和 4 个 LAN 局域网接口,并带有至少 1 根天线,支持 802.11a/b/g/n 等无线传输协议,一般典型的无线路由器接口如图 8.12 所示。

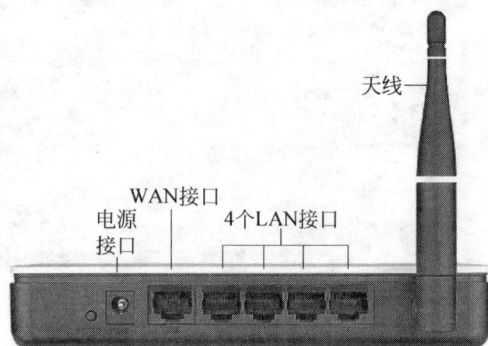

图 8.12 无线路由器接口

假设有一台 TP-LINK WR641/642G 型无线路由器,其管理的 IP 地址为 172.168.1.1,用户名为 admin,密码为 admin。无线路由器的默认 IP 地址一般在设备的底部标签上(正规产品的说明书或配置手册中也有明确表述)。

(2) 设备连接。常见的家庭接入 Internet 一般分采用电话线接入和采用超五类双绞线接入两种,区别在于前者无线路由 WAN 接口连接的是 ADSL Modem 的 LAN 接口,后者则直接将引入家中的超五类双绞线(RJ-45)接入无线路由的 WAN 接口,采用电话线的 ADSL 接入无线网络的连接如图 8.13 所示。

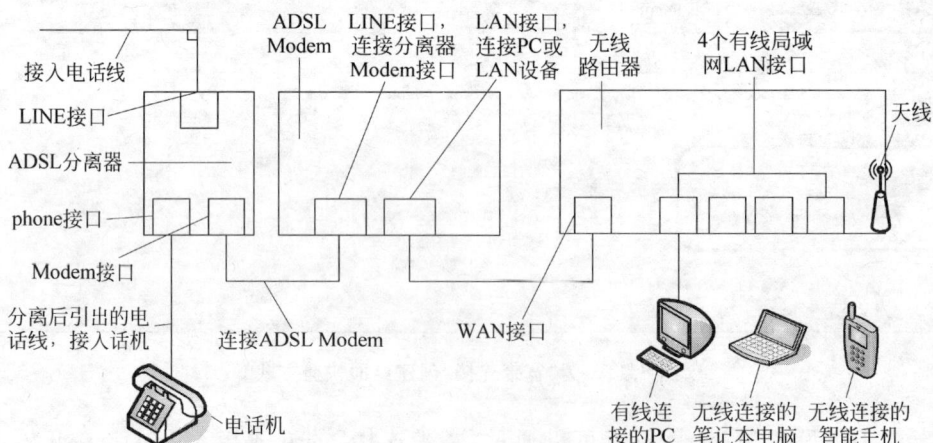

图 8.13 无线路由器小型局域网连接示意图

（3）在一台已经与无线路由器 LAN 口的计算上配置网卡的"本地连接"，将计算机的 IP 地址设置成与无线路由器 IP 地址在同一个网段内。打开浏览器，输入 http://172.168.1.1，按提示输入用户名及密码，如图 8.14 所示。

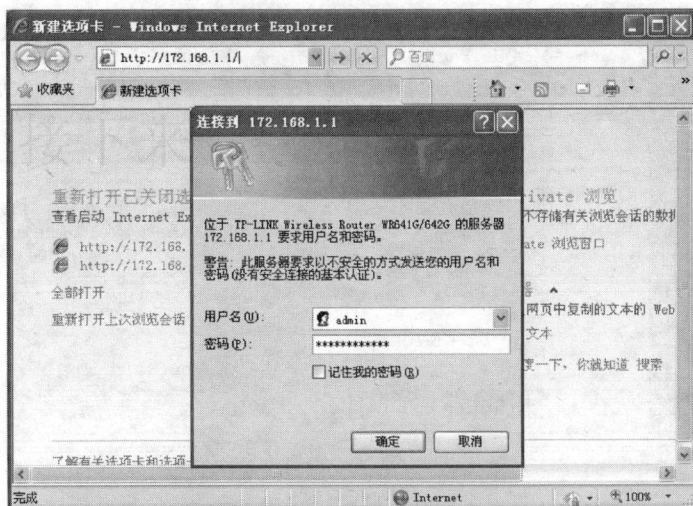

图 8.14　登录无线宽带路由器配置管理界面

（4）进入无线宽带路由器管理界面，首次配置时建议使用"设置向导"，单击"下一步"按钮，如图 8.15 和图 8.16 所示。

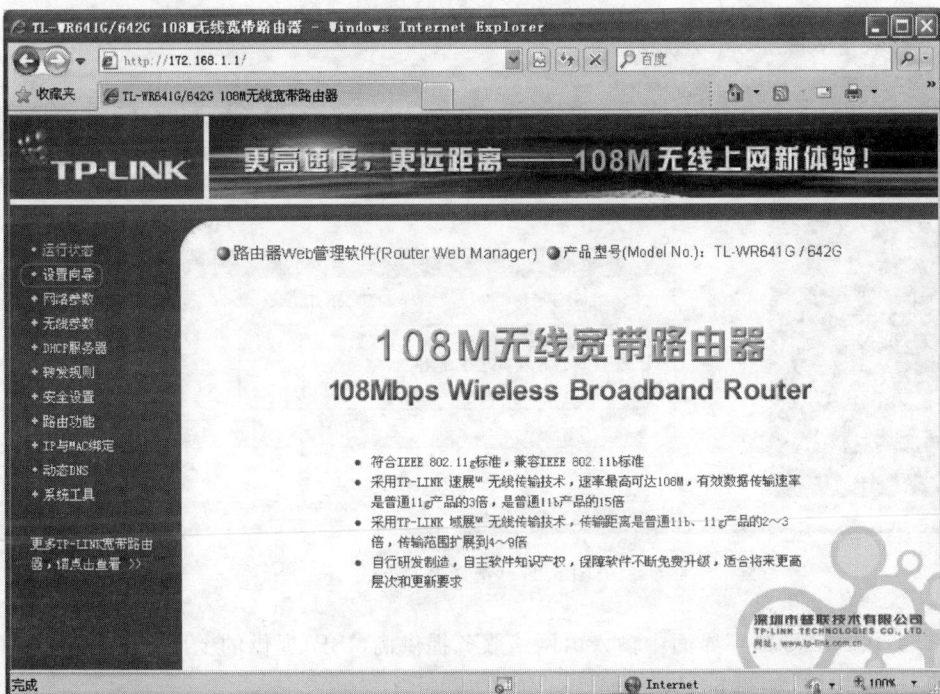

图 8.15　无线宽带路由器配置管理主界面

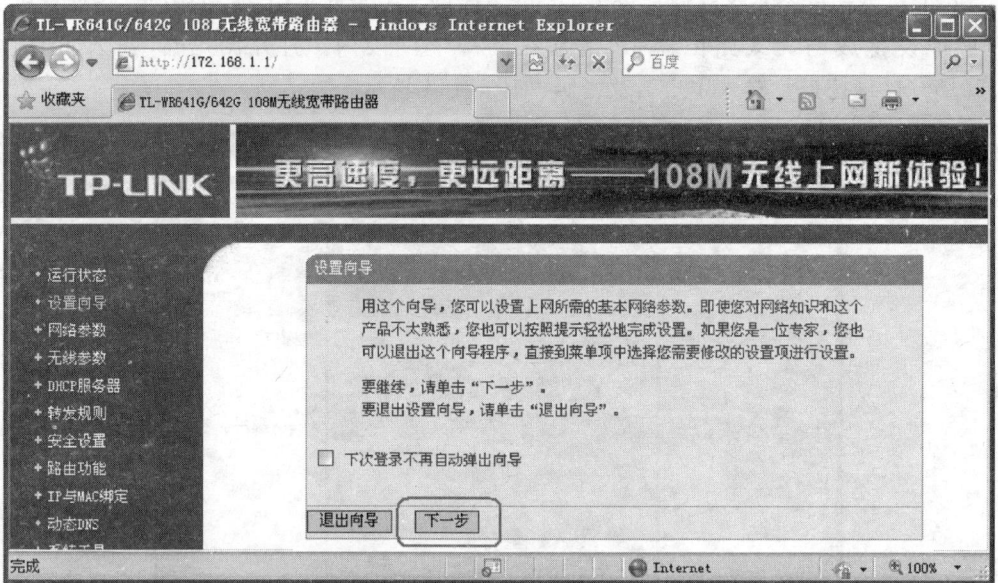

图 8.16 启动"设置向导"

　　(5) 在"设置向导"界面中选择上网方式,这里选择"ADSL 虚拟拨号(PPPoE)"方式,并单击"下一步"按钮,如图 8.17 所示。

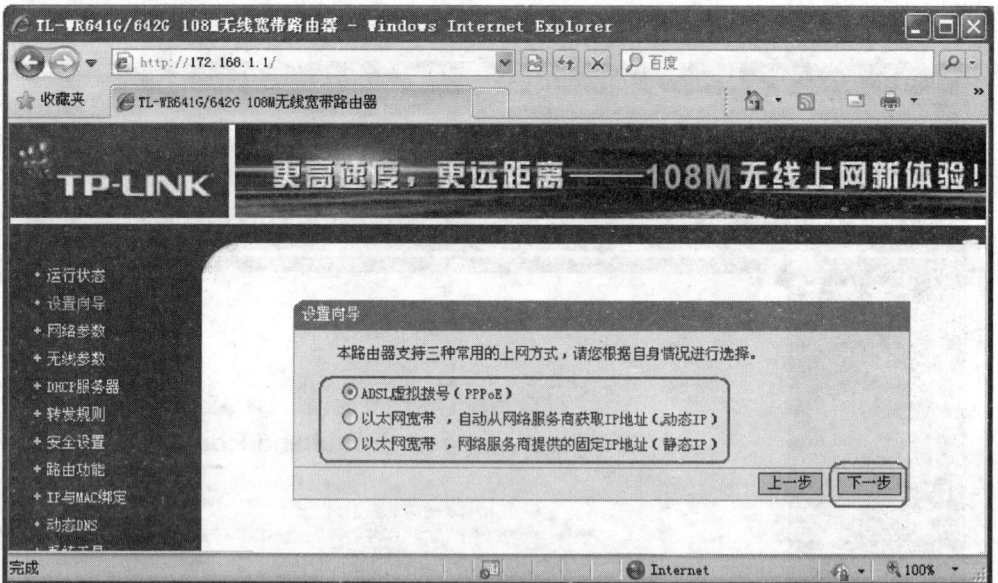

图 8.17 选择上网方式

　　(6) 在"设置向导"界面中输入由网络服务提供商(ISP)提供的上网账号和口令,并单击"下一步"按钮,如图 8.18 所示。
　　(7) 在"设置向导—无线设置"界面中设置无线的基本参数,并单击"下一步"按钮,系

154

统提示基本设置参数已经完成,单击"完成"按钮,如图 8.19 和图 8.20 所示。部分无线宽带路由器在某些设置修改后,将自动重新启动设备及服务。此时计算机已经接入 Internet。

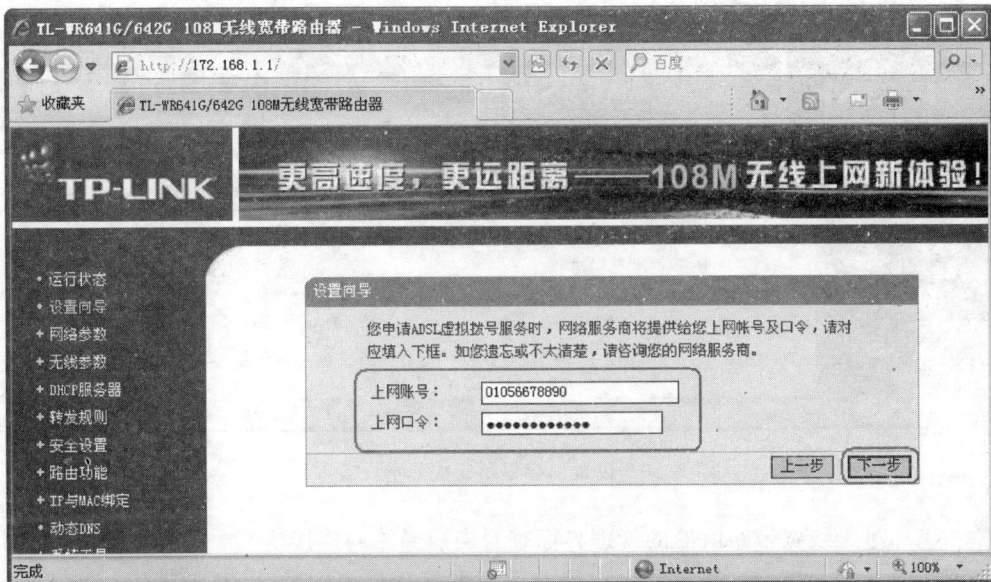

图 8.18　输入上网账号和口令

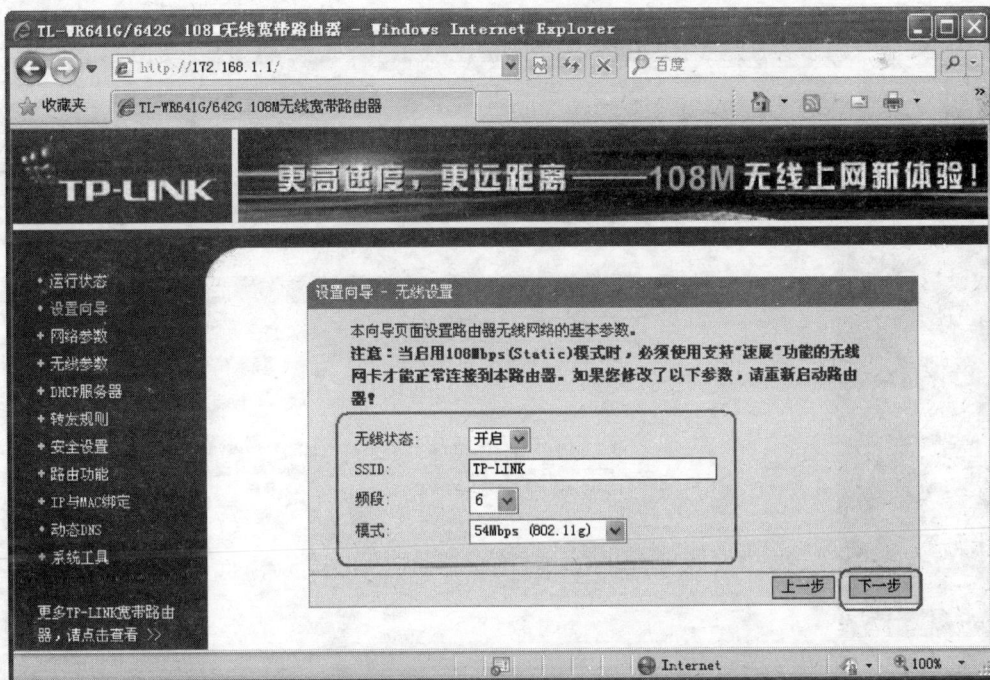

图 8.19　设置无线宽带路由器的基本参数

155

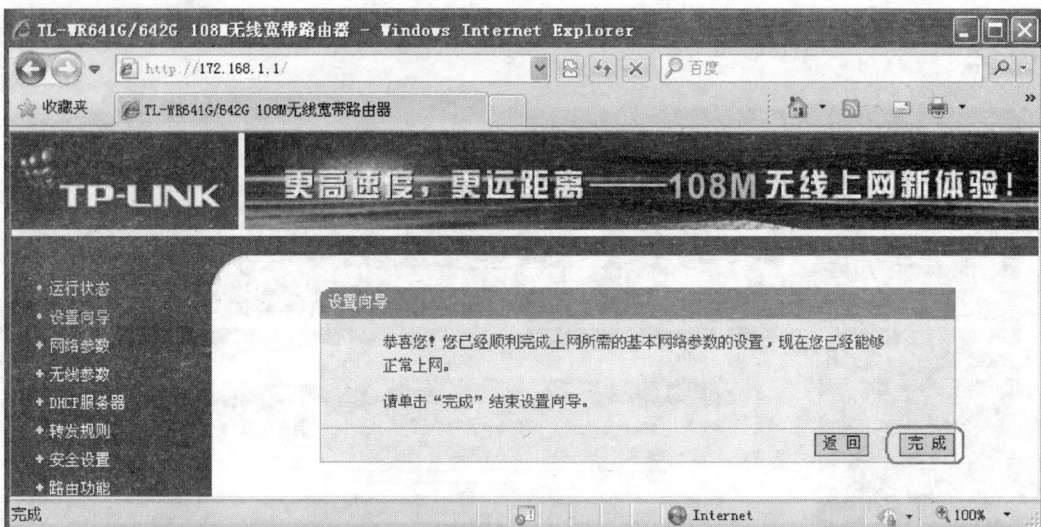

图 8.20　设置向导提示完成基本设置参数

（8）通过无线宽带路由器的管理界面查看当前局域网连接状态。选择"网络参数"目录下的"LAN 口设置"选项，此处可以修改路由器管理界面的默认 IP 地址等信息。如有修改，请单击"保存"按钮，无线宽带路由器将重启服务，当前浏览器地址需要按新设置的 IP 重新输入，并重新输入用户名和密码，如图 8.21 所示。

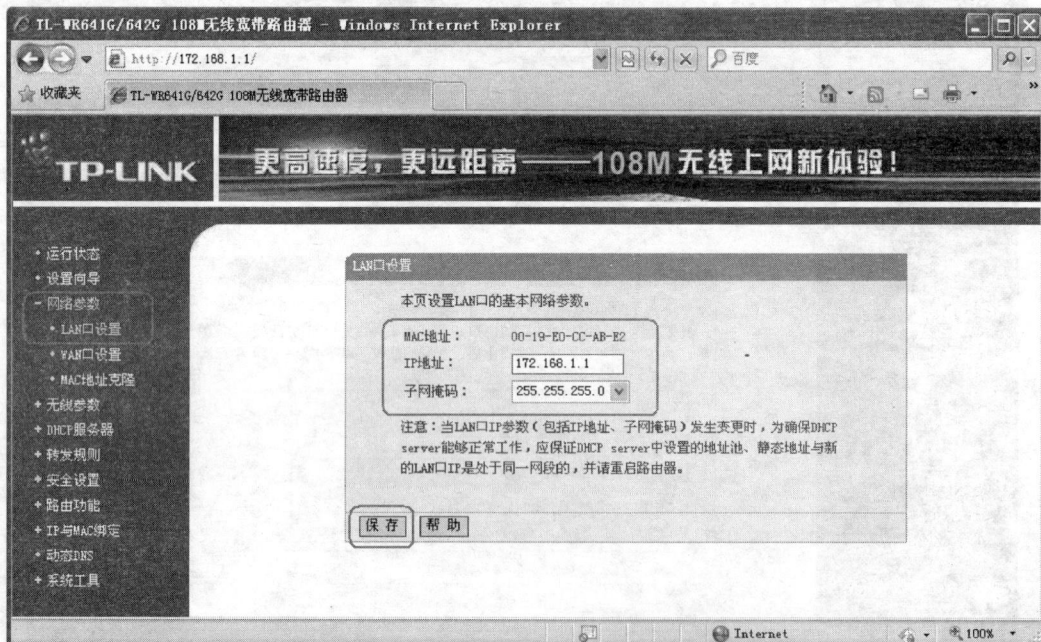

图 8.21　"LAN 口设置"界面

（9）选择"网络参数"目录下的"WAN 口设置"选项，此处可以修改接入 Internet 的详细设置，如账号信息、拨号模式、连接模式等。如有修改，请单击"保存"按钮，无线宽带路由器将重新尝试接入 Internet，如图 8.22 所示。

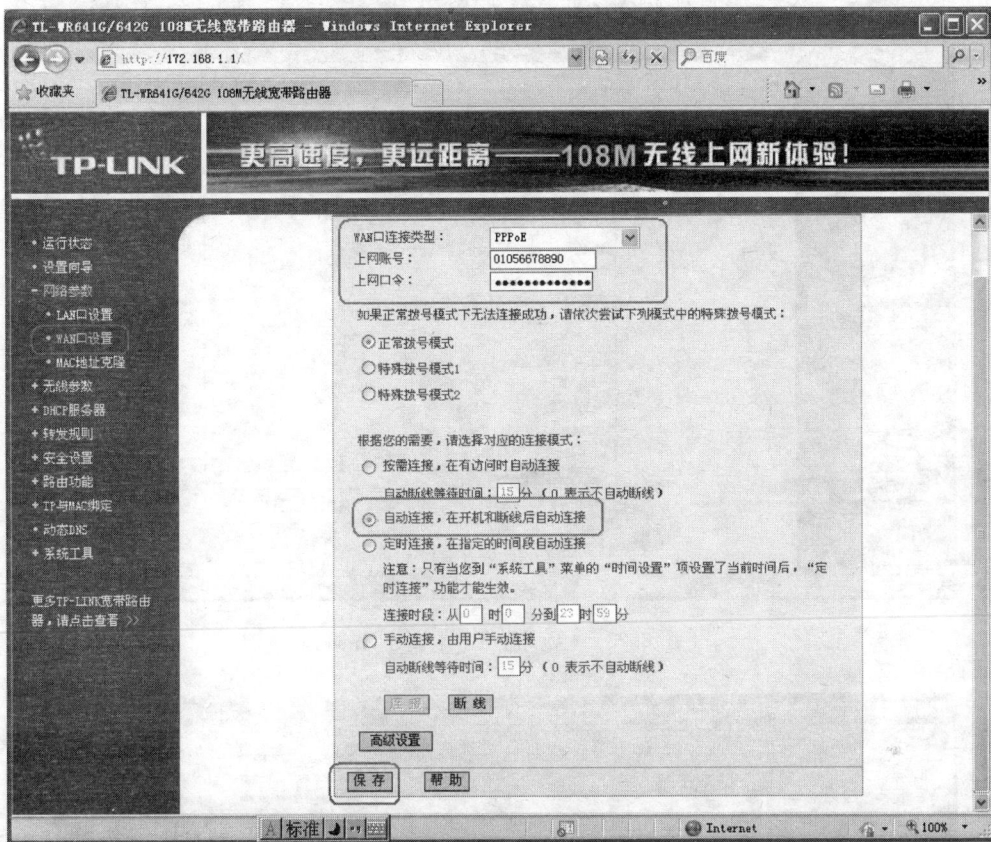

图 8.22　"WAN 口设置"界面

（10）依次选择无线宽带路由器管理界面左边菜单中的"无线管理"→"基本设置"命令，在右边界面查看当前无线网络的基本设置。此处可以修改无线设备的 SSID 号、频段、模式及安全设置等内容，如图 8.23 所示。

（11）无线宽带路由器具有 DHCP 功能，依次选择管理界面左边菜单中的"DHCP 服务器"→"DHCP 服务"命令，在右边界面可以启动 DHCP 服务，并进行相关设置，如图 8.24 所示。选择"DHCP 服务器"目录下的"客户端列表"选项，可以查看当前设备的连接情况，如图 8.25 所示。选择"DHCP 服务器"目录下的"静态地址分配"选项，可以为特定设备分配独立的静态 IP 地址，如图 8.26 所示。

（12）首次登录无线宽带路由器进行配置时，为确保设备安全性，务必修改本设备的系统管理员用户名和口令，依次选择管理界面左边菜单中的"系统工具"→"修改登录口令"命令，在右边界面可以修改系统管理员的用户名和口令，修改完成后单击"保存"按钮，如图 8.27 所示。

157

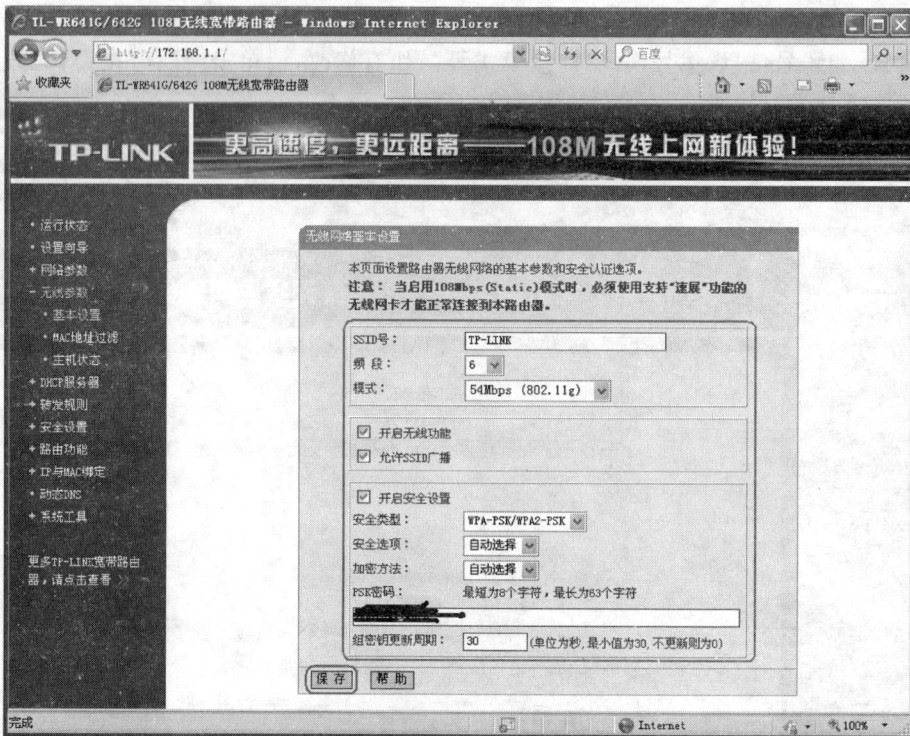

图 8.23 "无线网络基本设置"界面

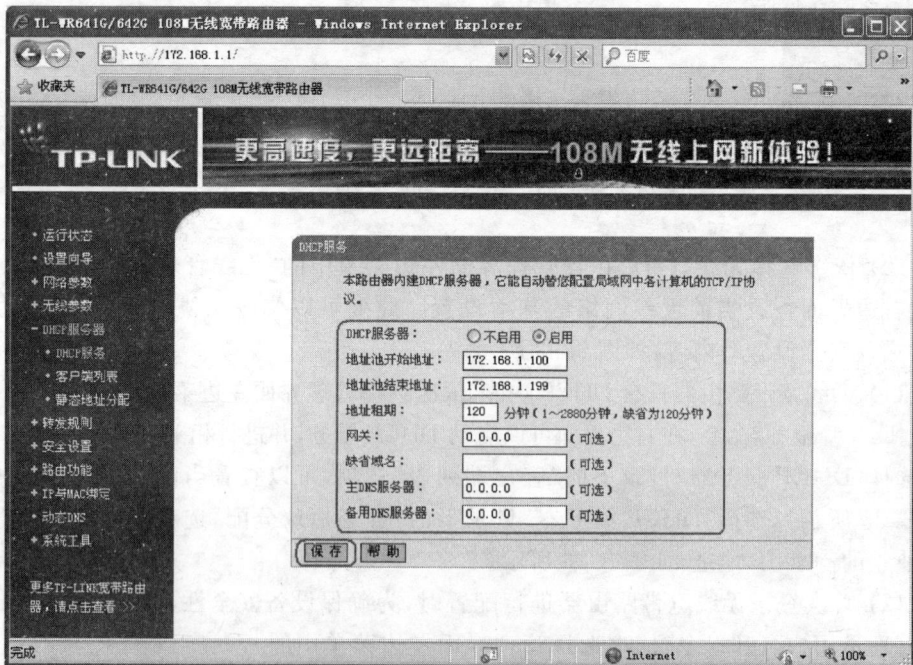

图 8.24 "DHCP 服务"设置界面

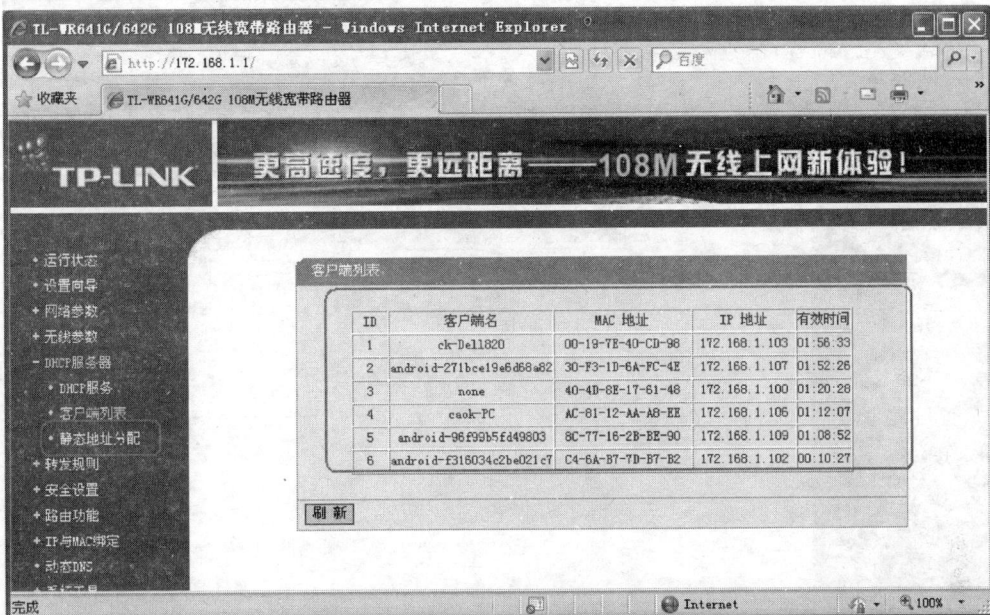

图 8.25　"客户端列表"界面

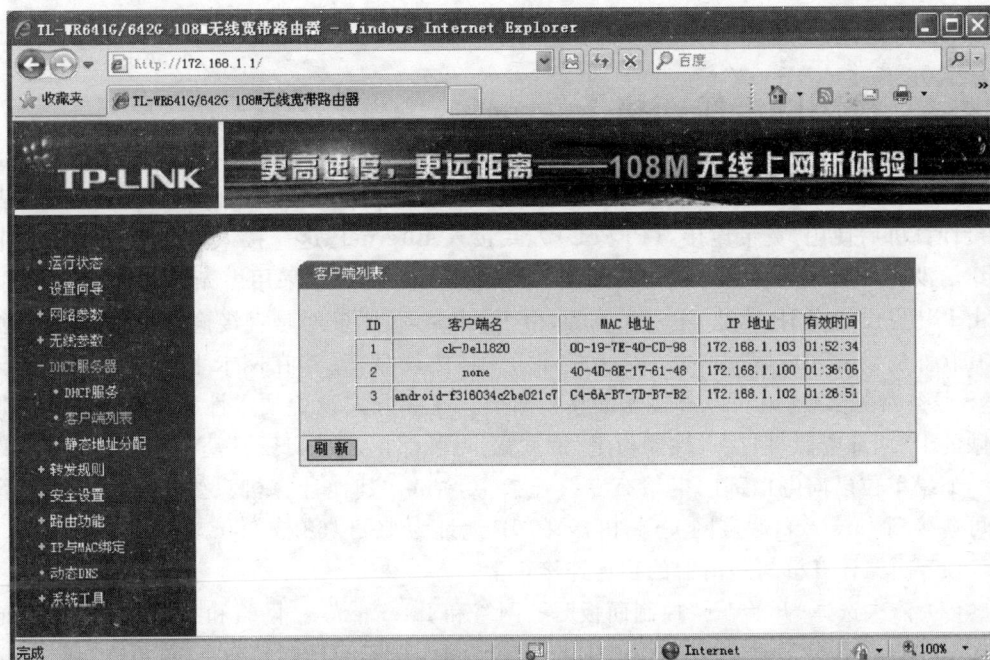

图 8.26　"静态地址分配"设置界面

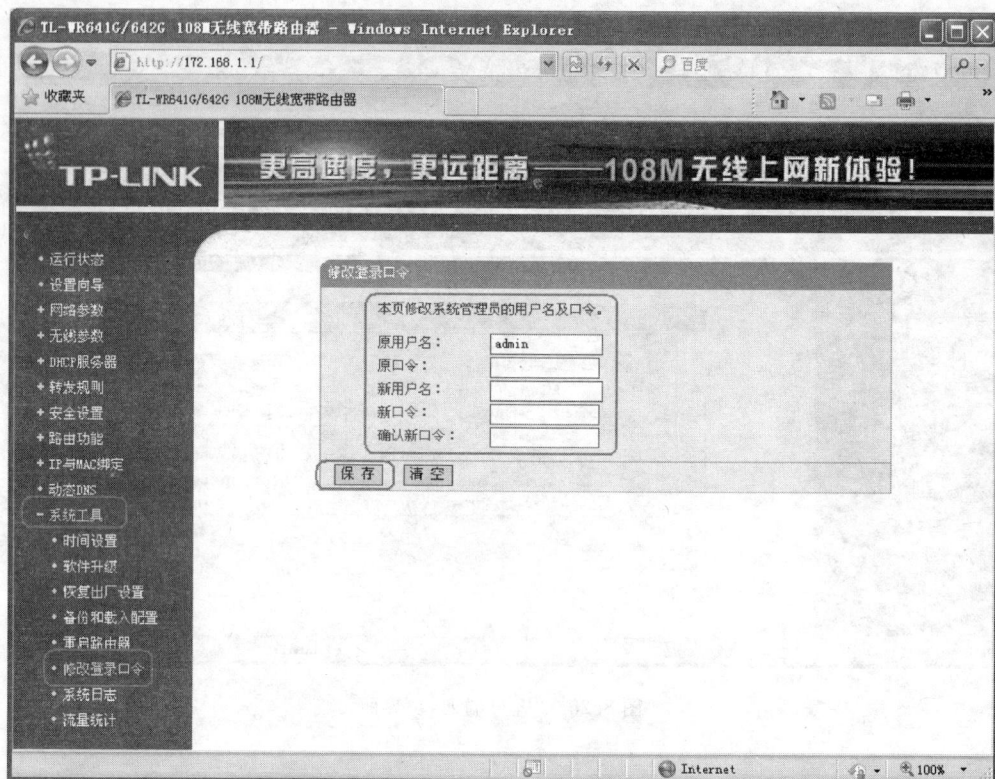

图 8.27 "修改登录口令"设置界面

8.4.4　校园网专线连接 Internet

　　校园网专线接入方式一般分两种情况,一种是学生宿舍超五类网线到桌面,由使用者连接计算机后使用"宽带连接"(PPPoE)方式接入 Internet,这一接入方式与 8.4.2 小节介绍的没有本质区别。另一种是校园主干网络接入 Internet,采用由光纤宽带接入方式,它由 ISP 提供静态 IP 地址、主机名称等,由于 ADSL 技术已经是直接输出局域网信号,所以其软件的设置和局域网一样,安装好 TCP/IP 协议后,直接在网卡上设定好 IP 地址、DNS 服务器等信息,就可以直接连上互联网了。这种方式设置技术性稍多并且占用 ISP 有限的 IP 地址资源,但接入性能稳定,带宽宽,一般都在 100MHz 甚至 1000MHz。

　　如果单位已向电信部门申请有专线连接 Internet,其他计算机只要按以下方法设置即可连接到 Internet,假定网关(路由器)的 IP 地址为 192.168.3.250。

　　(1) 确保计算机与路由器的物理连接正常。

　　(2) 依次选择"开始"→"控制面板"→"网络和 Internet"→"网络和共享中心"→"本地连接"→"查看状态"→"属性"→"Internet 协议版本 4(TCP/IPv4)"命令,再单击"属性"按钮,打开"Internet 协议版本 4(TCP/IPv4)属性"对话框,如图 8.28～图 8.30 所示。然后设置计算机的 IP 地址、默认网关、DNS 服务器等。

　　(3) 设置完成后用命令测试计算机是否与网关连通,若能连通,则可以连接到 Internet。

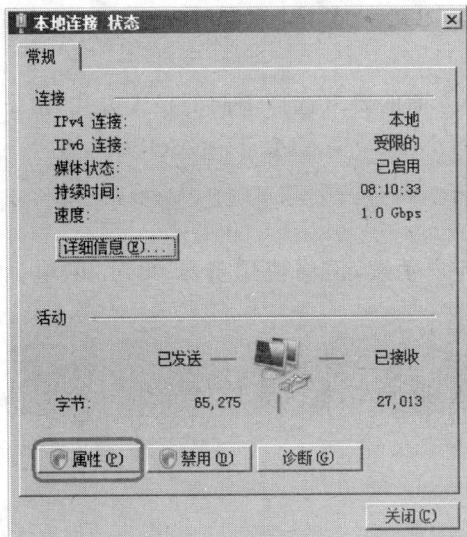

图 8.28　"本地连接 状态"对话框　　　　图 8.29　"本地连接 属性"对话框

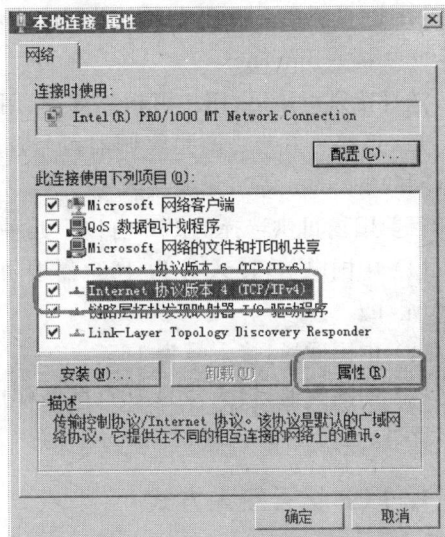

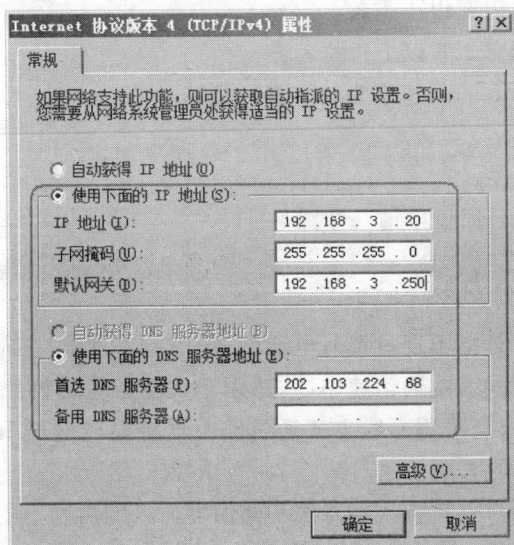

图 8.30　"Internet 协议版本 4(TCP/IPv4) 属性"对话框

8.5　归纳与提高

8.5.1　常见接入技术

　　用户接入 Internet 首先要选择一个 ISP(Internet 服务商)，目前国内提供 Internet 接入服务的主要有 CHINANET(由电信部门管理)、CHINAGBN(由吉通公司管理)、

161

CERNET(主控中心设在清华大学网络中心)和 CSTNET(由中科院管理),用户可以选择其中之一接入 Internet。

选择接入对象后,用户可根据规模、用途等方面的要求选择不同的接入方式,常见的 Internet 连接方式有:调制解调器拨号连接、DDN 专线接入、宽带接入(ISDN、ADSL 技术、Cable Modem 等)、无线接入等。

目前国内可供选择的 ISP 有以下几种。

(1) 中国电信,接入号为 163,需要办理开户手续,网络使用费 2.00 元/h,电话费 1.20 元/h。

(2) 中国联通,接入号为 165。

(3) 中国吉通,接入号为 167,网络使用费 1.00 元/h,电话费 1.20 元/h。

此外,还可用 200、201 卡拨号上网。

1. PPP 拨号接入方式

拨号接入方式是用户进入 Internet 最简单的方式,通过电话拨号进入一个提供 Internet 服务的联机(On-Line)服务系统,通过联机服务系统使用 Internet 服务。

用户使用这种方式需要以下配备。

(1) 计算机(最好 PC 586 以上)。

(2) 调制解调器(Modem,速率为 14.4Kbps、28.8Kbps、33.6Kbps、56Kbps)。

(3) 电话线。

(4) 标准的通信软件。

(5) 在所选择的 ISP 那里申请一个账号。

2. DDN 专线接入方式

所谓专线入网方式是指不通过拨号电话网,利用专线直接与 Internet 相连,以实现高速安全的通信方式。专线入网通信速率高,适用于大业务量的网络用户使用。尤其是对于局域网多用户系统来说,采用专线方式通过路由器将局域网与 Internet 主机相连是行之有效的接入 Internet 的方法。

采用专线方式的用户需具备入网专线和路由器。入网后网上的所有终端和工作站均可享用所有 Internet 服务,且都可以拥有自己独立的 IP 地址。

3. ISDN 接入方式

ISDN(Integrated Services Digital Network)的中文名称是综合业务数字网,俗称"一线通",它是利用数字通信技术和计算机技术实现电话、电报、数据、图像以及声音的处理、传输和交换的通信网。它能在一根普通电话线上提供语音、数据、图像等综合性业务,并可以连接 8 台终端或电话,有两台终端可以同时使用,也就是说,在上网的同时可以拨打和接听电话,不会像普通 Modem 上网那样占用了电话线而外面电话打不进来。

ISDN 接入具有以下特点:传输速度高、一线多用、可靠性好和接入方便。

4. ADSL 接入方式

ADSL 是一种上、下行不对称的高速数据调制技术，提供下行 6～8Mbps、上行 1Mbps 的上网速率。它以传统用户铜线为传输媒介，采用先进的数字调制技术和信号处理技术，在普通电话线上传送电话业务的同时还可以向用户提供高速宽带数据业务和视频业务，使传统电话网络同时具有提供各种综合宽带业务接入 Internet 的能力，在提高性能的同时，充分保护了现有资源。

ADSL 接入方式具有以下特点：提供各种多媒体服务、使用方便、静态 IP 地址。

5. Cable Modem 接入方式

Cable Modem 接入方式利用有线电视网的基础网络和 Cable Modem（线缆调制解调器）传输计算机数字信号，通过国际出口与 Internet 相连，用户接入该网即可与 Internet 进行通信。

与传统的电话线网络使用的传输介质有很大的不同，有线电视电缆的带宽较高；再加上有高速传输技术的 Cable Modem 相配合，因而能够达到高速传输数据的要求。

Cable Modem 接入方式具有以下特点：速率快、频带宽、规模大、接入简单、使用方便。

8.5.2　ADSL 接入方式

ADSL 使用普通电话线作为传输介质，虽然传统的 Modem 也是使用电话线传输的，但它只使用了 4kHz 以下的低频段，而理论上电话线有接近 2MHz 的带宽，ADSL 正是使用了 26kHz 以后的高频带才能提供如此高的速度。

具体工作流程是：经 ADSL Modem 编码后的信号通过电话线传到电话局后，通过一个信号识别/分离器，如果是语音信号就传到交换机上，如果是数字信号就接入 Internet。

当电话线两端连接 ADSL Modem 时，在这段电话线上便产生了 3 个信息通道：一个速率为 1.5～9Mbps 的高速下行通道，用于用户下载信息；一个速率为 16Kbps～1Mbps 的中速双工通道，用于 ADSL 控制信号的传输和上行的信息；一个普通的老式电话服务通道；且这三个通道可以同时工作。

在现有的较长的铜制双芯线（普通电话线）上传送数据时，对信号的衰减是十分严重的，所以普通拨号上网所用的技术到了 V.90 标准 56Kbps 速度就戛然而止。而在 ADSL 调制解调设备中由于采用了 3 种线路编码技术，分别称为抑制载波幅度和相位（Carrierless Amplitude and Phase，CAP）、离散多音复用（Discrete MultiTone，DMT），以及离散小波多音复用（Discrete Wavelet MultiTone，DWMT），从而实现了高速宽带传输。

PPPoE 全称是 Point to Point Protocol over Ethernet（基于局域网的点对点通信协议），这个协议是为了满足越来越多的宽带上网设备（即 ADSL、无线等）和越来越快的网络之间的通信而最新制定开发的标准，它基于两个广泛接受的标准，即：局域网 Ethernet 和 PPP 点对点拨号协议。对于最终用户来说，不需要了解比较深的局域网技术，只需要当作普通拨号上网就可以了,对于服务商来说,在现有局域网基础上不需要花费巨资来做大面积改造、设置 IP 地址绑定用户等来支持专线方式。这就使得 PPPoE 在宽带接入服务中比其他协议更具有优势。因此逐渐成为宽带上网的最佳选择。

8.6 思考与自测

8.6.1 思考题

1. 个人用户接入 Internet 有哪些方法?各有何特点?
2. 局域网用户共享一个账号连接 Internet 的方法有哪些?

8.6.2 自测题

如果局域网已通过 ADSL 或专线方式连接到 Internet,如何设置才能使计算机能通过网关 192.168.1.1 连接到 Internet?(100 分)

8.6.3 评分标准

评分标准见表 8.1。

表 8.1 评分标准

要　　求	得分	备　注
① IP 地址、默认网关、DNS 服务器等设置正确	50	5 分钟完成
② 通连接到 Internet	50	

项目 9　终端服务器的安装与配置

本项目将进行终端服务器的配置,学习远程桌面管理、终端服务器的配置、远程连接用户权限的设定等。

9.1　项目问题

在单位内部局域网中,网络管理员希望在任何一台计算机上都能管理网络中的服务器,同时网络中还存在一些低配置的客户端,用户希望在这些计算机上也能运行一些对硬件需求高的程序,作为网络管理员,你应该如何设置?

9.2　主要任务

(1) 安装终端服务器。

(2) 安装终端服务客户端。

(3) 为用户提供访问终端服务器的权限。

(4) 远程管理。

(5) 配置终端服务器许可证服务器 。

(6) 在终端服务器许可证服务器上安装客户端访问许可证(CAL)。

(7) 在终端服务器上安装程序。

9.3　项目目标

(1) 掌握终端服务器的安装。

(2) 掌握终端服务器的远程管理方法。

9.4 探索与实践

9.4.1 项目实施环境

两台计算机,已安装 Windows XP 和 Windows Server 2008 系统,且已连成对等网,1号机上已配置好 DNS 服务器。

9.4.2 安装终端服务器

1. 安装终端服务器和终端服务器授权

如果只想提供远程桌面管理,无须安装终端服务器,否则在 Windows Server 2008 的计算机上进行以下操作。

(1) 依次选择"开始"→"管理工具"→"服务器管理器"命令,打开"服务器管理器"窗口,如图9.1所示。

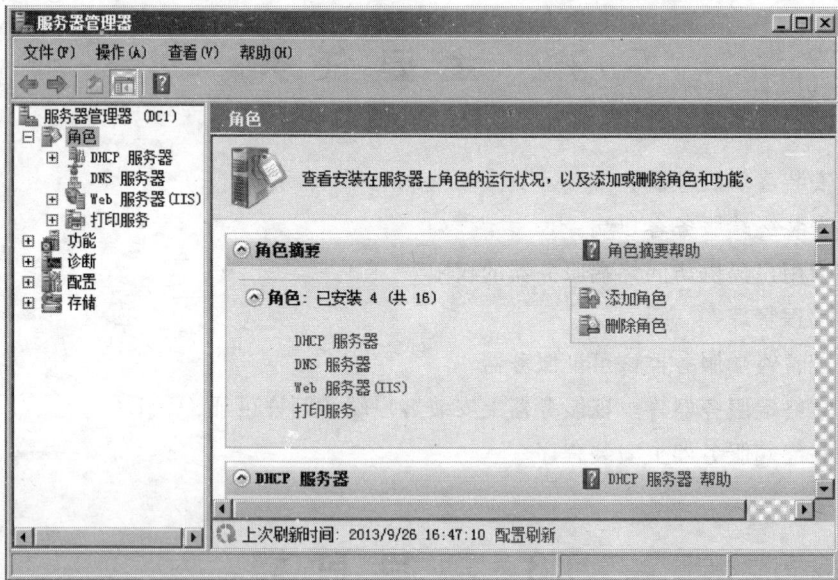

图 9.1 "服务器管理器"窗口

(2) 在"服务器管理器"窗口中,单击左窗格的"角色"目录,然后在右窗格中单击"添加角色"按钮,打开"添加角色向导"对话框。单击"下一步"按钮,显示如图9.2所示的"选择服务器角色"对话框。

(3) 在"选择服务器角色"对话框中选中"终端服务"复选框。单击"下一步"按钮,显示如图9.3所示的"选择角色服务"对话框。

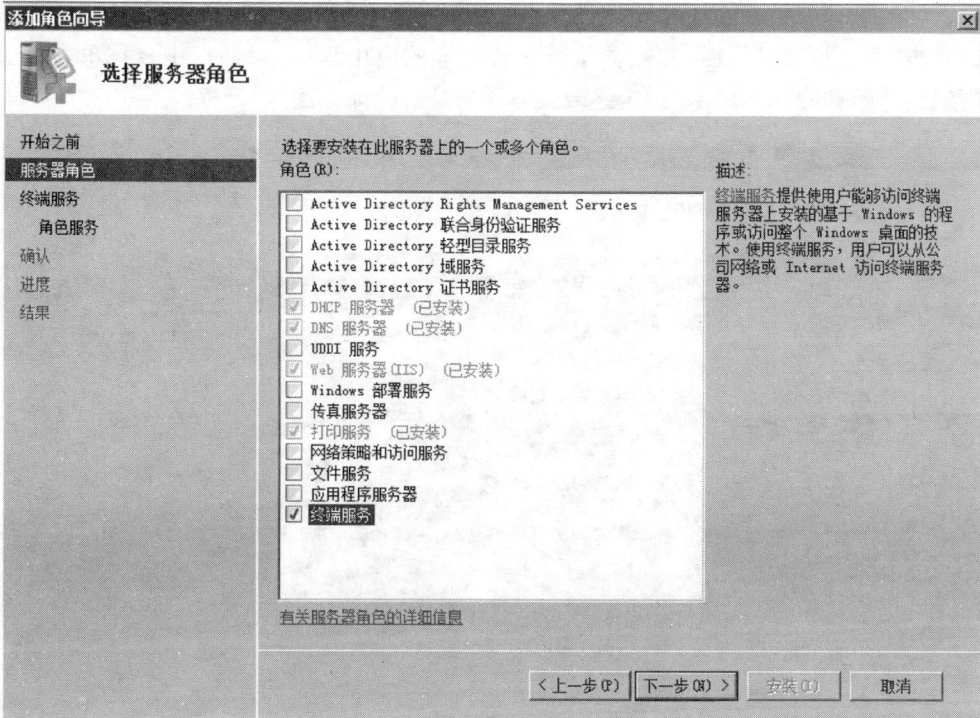

图 9.2 "选择服务器角色"对话框

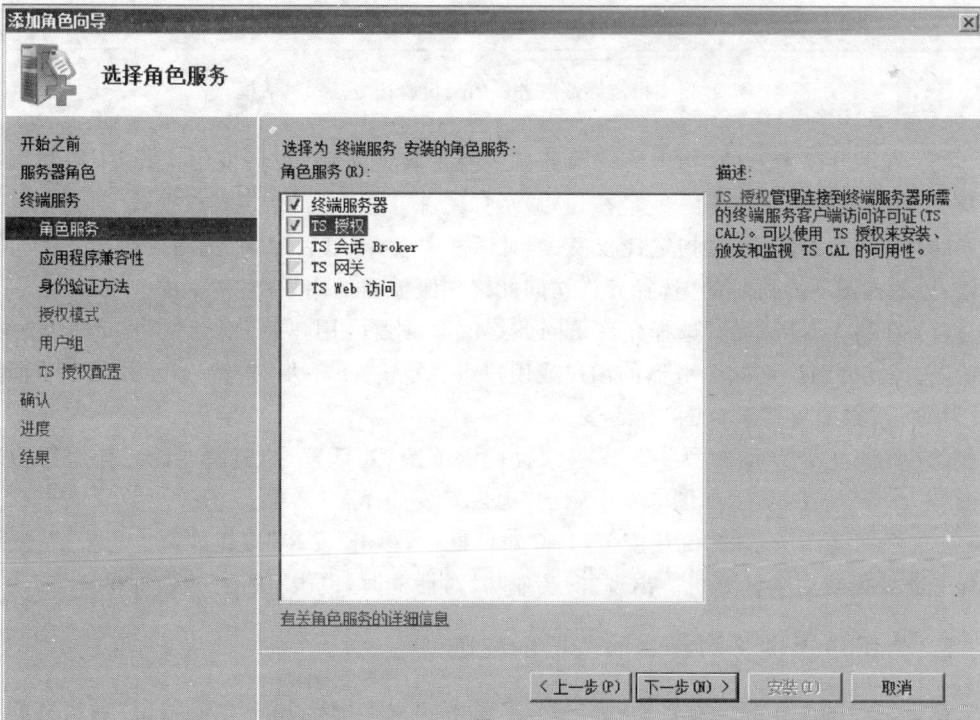

图 9.3 "选择角色服务"对话框

（4）在图 9.3 所示的"选择角色服务"对话框中选中"终端服务"和"TS 授权配置"选项。单击"下一步"按钮,在"卸载并重新安装兼容的应用程序"对话框中直接单击"下一步"按钮,显示如图 9.4 所示"指定终端服务器的身份验证方法"对话框。

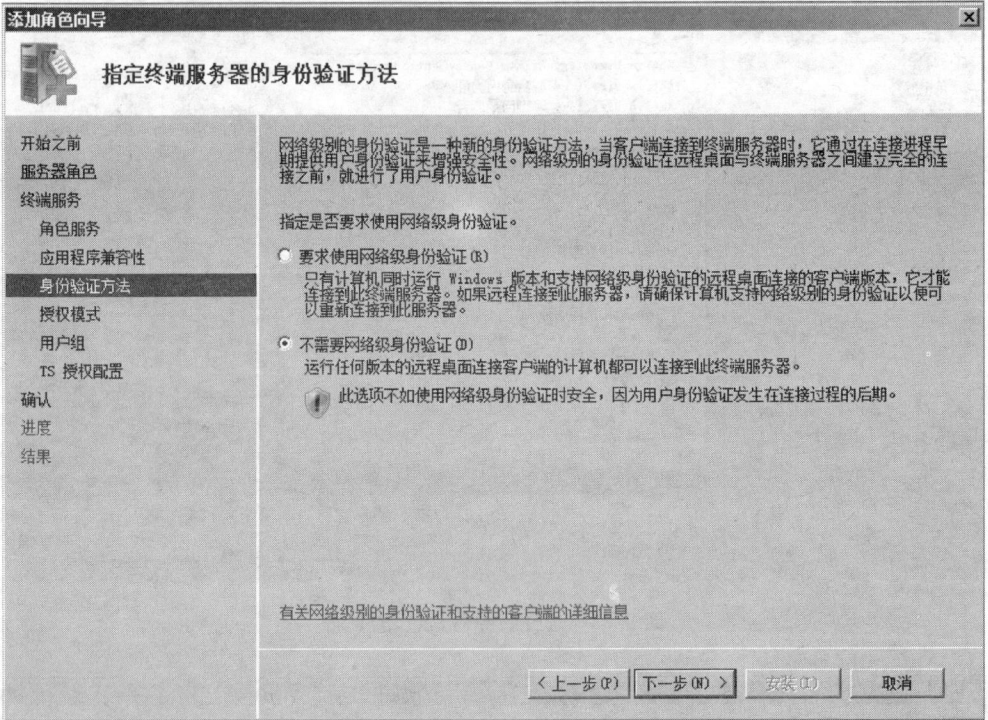

图 9.4 "指定终端服务器的身份验证方法" 对话框

（5）在图 9.4 所示的"指定终端服务器的身份验证方法"对话框中选择"不需要网络级身份验证"选项。单击"下一步"按钮,显示如图 9.5 所示的"指定授权模式"对话框。

（6）在图 9.5 所示的"指定授权模式"对话框中选择"以后配置"选项。单击"下一步"按钮,显示如图 9.6 所示的"选择允许访问此终端服务器的用户组"对话框。

（7）在图 9.6 所示的"选择允许访问此终端服务器的用户组"对话框中,单击"添加"按钮,选择允许访问终端服务器的用户或用户组。单击"下一步"按钮,显示如图 9.7 所示的"为 TS 授权配置搜索范围"对话框。

（8）在图 9.7 所示的"为 TS 授权配置搜索范围"对话框中,选择 "此工作组"选项。单击"下一步"按钮,显示如图 9.8 所示的"确认安装选择"对话框。

（9）在图 9.8 所示的"确认安装选择"对话框中,单击"安装"按钮即可进行安装,安装过程中需要重新启动计算机。出现"安装成功"对话框时,单击"关闭"按钮即可。

2. 为用户提供访问终端服务器的权限

在提供终端服务的计算机上,必须启动"远程桌面"功能,用户才能利用"远程桌面连接"来连接终端服务器,默认情况下,在 Windows Server 2008 操作系统上,只有

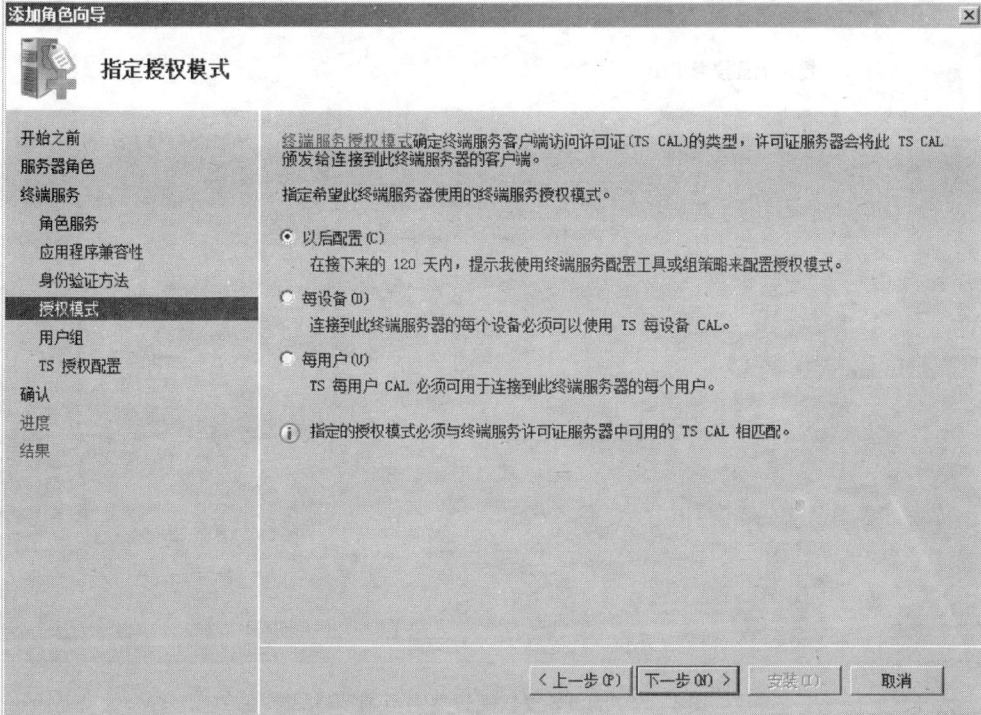

图 9.5　"指定授权模式"对话框

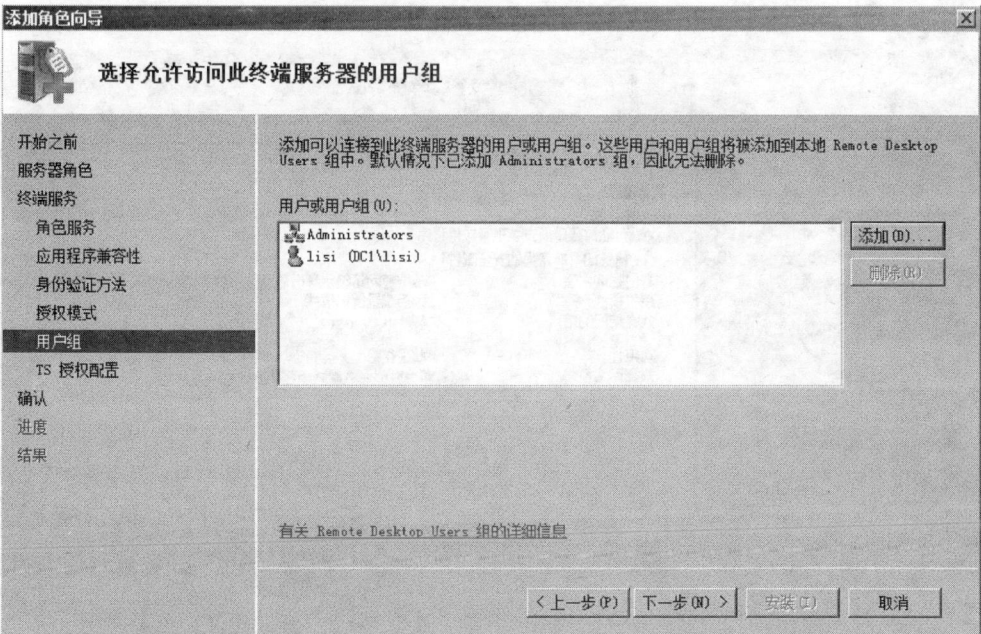

图 9.6　"选择允许访问此终端服务器的用户组"对话框

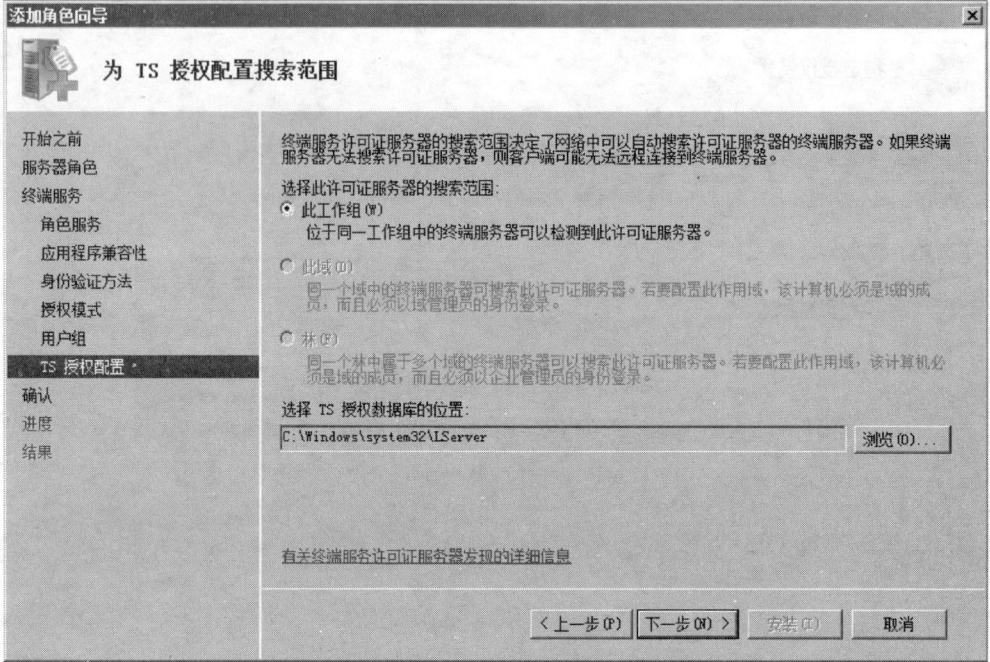

图 9.7 "为 TS 授权配置搜索范围"对话框

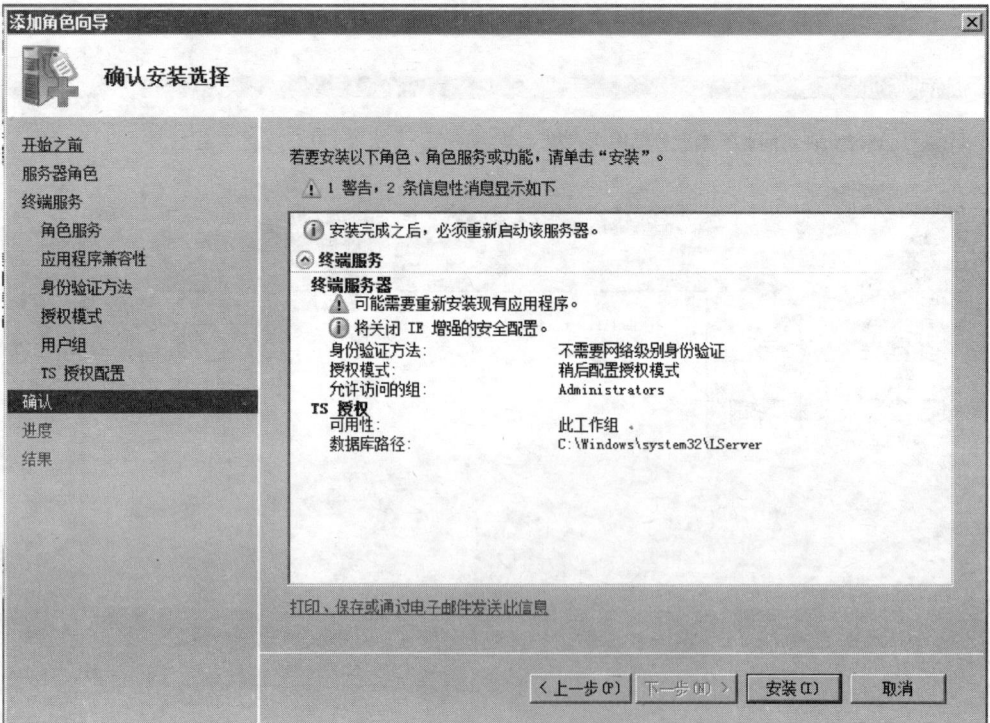

图 9.8 "确认安装选择"对话框

Administrators 和 Remote Desktop Users 组的成员可以使用终端服务连接与远程计算机连接。因此,必须决定哪些用户和组有权限进行远程登录,然后手动将他们添加到该组中。将用户加入 Remote Desktop Users 组的方法,视是否安装终端服务器而定。

(1) 依次选择"开始"→"控制面板"→"系统"命令,打开"系统"窗口。在"系统"窗口中单击"远程设置"按钮,打开"系统属性"对话框,如图9.9所示。在"远程"选项框中,选中"允许运行任意版本远程桌面的计算机连接(较不安全)"选项,然后单击"确定"按钮即可启动远程连接功能。

(2) 在图9.9中单击"选择用户"按钮,显示"远程桌面用户"对话框,如图9.10所示。

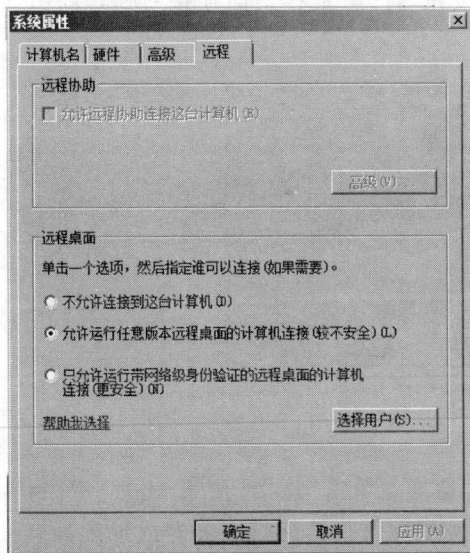

图9.9 "系统属性"对话框

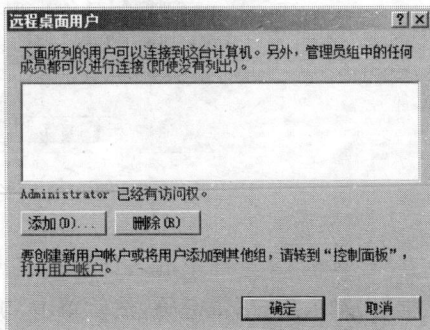

图9.10 "远程桌面用户"对话框

(3) 单击"添加"按钮,显示"选择用户"对话框,如图9.11所示。单击"高级"按钮,然后单击"立即查找"按钮,选定要授予远程管理权限的用户或组,然后连接单击"确定"按钮,直到返回图9.9所示对话框。单击"确定"按钮,即可把用户加入 Remote Desktop Users 组中。

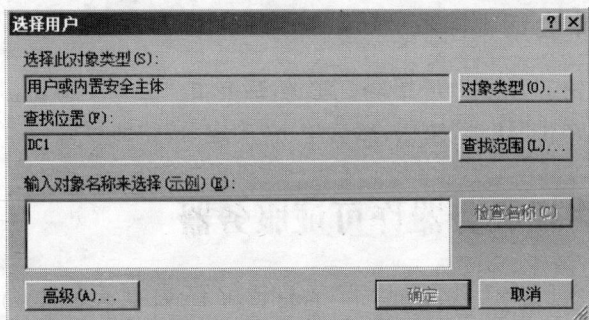

图9.11 "选择用户"对话框

9.4.3 远程管理

使用"远程桌面连接",可以很容易地连接到终端服务器或其他运行远程桌面的计算机,然后进行远程管理。

1. 使用"远程桌面连接"连接到终端服务器

在安装 Windows XP 系统的计算机上,单击"开始"按钮,依次选择"所有程序"→"附件"→"通讯"命令,然后单击"远程桌面连接"按钮,打开"远程桌面连接"窗口,如图 9.12 所示。

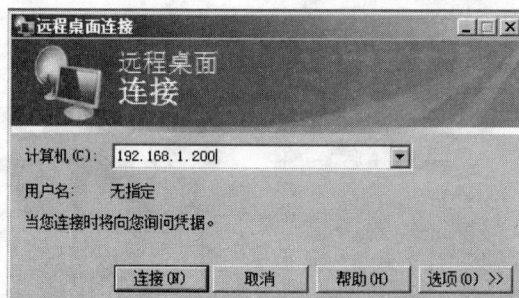

图 9.12 "远程桌面连接"窗口

在"计算机"文本框中输入计算机名或 IP 地址。单击"连接"按钮,出现"登录信息"对话框时,输入用户名、密码,然后单击"确定"按钮即可打开终端服务器或远程计算机的桌面,此时可以对远程计算机进行远程管理。

2. 断开连接无须结束会话

单击远程桌面窗口中的"开始"按钮,然后单击"关机"按钮,屏幕上出现"关闭 Windows"对话框。从该对话框顶部的列表中选择"断开连接"选项,然后单击"确定"按钮即可。

3. 注销和结束会话

单击远程桌面窗口中的"开始"按钮,然后单击"关机"按钮,屏幕上出现"关闭 Windows"对话框。单击"注销"按钮,然后单击"确定"按钮即可。

9.4.4 配置终端服务器许可证服务器

在已为其配置终端服务器角色的同一台计算机上(对于小型部署)或另一台计算机上(建议对于大型部署)配置终端服务器许可证服务器。终端服务器许可证服务器管理终端服务客户端连接所需的许可证。只需激活终端服务器许可证服务器一次,终端服务器许可证服务器即可成为终端服务器客户许可证的存储库。只有在注册过程完成后,终端服务器许可证服务器才能够颁发客户端所需的临时许可证。

激活终端服务器许可证服务器的操作步骤如下。

(1) 选择"开始"→"管理工具"→"终端服务"→"TS 授权管理器"命令,打开"TS 授权管理器"窗口,右击要激活的终端服务器许可证服务器,单击"激活服务器"命令,如图 9.13 所示,将启动"服务器激活向导"。单击"下一步"按钮,打开"连接方法"对话框,如图 9.14 所示。

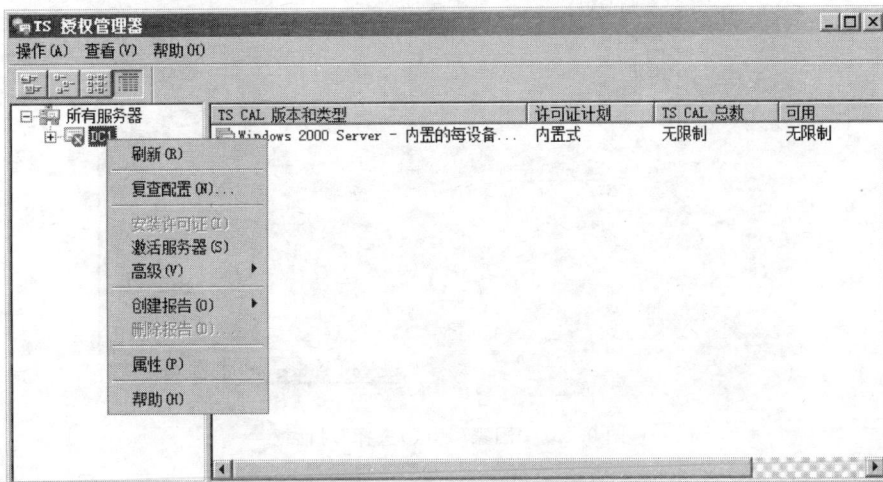

图 9.13 "TS 授权管理器"窗口

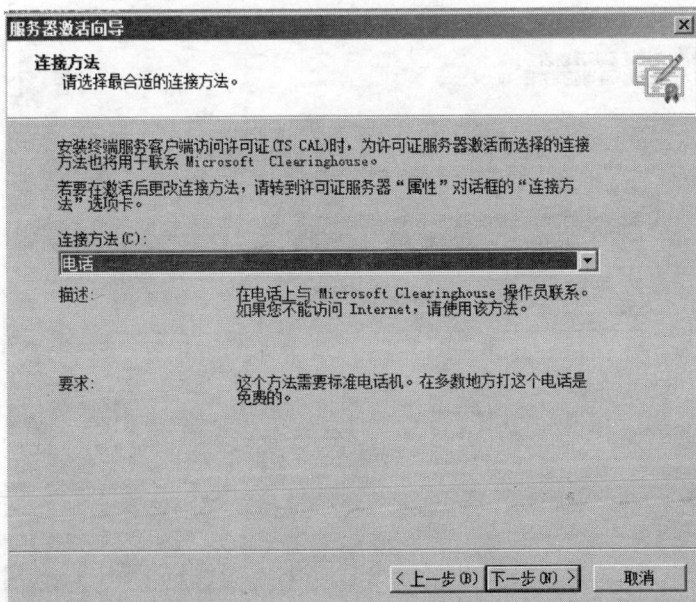

图 9.14 "连接方法"对话框

（2）选择合适的激活方法，单击"下一步"按钮，显示如图 9.15 所示的"国家（地区）选择"对话框。

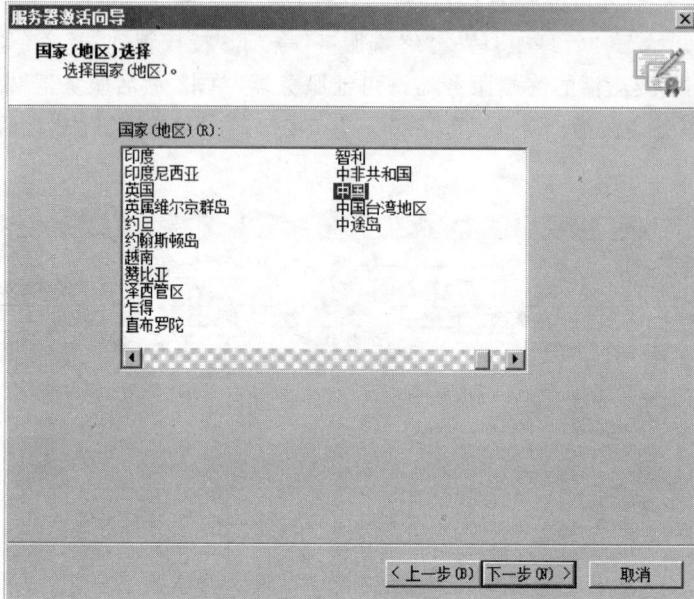

图 9.15　"国家（地区）选择"对话框

（3）选定国家（地区），单击"下一步"按钮，显示图 9.16 所示的"许可证服务器激活"对话框。

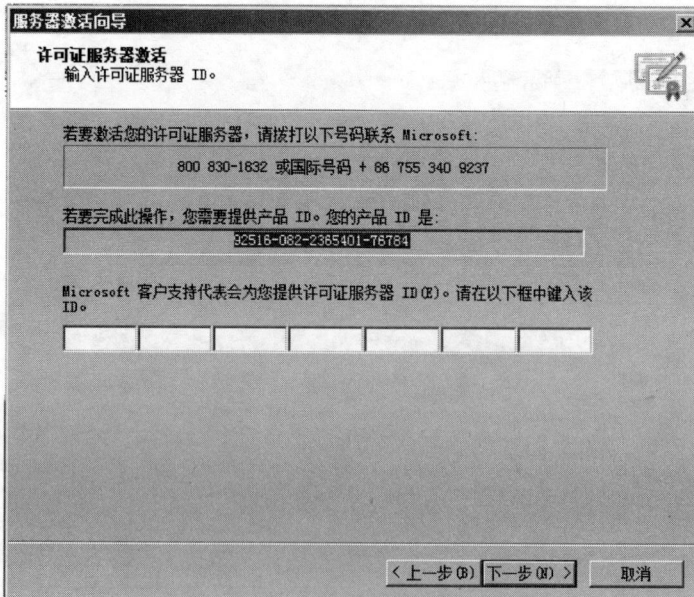

图 9.16　"许可证服务器激活"对话框

（4）输入从 Microsoft 客户支持代表获取的许可证服务器 ID，单击"下一步"按钮，并完成向导的其余步骤。

9.4.5　在终端服务器上安装程序

1. 确保没有用户登录到终端服务器上

向所有登录到终端服务器上的用户发送消息，以确保没有用户登录到终端服务器上。程序安装通常要求重新启动计算机，因此，用户的会话将会被断开。在程序安装和测试之前，不应允许用户访问终端服务器。

2. 暂时禁用终端服务连接

右击"计算机"选项，单击"属性"命令，打开"系统"窗口。在"系统"窗口中单击"远程设置"按钮，打开"系统属性"对话框，如图 9.17 所示。在"远程桌面"选项框中，选中"不允许连接到这台计算机"选项，然后单击"确定"按钮即可关闭远程连接功能。

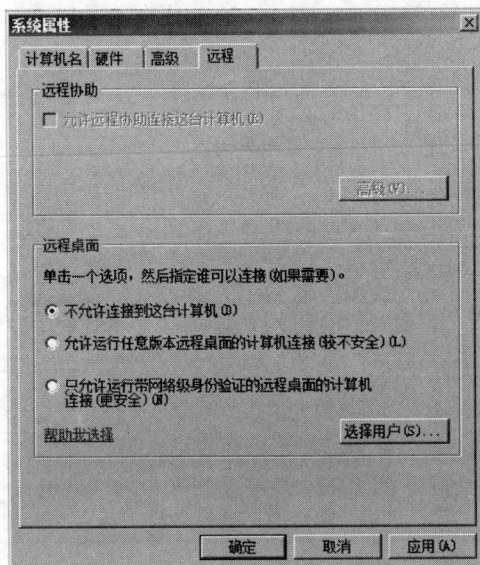

图 9.17　"系统属性"对话框

3. 安装程序

确保以 Administrators 组成员的身份登录到终端服务器，然后安装程序。

4. 在终端服务器上启用远程连接

依次选择"开始"→"控制面板"→"系统"命令，打开"系统"窗口。在"系统"窗口中单击"远程设置"按钮，打开"系统属性"对话框。在"远程桌面"选项框中，选中"允许任意版本远程桌面的计算机连接（较不安全）"选项，然后单击"确定"按钮即可。

9.5 归纳与提高

Windows Server 2008 的终端服务可以实现以下功能。

管理远程桌面：允许用户从 LAN、WAN 或拨号连接上的任一客户端远程管理服务器。默认情况下，安装 Windows Server 2008 操作系统的计算机已包含此功能，不需要另外安装，在不需要终端服务器授权的情况下，同时可以访问最多两个远程会话。

多个用户同时从单个安装点访问某个程序：通过安装能提供集中式应用程序部署的终端服务器组件，将该计算机配置为终端服务器。通过使用终端服务器，远程位置的用户可以运行程序、保存文件，以及使用网络资源，就好像这些资源是安装在用户自己的计算机上一样。通过在终端服务器上安装程序，可以确保所有用户都使用同样版本的程序。

9.6 思考与自测

9.6.1 思考题

终端服务的两种基本功能是什么，如何实现？

9.6.2 自测题

在 1 号机启用"远程桌面管理"功能，然后在 2 号机用自己创建的新用户远程连接 1 号机。

9.6.3 评分标准

评分标准见表 9.1。

表 9.1 评分标准

要　　求	得分	备　注
① 启用"远程桌面管理"功能	30	
② 授予用户远程桌面管理功能	40	5 分钟完成
③ 远程连接计算机进行远程管理	30	

9.7 实训指导

1. 在 1 号机启动"远程桌面"功能

右击"计算机"图标，选择"属性"命令，打开"系统"窗口，单击"远程设置"按钮，打开

"系统属性"对话框。在"远程桌面"选项框中,选中"允许运行任意版本远程桌面的计算机连接"选项,然后单击"选择用户"按钮,显示"远程桌面用户"对话框。单击"添加"按钮,显示"选择用户或组"对话框,单击"高级"按钮,再单击"立即查找"按钮,选定要授予远程管理权限的用户。然后连续单击"确定"按钮,即可把用户加入 Remote Desktop Users 组中。

2. 远程管理

在 2 号机单击"开始"按钮,依次选择"所有程序"→"管理工具"→"终端服务"命令。然后单击"远程桌面"按钮,打开"远程桌面"对话框。双击"控制台节点"目录下的"远程桌面"选项,打开"添加新连接"对话框。在"计算机名称或 IP 地址"文本框中,输入计算机名或 IP 地址,在"连接名称"文本框中输入连接名称,然后单击"确定"按钮,即可建立一个新的远程连接。双击新建立的连接,出现"输入您的凭据"对话框时,输入用户名、密码,然后单击"确定"按钮,即可打开终端服务器或远程计算机的桌面。此时可以对远程计算机进行远程管理。

项目 10　配置和管理磁盘

本项目将进行磁盘的配置与管理,学习基本磁盘与动态磁盘的管理,文件及文件夹的压缩、加密,磁盘配额和设定等。

10.1　项目问题

为提高单位内部局域网的安全性、有效使用服务器磁盘,需要进行磁盘压缩与文件加密,同时为了禁止用户不加限制地使用服务器磁盘空间,需要设定磁盘配额。

10.2　主要任务

(1) 磁盘管理。
(2) 设置磁盘配额。
(3) 压缩文件夹。
(4) 加密文件。

10.3　项目目标

(1) 理解 NTFS 文件系统的知识。
(2) 掌握磁盘管理的方法。
(3) 掌握在 NTFS 分区上配置压缩的方法。
(4) 掌握为用户账户配置磁盘配额的方法。
(5) 掌握使用 EFS 保护文件的方法。

10.4　探索与实践

10.4.1　项目实施环境

两台计算机,已安装 Windows XP(或 Windows 7)和 Windows Server 2008 系统,且已连成对等网。

10.4.2　磁盘管理

1. 基本磁盘的管理

（1）对已创建磁盘分区的几个操作

依次选择“开始”→“管理工具”→“计算机管理”命令，打开“计算机管理”窗口。在左边窗格中选择“磁盘管理”选项，在右边窗格显示所有磁盘分区，如图 10.1 所示，即可对磁盘分区进行相应操作。

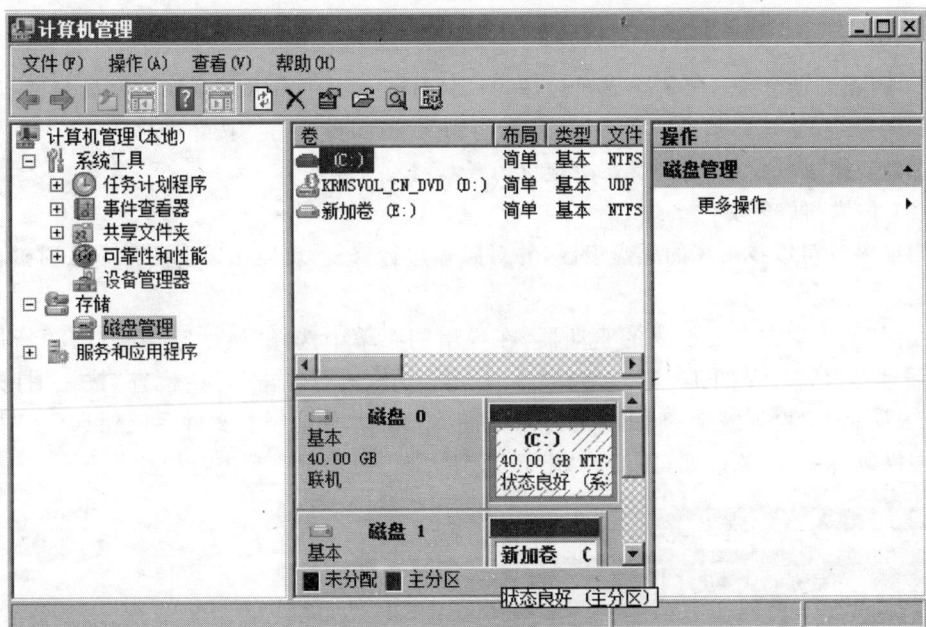

图 10.1　“计算机管理”窗口

① 格式化。在图 10.1 中右击要格式化的磁盘分区，在弹出的菜单中选择“格式化”命令，出现如图 10.2 所示的窗口，做相应设置，单击“确定”按钮即可。

② 更改磁盘驱动器号及路径。要更改磁盘驱动器号或者磁盘路径，在图 10.1 中右击要更改的本地磁盘或光驱，选择“更改驱动器号和路径”命令，弹出“更改 E:（新加卷）驱动器名和路径”对话框，如图 10.3 所示，选定要更改的驱动器E:，单击“更改”按钮，弹出“更改驱动器号和路径”对话框。选中“分配以下驱动器号”选项，选择驱动器号，如图 10.4 所示，单击“确定”按钮即可。

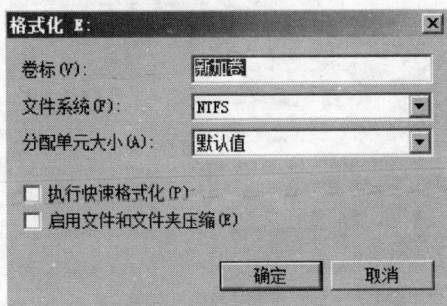

图 10.2　“格式化 E:”窗口

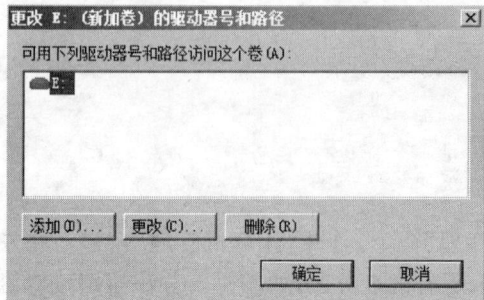

图 10.3 "更改 E:(新加卷)的驱动器号和路径"对话框

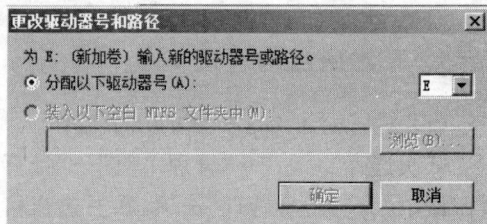

图 10.4 "更改驱动器号和路径"对话框

③ 删除磁盘分区。要删除磁盘分区,只要在图 10.1 中右击要删除的磁盘分区,选择"删除卷"命令,系统提示确认对话框,若真的删除分区,单击"是"按钮即可。

注意: 删除磁盘分区,保留在磁盘中的数据将全部丢失。

(2)扫描与修复文件系统

扫描磁盘可以找出坏的磁盘扇区,并对磁盘进行修复,可以用以下两种方法对磁盘进行扫描。

在图 10.1 中右击要扫描的驱动器,在弹出的菜单中选择"属性"命令,打开"新加卷(E:)属性"对话框(见图 10.5)。选择"工具"选项卡,然后单击"开始检查"按钮,打开如图 10.6 所示的"检查磁盘 新加卷(E:)"对话框。选择"自动修复文件系统错误"和"扫描并试图恢复坏扇区"复选框,再单击"开始"按钮,即可对选定磁盘进行检查。

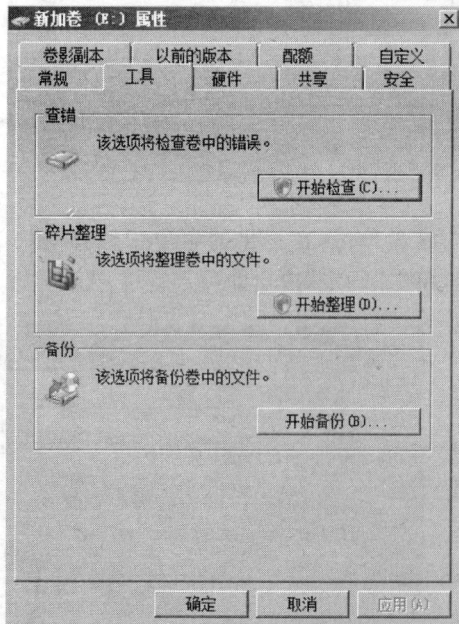

图 10.5 "新建卷(E:)属性"对话框

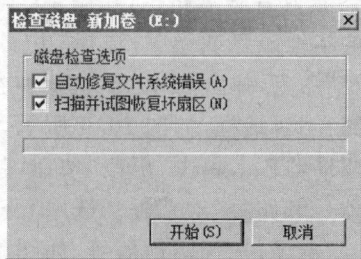

图 10.6 "检查磁盘 新加卷(E:)"对话框

（3）磁盘碎片整理

对磁盘进行碎片整理，可以分析本地磁盘并合并碎片文件和文件夹，以便每个文件或文件夹都可以占用磁盘上单独而连续的磁盘空间。合并文件和文件夹碎片的过程称为碎片整理。碎片整理可按以下方法进行。

在图 10.1 中右击要进行整理的驱动器，在弹出的菜单中选择"属性"命令，打开"新加卷(E:)属性"对话框（见图 10.5）。选择"工具"选项卡，然后单击"开始整理"按钮，打开如图 10.7 所示的"磁盘碎片整理程序"窗口。单击"立即进行碎片整理"按钮，可对选定磁盘进行碎片整理。选中"按计划运行（推荐）"复选框，然后单击"选择卷"按钮选定要整理的磁盘。单击"修改计划"按钮设定整理磁盘的时间，单击"确定"按钮即可按规划的时间整理选定的磁盘。

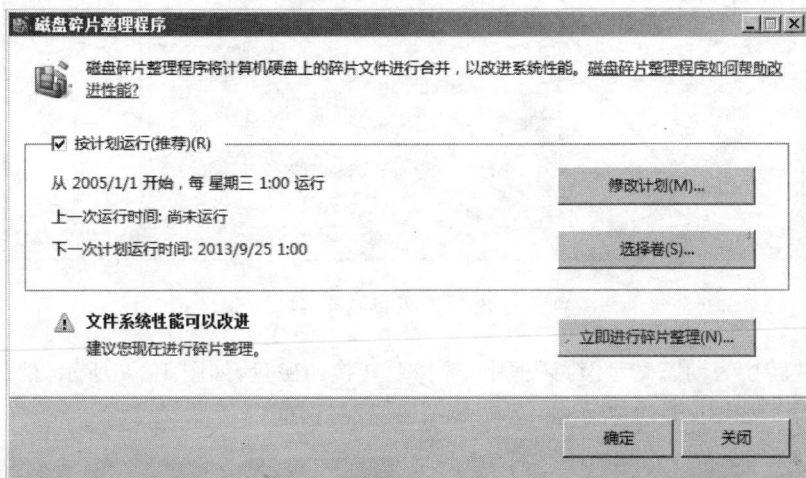

图 10.7　"磁盘碎片整理程序"窗口

2. 动态磁盘的管理

动态磁盘可以提供一些基本磁盘不具备的功能，例如创建可跨越多个磁盘的卷（跨区卷和带区卷）和创建具有容错能力的卷（镜像卷和 RAID-5 卷）。所有动态磁盘上的卷都是动态卷。

（1）将基本磁盘转换为动态磁盘

在把基本磁盘转换为动态磁盘之前，用户必须明确以下内容。

① 在转换之前，要关闭所有运行的程序。

② 只有 Backup Operators 或 Administrstors 组的成员，才能执行转换工作。

③ 转换为动态磁盘后，原有的主磁盘分区和逻辑分区被转换为简单卷。

④ 如果要将动态磁盘更改为基本磁盘，请备份磁盘上的所有卷。

⑤ 一旦转换为动态磁盘，就无法直接再转换回基本磁盘。

⑥ 如果一个基本磁盘同时安装了多个操作系统，则一旦转换为动态磁盘，除了当前启动的系统外，其他操作系统将无法启动。

将基本磁盘转换为动态磁盘的过程如下。

① 依次选择"开始"→"管理工具"→"计算机管理"命令,打开"计算机管理"窗口。在左边窗格中选择"磁盘管理"选项,右击右边窗格下方的基本磁盘图形,选择"转换到动态磁盘"命令,如图 10.8 所示。

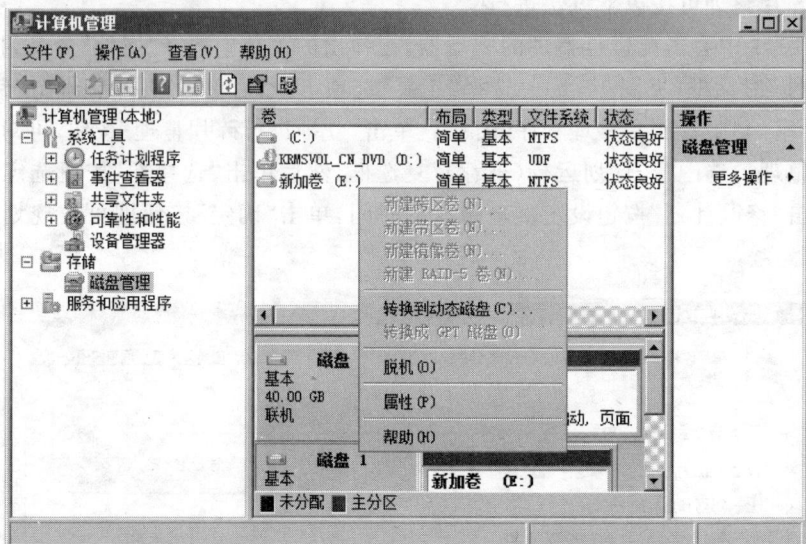

图 10.8 "计算机管理"窗口

② 在"转换为动态磁盘"对话框中,选择要转换的磁盘,如图 10.9 所示,然后单击"确定"按钮,显示如图 10.10 所示的"要转换的磁盘"对话框。

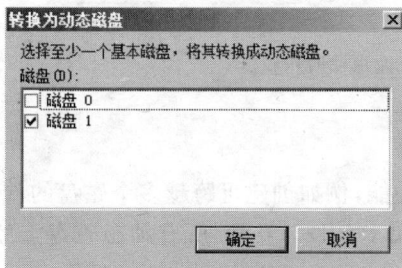

图 10.9 "转换为动态磁盘"对话框 　　　　图 10.10 "要转换的磁盘"对话框

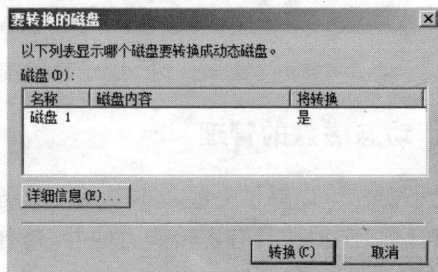

③ 在图 10.10 中直接单击"转换"按钮,显示如图 10.11 所示的警告信息,单击"是"按钮,开始转换。转换结果如图 10.12 所示。

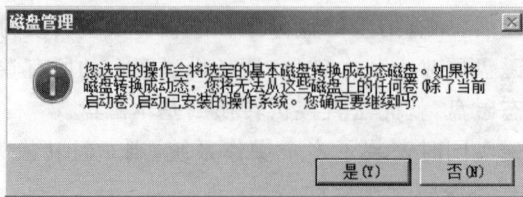

图 10.11 警告信息提示框

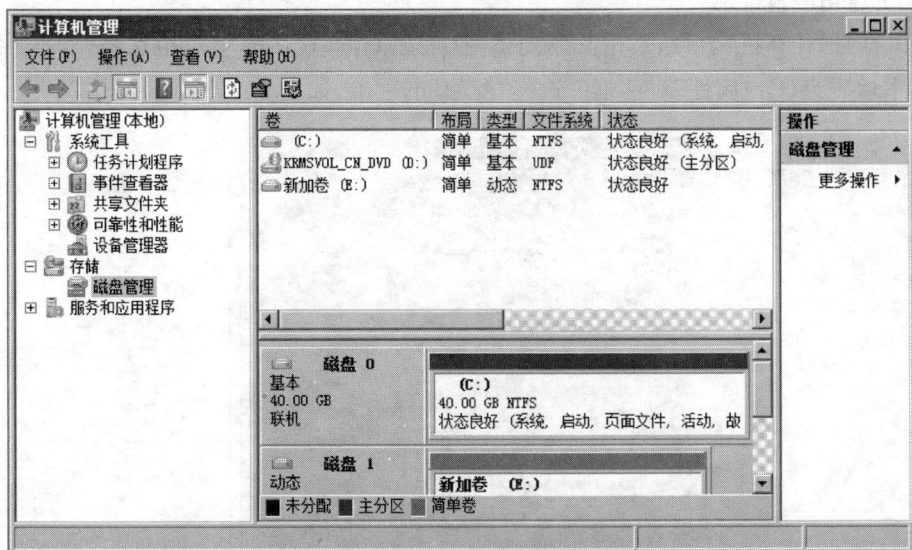

图 10.12　转换后的"计算机管理"窗口

对动态磁盘的管理与基本磁盘管理相似。

（2）将动态磁盘转换为基本磁盘

将动态磁盘转换为基本磁盘的过程如下。

① 依次选择"开始"→"管理工具"→"计算机管理"命令，打开"计算机管理"窗口。

② 右击要转换成基本磁盘的动态磁盘上的每个卷，然后在磁盘中的每个卷上，单击"删除卷"按钮。

③ 删除磁盘上各个卷后，右击右边窗格下方的动态磁盘图形，选择"转化为基本磁盘"命令，按系统提示进行操作即可。

注意：在将磁盘转换回基本磁盘之前，该磁盘绝不能具有任何卷，也不能包含任何数据。如果要保存数据，则在转化磁盘之前应备份该磁盘上的数据，或将其转移到另一个卷上。

10.4.3　磁盘配额管理

在 Windows Server 2008 作为服务器操作系统的计算机网络中，可以为访问服务器资源的客户机设置磁盘配额，也就是限制他们一次性访问服务器资源的卷空间数量。目的在于防止某个客户机过量地占用服务器和网络资源，导致其他客户机无法访问服务器和使用网络。

通过使用磁盘配额，可以根据用户所拥有的文件和文件夹向他们分配磁盘空间，也可以控制用户用来存储文件的磁盘空间量。

默认情况下，只有 Administrators 组的成员，才能设置 NTFS 卷上的磁盘配额。

（1）启用磁盘配额

① 打开"计算机"窗口,右击某驱动器图标(如 C:),在快捷菜单中选择"属性"命令,打开"本地磁盘(C:)属性"对话框。选择"配额"选项卡,如图 10.13 所示。

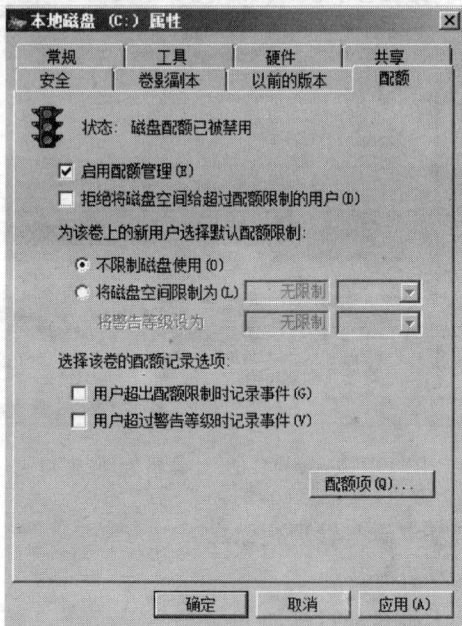

图 10.13 "本地磁盘(C:)属性"对话框

② 选中"启用配额管理"复选框,激活"配额"选项卡中的所有配额设置选项。

③ 选择下列一个或多个选项,然后单击"确定"按钮。

a. 拒绝将磁盘空间给超过配额限制的用户。

b. 将磁盘空间限制为。

c. 将警告等级设为。

d. 用户超出配额限制时记录事件。

e. 用户超过警告等级时记录事件。

（2）对所有用户强制执行磁盘配额

① 在"将磁盘空间限制为"和"将警告等级设为"文本框中,输入希望设置的限制值和警告等级。

② 选中"拒绝将磁盘空间给超过配额限制的用户"复选框,如图 10.14 所示。

③ 单击"确定"按钮关闭窗口,系统将监视磁盘使用情况。当用户超出限制时,将不允许其创建文件或文件夹。

（3）对单个用户强制执行磁盘配额

① 在图 10.13 中单击"配额项"按钮,打开"(C:)的配额项"窗口,如图 10.15 所示。通过该窗口,管理员可以新建配额项、删除已建立的配额项,或者将已建立的配额项信息导出并存储为文件,以后需要时管理员可直接导入该信息文件,获得配额项信息。

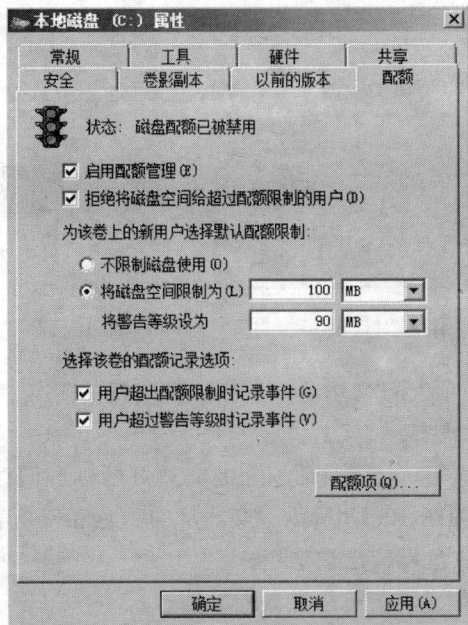

图 10.14　"本地磁盘(C:)属性"对话框配额选项卡

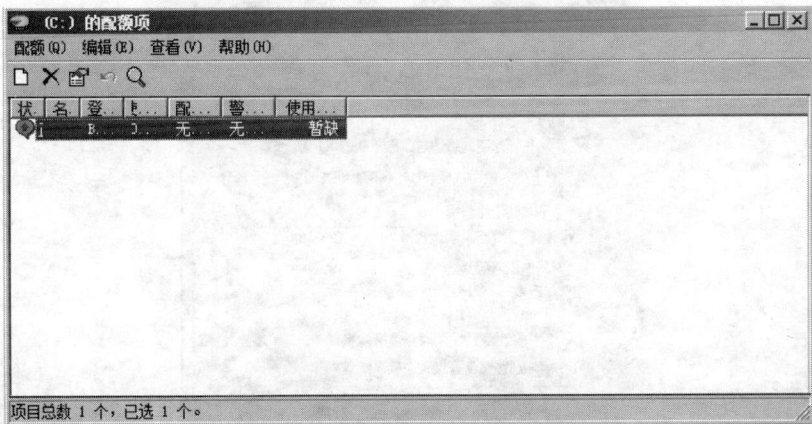

图 10.15　"(C:)的配额项"窗口

② 如果管理员需要创建一个新的配额项,可打开"配额"菜单,选择"新建配额项"命令,出现"选择用户"对话框。单击"高级"按钮,单击"立即查找"按钮,显示用户列表。管理员可以选定想要创建配额项的用户,然后单击"确定"按钮,系统将自动把选定的用户添加到对象名称列表框中,如图 10.16 所示。

③ 单击"确定"按钮,打开"添加新配额项"对话框,如图 10.17 所示。

④ 在该对话框中,选中"将磁盘空间限制为"单选按钮,输入希望设置的限制值和警告等级。然后单击"确定"按钮,完成新建配额项的所有操作并返回到"(C:)的配额项"窗口。在该窗口中可以监视所有用户的磁盘使用空间。

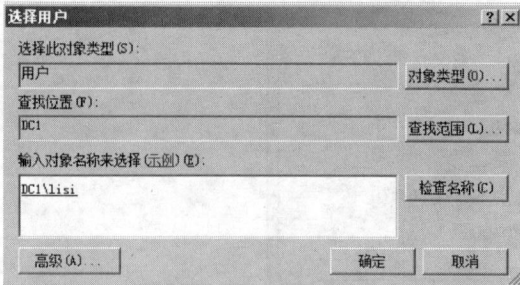

图 10.16 "选择用户"对话框

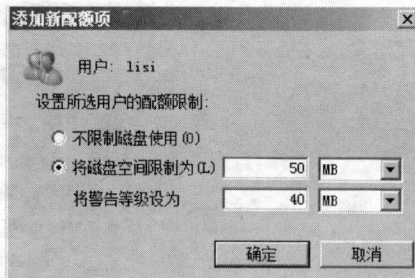

图 10.17 "添加新配额项"对话框

⑤ 关闭"(C:)的配额项"窗口,然后单击"确定"按钮关闭"磁盘属性"窗口。

(4) 确定磁盘配额的状态

通过检查"本地磁盘(C:)属性"对话框上的交通灯图标和阅读其右边的状态信息,可以确定磁盘配额的状态,如图 10.18 所示。交通灯的颜色和其所表示的状态如下。

① 红色交通灯表明磁盘配额已被禁用。

② 黄色交通灯表明系统正在重建磁盘配额信息。

③ 绿色交通灯表明磁盘配额系统已被激活。

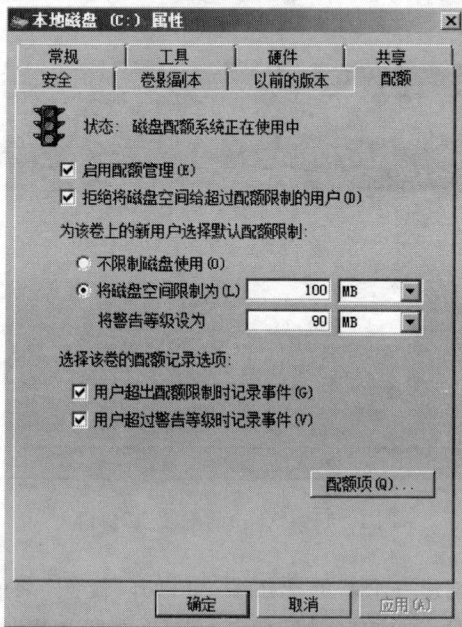

图 10.18 "本地磁盘(C:)属性"对话框

10.4.4 文件的压缩

压缩文件、文件夹和程序可以减少其大小,并可减少它们在驱动器或可移动存储设备上所占用的空间。驱动器压缩可以减小存储在该驱动器上的文件和文件夹所占用的空间。

Windows 支持两种压缩类型：NTFS 压缩和使用"压缩（Zipped）文件夹"功能的压缩。

1. NTFS 压缩

（1）文件、文件夹的压缩与解压缩

在 Windows Server 2008 系统中，可以对 NTFS 磁盘上的文件、文件夹进行压缩，以充分利用磁盘空间。并且压缩之后，对文件、文件夹的访问不需要人工的解压缩过程。设置好之后，不管是压缩，还是解压缩，都将是系统自动完成的。另外，磁盘空间的计算不考虑文件压缩的因素。

设置压缩属性的过程如下。

① 打开计算机，双击驱动器或文件夹。

② 右击要设置的文件夹，然后选择"属性"命令。

③ 单击"常规"选项卡上的"高级"按钮，打开"高级属性"对话框。

④ 选中"压缩内容以便节省磁盘空间"复选框，如图 10.19 所示，单击"确定"按钮，返回文件夹"属性"窗口。

⑤ 单击"应用"按钮，显示"确认属性更改"对话框，如图 10.20 所示。选中"将更改应用于此文件夹、子文件夹和文件"选项，单击"确定"按钮，返回文件夹属性窗口，然后再单击"确定"按钮，即可将该文件夹标记为"压缩"文件夹。压缩之后，在该文件夹内所添加的文件、子文件夹与子文件夹内的文件都会被自动压缩。

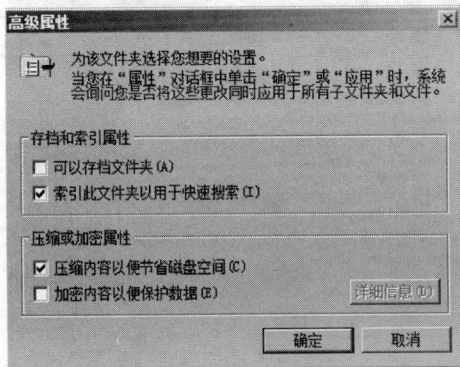

图 10.19　"高级属性"对话框　　　　　图 10.20　"确认属性更改"对话框

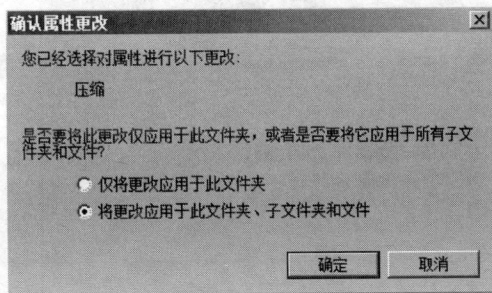

要进行解压缩，只要清除"压缩内容以便节省磁盘空间"复选框即可。

（2）文件复制或移动对压缩属性的影响

对 NTFS 磁盘分区的文件来说，当其被复制或移动时，其压缩属性的变化依下列情况而不同。

① 文件由一个文件夹复制到另外一个文件夹时，由于文件的复制要产生新文件，因此，新文件的压缩属性继承目标文件夹的压缩属性。

② 文件由一个文件夹移动到另外一个文件夹时，分以下两种情况。

187

a. 如果移动是在同一个磁盘分区中进行的,则文件的压缩属性不变。

b. 如果移动到另一个磁盘分区的某个文件夹中,则该文件将继承目标文件夹的压缩属性。

③ 文件夹的移动或复制的原理与文件是相同的。另外,如果将文件从 NTFS 磁盘分区移动或复制到 FAT 或 FAT32 磁盘分区内或者是软盘上,则该文件会被解压缩。

(3) 驱动器的压缩

选择用户可以对整个磁盘驱动器进行压缩设置,方法为:右击要设置的驱动器,然后选择"属性"命令,打开"新加卷(E:)属性"对话框。选中"压缩此驱动器以节约磁盘空间"复选框,如图 10.21 所示,然后单击"确定"按钮。

(4) 更改显示颜色

默认情况下,系统会将被压缩的驱动器、文件夹、文件以不同颜色进行显示。如果要修改设置,可通过以下步骤进行。

打开"计算机"窗口,选择"工具"菜单的"文件夹选项"命令,打开"文件夹选项"对话框,选中"查看"选项卡进行设置,如图 10.22 所示。

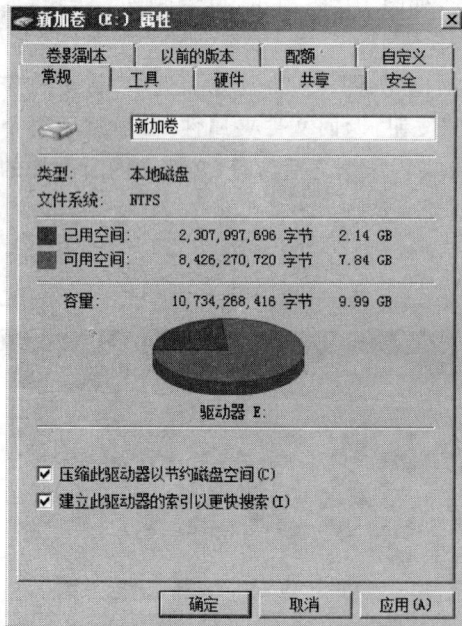

图 10.21 "新加卷(E:)属性"对话框　　　　　图 10.22 "文件夹选项"对话框

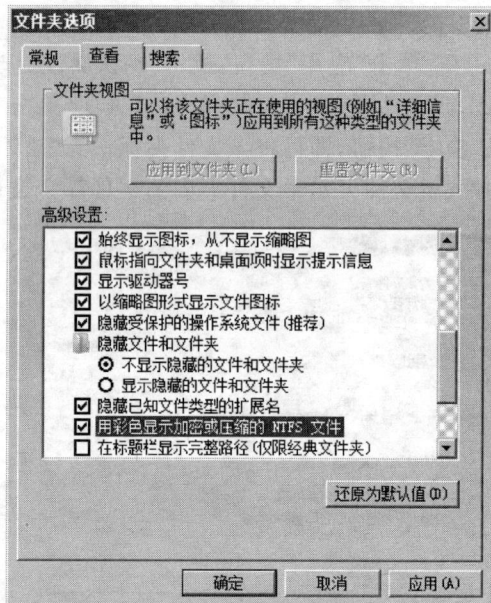

2. 压缩(Zipped)文件夹

(1) 压缩文件夹的特性

压缩文件夹具有以下特性。

① 使用"压缩(Zipped)文件夹"功能压缩的文件和文件夹可以在 FAT 和 NTFS 驱动器上都保持压缩特性。

② 可以直接运行压缩文件夹中的某些程序,而无须将其解压。还可以直接从压缩文

件夹打开文件。

③ 可以将压缩文件和文件夹移动到计算机上的任意驱动器或文件夹,或者移动到 Internet 或用户自己的网络上,它们与其他文件压缩程序兼容。

④ 可以用密码保护压缩文件夹中的文件。

⑤ 使用"压缩文件夹"压缩文件夹不会降低计算机的性能。

⑥ 用"压缩文件夹"压缩单个文件,要先创建一个压缩文件夹,然后将这些文件移动或复制到这个文件夹。

⑦ "压缩文件夹"文件夹的名称的扩展名为. zip,可以用 WinZip 等压缩程序进行解压缩。

（2）创建"压缩文件夹"

依次选择"开始"→"所有程序"→"附件"→"Windows 资源管理器"命令,打开 "Windows 资源管理器"窗口,选择"文件"→"新建"→"压缩文件夹"命令即可创建压缩文件夹,把需要压缩的文件或文件夹复制到该文件夹即可。

注意:"压缩（Zipped）文件夹"功能在 64 位版本的 Windows Server 2008 家族中不可用。

10.4.5　文件的加密

1. 加密文件夹

要对文件夹进行加密,可按如下步骤进行。

（1）打开 Windows 资源管理器。

（2）右击要加密的文件夹,然后选择"属性"命令,打开文件夹的属性对话框,单击"高级"按钮,打开"高级属性"对话框,如图 10.23 所示。

（3）在"高级属性"对话框中,选中"加密内容以便保护数据"复选框,然后单击"确定"按钮返回文件夹"属性"对话框。然后单击"应用"按钮,显示如图 10.24 所示的"确认属性更改"对话框。

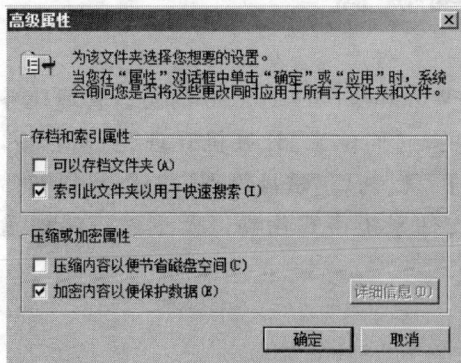

图 10.23　"高级属性"对话框　　　　图 10.24　"确认属性更改"对话框

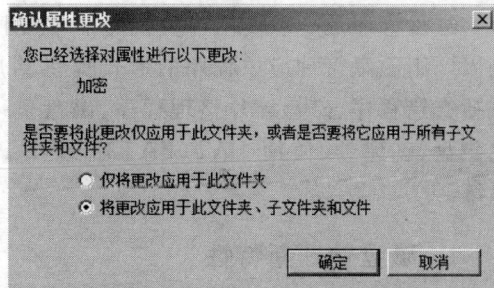

(4) 选中"将更改应用于该文件夹、子文件夹和文件"选项,单击"确定"按钮,返回文件夹属性对话框。然后单击"确定"按钮,即可将该文件夹加密。加密之后,在该文件夹内所添加的文件、子文件夹与子文件夹内的文件都会被自动加密。

要对文件夹进行解密,只要在图 10.23 中清除"加密内容以便保护数据"复选框即可。

2. 加密文件

要对文件进行加密,可按如下步骤进行。

(1) 打开 Windows 资源管理器。

(2) 右击要加密的文件,然后选择"属性"命令,打开文件的属性对话框,单击"高级"按钮,打开"高级属性"对话框。

(3) 在"高级属性"对话框中,选中"加密内容以便保护数据"复选框,单击"确定"按钮,返回文件夹属性对话框。然后单击"应用"按钮,显示如图 10.25 所示的"加密警告"对话框。

(4) 在"加密警告"对话框中,执行下列操作之一。

① 要加密文件及其父文件夹,在"加密警告"对话框中,选中"加密文件及其父文件夹(推荐)"单选按钮。

图 10.25 "加密警告"对话框

② 要只加密文件,在"加密警告"对话框中,选中"只加密文件"单选按钮。

(5) 单击"确定"按钮,返回文件夹属性对话框,然后再单击"确定"按钮,即可将该文件加密。

对文件进行解密的方法与对文件夹进行解密的方法相同。

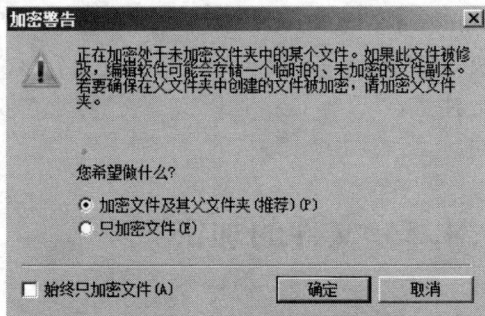

10.5 归纳与提高

磁盘管理是一项使用计算机时的常规任务,Windows Server 2008 的磁盘管理任务是以一组磁盘管理应用程序的形式提供给用户的,它们位于"计算机管理"控制台中,包括查错程序、磁盘碎片整理程序、磁盘整理程序等。利用"磁盘管理"功能,可以初始化磁盘、创建卷、使用 FAT、FAT32 或 NTFS 文件系统格式化卷以及创建容错磁盘系统。

1. 磁盘管理新特性

(1) 动态存储

动态存储,不用关闭系统或打断用户任务就可以完成磁盘管理工作。

（2）本地和网络驱动器管理

管理员可以管理运行 Windows Server 2003 或 Windows Server 2008 的域中任何网络计算机。

（3）简化任务和直觉的用户接口

菜单显示了在选定对象上执行的任务，向导引导用户创建分区和卷并初始化或更新磁盘。

（4）驱动器路径

可以使用磁盘管理将本地驱动器连接或固定在一个本地 NTFS 格式卷的空文件夹上。

2．Windows Server 2008 磁盘类型

Windows Server 2008 的磁盘有两种类型：基本磁盘和动态磁盘。

（1）基本磁盘

基本磁盘是一种可由 MS-DOS 和所有基于 Windows 的操作系统访问的物理磁盘。基本磁盘可包含多达 4 个主磁盘分区，或 3 个主磁盘分区加一个具有多个逻辑驱动器的扩展磁盘分区。基本磁盘上的分区和逻辑驱动器称为基本卷，只能在基本磁盘上创建基本卷。

任何一个添加到 Windows Server 2008 计算机内的硬盘，都属于基本磁盘。基本磁盘必须划分为一个或多个磁盘分区，磁盘分区分为以下两种。

主磁盘分区：可在基本磁盘上创建的一种分区类型。主磁盘分区是物理磁盘的一部分，它像物理上独立的磁盘那样工作。

扩展磁盘分区：可以在扩展磁盘分区中创建一个或多个逻辑驱动器。创建逻辑驱动器之后，可以将其格式化并为其指派一个驱动器号。

（2）动态磁盘

动态磁盘是提供基本磁盘不提供的功能的物理磁盘，例如对跨多个磁盘的卷的支持。动态磁盘使用一个隐藏的数据库来跟踪有关本磁盘和计算机中其他动态磁盘上的动态卷的信息。所有动态磁盘上的卷都是动态卷。

有 5 种类型的动态卷：简单卷、跨区卷、带区卷、映像卷和 RAID-5 卷。映像卷和 RAID-5 卷是容错卷，并且仅在运行 Windows 2000 Server、Windows Server 2003、Windows Server 2008 家族操作系统的计算机上可用。

动态磁盘的优点：可以包含任何可用磁盘上的不连续的空间；每个磁盘上的可创建的卷数是没有限制的；Windows Server 2008 把磁盘配置信息存储在动态磁盘上。

动态磁盘不能含有分区和逻辑驱动器，不能使用 MS-DOS 访问。

3．磁盘配额的特征

磁盘配额基于每个用户和每个分区来跟踪与控制磁盘空间的使用，无论用户把文件存储在哪个文件夹中，Windows Server 2008 都能跟踪每个用户的磁盘空间使用情况，Windows Server 2008 磁盘配额具有以下特征。

（1）磁盘配额是以文件和文件夹的所有权为基础的，并且不受卷中用户文件的文件夹位置的限制。

（2）磁盘配额不使用磁盘压缩。

（3）应用程序的可用空间基于配额限制。

（4）Windows Server 2003 分别跟踪每个分区的磁盘配额。

（5）每个用户的磁盘配额是独立的。

Windows Server 2008 下只能对 NTFS 分区用磁盘配额。

4. 磁盘配额的使用

系统管理员可以通过执行以下任务来监视和控制磁盘空间的使用情况。

（1）为每个用户设置磁盘配额来指定其使用的磁盘空间量。

（2）设置磁盘配额警告来指定 Windows Server 2008 何时记录一个事件，并指出用户已接近其空间限制。

强制执行磁盘配额限制，当用户使用了超出其限制的磁盘空间时，可以拒绝其访问或者继续允许其访问。

5. 加密文件系统(EFS)的特性

Windows Server 2008 提供的文件加密功能是通过加密文件系统(EFS)实现的。加密文件系统（EFS）提供一种核心文件加密技术，该技术用于在 NTFS 文件系统卷上存储已加密的文件。文件、文件夹加密之后，只有当初进行加密操作的用户能够使用，提高了文件的安全性。

加密文件系统(EFS)的特性如下。

（1）加密了文件或文件夹之后，用户还可以像使用其他文件和文件夹一样使用它们。

（2）加密对加密该文件的用户是透明的。

（3）未经许可对加密文件和文件夹进行物理访问的入侵者将无法阅读这些文件和文件夹中的内容。

（4）可以对文件夹或文件进行加密和解密。如果加密一个文件夹，则在加密文件夹中创建的所有文件和子文件夹都自动加密。

10.6   思考与自测

10.6.1   思考题

1. NTFS 压缩与压缩文件夹有何不同？

2. 如何确定文件加密成功？写出具体步骤。

10.6.2　自测题

1. 配置 D 驱动器上默认配额设置：磁盘空间限制为 10MB；磁盘空间警告为 6MB。
（40 分）

2. 配置用户 JP1 对 D 驱动器的配额设置：磁盘空间限制为 100MB；磁盘空间警告
为 80MB。（20 分）

3. 对项目 2 中创建的文件夹进行压缩。（20 分）

4. 对项目 2 中创建的分布式文件系统的根目录进行加密。（20 分）

10.6.3　评分标准

评分标准见表 10.1。

表 10.1　评分标准

题号	要　　求	得分	备注
1	① D 驱动器上启用磁盘配额	20	5 分钟完成
	② 磁盘配额设置正确	20	
2	对用户 JP1 的磁盘配额项设置正确	20	5 分钟完成
3	对指定文件夹进行压缩	20	2 分钟完成
4	对指定文件夹进行加密	20	2 分钟完成

10.7　实 训 指 导

1. 默认磁盘配额设置

打开"计算机"窗口，右击某驱动器图标（D：），在快捷菜单中选择"属性"命令，打开
"本地磁盘（D：）属性"对话框。选中"配额"选项卡，选中"启用配额管理"复选框，激活"配
额"选项卡中的所有配额设置选项。选中"拒绝将磁盘空间给超过配额限制的用户"复选
框，在"将磁盘空间限制为"文本框中　输入"10MB"；"将警告等级设为"文本框中，输入
"6MB"。单击"确定"按钮即可。

2. 用户磁盘配额设置

打开"本地磁盘（D：）属性"对话框。选中"配额"选项卡，再单击"配额项"按钮，打开
"本地磁盘（D：）的配额项"对话框。也可打开"配额"菜单，选择"新建配额项"命令，出现
"选择用户"对话框，单击"高级"按钮，单击"立即查找"按钮，显示用户列表。选定用户
JP1，然后单击"确定"按钮后，再单击"确定"按钮，打开"添加新配额项"对话框，选中"将磁
盘空间限制为"单选按钮，输入限制值 100MB 和警告等级 80MB，然后单击"确定"按钮。

3. 文件压缩

打开"计算机"窗口,双击驱动器 D：,右击文件夹 PUBLIC1,然后选择"属性"命令。单击"常规"选项卡上的"高级"按钮,打开"高级属性"对话框。选中"压缩内容以便节省磁盘空间"复选框,单击"确定"按钮,返回文件夹属性对话框。单击"应用"按钮,显示"确认属性更改"对话框,选中"将更改应用于此文件夹、子文件夹和文件"复选框,单击"确定"按钮,返回文件夹属性对话框,然后单击"确定"按钮。

4. 文件加密

打开"计算机"窗口,双击驱动器 D：,右击文件夹 blic1,然后选择"属性"命令,单击"常规"选项卡上的"高级"按钮,打开"高级属性"对话框。选中"加密内容以便保护数据"复选框,单击"确定"按钮,返回文件夹属性对话框。单击"应用"按钮,显示"确认属性更改"对话框,选中"将更改应用于此文件夹、子文件夹和文件"复选框,单击"确定"按钮,返回文件夹属性对话框,然后单击"确定"按钮。

项目 11　域结构网络的构建

本项目将进行域结构网络的构建,学习域与活动目录的基本概念、活动目录的安装、域的规划、域用户的管理等。

11.1　项　目　问　题

某单位内部局域网已连成对等网络,现在要升级为域结构网络,在完成域的创建后规划域内组织单位,在域控制器中为局域网内的每一台计算机创建计算机账户,并为单位内的每个职工创建一个账户,创建适当的组来管理网络资源及用户。

11.2　主　要　任　务

(1) 安装活动目录。
(2) 将客户端加入域。
(3) 域结构规划。
(4) 建立用户并设置用户的属性。
(5) 建立组,并把用户加入组。
(6) 创建计算机账户。

11.3　项　目　目　标

(1) 理解活动目录的概念、特点与创建方法。
(2) 掌握将客户端加入域的方法。
(3) 掌握域结构网络的创建方法。
(4) 掌握组织单位的创建与管理。
(5) 熟悉活动目录用户和计算机控制台的使用。
(6) 掌握用户账户和组的创建与管理。

11.4 探索与实践

11.4.1 项目实施环境

两台计算机,已安装 Windows XP(或 Windows 7)和 Windows Server 2008 系统(选择 NTFS 文件系统),且已连成对等网,1 号机上已配置好 DNS 服务器。

11.4.2 创建域

域是 Active Directory 核心管理单元,Active Directory 以域为单元存储并组织资源和信息。

1. 安装 Active Directory

当用户在单位中创建第一个域控制器时,同时也创建了第一个域、第一个林、第一个站点,并安装了 Active Directory。运行 Windows Server 2008 的域控制器存储着目录数据,并管理用户和域的交互,包括用户登录过程、身份验证和目录搜索。域控制器是使用"Active Directory 安装向导"创建的。

(1) 安装 Active Directory 的准备工作

安装 Active Directory 的计算机必须满足以下条件。

① 安装 Windows 2000 Server、Windows 2000 Advanced Server 、Windows Server 2003 系统或者 Windows Server 2008 系统。

② 最少 250MB 硬盘空间(200MB 为 Active Directory 使用,50MB 为日志使用)。

③ 磁盘分区为 NTFS,如果硬盘分区为 FAT/FAT32,可用下列命令转换为 NTFS 格式:convert 盘符(如 E:) /FS:NTFS。

④ 使用 TCP/IP 网络协议,并配置为使用 DNS。

⑤ 创建一个域所必须具有的管理员权限。

(2) 安装 Active Directory 并创建第一个域

使用"Active Directory 域服务安装向导"可安装 Active Directory,具体步骤如下。

① 运行 dcpromo.exe,打开"Active Directory 域服务安装向导"对话框,如图 11.1 所示。

② 选中"使用高级模式安装"选项,然后单击"下一步"按钮,在"操作系统兼容性"对话框中,直接单击"下一步"按钮,显示图 11.2 所示的"选择某一部署配置"对话框。

③ 选中"在新林中新建域"选项,单击"下一步"按钮,显示"命名林根域"对话框,如图 11.3 所示。

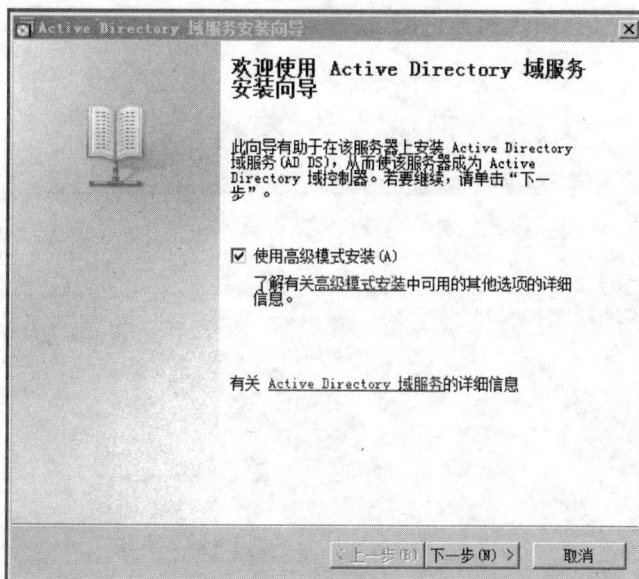

图 11.1　"Active Directory 域服务安装向导"对话框

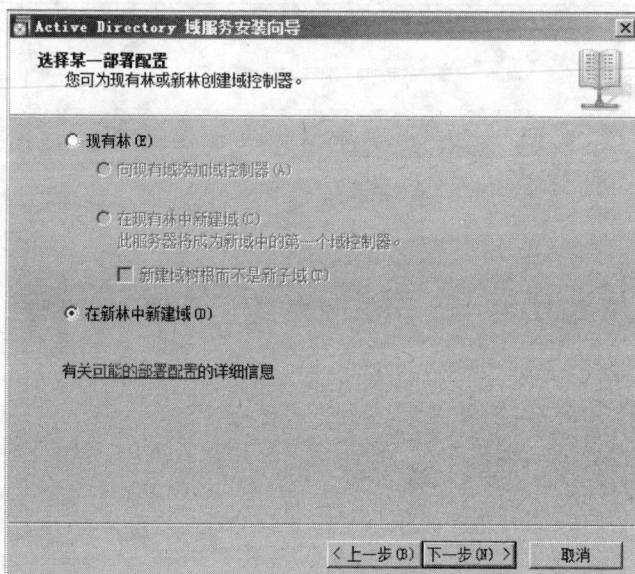

图 11.2　"选择某一部署配置"对话框

④ 输入新域的完整 DNS 名称。Active Directory 域以 DNS 名称命名并使用 DNS 的相同层次结构。单击"下一步"按钮,显示"域 NetBIOS 名称"对话框,如图 11.4 所示。

⑤ 验证"域 NetBIOS 名称"对话框上的 NetBIOS 名称。尽管 Active Directory 域是根据 DNS 命名标准来命名的,在创建 Active Directory 域时仍需要定义 NetBIOS 名称。NetBIOS 名称应尽可能与 DNS 域名的第一个标签相匹配。单击"下一步"按钮,显示"设

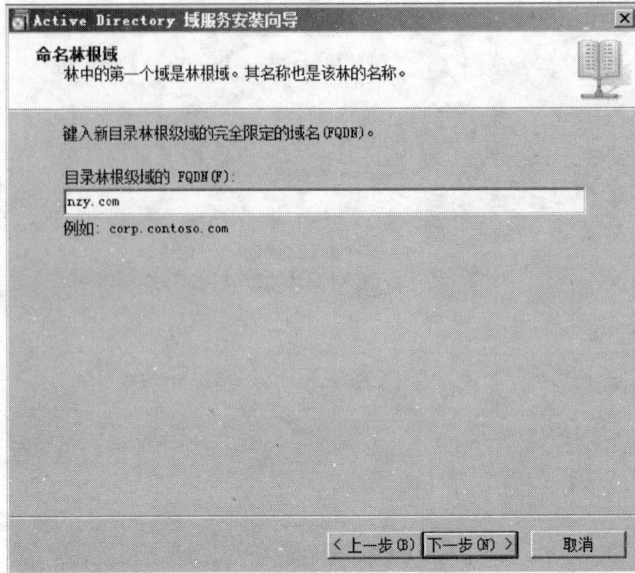

图 11.3 "命名林根域"对话框

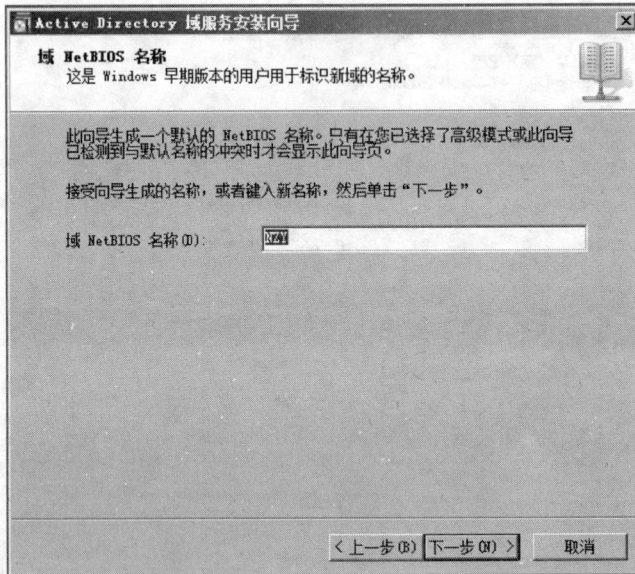

图 11.4 "域 NetBIOS 名称"对话框

置林功能级别"对话框,如图 11.5 所示。

⑥ 选择 Windows Server 2008 林功能级别,单击"下一步"按钮,显示"其他域控制器选项"对话框,如图 11.6 所示。

⑦ 选中"DNS 服务器"选项,单击"下一步"按钮,显示"数据库、日志文件和 SYSVOL 的位置"对话框,如图 11.7 所示。

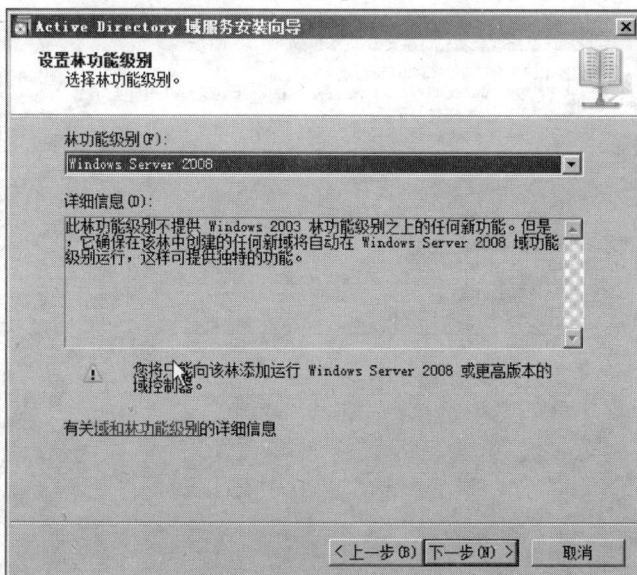

图 11.5 "设置林功能级别"对话框

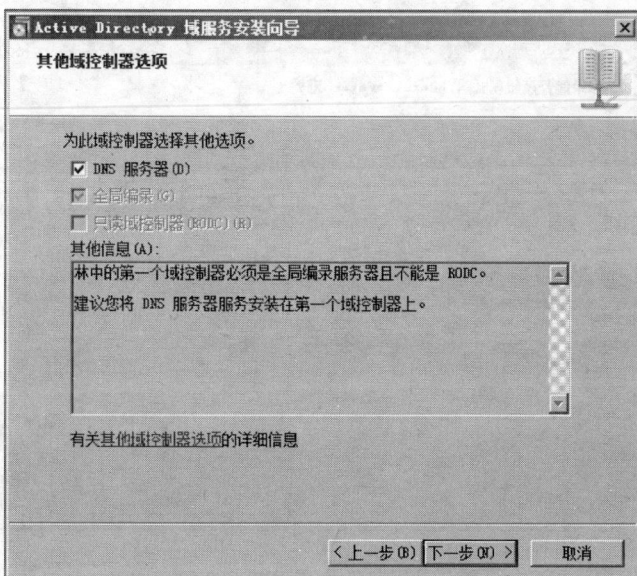

图 11.6 "其他域控制器选项"对话框

⑧ 输入要安装数据库、日志文件和共享的系统卷的位置,或直接单击"下一步"按钮,显示"目录服务还原模式的 Administrator 密码"对话框,如图 11.8 所示。

⑨ 输入和确认要指派给该服务器的还原模式管理员账户的密码。当域控制器以目录服务还原模式启动时,需要使用该密码。单击"下一步"按钮,显示"摘要"对话框,阅读"摘要"对话框上的信息。单击"下一步"按钮,完成安装,再单击"完成"按钮。重新启动计算机即完成活动目录的安装。

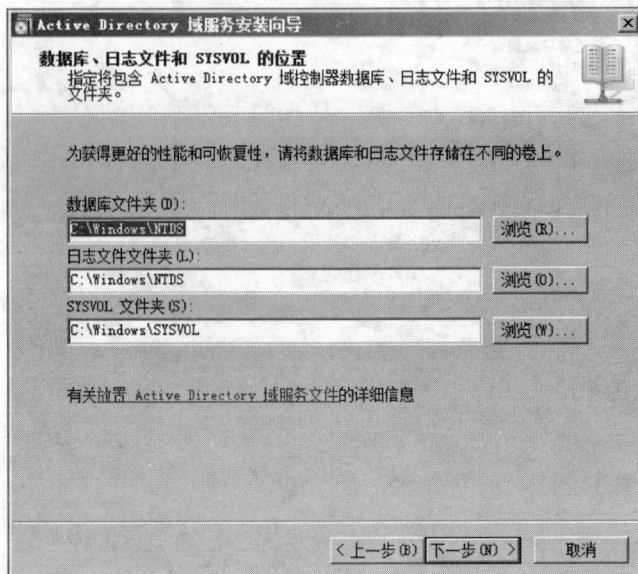

图 11.7 "数据库、日志文件和 SYSVOL 的位置"对话框

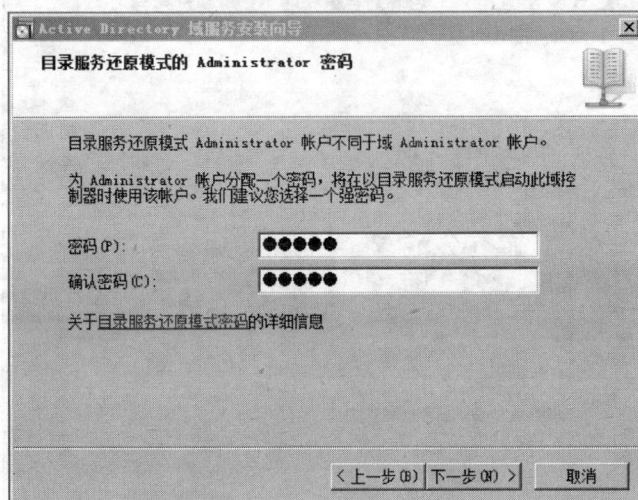

图 11.8 "目录服务还原模式的 Administrator 密码"对话框

2. 确认 Active Directory 是否正常

Active Directory 安装完成后,应检查 SYSVOL 文件夹、Active Directory 数据库文件等数据是否已经正确建立。

(1) 验证 SYSVOL 文件夹

① 验证文件夹结构是否创建。打开 C:\Windows\SYSVOL 文件夹,看是否有以下子文件夹: domain 、staging、staging areas、sysvol。

② 验证必要的共享文件是否建立。在命令提示符下输入命令 net share,在计算机共享文件列表中将有 NETLOGIN 和 SYSVOL 共享名。

（2）验证目录数据库和日志文件夹

打开 Windows\ntds 文件夹,看是否有以下文件。

① ntds.dit（目录数据库文件）；

② edb.＊（事务处理日志和检验点文件）。

（3）查看增加的管理工具

查看"开始"菜单是否增加以下管理工具：Active Directory 用户和计算机、Active Directory 站点和服务、Active Directory 域和信任关系。

（4）监测事件查看器验证安装结果

通过事件查看器,看安装过程是否产生错误。

3. 删除 Active Directory（可选）

如果需要将服务器重新配置为另外一个角色,则可删除现有服务器角色。通过删除域控制器角色,用户将从该服务器卸载 Active Directory,也即把域控制器降为独立服务器或成员服务器。卸载 Active Directory 之后,该服务器将不再参与目录对象的复制和基于域的用户身份验证请求。

要删除 Active Directory,必须拥有必要的管理权限。

要删除域控制器角色,可以执行以下操作重新打开"Active Directory 域服务安装向导"对话框。

（1）运行 dcpromo 命令打开"Active Directory 域服务安装向导"对话框,单击"下一步"按钮,直到出现"删除域"对话框,如图 11.9 所示。

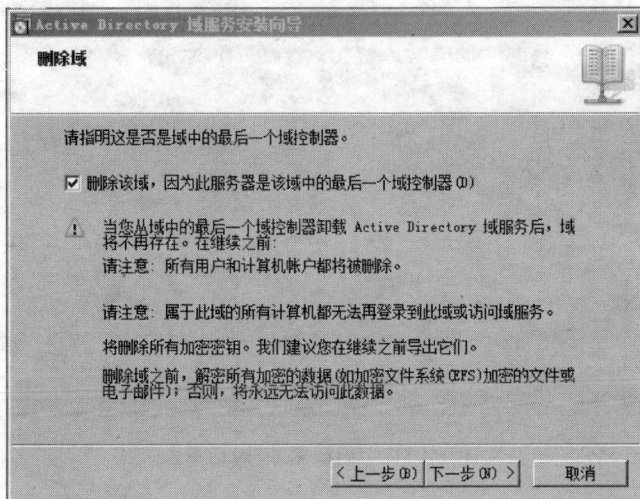

图 11.9 "删除域"对话框

（2）选中"删除该域,因为此服务器是该域中的最后一个域控制器"复选框,然后直接单击"下一步"按钮,显示"应用程序目录分区"对话框,如图 11.10 所示。

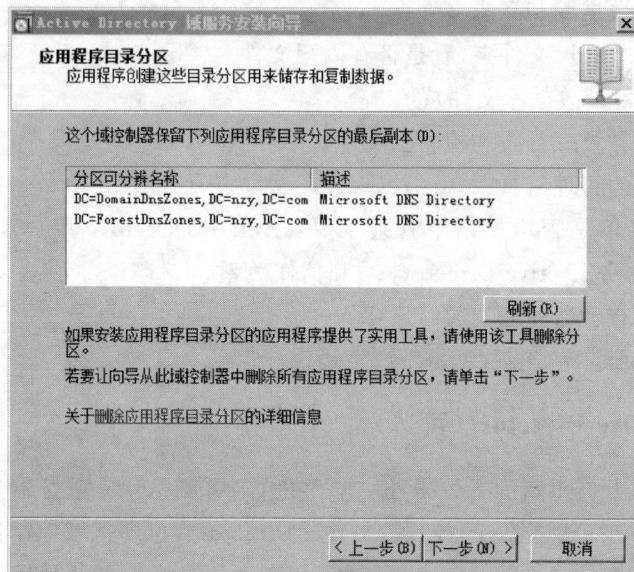

图 11.10　"应用程序目录分区"对话框

（3）直接单击"下一步"按钮,显示"确认删除"对话框,如图 11.11 所示。

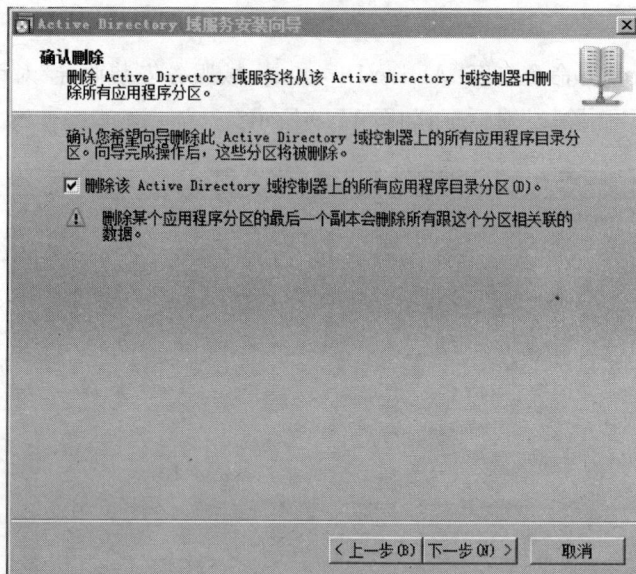

图 11.11　"确认删除"对话框

（4）选中"删除该 Active Directory 域控制器上的所有应用程序目录分区"复选框,然后单击"下一步"按钮,显示"删除 DNS 委派"对话框,如图 11.12 所示。

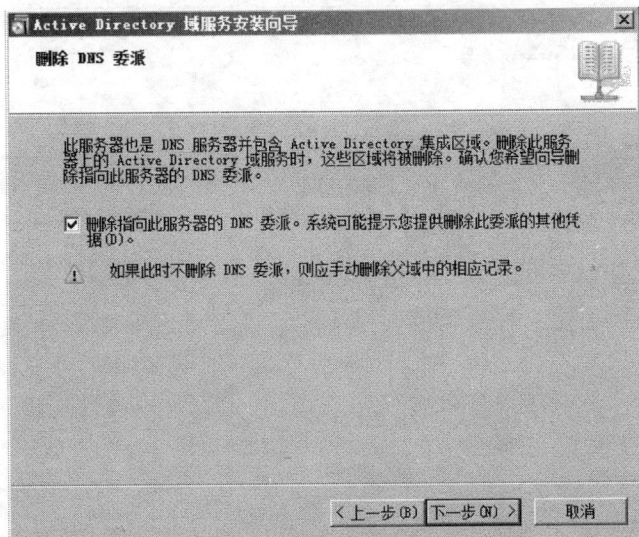

图 11.12　"删除 DNS 委派"对话框

（5）选中"删除指向此服务器的 DNS 委派。系统可能提示您提供删除此委派的其他凭据"复选框。然后单击"下一步"按钮，显示"Windows 安全"对话框，如图 11.13 所示。

图 11.13　"Windows 安全"对话框

（6）输入超级管理员 Administrator 的用户名和密码，单击"确定"按钮，显示"Administrator 密码"对话框，如图 11.14 所示。

（7）输入新的管理员 Administrator 的密码，单击"下一步"按钮，显示"摘要"对话框，阅读"摘要"对话框上的信息，然后单击"下一步"按钮。在完成删除后，再单击"完成"按钮。重新启动计算机即完成活动目录的删除。

11.4.3　配置 DNS 服务器，使之可以解析活动目录域名

注：如果安装 Active Directory 时已安装 DNS 服务器，或者在安装 Active Directory 时同时安装了 DNS 服务器，在 DNS 管理器中已存在区域 nzy.com，则不用建立 DNS 区域 nzy.com。

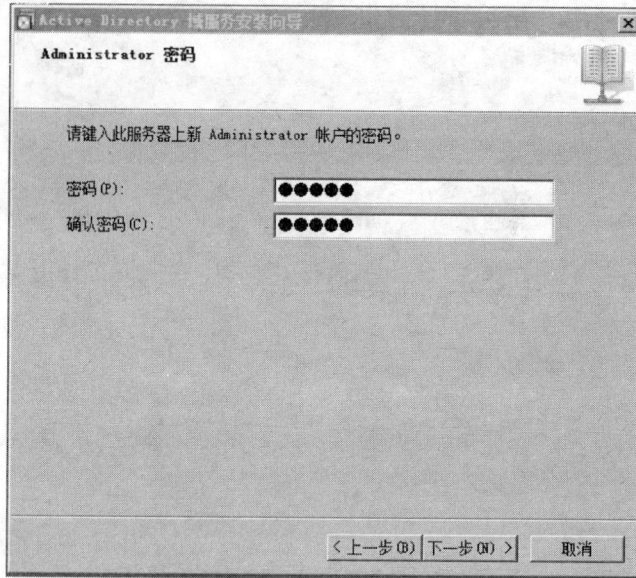

图 11.14 "Administrator 密码"对话框

（1）依次选择"开始"→"管理工具"→DNS 命令，打开"DNS 管理器"窗口。

（2）在"DNS 管理器"窗口中，右击"正向查找区域"选项，选择"新建区域"命令，打开"新建区域向导"对话框。单击"下一步"按钮，弹出"区域类型"对话框，如图 11.5 所示。

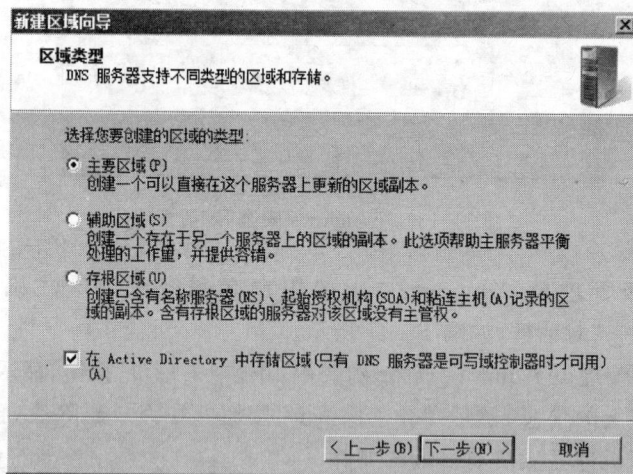

图 11.15 "区域类型"对话框

（3）选择"主要区域"选项，然后单击"下一步"按钮，出现"Active Directory 区域传送作用域"对话框，如图 11.16 所示。

（4）选中"至此域中的所有 DNS 服务器（D）：nzy.com"选项，然后单击"下一步"按钮，出现"区域名称"对话框，如图 11.17 所示。

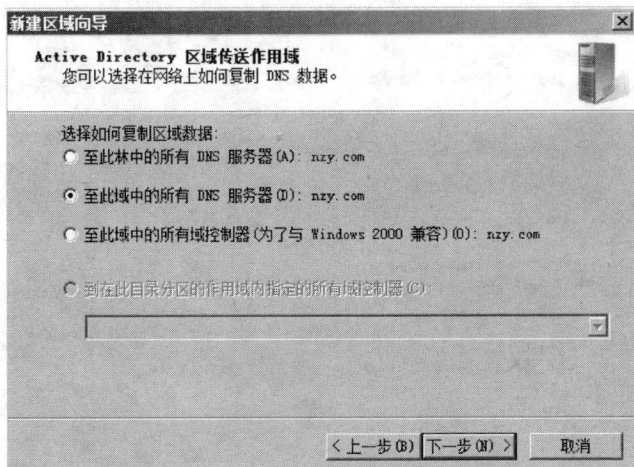

图 11.16 "Active Directory 区域传送作用域"对话框

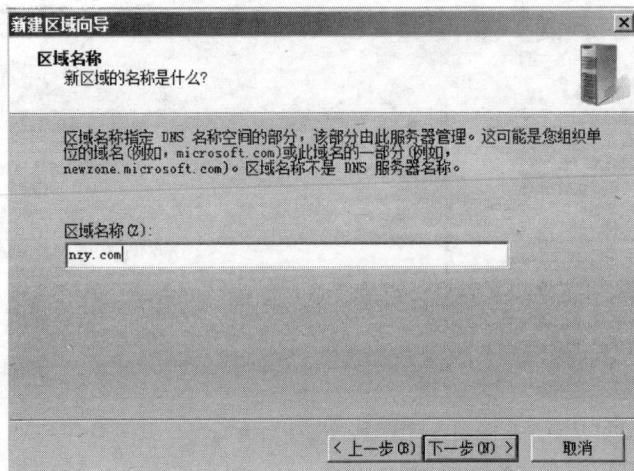

图 11.17 "区域名称"对话框

（5）为此区域设置一个名称 nzy.com，单击"下一步"按钮，打开"动态更新"对话框。在"动态更新"对话框中，选择"只允许安全的动态更新（适合 Active Directory 使用）"选项，如图 11.18 所示。然后单击"下一步"按钮，再单击"完成"按钮即可完成正向查找区域的创建，如图 11.19 所示。

（6）选择已创建的主要区域（nzy.com），右击，弹出快捷菜单，选择"新建主机"命令，出现"新建主机"对话框，如图 11.20 所示。

（7）输入该域控制器的主机名称与 IP 地址，然后单击"添加主机"按钮，出现"成功地创建了主机记录"的信息，表明已创建了一条主机记录。

（8）单击"确定"按钮后，返回图 11.19 所示的窗口，用同样方法把客户机的记录添加到该区域，完成后单击"完成"按钮。

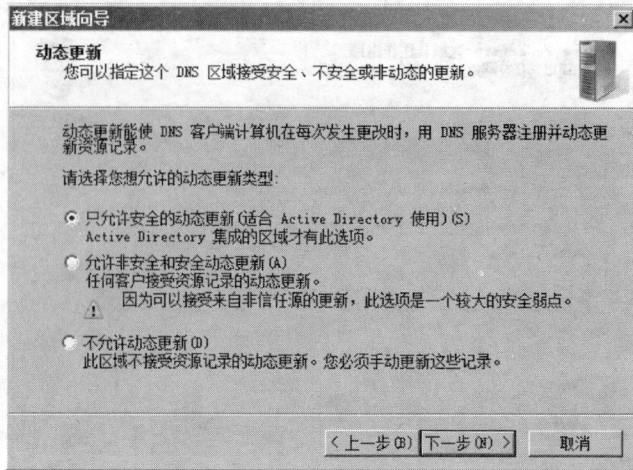

图 11.18 "动态更新"对话框

图 11.19 "DNS 管理器"窗口

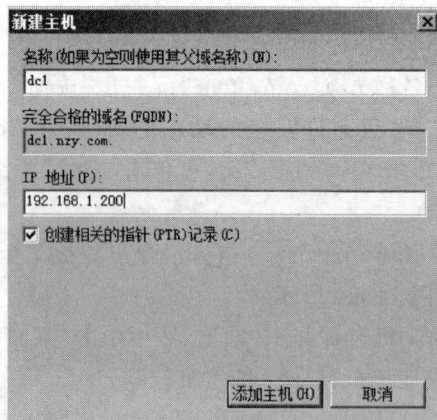

图 11.20 "新建主机"对话框

11.4.4 将客户机加入域

Windows Server 2008 、Windows XP、Windows Server 2000 等计算机加入域后,就可以登录到域,访问域内的资源。用户可以在这些计算机上安装 Windows 操作系统时将其加入域,还可以在安装完成后再加入域,以下是安装完成后再加入域的方法。

1. 将 Windows 计算机加入域

将 Windows 计算机加入域的步骤如下。(以 Windows Server 2008 为例)

(1) 依次选择"开始"→"控制面板"→"网络连接"→"本地连接"→"属性"命令,打开"本地连接属性"对话框。

(2) 选择"Internet 协议版本 4(TCP/IP)"选项,单击"属性"按钮,打开"Internet 协议版本 4(TCP/IP)属性"对话框,输入 IP 地址、DNS 和默认网关,如图 11.21 所示。单击"确定"按钮,完成协议属性设置。

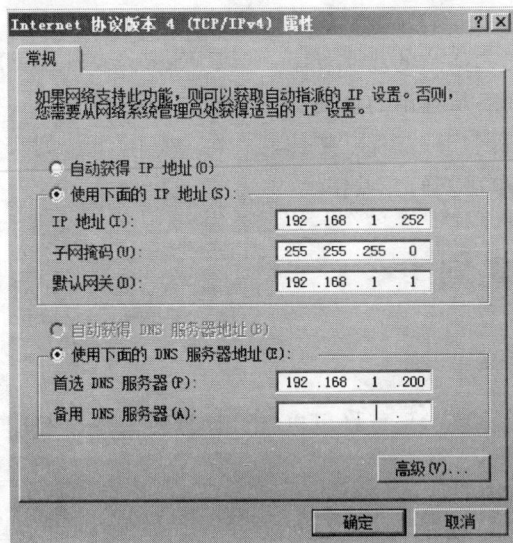

图 11.21 "Internet 协议版本 4(TCP/IPv4)属性"对话框

(3) 右击"我的电脑"图标,并从弹出的快捷菜单中选择"属性"命令,然后从弹出的"系统属性"对话框中单击"计算机名"→"更改"按钮,弹出"计算机名/域更改"对话框,如图 11.22 所示。输入要加入的域名,然后单击"确定"按钮。

(4) 在接着出现的"计算机名更改"对话框中输入用户账户与密码,如 administrator,如图 11.23 所示。完成后单击"确定"按钮。若成功加入域,则会出现"欢迎加入 nzy.com 域"的提示,再单击"确定"按钮即可。

(5) 重新启动计算机。一旦加入域后,该计算机的完整计算机名称就会改变,也就是说其木尾会附加上域的名称 nzy.com。

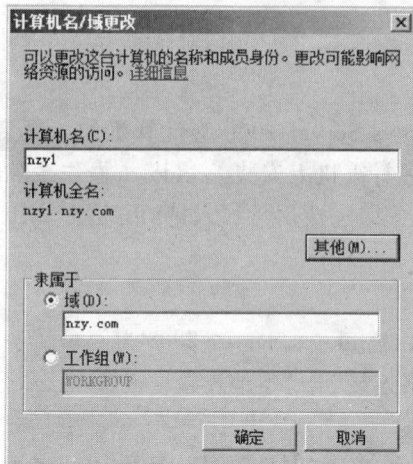

图 11.22 "计算机名/域更改"对话框　　图 11.23 "计算机名更改"对话框

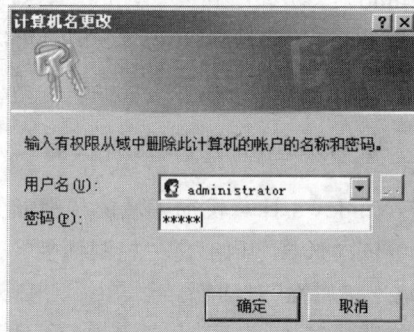

2. 脱离域

将 Windows 计算机脱离域的步骤如下。(以 Windows Server 2008 为例)

右击"我的电脑"图标,从弹出的快捷菜单中选择"属性"命令,然后从弹出的"系统属性"对话框中单击"计算机名"→"更改"按钮。在"隶属于"下拉列表框中选择"工作组"选项,输入工作组名,然后单击"确定"按钮。

11.4.5 域结构规划

1. 组织单位的定义

组织单位是一个逻辑单位,是可将用户、组、计算机、文件、打印机资源等对象放入其中的 Active Directory 容器。

2. 使用组织单位的目的

(1) 增强管理控制

可以实现对网络资源进行委派管理控制,将相似网络资源放置在同一个组织单元中,简化网络资源管理界面,提高资源管理效率。

(2) 控制组策略的应用范围

通过组策略来集中管理域的用户工作环境与计算机环境。

3. 组织单位的规划

组织单位的划分可按以下两种方法进行。

(1) 按照管理职能划分

例如,可以把域中的用户账户、计算机账户、打印机账户等分别放在不同的组织单位中。

（2）按照企业的部门和结构划分

可以按照公司的实际结构来划分组织单位，图 11.24 所示为某公司的组织单位结构。

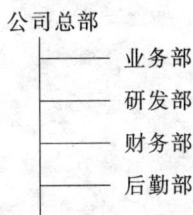

```
公司总部
        ├──── 业务部
        ├──── 研发部
        ├──── 财务部
        └──── 后勤部
```

图 11.24 某公司的组织单位结构

4. 组织单位的建立及管理

依次选择"开始"→"程序"→"管理工具"→"Active Directory 用户和计算机"命令，打开"Active Directory 用户和计算机"控制台窗口，如图 11.25 所示。

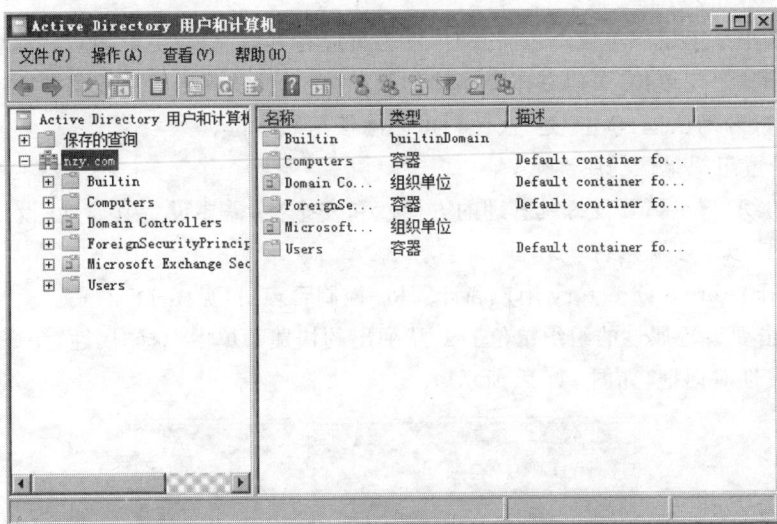

图 11.25 "Active Directory 用户和计算机"窗口

在"Active Directory 用户和计算机"控制台窗口中，可进行组织单位的建立、修改、删除等操作。

（1）建立组织单位(ou)

实现如图 11.26 所示组织单位结构。

在图 11.25 中右击域节点，从弹出的快捷菜单中选择"新建"→"组织单位"命令，打开"新建对象-组织单位"对话框，如图 11.27 所示。

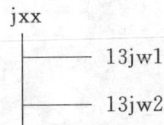

```
jxx
    ├──── 13jw1
    └──── 13jw2
```

图 11.26 本例组织单位结构

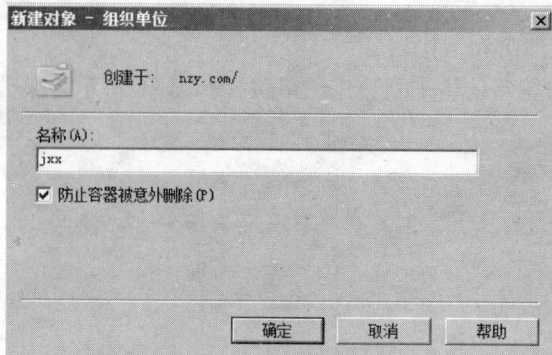

图 11.27 "新建对象-组织单位"对话框

在"名称"文本框中输入新创建的组织单位名称 jxx,然后单击"确定"按钮即可完成组织单位的创建。

用同样方法创建其他组织单位。

(2) 删除组织单位

当网络中某个组织单位不再需要时,管理员应将其删除,以免影响对其他组织单位的管理。要删除组织单位,可以右击要删除的组织单位,并从弹出的快捷菜单中选择"删除"选项,系统打开确认框,单击"是"按钮即可删除该组织单位。

(3) 设置组织单位的属性

建立组织单位后,要发挥其管理的方便性和安全性,需要设置其属性,设置组织单位的属性,可按以下步骤进行。

① 打开"Active Directory 用户和计算机"控制台窗口(见图 11.25)。

② 右击要设置属性的组织单位 jxx,从弹出的快捷菜单中选择"属性"命令,打开该组织单位的属性对话框,如图 11.28 所示。

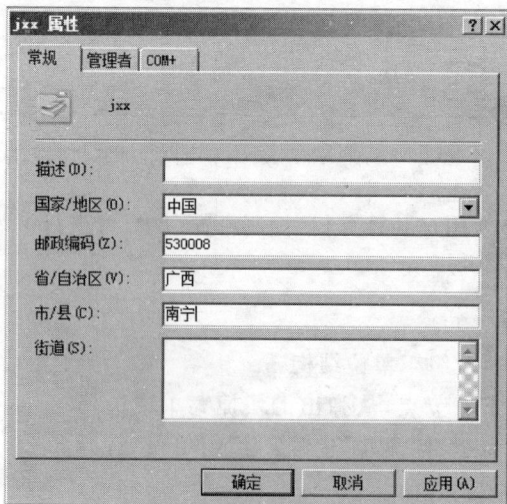

图 11.28 "jxx 属性"对话框

③ 在"常规"选项卡中,可输入组织单位的相应信息:"描述"、"国家/地区"、"省/自治区"、"市县"、"街道"和"邮政编码"等。

④ 打开"管理者"选项卡,如图 11.29 所示。单击"更改"按钮,打开"选择用户或联系人"对话框,选择一个用户或联系人作为管理者。管理者名称更改之后,单击"查看"按钮,打开所更改的管理者的属性对话框,可对管理者的属性进行修改。如果要清除管理者,单击"清除"按钮。

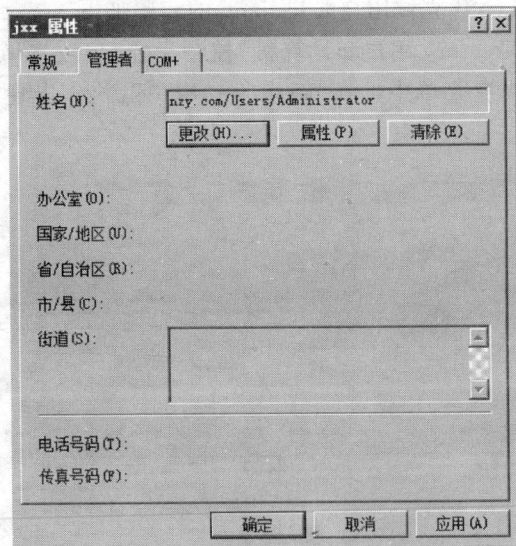

图 11.29 "管理者"选项卡

⑤ 单击"确定"按钮保存属性设置。

11.4.6 域用户账户的管理

域用户账户建立在域控制器的 Active Directory 数据库内。用户可以利用域用户账户在任一台计算机上登录到域,并访问域中的资源。

当用户利用域用户账户来登录时,由域控制器检查用户所输入的账号名称与密码是否正确。

1. 用户账户的创建

(1) 创建新用户账户的注意事项

① 命名约定。用户登录名和全称必须是唯一的,用户登录名最多可以包含 20 个字符,可以是大小写字母或者是数字。

② 密码注意事项。必须给管理员账户分配复杂的密码,决定是由管理员还是由用户来控制密码,让用户知道如何使用难以被猜到的复杂密码,避免使用有明显关联的密码,比如姓,使用长密码,使用大小写字母和非字母数字字符的组合。

（2）建立域用户账户

如果要在成员服务器中建立用户，可安装管理工具，运行安装光盘中的文件：\i386\adminpak.msi 即可进行安装。

默认情况下，只有系统管理员才具有管理用户账户的权限，所以建立用户账户之前，必须用 Administrator 账户登录，然后使用"Active Directory 用户和计算机"控制台窗口来建立域用户账户。

在组织单位 12jw1 下建立域用户账户 liang 的步骤如下。

① 打开"Active Directory 用户和计算机"控制台窗口，双击域名（nzy.com），右击组织单位 jxx，从弹出的快捷菜单中选择"新建"→"用户"命令，出现"新建对象-用户"对话框，如图 11.30 所示。

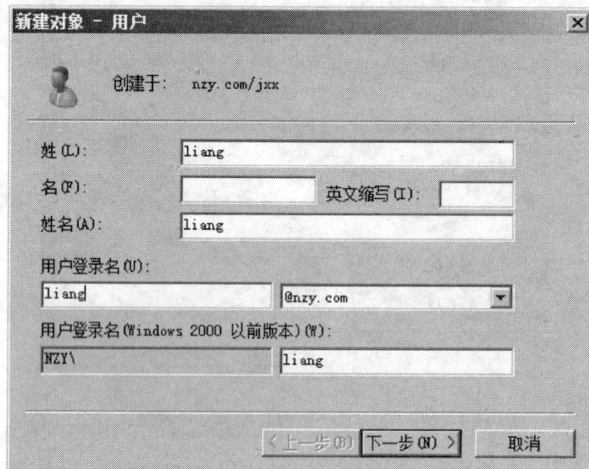

图 11.30 "新建对象-用户"对话框

② 输入用户的有关信息，单击"下一步"按钮，如图 11.31 所示。

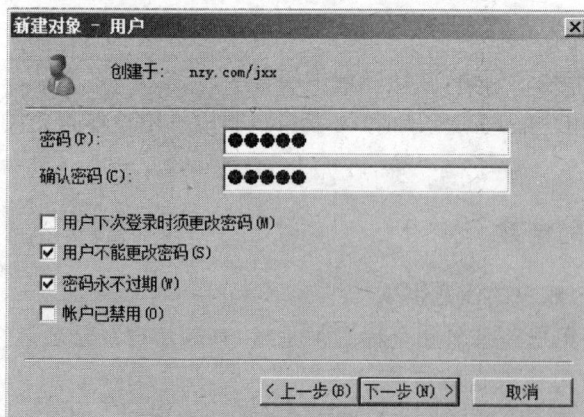

图 11.31 输入密码

③ 输入用户的密码,然后选择适当的密码选项,单击"下一步"按钮,最后单击"完成"按钮完成用户账户的创建。按提示进行操作。

2. 设置域用户账户的属性

双击要设置的用户账户 liang,打开"liang 属性"对话框,如图 11.32 所示,即可进行设置。

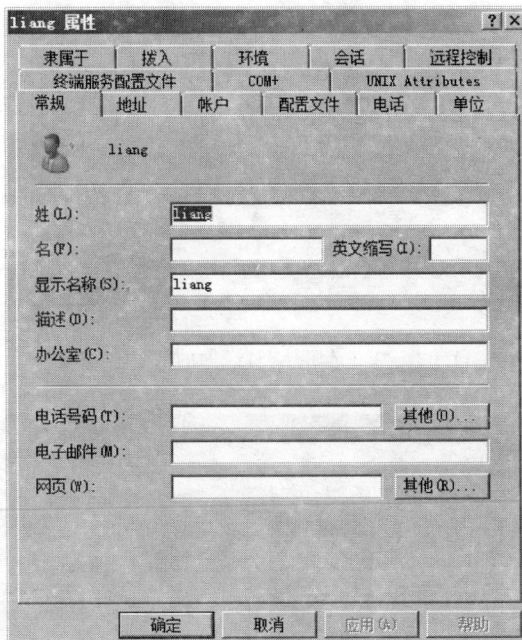

图 11.32　"liang 属性"对话框的"常规"选项卡

(1) 输入用户个人信息

所谓"用户个人信息",就是指姓名、地址、电话、传真、移动电话、公司、部门、职称、电子邮件、Web 页等,可通过"常规"和"地址"选项卡进行设置,"常规"选项卡如图 11.30 所示。

(2) 设置用户账户信息

在图 11.32 中,打开"账户"选项卡,如图 11.33 所示。在"账户"选项卡上,单击"登录时间"按钮,设置该用户只能在每天上午 8:00 至下午 5:00 的时间内登录,如图 11.34 所示。

在图 11.33 的"账户"选项卡上,单击"登录到"按钮,设置该用户只能在 t1、t2、t3 计算机上登录,如图 11.35 所示;在"账户过期"选项组中可设定用户的使用期限;在"账户选项"选项组中可设定用户的密码策略。

3. 域用户账户的复制

如果需创建的用户与原有用户的属性相同,可用复制用户的方法创建用户,方法是:

213

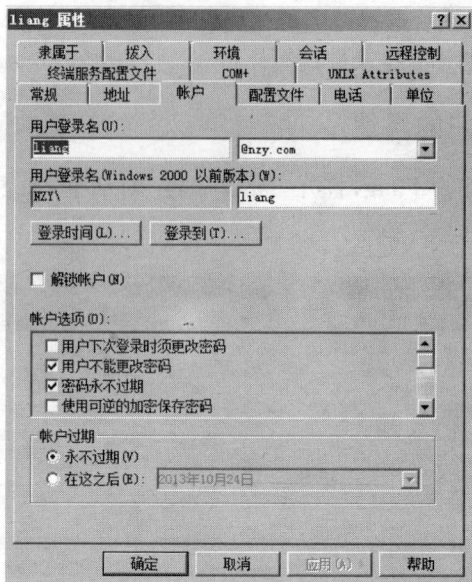

图 11.33 "liang 属性"对话框的"账户"选项卡

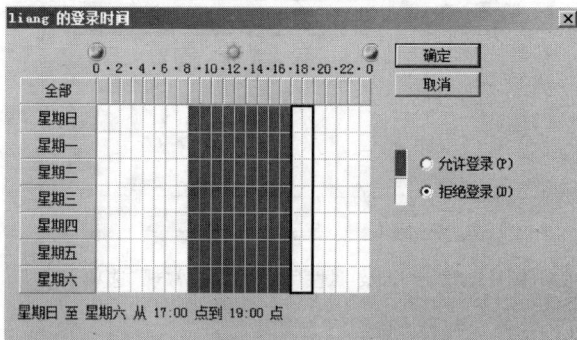

图 11.34 "liang 的登录时间"对话框

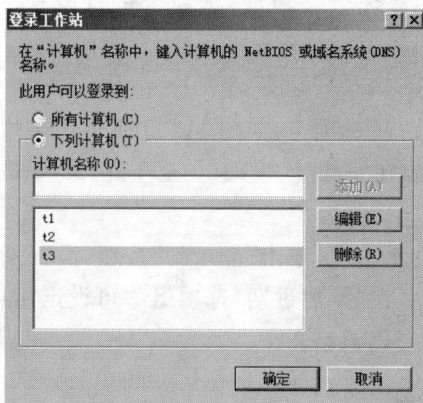

图 11.35 "登录工作站"对话框

打开"Active Directory 用户和计算机"控制台窗口,右击要复制的用户账户,然后选择"复制"命令,输入用户的有关信息。单击"下一步"按钮,在"密码"和"确认密码"文本框中,输入用户的密码,然后选择适当的密码选项,再单击"确定"按钮完成用户的复制。

4. 删除用户账户

打开"Active Directory 用户和计算机"控制台窗口。在控制台树中,选择包含要删除用户账户的文件夹。在详细信息窗格中,右击该用户账户,然后选择"删除"命令。

5. 重设用户账户密码

打开"Active Directory 用户和计算机"控制台窗口。在控制台树中,选择包含要设置的用户账户的文件夹。在详细信息窗格中,右击要重置其密码的用户,然后单击"重设密码"按钮输入并确认密码。如果想让用户在下次登录时更改该密码,选中"用户下次登录时须更改密码"复选框。

6. 移动用户账户

打开"Active Directory 用户和计算机"控制台窗口。在控制台树中,选择包含要移动用户账户的文件夹。在详细信息窗格中,右击要移动的用户,然后选择"移动"命令。在"移动"对话框中,选择用户账户要移动至的文件夹。

11.4.7　组账户的管理

组是用户和计算机账户、联系人以及其他可作为单个单元管理的组的集合。属于特定组的用户和计算机称为组成员。组是管理用户的策略,组可以包含用户、计算机以及其他组。组可用于将用户账户、计算机账户和其他组账户收集到可管理的单元中。

使用组可同时为许多账户指派一组公共的权限和权利,而不用单独为每个账户指派权限和权利,这样可简化管理。将具有相同权限的用户划分到一个组中,使他们成为该组的成员,只要赋予该组一定的权限,则其中每一个成员也都具有相应的权限。

1. 组的类型

在 Windows Server 2008 的 Active Directory 中有两种类型的组:通讯组和安全组。可以使用通讯组创建电子邮件通讯组列表,使用安全组给共享资源指派权限。

(1)安全组:安全组可以用来设置网络中的访问权限。安全组提供了一种有效的方式来指派对网络上资源的访问权。使用安全组,可以将用户权限分配到 Active Directory 中的安全组,给安全组指派对资源的权限。

(2)通讯组:通讯组不能设置网络中的访问权限,而只能用在与安全(权限的设置等)无关的任务上,只有在电子邮件应用程序(如 Exchange)中,才能使用通讯组将电子邮件发送给一组用户。

2. 组的作用域

组(不论是安全组还是通讯组)都有一个作用域,用来确定在域树或林中该组的应用范围。有三类不同的组作用域:全局、本地域和通用。

(1) 全局组

成员:全局组的成员可包括只在其中定义该组的域中的其他组和账户。

权限:全局组可以在林中的任何域中指派权限。

(2) 本地域组

成员:本地域组的成员可包括 Windows Server 2008、Windows Server 2003 或 Windows Server 2000 域中的任何一个域内的用户账户、通用组、全局组;同一个域内的本地域组。

权限:本地域组只能够在同一个域内指派权限。

(3) 通用组

成员:通用组的成员可包括域树或林中任何域中的其他组和账户。

权限:可以在该域树或林中的任何域中指派权限。

3. 新建组

(1) 创建组

打开"Active Directory 用户和计算机"控制台窗口,在控制台树中,右击要在其中添加新组的文件夹,选择"新建"→"组"命令,打开如图 11.36 所示的对话框。输入组的名称,在"组作用域"中,单击某个选项。在"组类型"中,单击某个选项。单击"确定"按钮,即可完成组的建立。

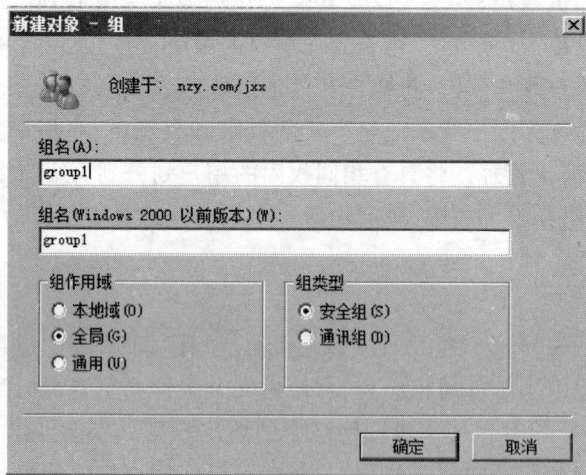

图 11.36 "新建对象-组"对话框

(2) 添加组的成员

① 在"Active Directory 用户和计算机"控制台窗口中,右击组 group1,选择"属性"命

216

令。打开"成员"选项卡,如图 11.37 所示。

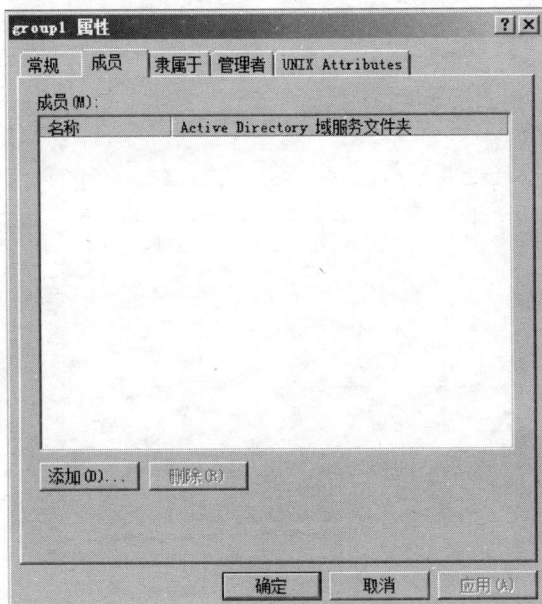

图 11.37 "成员"选项卡

② 单击"添加"按钮,显示如图 11.38 所示的对话框。

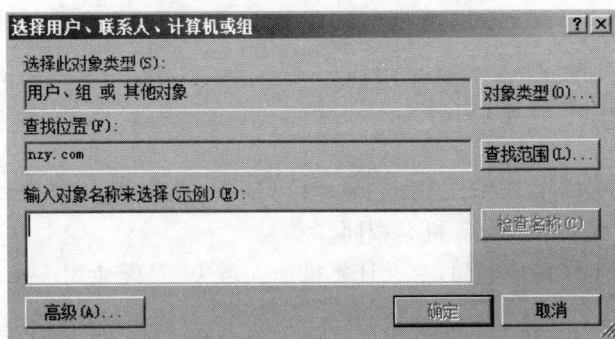

图 11.38 "选择用户、联系人、计算机或组"对话框(1)

③ 在"选择用户、联系人、计算机或组"对话框中,单击"高级"按钮,再单击"立即查找"按钮,如图 11.39 所示。

④ 选定要加入组的用户或组或计算机等,单击两次"确定"按钮,即可把所选的成员加入 group1 组中,最后单击"确定"按钮完成设置。

(3) 重命名及删除组账户

右击组账户,选择"重命名"命令,可更改组账户名。

右击要删除的组账户,选择"删除"命令,可删除组账户。

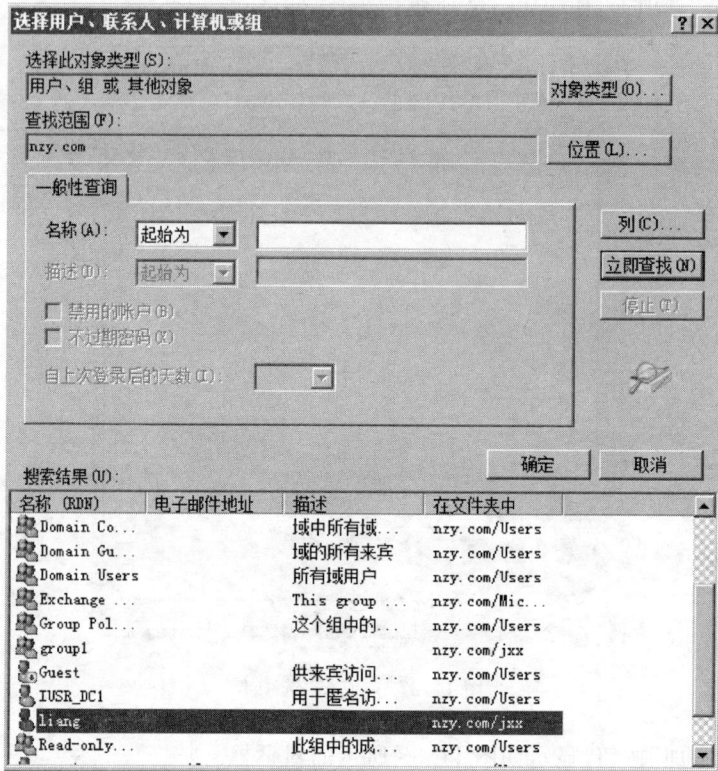

图 11.39 "选择用户、联系人、计算机或组"对话框(2)

11.4.8 创建计算机账户

计算机账户是存储在 Active Directory 中并能唯一识别域中计算机的账户。计算机账户使用的名称与加入域的计算机名相同。

计算机账户与用户账户不同,一台计算机加入域中,只能使用一个计算机账户,而且物理位置相对固定。

每个运行 Windows NT、Windows 2000、Windows XP 的计算机或运行 Windows Server 2003/2008 的服务器都有一个计算机账户。与用户账户类似,计算机账户提供了一种验证和审核计算机访问网络以及域资源的方法。每个计算机账户必须是唯一的。

1. 创建计算机账户

当网络中有新的客户端要加入域时,管理员必须在域控制中创建一个计算机账户,以便其有资格成为域的成员。计算机账户的创建方法如下。

打开"Active Directory 用户和计算机"控制台窗口。在控制台树中,右击 Computers 选项,或者右击希望向其中添加计算机的文件夹。选择"新建"→"计算机"命令,输入计算机的名称即可,如图 11.40 所示。

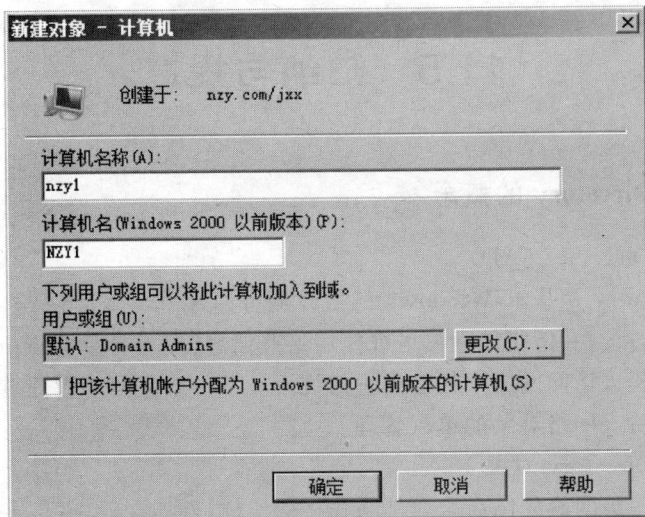

图 11.40 "新建对象-计算机"对话框

2. 管理远程计算机

打开"Active Directory 用户和计算机"控制台窗口。在控制台树中,选择 Computers 选项或者选择包含想要管理的计算机的文件夹。在详细信息窗格中,右击计算机账户,然后选择"管理"命令,即可打开远程计算机进行管理,如图 11.41 所示。

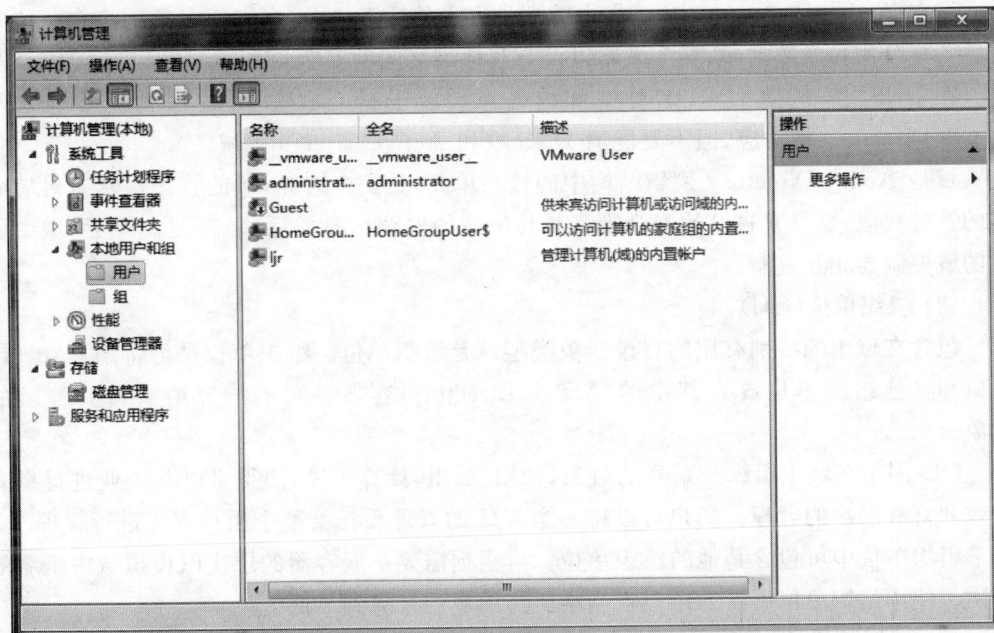

图 11.41 "计算机管理"窗口

11.5 归纳与提高

1. Active Directory 的概念

（1）Active Directory（AD）

Active Directory 是基于 Windows 的目录服务。Active Directory 存储有关网络上对象的信息，并让用户和网络管理员可以使用这些信息。Active Directory 允许网络用户使用单个登录进程来访问网络中任意位置的许可资源。它为网络管理员提供了直观的网络层次视图和对所有网络对象的单点管理。

（2）Active Directory 对象

对象是通过一组明确的已命名属性来描述的实体，例如文件、文件夹、共享文件夹、打印机或 Active Directory 对象。

对象代表着网络中的资源，每一个 Active Directory 中的对象由一组属性信息描述。例如，文件对象的属性包括其名称、位置和大小；Active Directory 用户对象的属性可能包括该用户的姓、名和电子邮件地址。

2. Active Directory 的逻辑结构

（1）域

域在 Active Directory 中，是指由管理员定义的计算机、用户和组对象的集合。这些对象共享公用目录数据库、安全策略以及与其他域之间的安全关系。

在 DNS 中，是指 DNS 名称空间内任意树或子树。尽管 DNS 域的名称通常与 Active Directory 域对应，但不要混淆 DNS 域和 Active Directory 域。

域是 Active Directory 逻辑结构中的核心单元，是安全边界，域的管理员具有对域必要的管理权限，域具有自己的安全策略与其他域的安全信息关系，域是复制单元，域中所有的域控制器相互复制。

（2）组织单位（OU）

包含在域中的特别有用的目录对象类型就是组织单位。组织单位是可将用户、组、计算机和其他组织单位放入其中的 Active Directory 容器。它不能容纳来自其他域的对象。

OU 用于在域中组织一系列的对象，如用户、组、计算机等，使得可以对企业进行卓有成效和富有层次的管理。用户可以将一个 OU 的管理委托给某个用户或组进行管理。

组织单位中可包含其他的组织单位。可根据需要扩展容器的层次以模拟域中组织的层次。使用组织单位可帮助用户将网络所需的域数量降到最低。

（3）域树和树林

域树在 Active Directory 中，是指一个或多个域的分层结构，通过可传递的、双向信任实现连接，从而形成了一个连续的名称空间。

树林：树林由一棵或多棵域树组成。树林中的各棵域树并不共享同一个名称空间，但共享同一个架构和同一个全局目录数据库。

（4）全局编录

全局编录是 AD 目录的一个子集。全局编录中存储 AD 目录的所有对象的最常用的属性（和值）。一个林内的所有域树共享相同的"全局编录"，林内的第一台域控制器被设为"全局编录"。

3．Active Directory 的物理结构

（1）域控制器（DC）

在 Active Directory 林中，域控制器是一台服务器，它包含 Active Directory 数据库的可写副本，参与 Active Directory 复制并控制对网络资源的访问。管理员能够管理用户账户、网络访问权限、共享资源、站点拓扑以及来自林内任意域控制器的其他目录对象。

（2）站点（Site）

站点是一个或多个连接完好的（可靠性高、速度快）TCP/IP 子网。站点允许管理员配置 Active Directory 访问和复制拓扑结构，以便利用物理网络的优点。

11.6　思考与自测

11.6.1　思考题

1. 如何创建域结构的网络？

2. 一家公司有 30 名员工，1 台运行 Active Directory 的服务器，4 台所有员工都要访问的成员服务器，31 台 Windows XP Professional 的计算机，应为这个公司创建哪种用户账户？ 这些用户账户应驻留在哪个或哪些计算机上？

3. 为一名员工建立了一个域用户账户供其进行数据处理工作，如果不想让该员工登录其他的计算机，如何限制此账户才能让其只能访问自己的计算机？

4. 为什么要使用组？

5. 用户能否成为多个组的成员？

11.6.2　自测题

1. 配置一台域控制器，要求在控制器上同时安装并配置 DNS 服务器，域名为 xxx.com（xxx 为自己姓名的第一个拼音字母），NetBIOS 域名为 xxx，域还原密码为 123456。（30 分）

2. 在域控制器上配置 DNS 服务，为单位内部用户提供域名解析服务，同时也负责向外部 DNS 服务器转发 DNS 请求，区域名为 xxx.com。能实现正向、反向域名解析服务。（20 分）

3. 配置另一台 PC 作为域的客户端，并以管理员的身份登录到域。（20 分）

4. 在 xxx.com 域中创建 3 个组织单位、3 个全局组和 3 个域用户，域用户的初始密码为 123，要求域用户在首次登录时更改密码，具体如表 11.1 所示。（30 分）

表 11.1　域用户信息表

部门	组织单位	全局组	隶属用户	登录时间
财务部	cw	Chinese	yu、ying	周一到周五
工程部	gc	English	Liang、Li	周一到周五
技术部	js	computer	Ji、Dang	周一到周五

客户端以任一用户登录到域。

11.6.3　评分标准

评分标准见表 11.2。

表 11.2　评分标准

题号	要　　求	得分	备　注
1	正确安装活动目录和 DNS 服务器	30	15 分钟完成
2	DNS 服务器配置正确并且能够解析出域控制器的 DNS 域名	20	5 分钟完成
3	① 客户端的协议、IP 地址、网关和 DNS 配置正确	15	5 分钟完成
	② 客户端能登录到域	5	
4	① 在"Active Directory 用户和计算机"窗口的域根目录下有组织单元 cw、gc、js	10	10 分钟完成
	② 在组织单元下有相应的用户和组，属性（登录时间和登录工作站）设置正确	10	
	③ 所创建的用户属于相应的组	5	
	④ 在一个客户端用任意用户登录到域	5	

11.7　实训指导

1. 在 1 号机（安装 Windows Server 2008 的计算机）安装活动目录。依次选择"开始"→"管理工具"→"服务器管理器"→"角色"→"添加角色"命令，打开"添加角色向导"对话框。单击"下一步"按钮，在"选择服务器角色"对话框中，选中"角色"列表框中的"Active Directory 域服务"及"DNS 服务器"选项，然后按向导的提示进行安装。

2. 在域控制器上配置 DNS 服务器。

（1）依次选择"开始"→"管理工具"→DNS 命令，打开"DNS 管理器"窗口。

（2）在"DNS 管理器"窗口中，右击"正向查找区域"选项，选择"新建区域"命令，建立正向查找区域 xxx.com。

（3）在"DNS 管理器"窗口中，右击"反向查找区域"选项，选择"新建区域"命令，建立反向查找区域 192.168.1.0。

（4）分别在正向查找区域和反向查找区域添加两台计算机的记录。

3. 设置另一台计算机的 IP 地址、子网掩码、默认网关和首选 DNS 服务器，并加入域，然后重新启动登录到域。

4. 规划活动目录。

（1）在域根目录下创建组织单元 cw、gc、js。

（2）在组织单元 cw 下创建用户 yu、ying 和组 Chinese。

（3）在组织单元— gc 下创建用户 Liang、Li 和组 English。

（4）在组织单元— js 下创建用户 Ji、Dang 和组 computer。

（5）分别把用户 yu、ying 加入组 Chinese；Liang、Li 加入组 English；Ji、Dang 加入组 computer。

（6）分别设置各用户的属性，限制用户登录的计算机和登录时间。

项目 12　邮件服务器的配置与使用

本项目将进行邮件服务器的配置,学习 Exchange Server 2007 服务的安装、域的创建、邮箱的创建及电子邮件的收发等。

12.1　项目问题

单位内部局域网的用户希望能够利用局域网收发电子邮件。网络管理员应该如何设置?

12.2　主要任务

(1) 安装 Exchange Server 2007 SP1。
(2) 配置 Exchange Server 2007 SP1。
(3) 创建用户邮箱。
(4) 使用客户端发送和接收邮件。

12.3　项目目标

(1) 了解电子邮件服务的基本原理。
(2) 掌握 Exchange Server 2007 SP1 安装与配置。
(3) 能熟练进行用户邮箱的创建。
(4) 掌握使用客户端发送和接收邮件的方法。

12.4　探索与实践

12.4.1　项目实施环境

两台计算机,已安装 Windows XP(或 Windows 7)和 Windows Server 2008 系统,且已连成对等网,1 号机上已配置好 DNS 服务器并安装好域控制器,域名为 nzy. com,在本项目实训操作中,如域名不同,只需将域名 nzy.com 修改成相对应的域名,即可顺利完成相关实训操作。

12.4.2 构建邮件服务器

构建电子邮件服务器,需要通过安装"电子邮件服务"来实现,安装"电子邮件服务"时,需要安装 Exchange Server 2007 SP1。

1. 安装 Exchange Server 2007 SP1

安装 Exchange Server 2007 SP1 可参照以下步骤。

(1) 安装基本软件

Exchange Server 2007 对系统环境有一定的要求,需要事先安装必需的服务器角色和功能,包括 Web 服务器(IIS)、应用程序服务器、.NET Framework 和 Windows PowerShell,并升级 Active Directory 架构。具体步骤如下。

① 打开"服务器管理器"窗口,在左边树图中选择"角色"分支,单击右边的"添加角色"按钮,打开"添加角色向导"对话框。在"选择服务器角色"对话框中,选中"Web 服务器(IIS)"和"应用程序服务器"复选框,如图 12.1 所示。

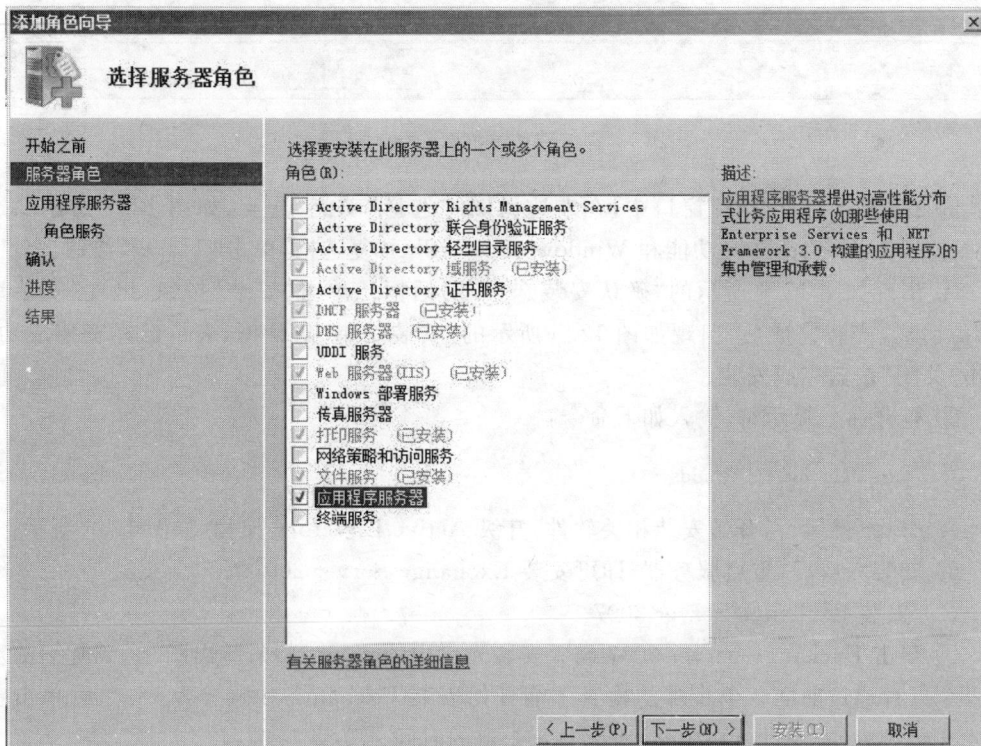

图 12.1 "选择服务器角色"对话框

② 连续单击"下一步"按钮,在选择为 Web 服务器安装的角色服务时,选中"IIS 6 管理兼容性"复选框,如图 12.2 所示。连续单击"下一步"按钮直至安装完成。

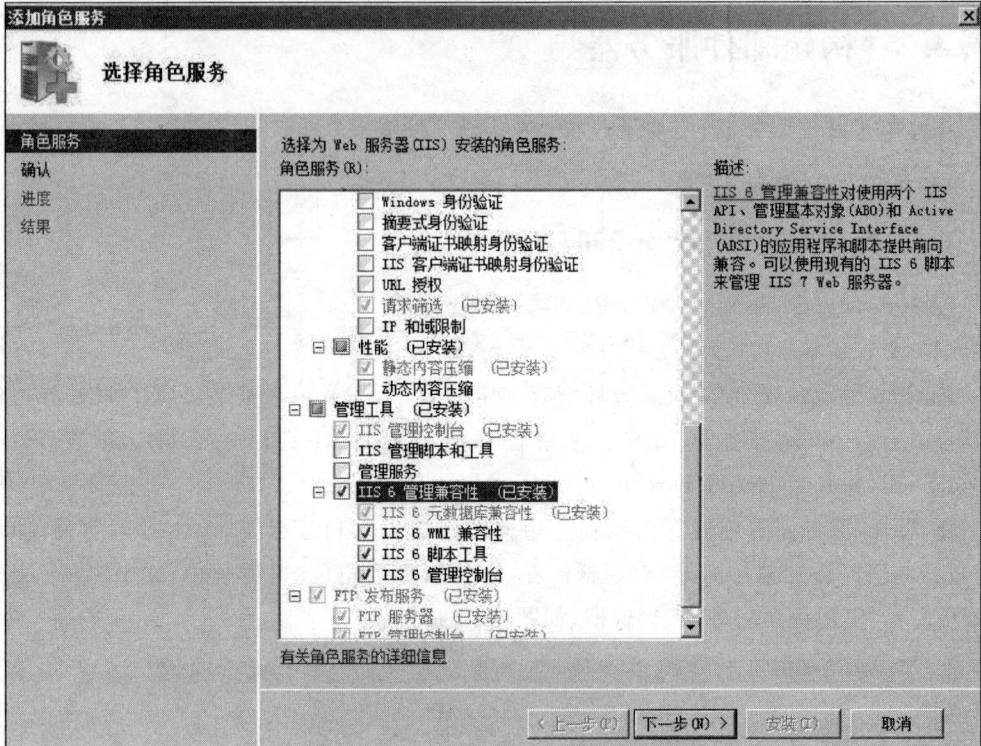

图 12.2 "选择角色服务"对话框

③ 在"服务器管理器"窗口中,在左边树图中选择"功能"分支,如图 12.3 所示。选择.NET Framework 3.0 功能和 Windows PowerShell 复选框,单击"下一步"按钮。

④ 出现如图 12.4 所示的"确认安装选择"对话框。单击"安装"按钮,出现"安装进度"对话框,安装完成后,出现如图 12.5 所示的"安装结果"对话框,表示已经安装成功。单击"关闭"按钮完成安装。

⑤ 打开命令提示符,输入如下命令:

servermanagercmd-i rsat-adds

按 Enter 键运行,开始安装相关软件,升级 Active Directory 架构,如图 12.6 所示。

⑥ 安装完成后,重启服务器,即可安装 Exchange Server 2007。

(2) 安装 Exchange Server 2007

① 双击 Exchange Server 2007 SP1 安装光盘中的 setup.exe,弹出图 12.7 所示的对话框。只有通过前面 3 个步骤的检查才能开始安装 Exchange Server 2007,然后单击步骤 4 开始安装,需要进行初始化,所以会花一定的时间。

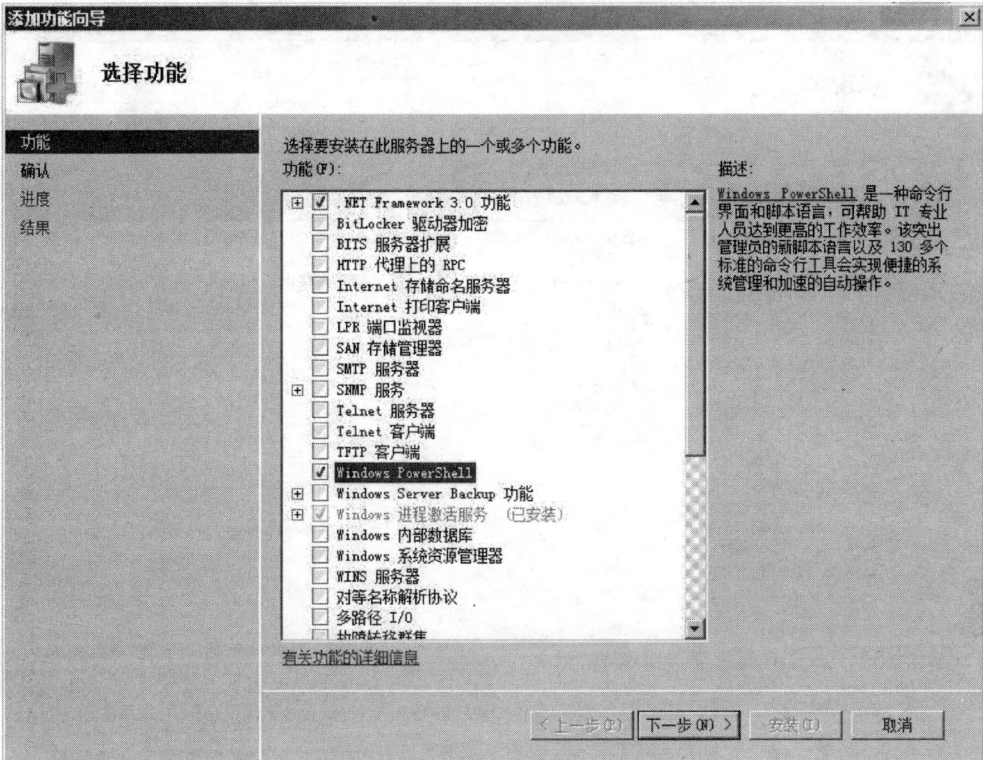

图 12.3 "选择功能"对话框

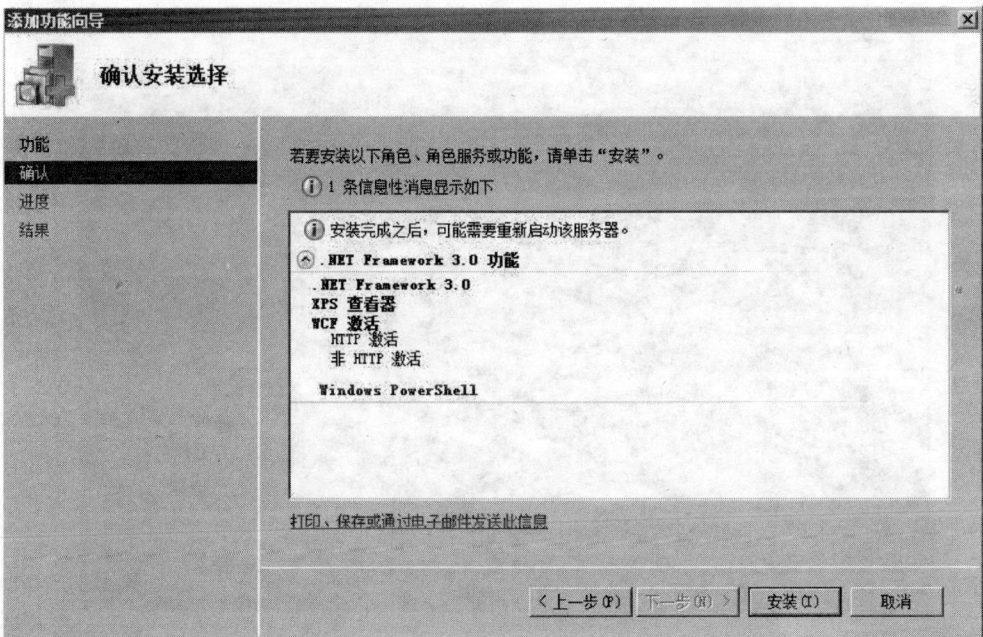

图 12.4 "确认安装选择"对话框

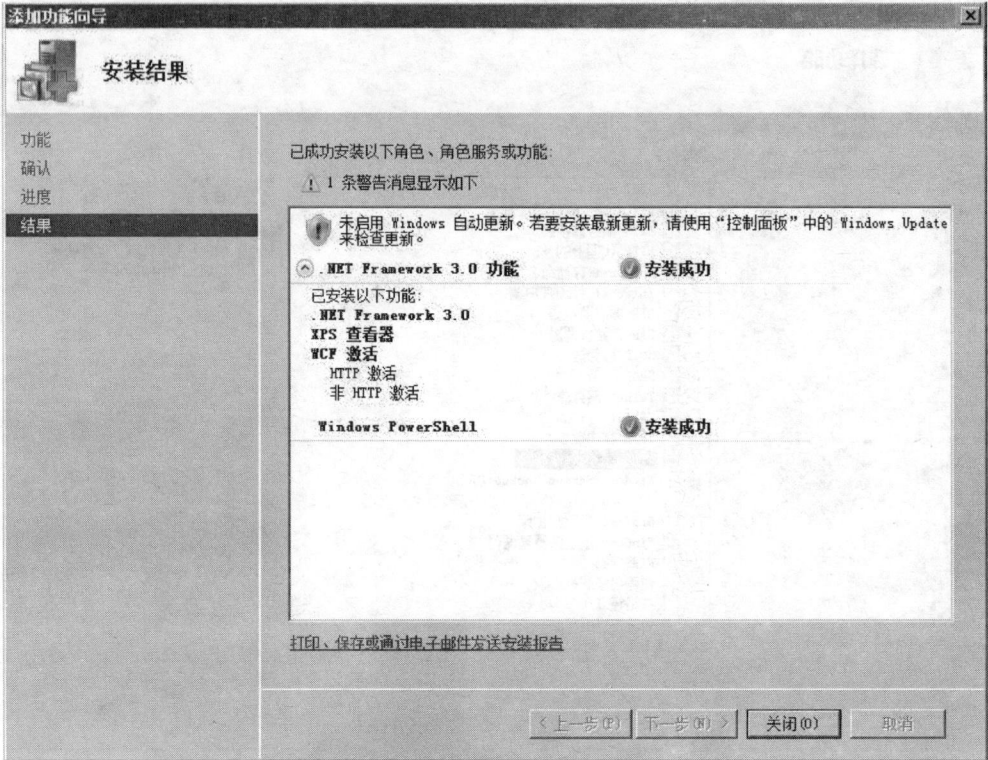

图 12.5 "安装结果"对话框

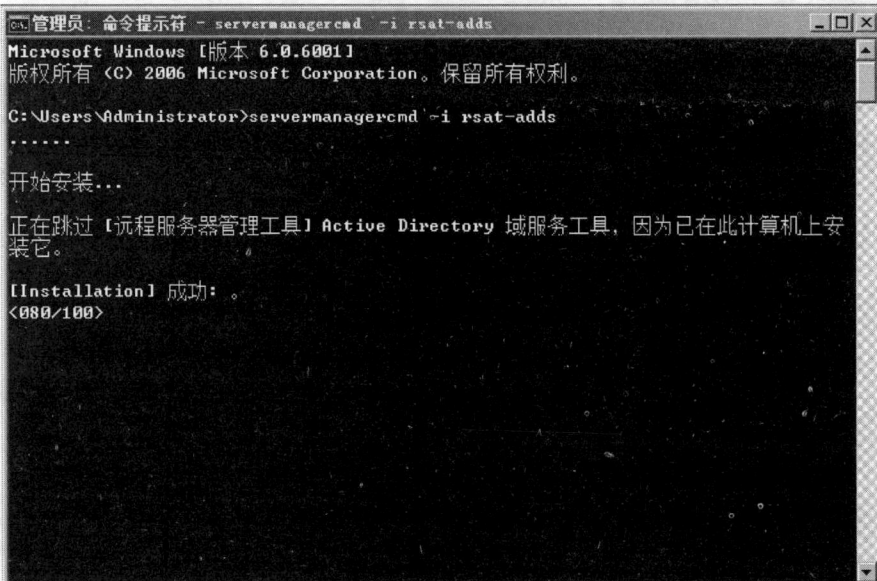

图 12.6 输入命令

图 12.7 安装检测

② 如图 12.8 所示，出现"简介"对话框，单击"下一步"按钮。

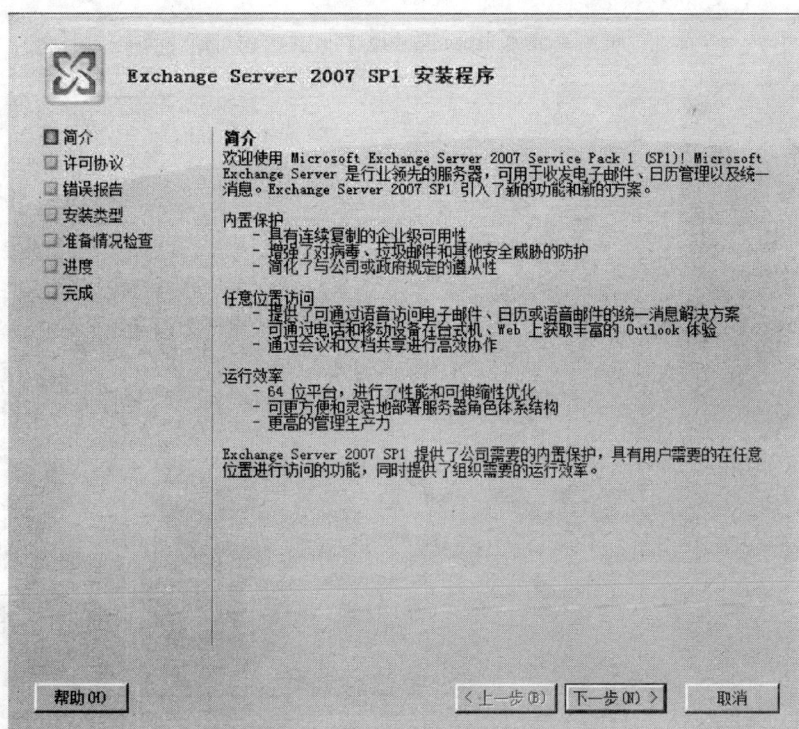

图 12.8 "简介"对话框

③ 如图 12.9 所示,选择"我接受许可协议中的条款"选项,单击"下一步"按钮。

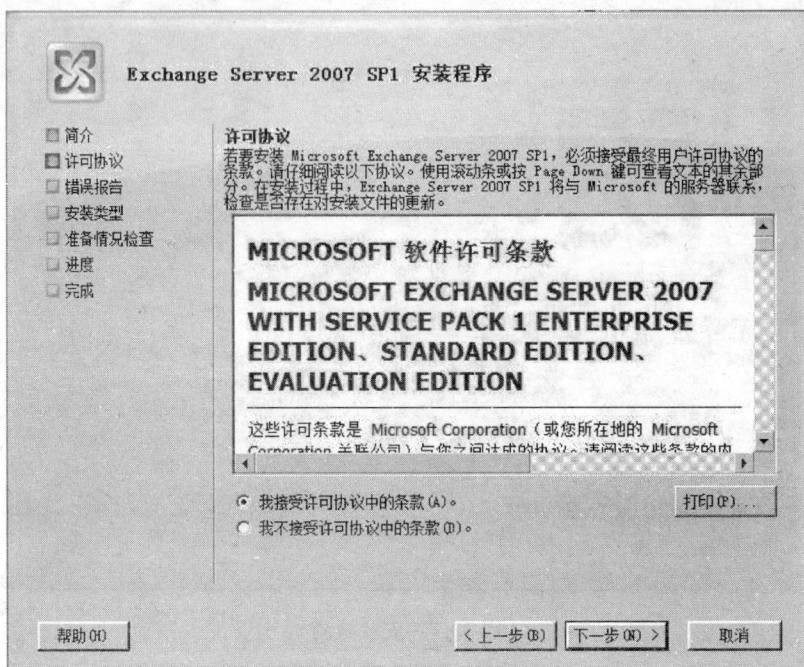

图 12.9 "许可协议"对话框

④ 如图 12.10 所示,选择是否发送错误报告,这里选择"否"选项。

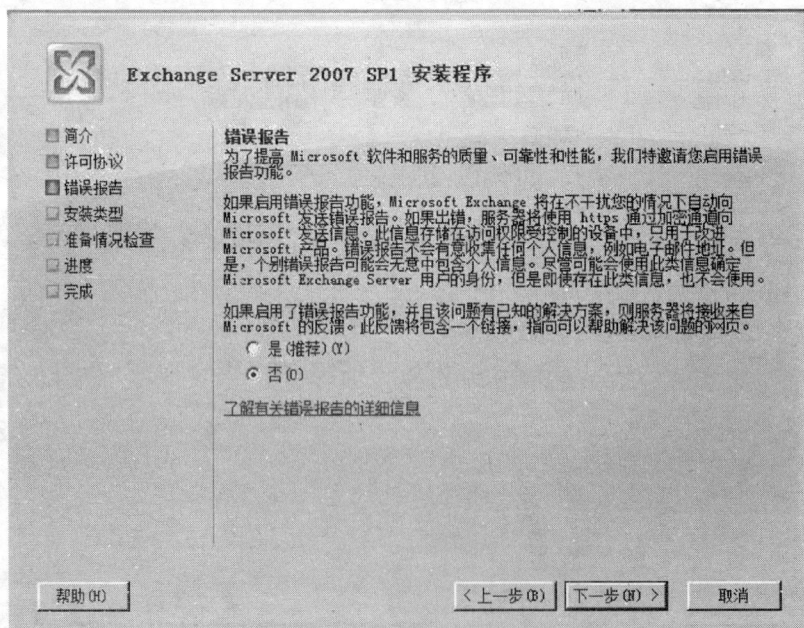

图 12.10 "错误报告"对话框

⑤ 如图 12.11 所示,选择安装类型,可以直接选择典型安装,如果有特殊需要,用户可以根据每个服务器角色的作用和实际需要来自定义选择安装的组件。这里选择"Exchange Server 典型安装"选项,单击"下一步"按钮。

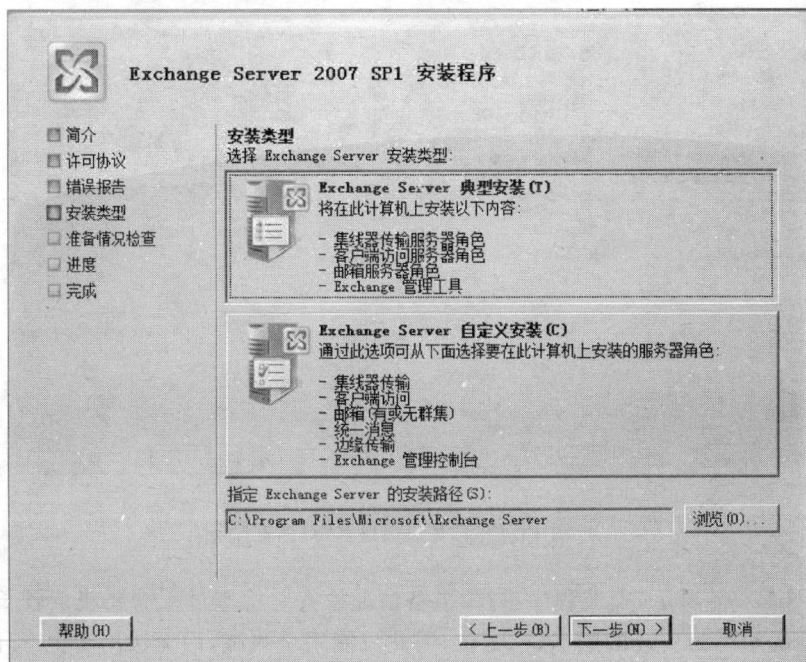

图 12.11　"安装类型"对话框

⑥ 如图 12.12 所示,输入组织名称,单击"下一步"按钮。

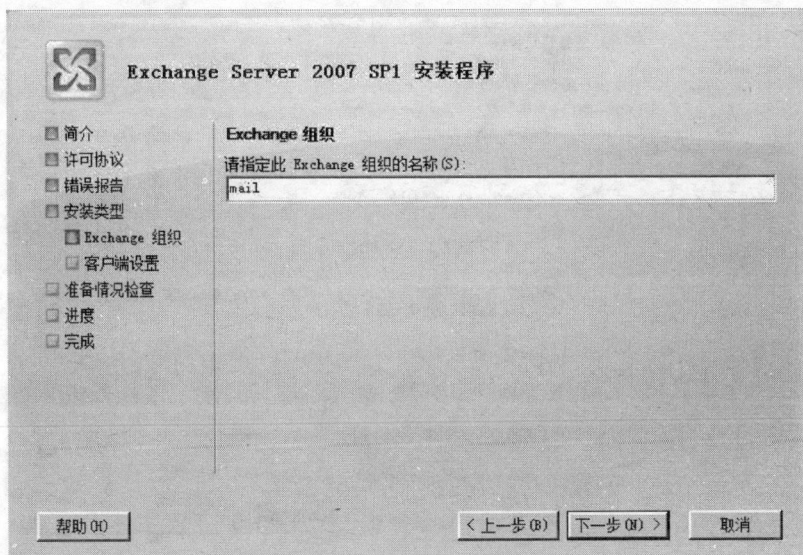

图 12.12　"Exchange 组织"对话框

⑦ 如图 12.13 所示,选择是否支持早于 Outlook 2003 客户端,这里选择"是"选项。

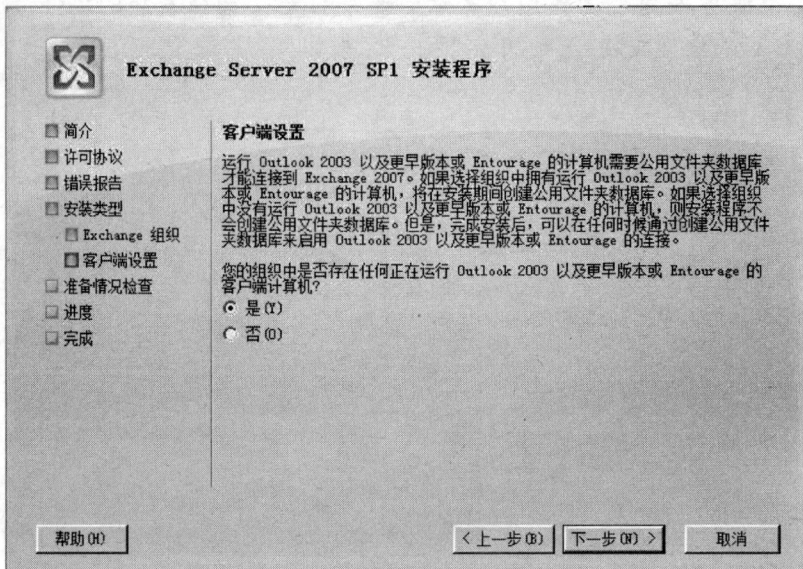

图 12.13 "客户端设置"对话框

⑧ 如图 12.14 所示,安装程序进行"准备情况检查",检查过程需要花费较长时间,检查完成后会提示因为安装的版本是 32 位,因此只能用于测试,而无法用于生产环境,检查完成后,单击"安装"按钮。

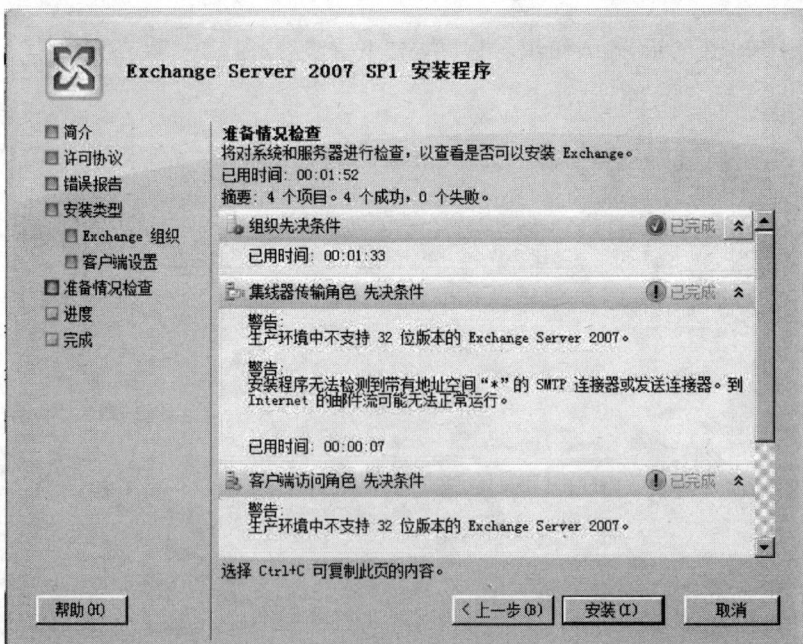

图 12.14 "准备情况检查"对话框

⑨ 如图 12.15 所示，显示安装进度，所有安装完成后单击"完成"按钮，然后重新启动计算机，即完成 Exchange Server 2007 的安装。

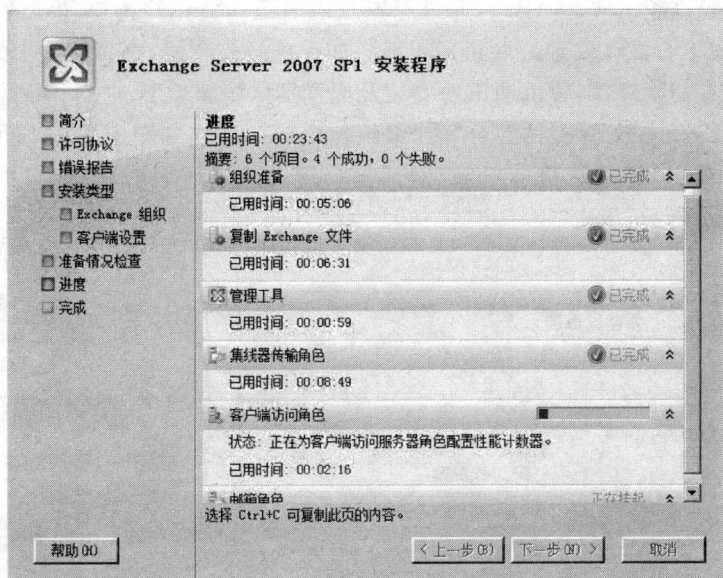

图 12.15　"进度"对话框

2. 配置 Exchange Server 2007

（1）打开 Exchange 管理控制台。选择"开始"→"所有程序"→Microsoft Exchange Server 2007→"Exchange 管理控制台"命令，打开"Exchange 管理控制台"窗口，如图 12.16 所示。其中的"完成部署"选项卡列出了完成部署的各项任务。

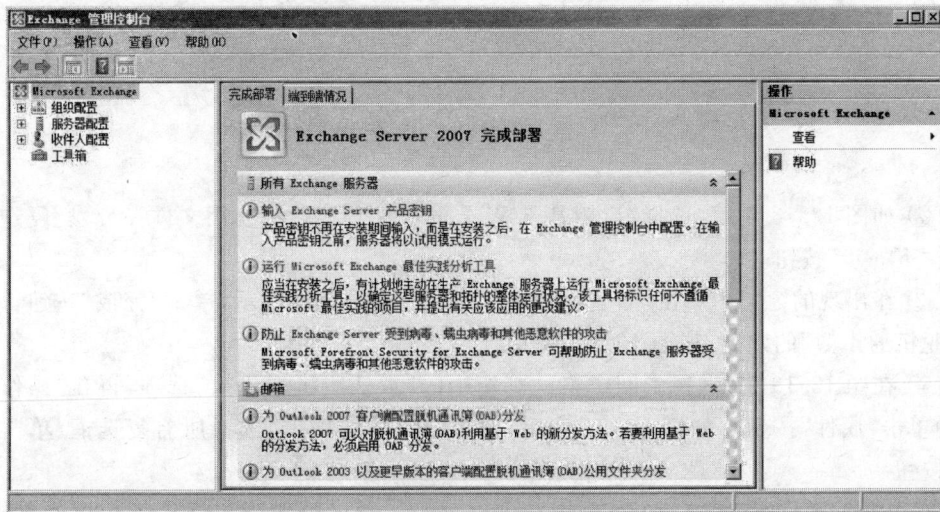

图 12.16　"Exchange 管理控制台"窗口

注意：32 位的 Exchange 管理控制台是用于测试的,不需要输入服务器的产品密钥,所以对要求输入 Exchange 产品密钥可以忽略。

（2）配置脱机通讯簿（OAB）。通过配置脱机通讯簿使用户能够使用 Web 方式登录邮箱,一般情况下会默认安装好脱机通讯簿。如果已经安装好,则直接从下面第④步开始设置；如果没有安装好,则脱机通讯簿安装及配置具体步骤如下。

① 选择"Exchange 管理控制台"的"组织配置"目录,在邮箱上右击,选择"新建脱机通讯簿"命令,弹出"新建脱机通讯簿"对话框。输入脱机通讯簿名称为"默认脱机通讯录",如图 12.17 所示,单击"下一步"按钮。

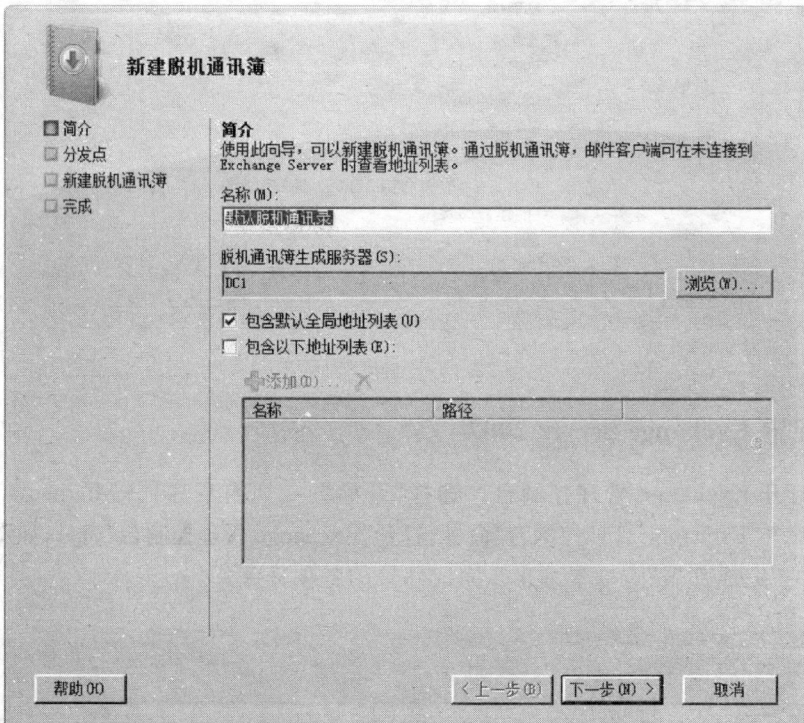

图 12.17 "简介"对话框

② 如图 12.18 所示,选择"启用基于 Web 的分发"和"启用公用文件夹分发"复选框,单击"下一步"按钮。

③ 在出现的窗口中单击"新建"按钮,出现新建向导完成提示,单击"完成"按钮,即完成"脱机通讯簿"的建立,如图 12.19 所示。

④ 在图 12.19 中,选择中间窗格的邮箱中的"默认脱机通讯簿"选项,再在"操作"窗格中单击"属性"按钮。如图 12.20 所示,选中"分发"选项卡,选择所有复选框,单击"确定"按钮。

（3）配置脱机通讯簿（OAB）公用文件夹分发。通过配置脱机通讯簿公用文件夹分发,可以实现 Outlook 2003 或者更早版本的客户端都可以使用 Exchange Server,配置具体步骤如下。

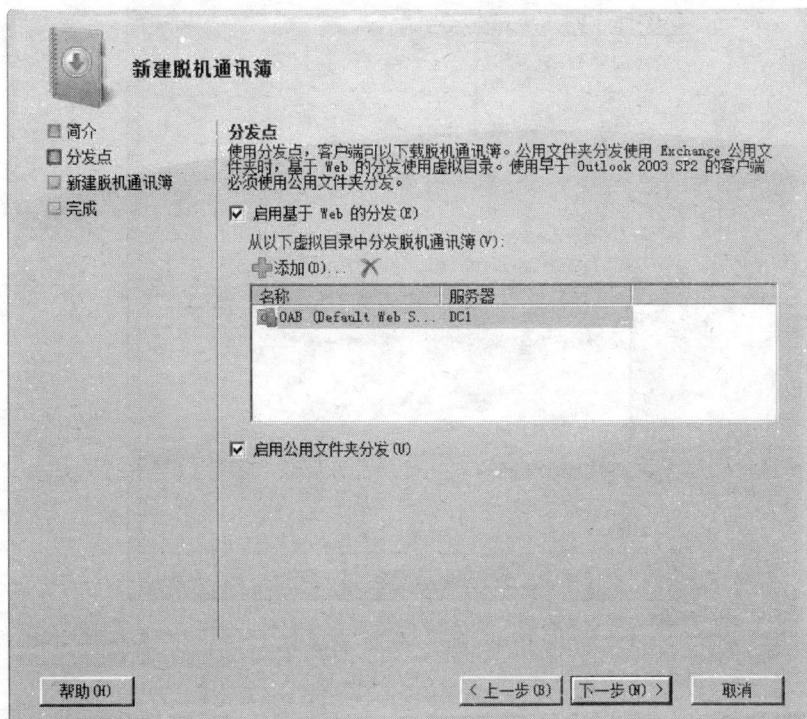

图 12.18 "分发点"对话框

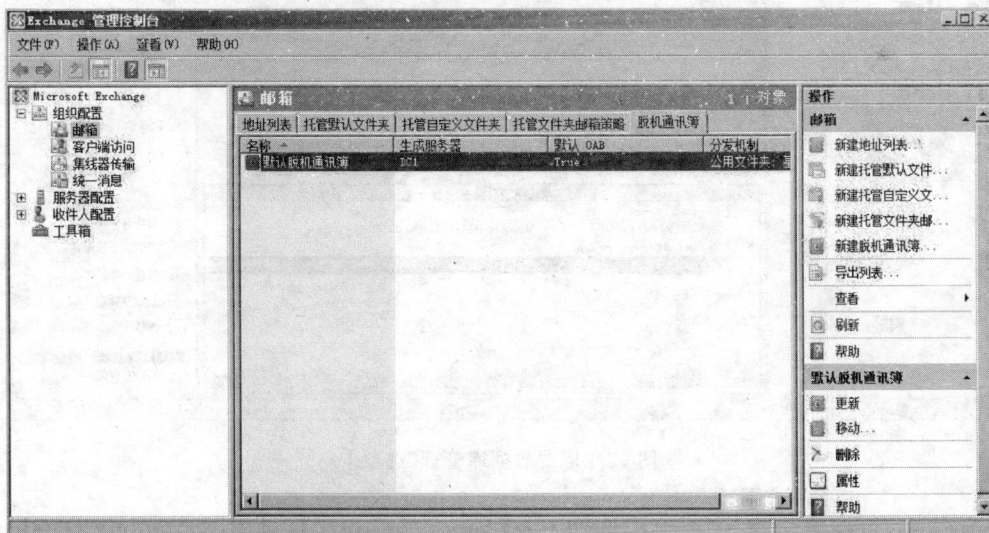

图 12.19 默认脱机通讯簿成功建立

① 在"Exchange 管理控制台"窗口中,选择左边窗格"服务器配置"目录中的"邮箱"
选项。在"数据库管理"选项卡中,默认在 Second Storage Group 目录下已经安装好"公用
文件数据库",图 12.21 所示;

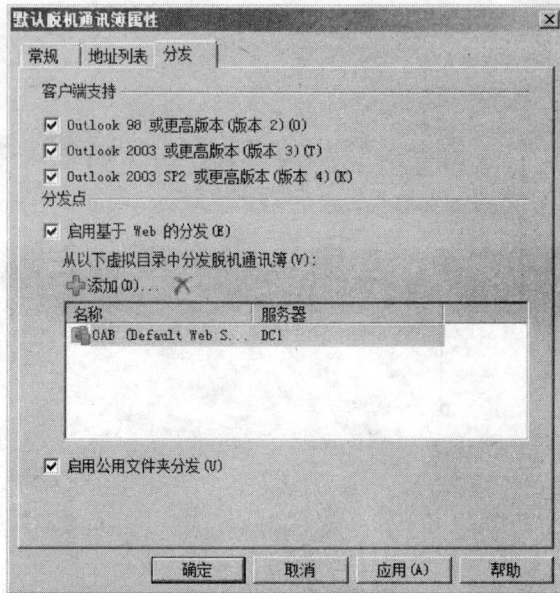

图 12.20 "分发"选项卡

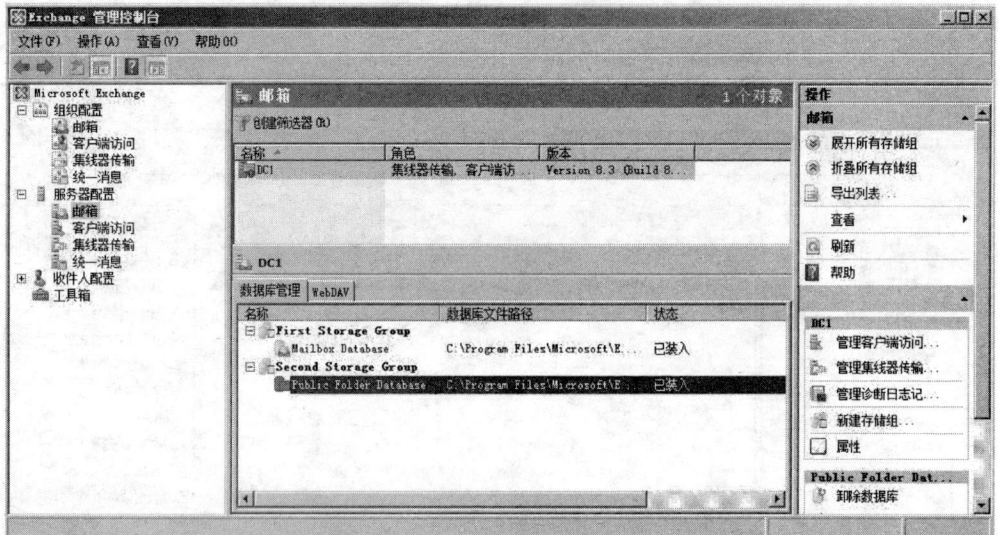

图 12.21 "数据库管理"选项卡

② 在"数据库管理"选项卡中选择 First Storage Group 目录中的 Mailbox Database 选项,并右击,选择"属性"命令,出现"Mailbox Database 属性"对话框。如图 12.22 所示配置默认公用文件夹数据库和脱机通讯簿,单击"确定"按钮,即完成脱机通讯簿(OAB)公用文件夹分发配置。

(4) 配置客户端访问服务器的 SSL 及身份验证。

① 配置 SSL。大家都知道 HTTP 协议安全性很差,而 Exchange Server 2007 支持客

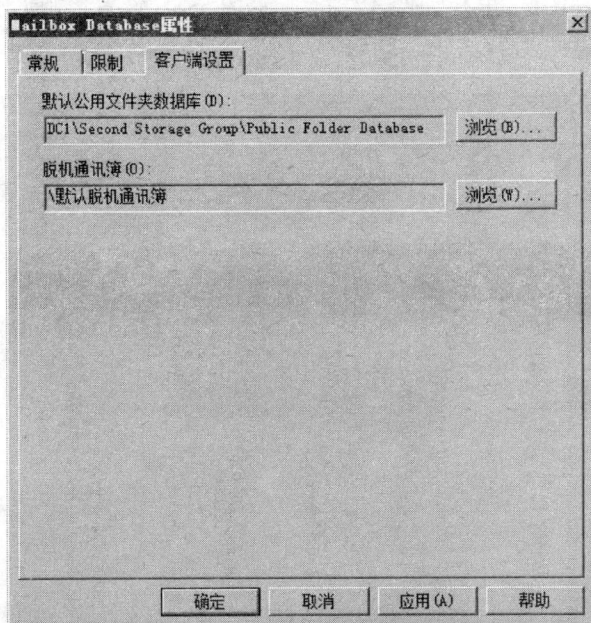

图 12.22　"Mailbox Database 属性"对话框

户用浏览器使用邮箱,因此,必须使用 SSL 保证通信安全。配置 SSL 的步骤如下。

打开"Internet 信息服务(IIS)管理器"窗口,依次选择"服务器(DC1)"→"网站"→ Default Web Site 命令→Exchange 选项,打开"Exchange 主页"界面,如图 12.23 所示。

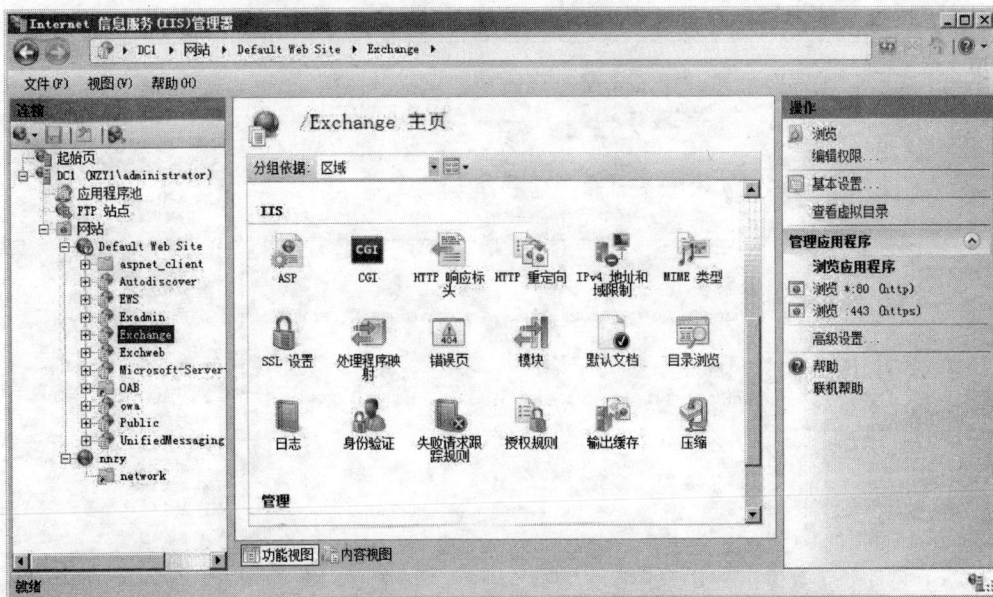

图 12.23　"Exchange 主页"界面

双击"SSL 设置"图标,出现如图 12.24 所示的"SSL 设置"界面,这里选择默认设置即可。

图 12.24 "SSL 设置"界面

接着选择 Default Web Site 目录,如图 12.25 所示。在"操作"窗格中单击"绑定"按钮,在"网站绑定"对话框中选择 https 选项进行编辑。在"编辑网站绑定"对话框的"SSL 证书"下拉列表框中选择自行签署式 SSL 证书:Microsoft Exchange,如图 12.26 所示。

图 12.25 "Default Web Site 主页"界面

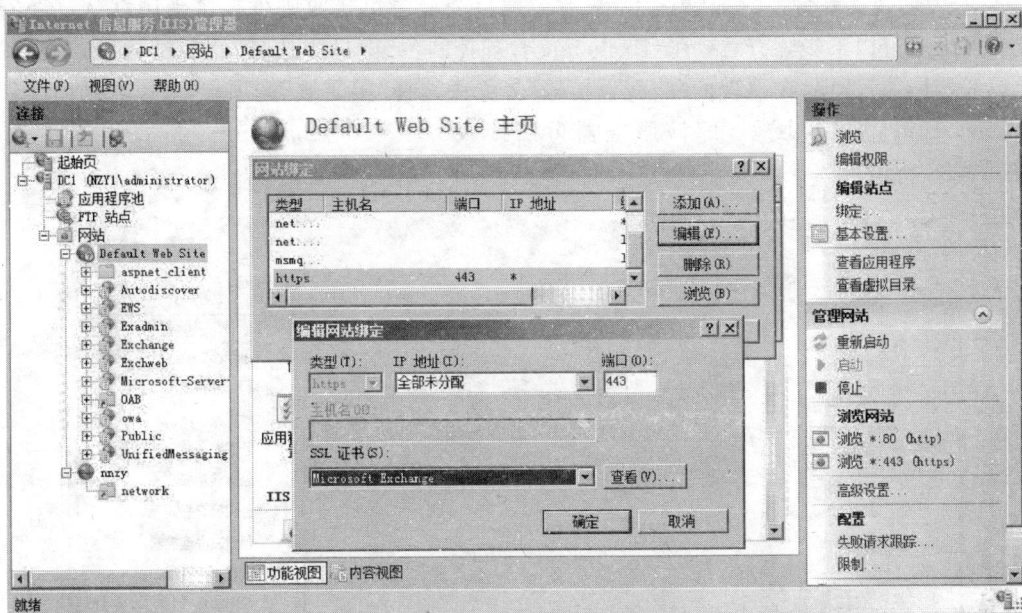

图 12.26　"编辑网站绑定"对话框

　　② 配置身份验证。为保证安全,用户在浏览器使用邮箱时,必须对客户进行身份验证,即要求输入用户名和密码。在图 12.23 中双击"身份验证"图标,打开"身份验证"界面,如图 12.27 所示。启用"基本身份验证"服务,并禁用"匿名身份验证"服务,即完成身份验证配置。

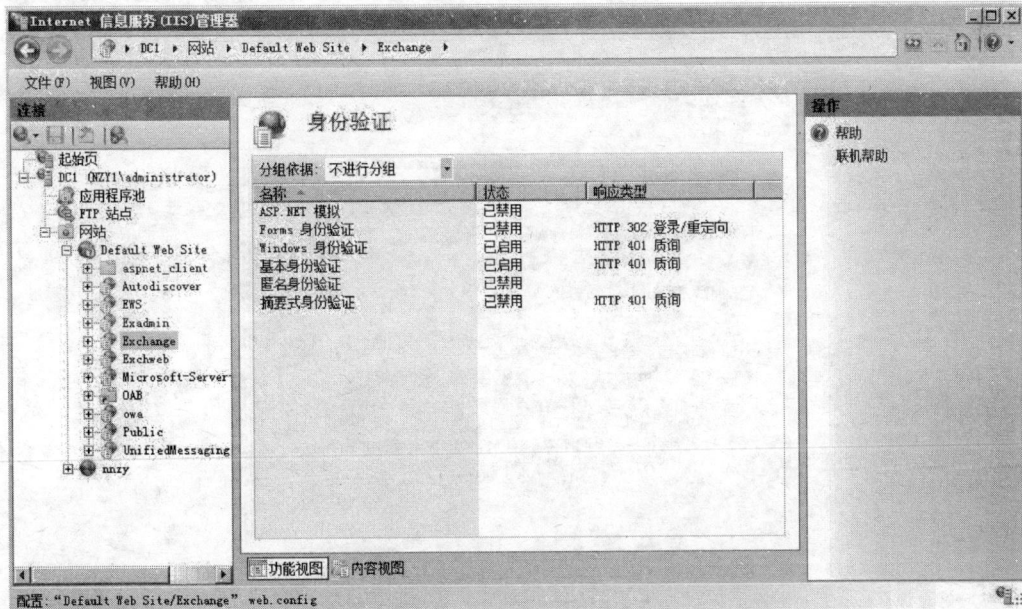

图 12.27　"身份验证"界面

（5）创建接受域。一般情况下，只有创建接受域方可接收邮件。接受域默认已经安装，可以通过以下步骤查看：在"Exchange 管理控制台"窗口中选择"组织配置"目录中的"集线器传输"选项，在出现的"集线器传输"界面中选择"接受域"选项卡，可以看到已经创建 nzy.com 的接受域了，即该服务器可以接收"×××@nzy.com"格式的邮件，如图 12.28 所示。

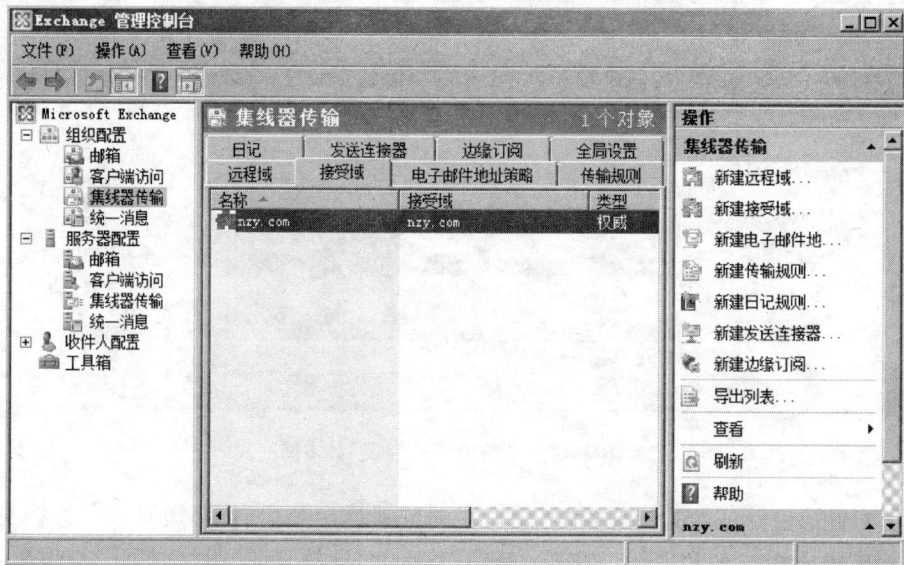

图 12.28　"集线器传输"界面

双击图中接受域 nzy.com，如图 12.29 所示，选择处理电子邮件方式，选择默认选项即可。

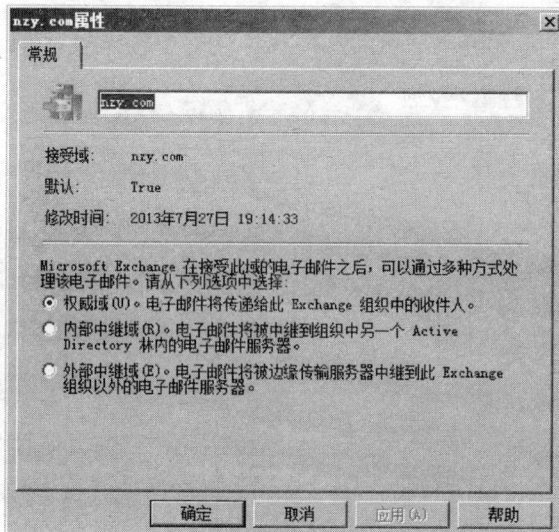

图 12.29　选择处理电子邮件方式

（6）创建 SMTP 发送连接器。要把邮件发到 Internet 上就必须创建发送连接器，否则邮件只能在 nzy.com 域内收发，默认情况下没有安装任何发送域。

① 在图 12.28 中，选择"发送连接器"选项卡，如图 12.30 所示。

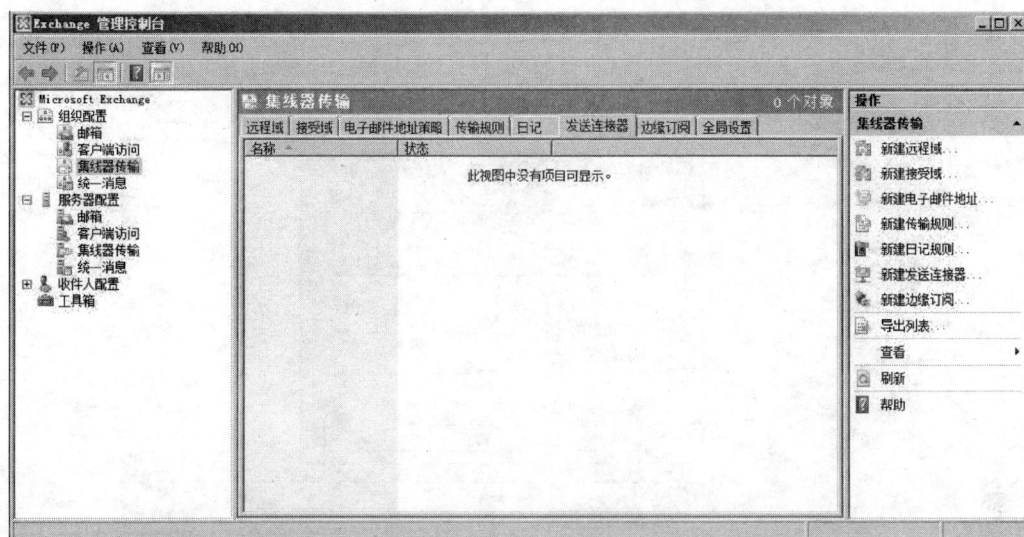

图 12.30　"发送连接器"选项卡

② 选择"操作"窗格中的"新建发送连接器"选项，输入连接器名称，如图 12.31 所示。

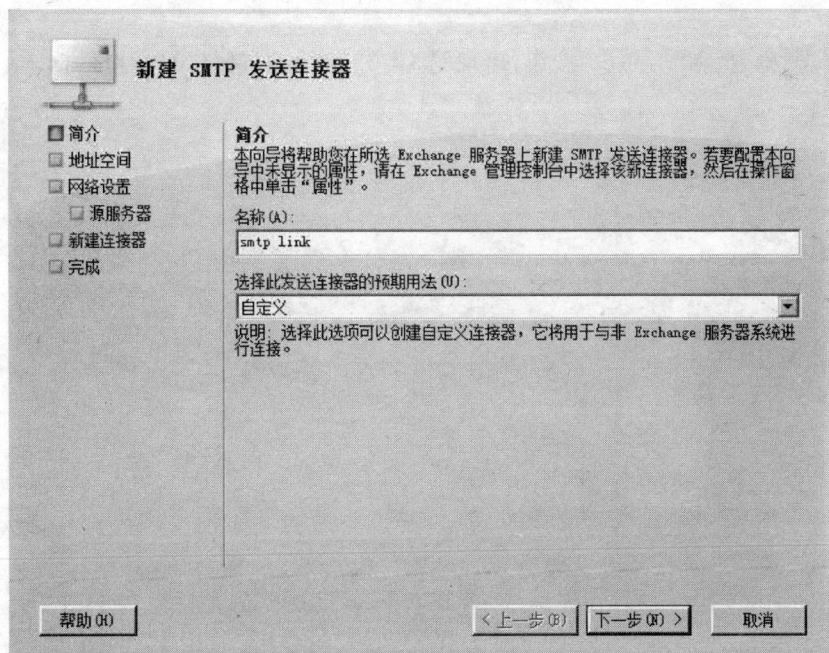

图 12.31　"新建 SMTP 发送连接器"对话框

③ 单击"下一步"按钮,再单击"添加"按钮,打开"地址空间"对话框,如图 12.32 所示。

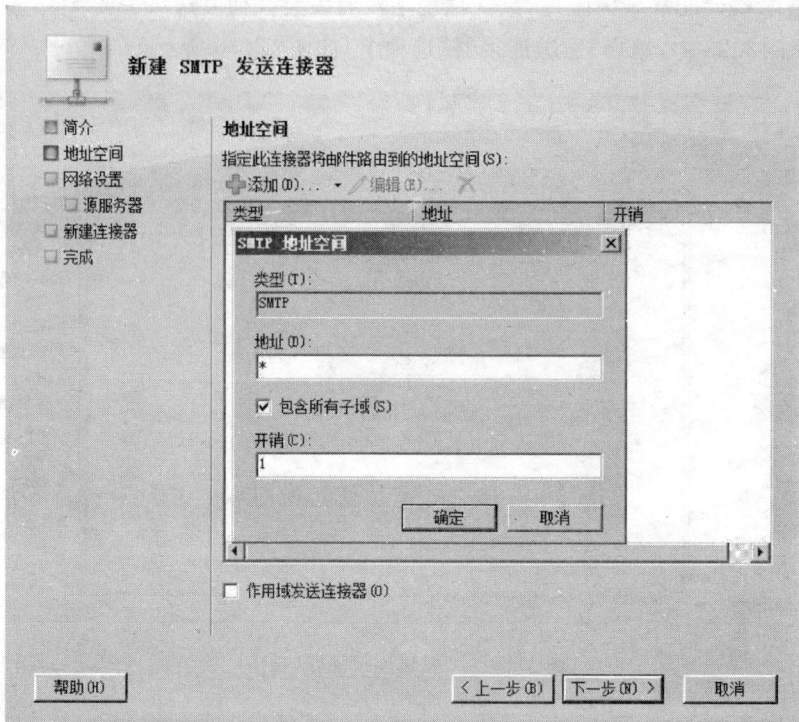

图 12.32 "地址空间"对话框

④ 单击"确定"和"下一步"按钮,出现图 12.33 所示的"网络设置"对话框。

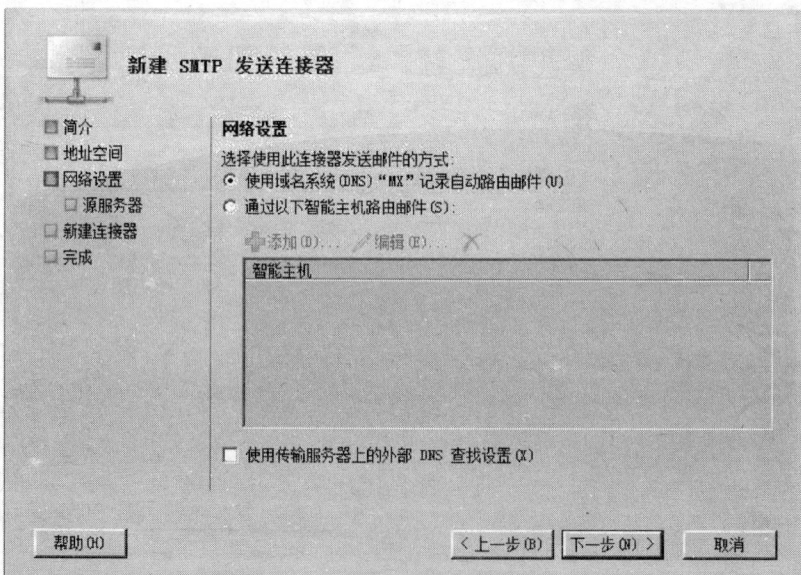

图 12.33 "网络设置"对话框

⑤ 直接单击"下一步"按钮,打开"源服务器"对话框,如图 12.34 所示。该连接器已经和默认的集线器传输服务器进行关联。单击"下一步"按钮,打开"新建连接器"对话框,如图 12.35 所示。单击"新建"按钮,创建完成后,单击"完成"按钮,最终结果如图 12.36所示。

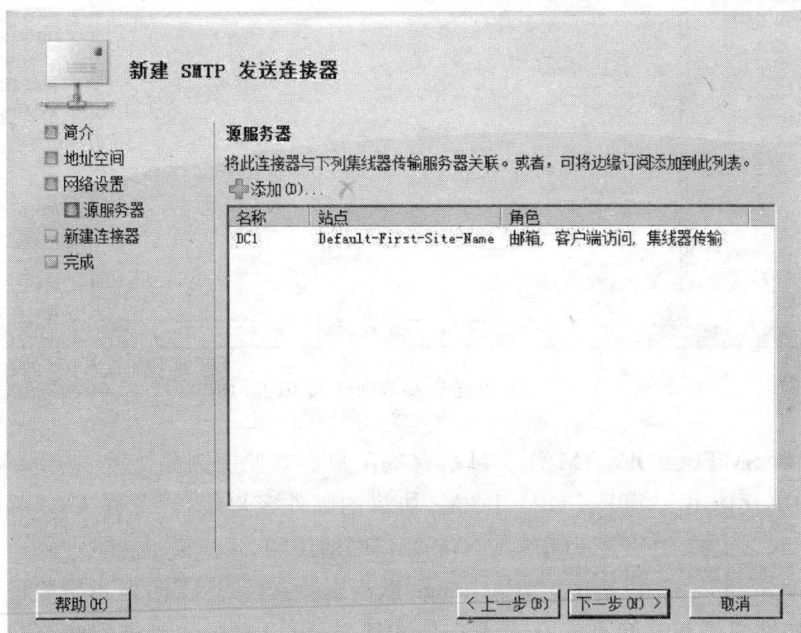

图 12.34 "源服务器"对话框

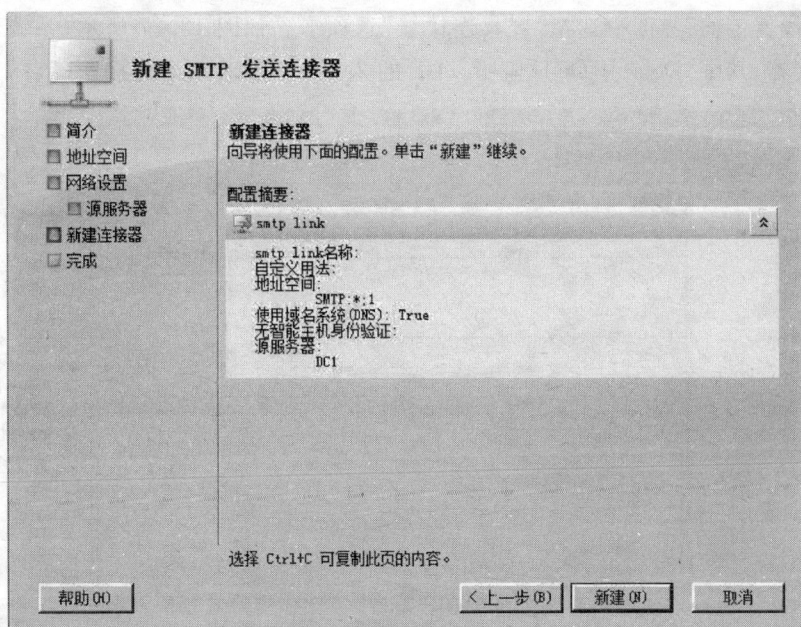

图 12.35 "新建连接器"对话框

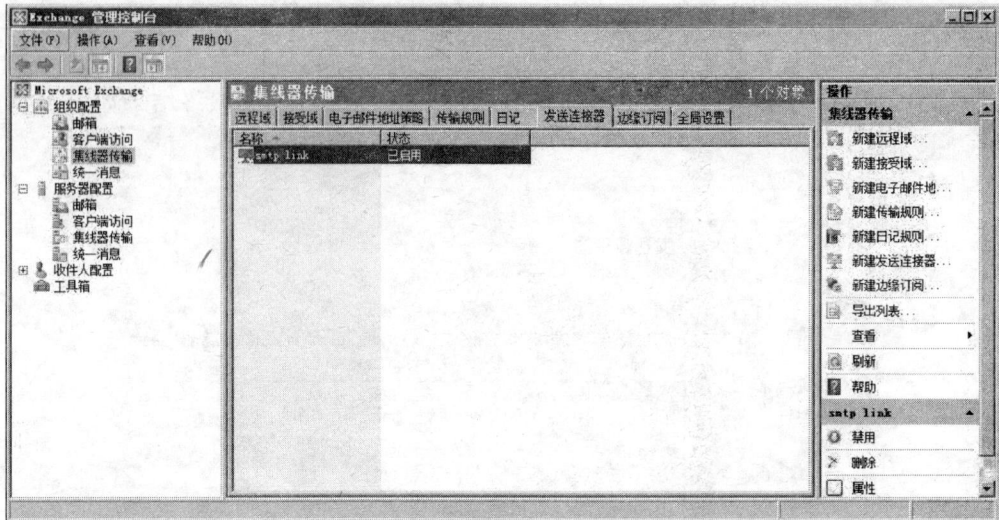

图 12.36 发送连接器创建成功的界面

(7) 配置 SMTP、POP3、IMAP。目前有些用户喜欢使用浏览器或 Outlook 客户端,也有些用户喜欢使用 SMTP、POP3、IMAP 协议的邮件客户端,因此在 Exchange Server 进行相关配置以支持 SMTP、POP3、IMAP 客户端的访问。

① 配置 SMTP。一般情况下,Exchange 默认安装支持 SMTP,但身份验证方式跟常用的 SMTP 客户端相互间可能存在不支持的情况,可以根据需要进行修改。具体步骤如下。

在"Exchange 管理控制台"窗口中选择"服务器配置"目录中的"集线器传输"选项,在出现的"集线器传输"界面中选择"接收连接器"选项卡。如图 12.37 所示,系统已经创建了两个连接器,其中"Default DC1"监听 TCP 的 25 端口,修改这个连接器接口。

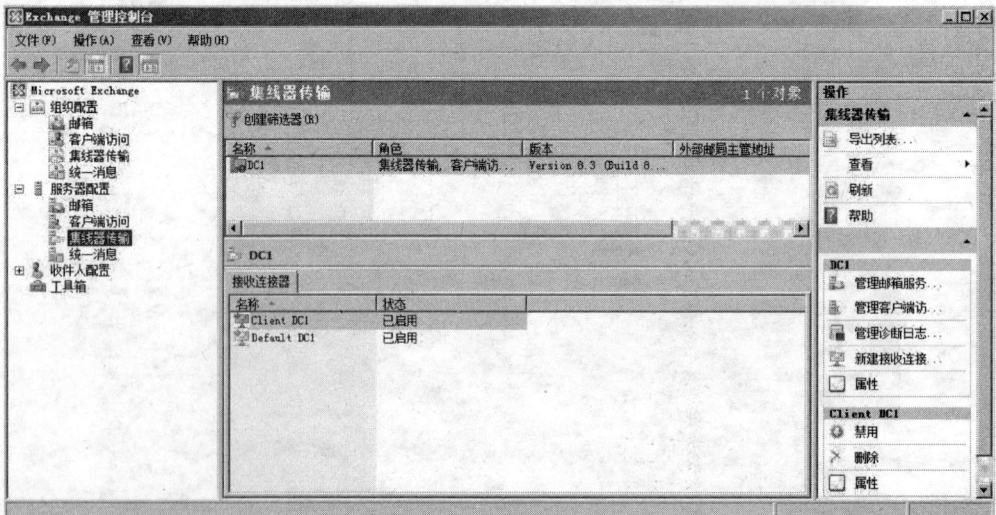

图 12.37 "接收连接器"选项卡

双击"接收连接器"选项卡中的 Default DC1 选项,出现如图 12.38 所示的"Default DC1 属性"对话框。选择"网络"选项卡,可以通过设置哪个网卡接收来自什么 IP 地址的邮件,这里保持默认值即可,即允许任何计算机进行连接。选择"身份验证"选项卡,按图 12.39 进行设置,以支持常用的 SMTP 客户端。选择"权限组"选项卡,选择允许连接到次连接的用户,按图 12.40 进行设置,为接收从其他 SMTP 服务器发送来的邮件,必须选中"匿名用户"复选框,否则邮件会被拒绝接收。

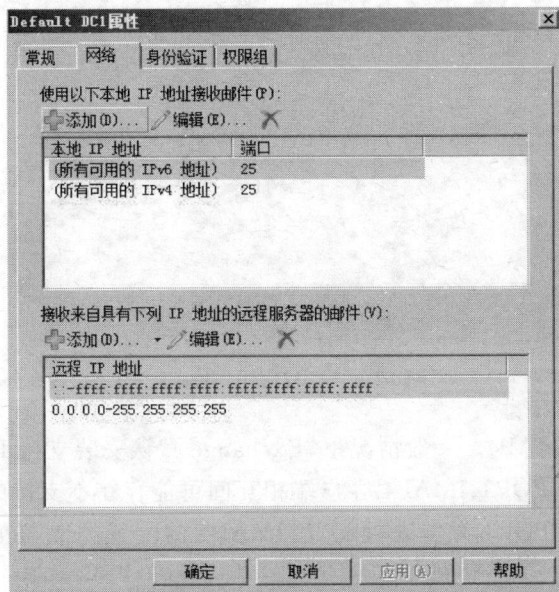

图 12.38　"网络"选项卡

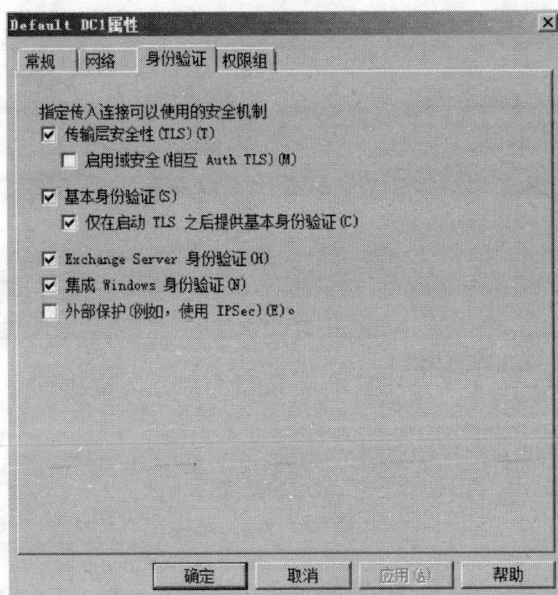

图 12.39　"身份验证"选项卡

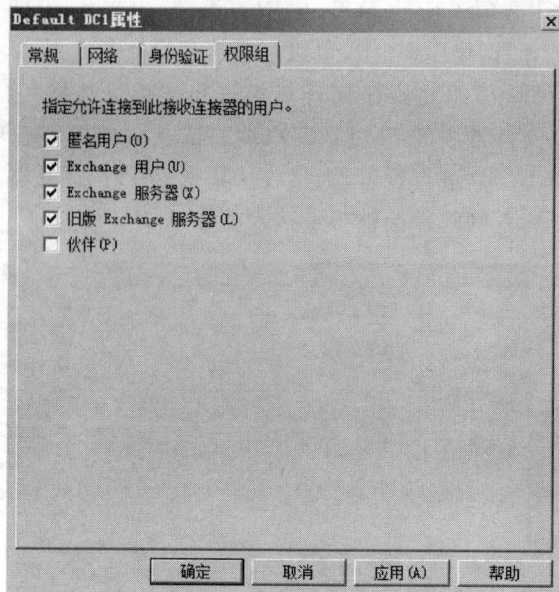

图 12.40 "权限组"选项卡

② 配置 POP3、IMAP4。一般情况下，Exchange 默认安装支持 POP3、IMAP4，但身份验证方式跟常用的 POP3、IMAP4 客户端相互间可能存在不支持的情况，可以根据需要进行修改。下面以 POP3 为例进行配置(IMAP4 的配置类似，在此省略)，具体步骤如下。

在"Exchange 管理控制台"窗口中选择"服务器配置"目录中的"客户端访问"选项，在出现的"客户端访问"界面中选择"POP3 和 IMAP4"选项卡，如图 12.41 所示。

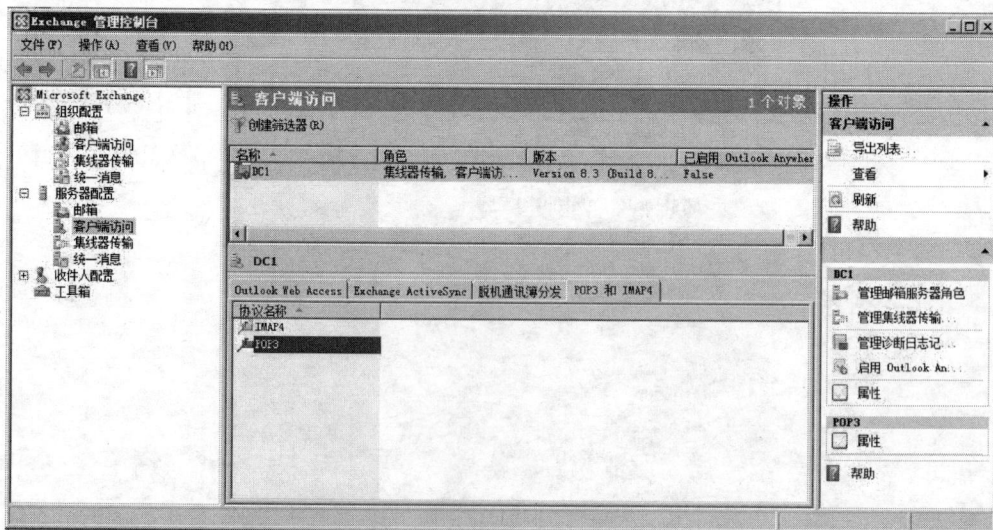

图 12.41 "POP3 和 IMAP4"选项卡

双击 POP3 选项,选择"身份验证"选项卡,选择"纯文本登录(基本身份验证)"选项,如图 12.42 所示。选择"绑定"选项卡,设置 POP3 监听端口,这里选择默认的 110 和 995 (SSL)端口,如图 12.43 所示。

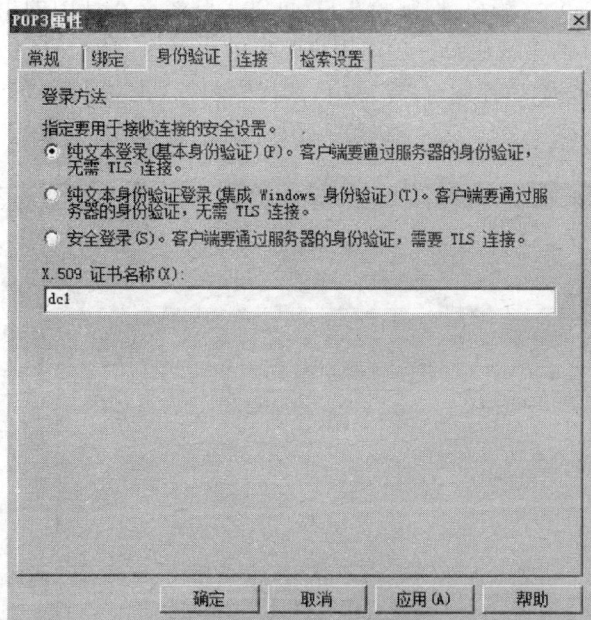

图 12.42   "身份验证"选项卡

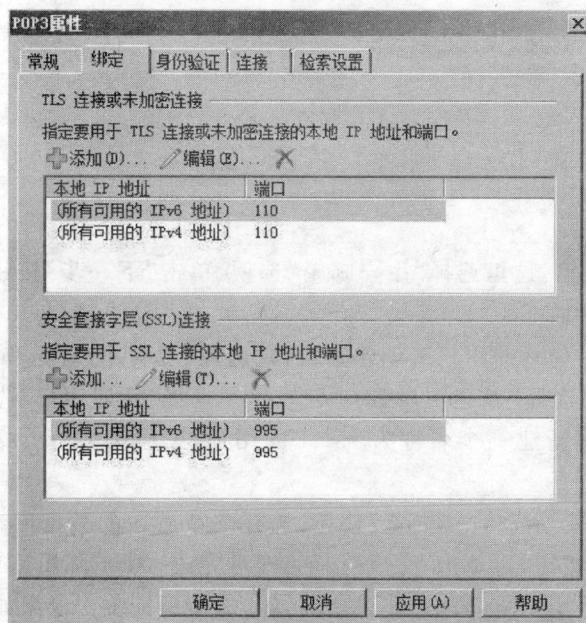

图 12.43   "绑定"选项卡

12.4.3 创建用户邮箱

在 nzy.com 域中建立账户,即邮箱账户,可以为已经存在域中的用户创建邮箱,也可以在创建邮箱的同时创建域用户。创建用户邮箱的步骤如下。

(1) 在"Exchange 管理控制台"窗口中,选择"收件人配置"目录中的"邮箱"选项,如图 12.44 所示。

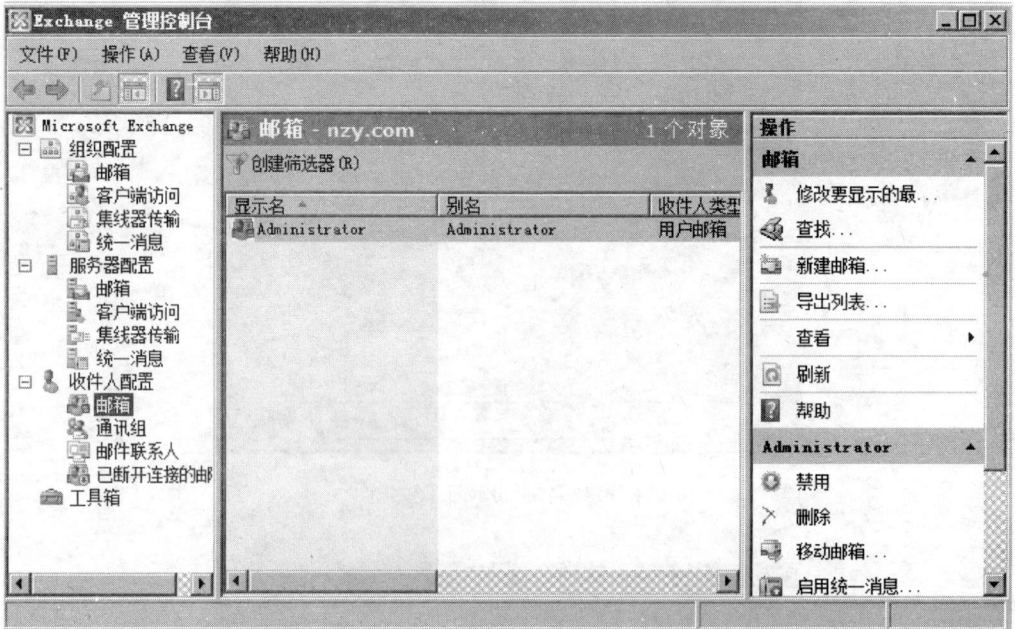

图 12.44 "邮箱-nzy.com"界面

(2) 单击"操作"窗格中的"新建邮箱"按钮,出现如图 12.45 所示的"新建邮箱"对话框。

(3) 选择邮箱类型,这里选择"用户邮箱"选项,单击"下一步"按钮,出现如图 12.46 所示的"用户类型"对话框。

(4) 如果想使用现有的用户来创建邮箱,则选择"现有用户"选项,如果想建立新的用户来创建邮箱,则选择"新建用户"选项。在这里选择"新建用户"选项,单击"下一步"按钮。在图 12.47 中新建一个名称为 user1 的用户,密码为 12qwasZX,单击"下一步"按钮。

(5) 如图 12.48 所示,单击"浏览"按钮,选择邮箱所在的数据库。单击"下一步"按钮,然后单击"新建"按钮,再单击"完成"按钮,即可完成 user1 邮箱用户的创建。同样的操作步骤再新建一个用户 user2,密码是 ZXasqw12,步骤同上。结果如图 12.49 所示,这样就完成了两个用户邮箱的创建。

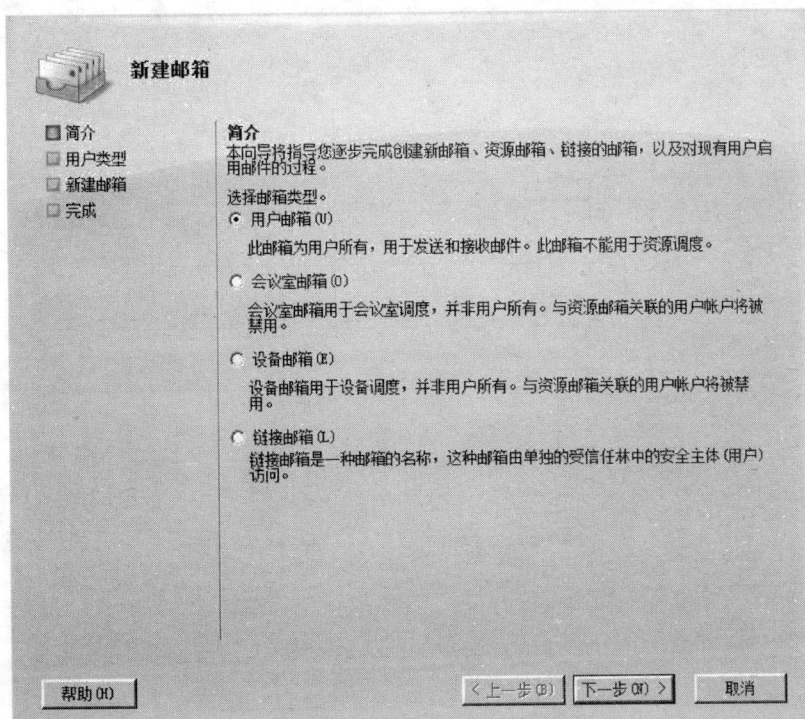

图 12.45 "新建邮箱"对话框

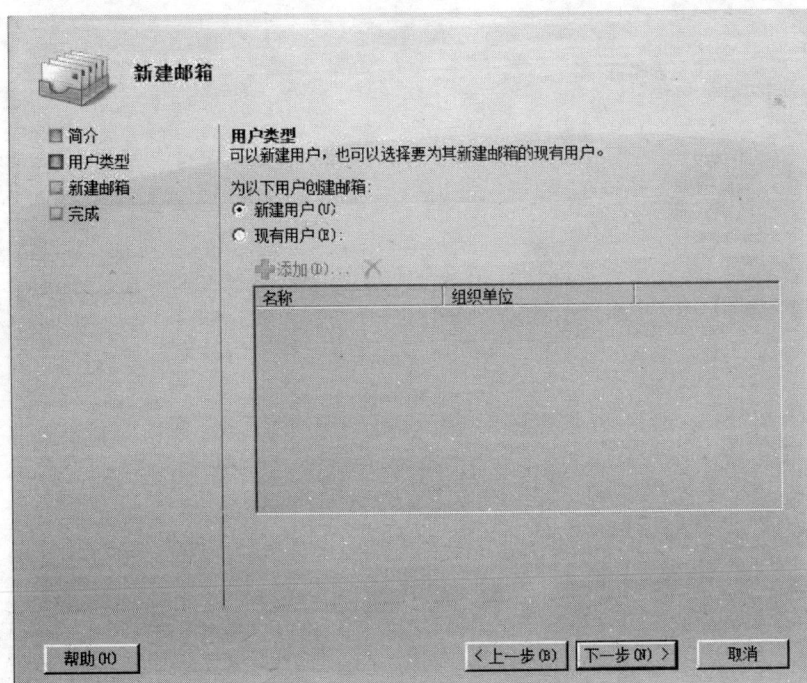

图 12.46 "用户类型"对话框

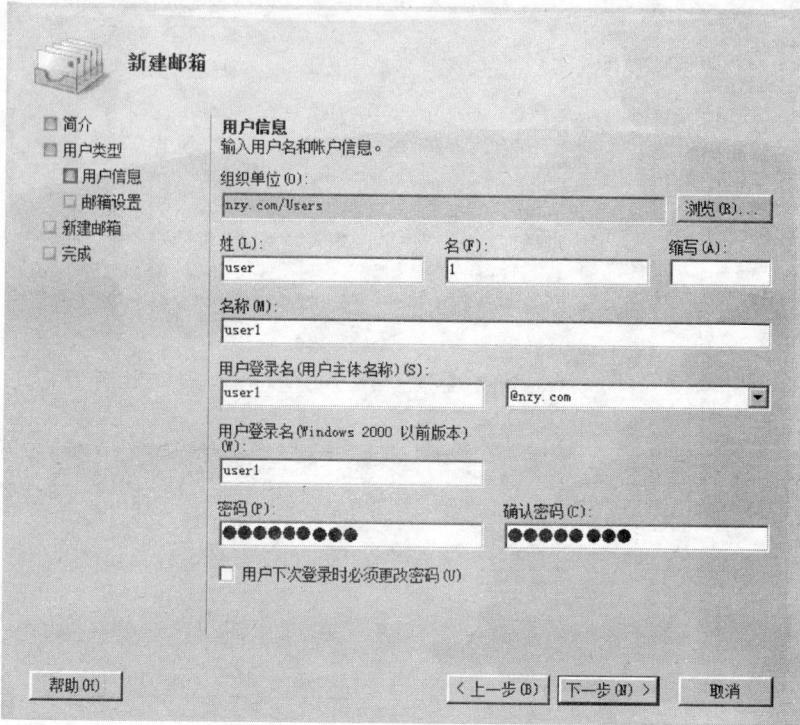

图 12.47 "用户信息"对话框

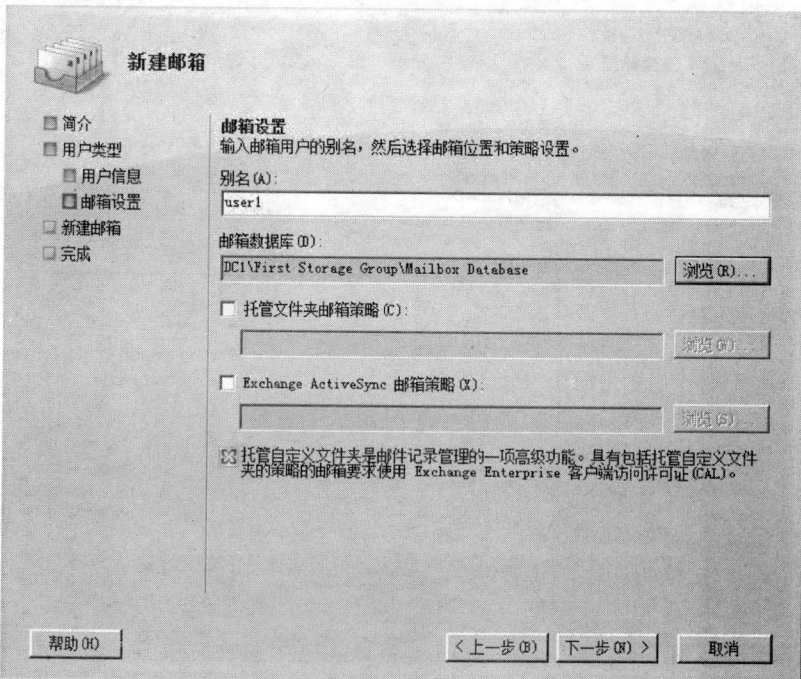

图 12.48 "邮箱设置"对话框

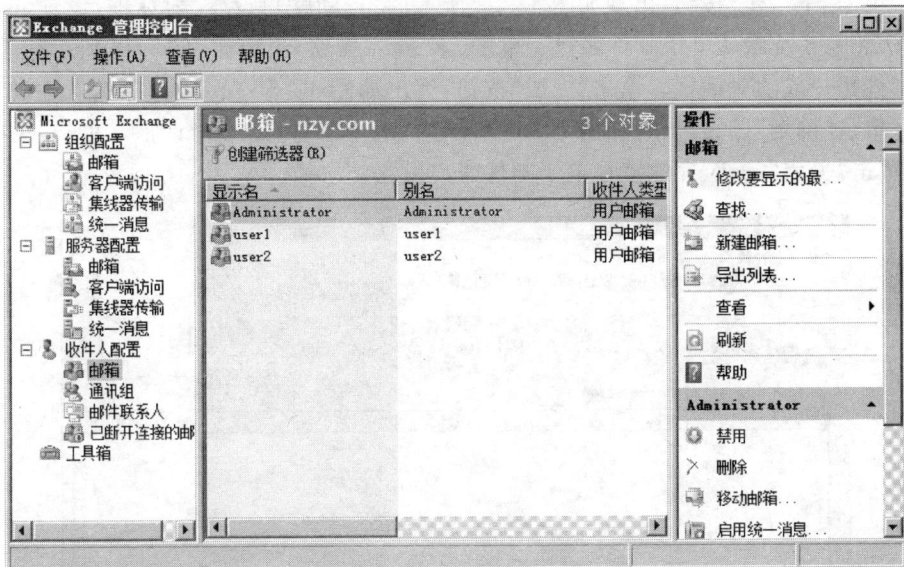

图 12.49　完成创建用户邮箱

12.4.4　使用客户端发送和接收邮件

使用邮箱进行发送和接收邮件的用户可以使用 Outlook、浏览器等客户端或 Foxmail
客户端软件,在这里我们以 Microsoft Office Outlook 2007 为例,详细演示使用邮箱发送
和接收邮件的整个过程。浏览器客户端或 Foxmail 客户端等客户端软件的使用方式在此
不再详述。

在 Windows Server 2008 中安装 Outlook 2007 后,就可以通过 Outlook 2007 发送和
接收邮件,但需要设置账户后才能连接到 Exchange Server。具体步骤如下。

(1) 选择"开始"→"控制面板"命令,双击"邮件"图标,出现如图 12.50 所示的"邮件
设置-Outlook"对话框。单击"电子邮件账户"按钮,出现如图 12.51 所示的"账户设置"对
话框。单击"新建"按钮,出现如图 12.52 所示的"添加新电子邮件账户"对话框,保持默认

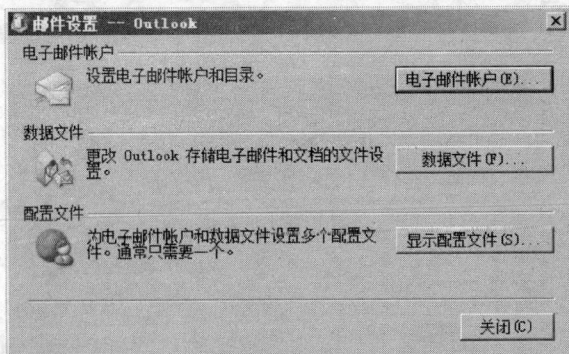

图 12.50　"邮件设置-Outlook"对话框

选项。单击"下一步"按钮,出现如图 12.53 所示的"自动账户设置"对话框,设置 user|@ nzy1.com 为系统默认电子邮件账户。单击"下一步"按钮,出现如图 12.54 所示的添加新电子邮件账户成功对话框。单击"完成"按钮,弹出如图 12.55 所示的"邮件送达设置"对话框。单击"确定"按钮,出现如图 12.56 所示的"电子邮件账户"对话框。单击"关闭"按钮,再单击"关闭"按钮,完成默认电子邮件账户设置。

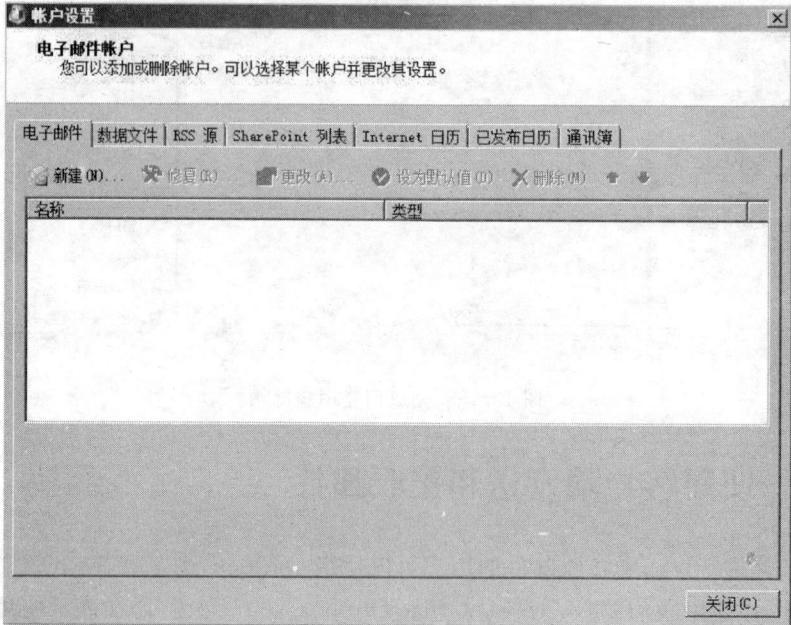

图 12.51　"账户设置"对话框

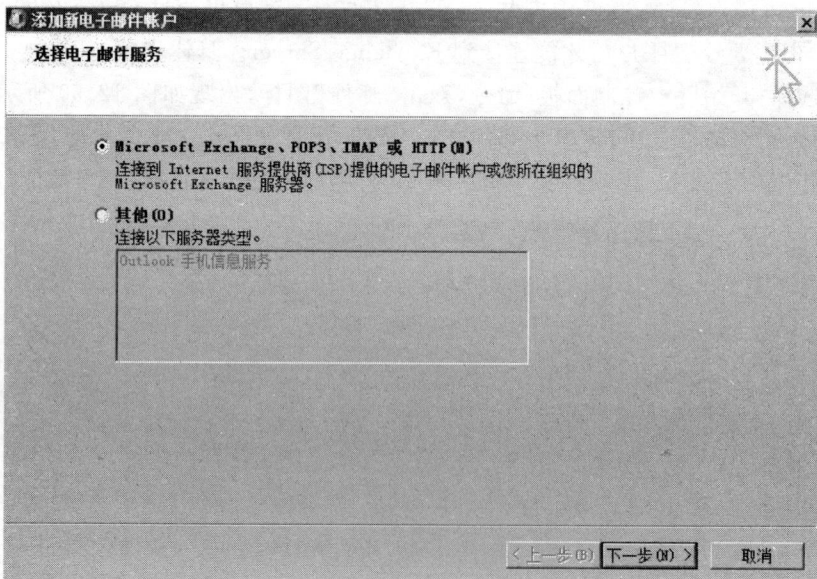

图 12.52　"添加新电子邮件账户"对话框

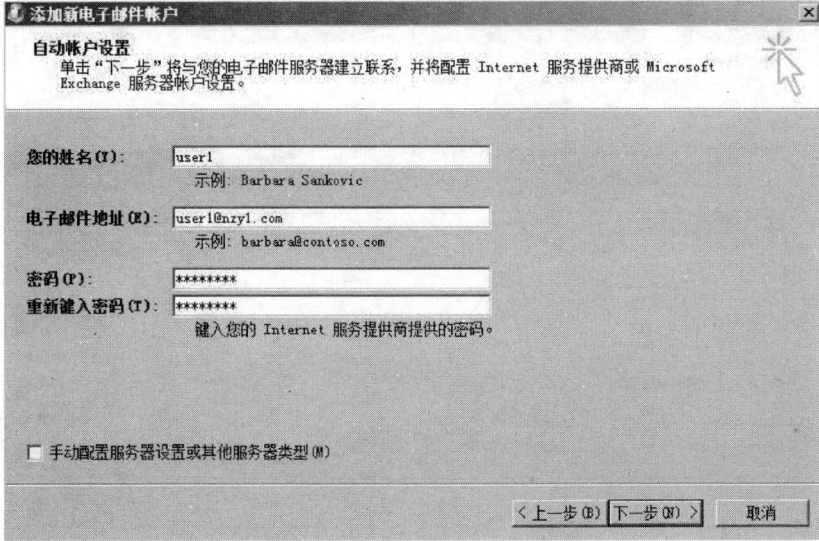

图 12.53 "自动账户设置"对话框

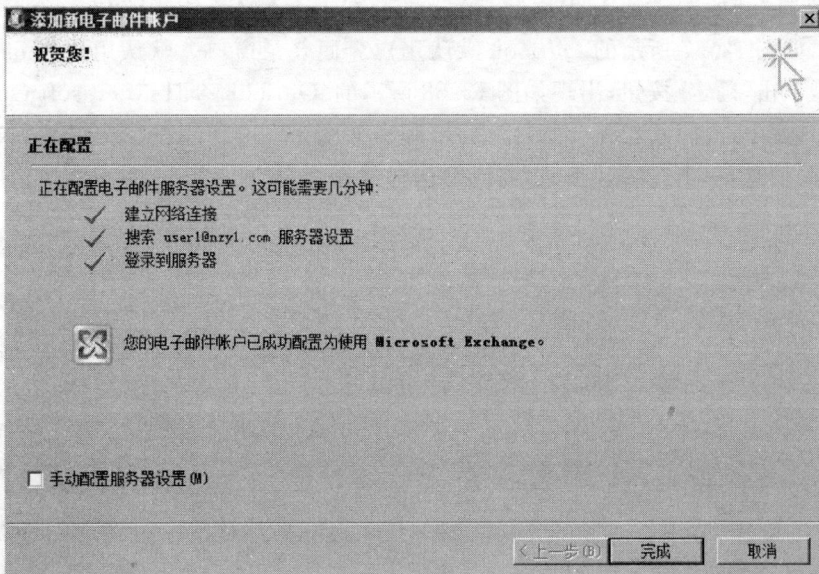

图 12.54 成功添加新电子邮件账户

图 12.55 "邮件送达位置"对话框

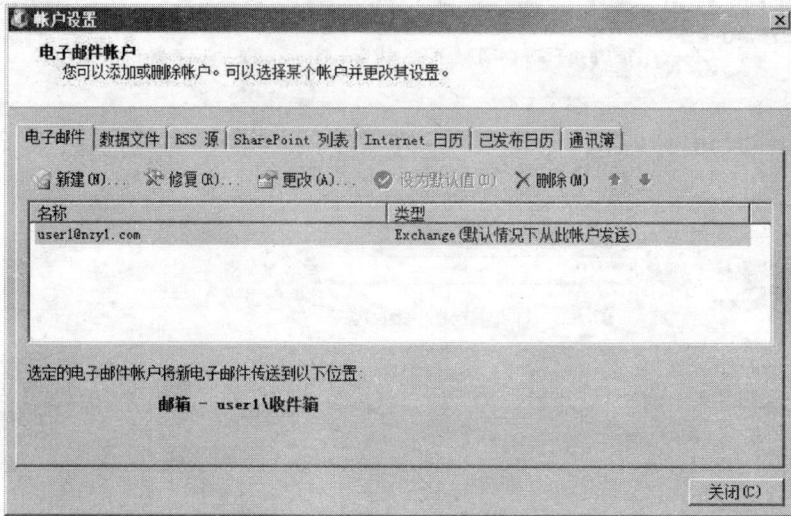

图 12.56 成功添加电子邮件信息

　　(2) 选择"开始"→"所有程序"→Microsoft Office→Microsoft Office Outlook 2007 命令,弹出如图 12.57 所示的 Outlook 默认用户界面登录窗口。默认用户为 user1,输入对应密码,单击"确定"按钮,出现如图 12.58 所示的"Outlook 今日-Microsoft Outlook"窗口。在工具栏中选择"新建"→"邮件"命令,弹出如图 12.59 所示的"邮件"窗口。如图所示输入相关信息,单击"发送"按钮,完成发送邮件操作,如图 12.60 所示为发送邮件成功的窗口。

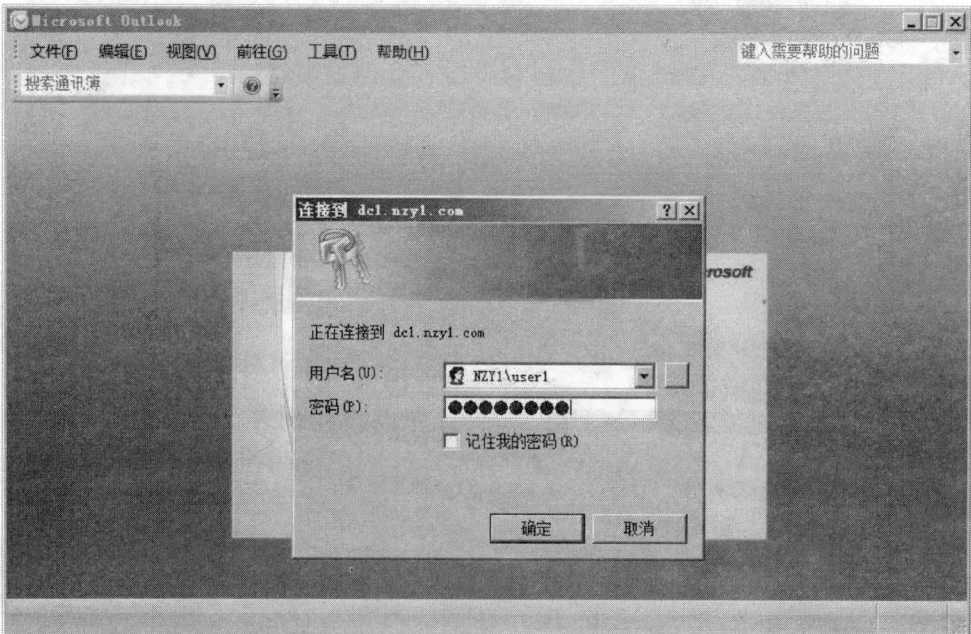

图 12.57 Outlook 默认用户界面登录窗口

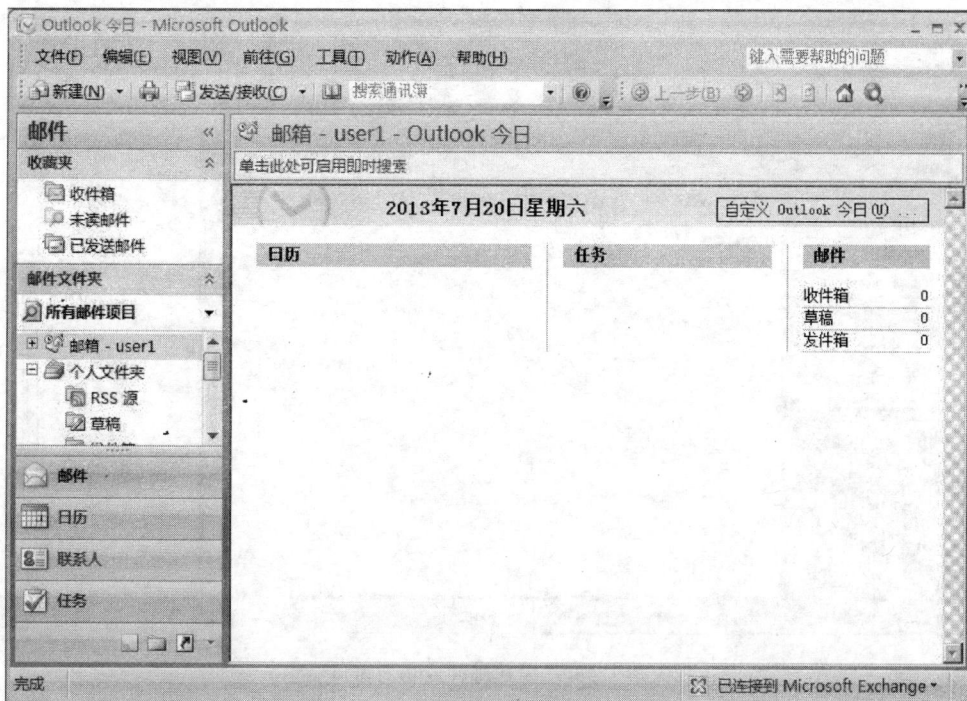

图 12.58　"Outlook 今日-Microsoft Outlook"窗口

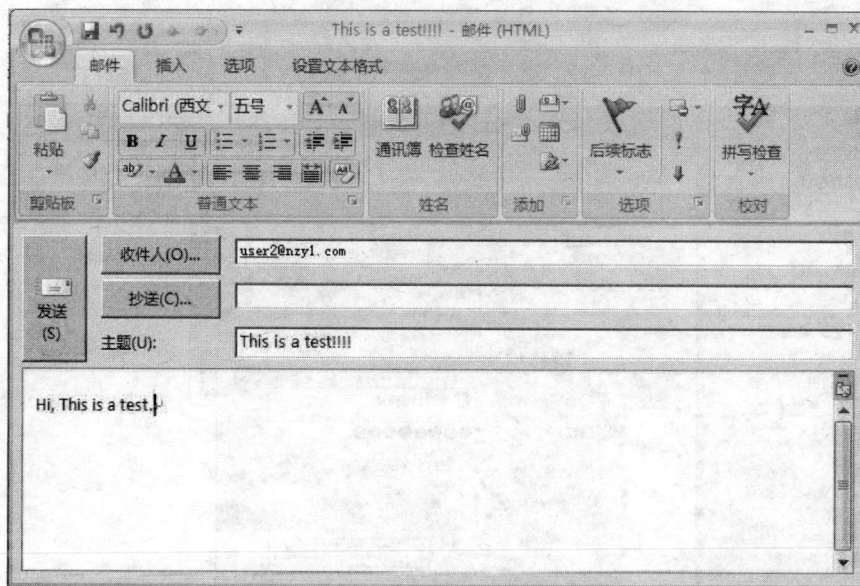

图 12.59　"邮件"窗口

（3）按步骤（1）和步骤（2）把 user1 电子邮件账户更改为 user2 电子邮件账户。然后打开 Outlook 2007，出现如图 12.61 所示的 user2 登录界面。输入用户名和密码，单击"确定"按钮。

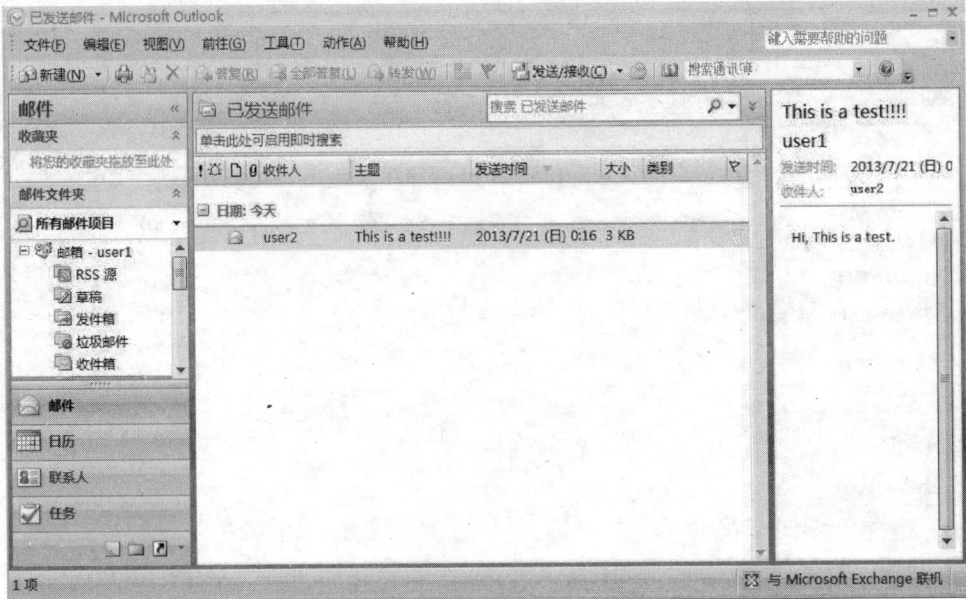

图 12.60　发送邮件成功的窗口

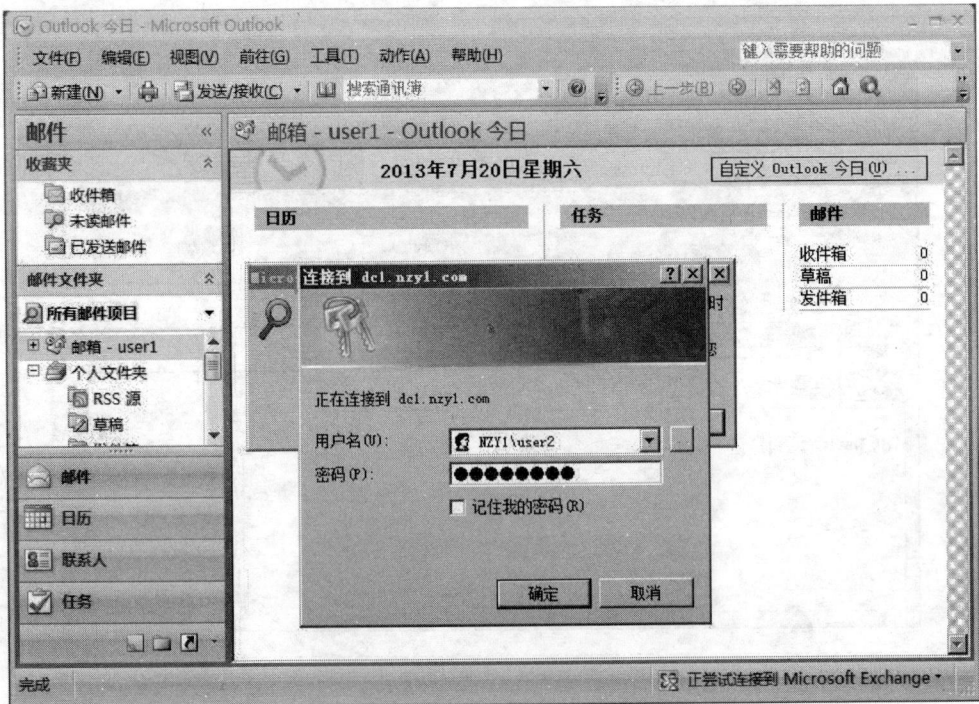

图 12.61　user2 登录界面

单击工具栏的"发送和接收"按钮,可以看到,收件箱有一封新邮件,如图 12.62 所示,邮件内容就是 user1 用户发给 user2 用户的邮件内容。

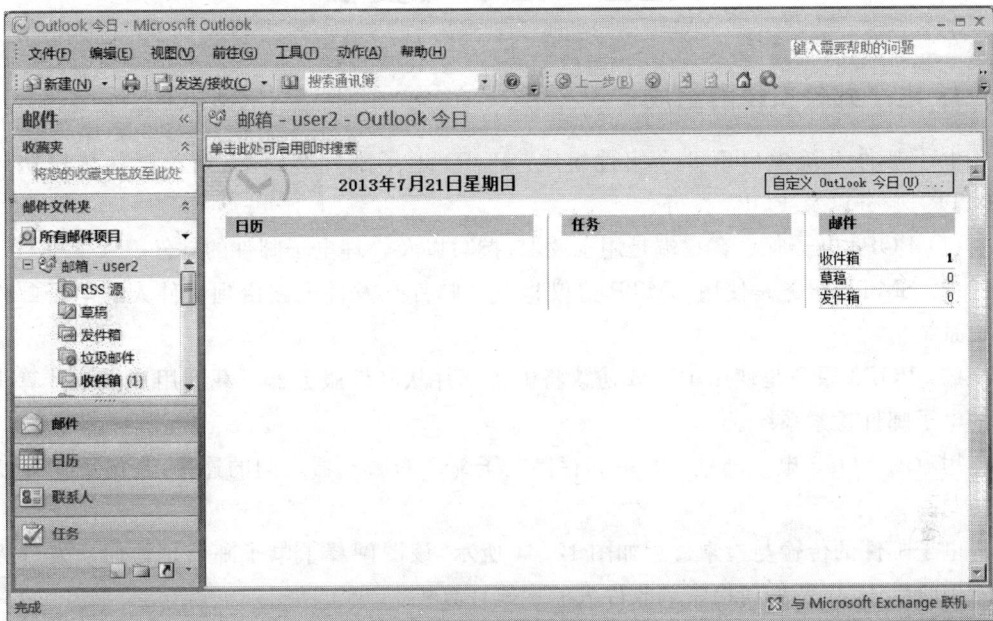

图 12.62　user2 用户的收件箱

选择"收件箱"选项,可以看到 user1 用户发给 user2 用户的一封邮件,表示邮件接收成功,如图 12.63 所示。

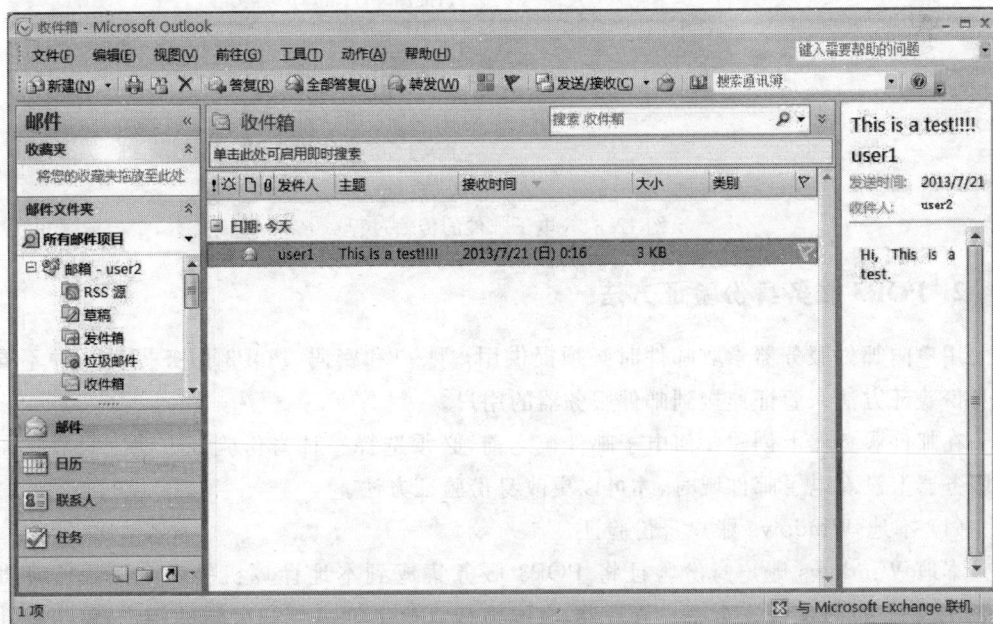

图 12.63　邮件接收成功

12.5 归纳与提高

1. 电子邮件系统的组成

电子邮件系统由以下 3 个组件组成：POP3 电子邮件客户端、简单邮件传送协议（SMTP）服务以及 POP3 服务。

(1) POP3 电子邮件客户端是用于读取、撰写以及管理电子邮件的软件。

(2) SMTP 服务是使用 SMTP 协议将电子邮件从发件人路由到收件人的电子邮件传输系统。

(3) POP3 服务是使用 POP3 协议将电子邮件从邮件服务器下载到用户本地计算机上的电子邮件检索系统。

用户的 POP3 电子邮件客户端和存储电子邮件的服务器之间的连接，是由 POP3 协议控制的。

电子邮件的传输与检索过程如图 12.64 所示，该图阐释了电子邮件是如何从发件人传送到收件人，以及如何检索到收件人的本地计算机上。

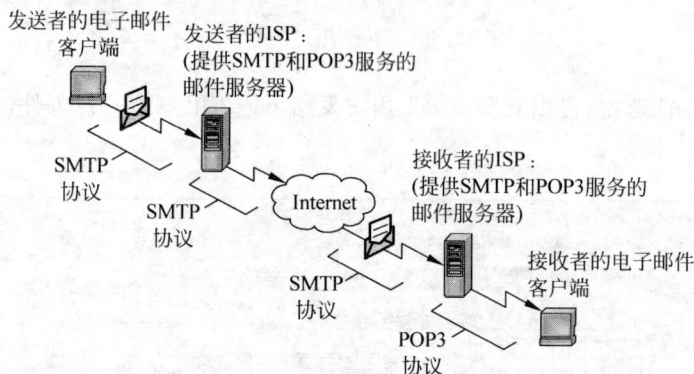

图 12.64 电子邮件的传输过程

2. POP3 服务身份验证方法

用户向邮件服务器索取邮件时必须提供用户账户和密码，POP3 服务提供 3 种不同的身份验证方法来验证连接到邮件服务器的用户。

在邮件服务器上创建任何电子邮件域之前，必须选择一种身份验证方法。只有在邮件服务器上没有电子邮件域时，才可以更改身份验证方法。

(1) 本地 Windows 账户身份验证

本地 Windows 账户身份验证将 POP3 服务集成到本地计算机的安全账户管理器（SAM）中。通过使用安全账户管理器，在本地计算机上拥有用户账户的用户，就可使用由 POP3 服务或/和本地计算机进行身份验证的相同的用户名和密码。

（2）Active Directory 集成身份验证

可以使用 Active Directory 集成的身份验证将 POP3 服务集成到现有的 Active Directory 域中。如果创建的邮箱与现有的 Active Directory 用户账户相应，用户就可以使用现有的 Active Directory 域用户名和密码来收发电子邮件。

如果运行 POP3 服务的计算机是 Active Directory 域的成员或域控制器，则默认的身份验证方法是 Active Directory 集成身份验证。

（3）加密密码文件身份验证

加密密码文件身份验证使用用户的密码创建一个加密文件，该文件存储在服务器上用户邮箱的目录中。在身份验证过程中，用户提供的密码被加密，然后与存储在服务器上的加密文件比较。如果加密的密码与存储在服务器上的加密密码匹配，则用户通过身份验证。

3. Exchang Server 2007 简介

Microsoft Exchange Server 2007 是电子邮件、日历和统一信息服务器。简单而言，Exchange Server 可以被用来构架应用于企业、学校的邮件系统甚至于像 sohu 或 sina 那样的免费邮件系统。同时 Exchange Server 还是一个协作平台。用户可以在此基础上开发工作流、知识管理系统、Web 系统或者其他消息系统。

Exchange Server 2007 包含以下几个服务器角色。

（1）客户端服务器角色

在 Microsoft Exchange Server 2007 中，客户端访问服务器角色支持 Microsoft Outlook Web Access 和 Microsoft Exchange ActiveSync 客户端应用程序以及邮局协议版本 3（POP3）和 Internet 邮件访问协议版本 4（IMAP4）协议。

客户端访问服务器角色支持各种不同客户端与 Exchange 2007 服务器连接。Microsoft Outlook Express 和 Eudora 等软件客户端使用 POP3 或 IMAP4 连接与 Exchange 服务器进行通信。移动设备等硬件客户端使用 ActiveSync、POP3 或 IMAP4 与 Exchange 服务器进行通信。每个 Exchange Server 2007 组织都需要客户端访问服务器角色。

（2）边缘传输服务器角色

在 Exchange 2007 中，边缘传输服务器角色在组织的外围网络中作为独立的服务器或基于外围的 Active Directory 域的成员服务器进行部署。边缘传输服务器旨在最小化攻击面，并可处理所有面向 Internet 的邮件流，这样可以为 Exchange 组织提供简单邮件传输协议（SMTP）中继和智能主机服务。运行在边缘传输服务器上的系列代理提供其他的邮件保护和安全层，当邮件传输组件处理邮件时，这一系列代理将作用于这些邮件。这些代理支持的功能可提供病毒和垃圾邮件防范措施，以及应用传输规则来控制邮件流。

（3）中心传输服务器角色

中心传输服务器角色部署在 Active Directory 目录服务林内部，用于处理组织内的所有邮件流、应用传输规则、应用日记策略以及向收件人的邮箱传递邮件。发送到 Internet 的邮件由中心传输服务器中继到部署在外围网络中的边缘传输服务器角色。从 Internet 接收的邮件在中继到中心传输服务器之前，由边缘传输服务器进行处理。如果不具有边缘传输服务器，则可以将中心传输服务器配置为直接中继 Internet 邮件。还可

259

以在中心传输服务器上安装和配置边缘传输服务器代理,以便在组织内部提供反垃圾邮件和防病毒保护。

(4) 邮箱服务器角色

在 Microsoft Exchange Server 2007 中,邮箱服务器角色托管邮箱数据库,其中包含用户邮箱。如果计划托管用户邮箱、公用文件夹或托管两者,则需要邮箱服务器角色。

在 Exchange Server 2007 中,邮箱服务器角色与 Active Directory 目录服务集成,优于早期版本的 Exchange 中与邮箱功能集成。集成方面的这种改进使部署和操作任务更加容易。邮箱服务器角色还通过提供更丰富的日历功能、资源管理以及脱机通讯簿下载,改善信息工作人员的体验。

(5) 统一消息服务器角色

在 Microsoft Exchange Server 2007 中,Exchange Server 2007 统一消息将语音邮件、传真和电子邮件组合到一个收件箱中,用户可以通过电话和计算机来访问该收件箱。统一消息使组织中的 Exchange Server 2007 与电话网络集成在一起,并将在统一消息中找到的功能引入 Exchange Server 产品线的核心。

12.6   思考与自测

12.6.1   思考题

1. 发送邮件使用什么协议? 接收邮件使用什么协议?
2. 如何利用 Exchange Server 2007 构建一个完整的邮件服务器?

12.6.2   自测题

在 1 号机构建一个邮件服务器,使用邮箱 jp1@nzy1.com 发送和接收邮件,配置 Exchange Server 2007 服务器,使之可以转发和接收来自其他服务器的邮件。

12.6.3   评分标准

评分标准见表 12.1。

表 12.1   评分标准

要　　求	得分	备　　注
① 安装 Exchange Server 2007	20	
② 配置 Exchange Server 2007	30	15 分钟完成
③ 创建及配置用户邮箱	30	
④ 使邮箱 jp1@nzy1.com 能发送和接收邮件	20	

12.7　实训指导

1. 安装 Exchange Server 2007

略。

2. 配置 Exchange Server 2007

(1) 打开"Exchange 管理控制台"窗口。

选择"开始"→"所有程序"→Microsoft Exchange Server 2007→"Exchange 管理控制台"命令,打开"Exchange 管理控制台"窗口。

(2) 配置脱机通讯簿(OAB)。

① 单击"Exchange 管理控制台"窗口的"组织配置"按钮,在邮箱上右击,选择"新建脱机通讯簿"命令,弹出"新建脱机通讯簿"对话框。输入脱机通讯簿名称为"默认脱机通讯簿",单击"下一步"按钮。

② 选择"启用基于 Web 的分发"和"启用公用文件夹分发"复选框,单击"下一步"按钮。

③ 在出现的对话框中单击"新建"按钮,出现新建向导完成提示。单击"完成"按钮,即完成"脱机通讯簿"的建立。选择中间窗格的邮箱中的"默认脱机通讯簿"选项,再在"操作"窗格中单击"属性"按钮。

④ 选择"分发"选项卡,选择所有复选框,单击"确定"按钮。

(3) 配置脱机通讯簿(OAB)公用文件夹分发。通过配置脱机通讯簿公用文件夹分发可以实现 Outlook 2007 或者更早版本的客户端都可以使用 Exchange Server,配置具体步骤如下。

① 单击"Exchange 管理控制台窗口"的"服务器配置"目录中的"邮箱"按钮,在"数据库管理"选项卡中,默认在 Second Storage Group 已经安装好"公用文件数据库"。

② 在"数据库管理"选项卡中选择 First Storage Group 目录中的 Mailbox Database 选项,右击,选择"属性"命令,出现 Mailbox Database 属性对话框。配置默认公用文件夹数据库和脱机通讯簿,单击"确定"按钮,即完成脱机通讯簿(OAB)公用文件夹分发配置。

(4) 配置客户端访问服务器的 SSL 及身份验证。

① 配置 SSL。这里选择默认设置即可。

② 配置身份验证。为保证安全,用户在浏览器使用邮箱时,必须对客户进行身份验证,即要求输入用户名和密码。双击"身份验证"图标,设置为"基本身份验证",并禁用"匿名身份验证",即完成身份验证配置。

(5) 创建接受域。在"Exchange 管理控制台"窗口中选择"组织配置"目录中的"集线器传输"选项,在出现的"集线器传输"对话框中选择"接受域"选项卡,可以看到已经创建

nzy1.com 的接受域了,即该服务器可以接收"×××@nzy1.com"格式的邮件。双击图中接受域,出现选择处理电子邮件方式,选择默认选项即可。

(6) 创建发送连接器。选择"发送连接器"选项卡,选择"操作"窗格中的"发送连接器连接"选项,输入连接器名称,单击"下一步"按钮,单击"添加"按钮,打开"地址空间",单击"确定"和"下一步"按钮,出现"网络设置"对话框,直接单击"下一步"按钮,该连接器已经和默认的集线器传输服务器进行关联,单击"下一步"按钮,单击"新建"按钮,创建完成后,单击"完成"按钮。

(7) 配置 SMTP、POP3、IMAP。目前有些用户喜欢使用浏览器或 Outlook 客户端,也有些用户喜欢使用 SMTP、POP3、IMAP 协议的邮件客户端,因此在 Exchange Server 进行相关配置以支持 SMTP、POP3、IMAP 客户端的访问。

① 配置 SMTP。一般情况下,Exchange 默认安装支持 SMTP。选择"权限组"选项卡,选择允许连接到此连接的用户,为接收从其他 SMTP 服务器发送的邮件,必须选中"匿名用户"复选框,否则邮件会被拒绝接收。

② 配置 POP3、IMAP4。

3. 创建用户邮箱

在 nzy1.com 域中建立账户,即邮箱账户,可以为已经存在于域中的用户创建邮箱,也可以在创建邮箱的同时创建域用户。创建用户邮箱的步骤如下。

(1) 选择"收件人配置"目录中的"邮箱"选项,单击"操作"窗格中的"新建邮箱"按钮。

(2) 选择邮箱类型,这里选择"用户邮箱"选项,单击"下一步"按钮。

(3) 选择"新建用户"选项,单击"下一步"按钮。

(4) 新建一个名为 jp1 的用户,密码为 12qwasZX,填写相关信息,单击"下一步"按钮。

(5) 单击"浏览"按钮,选择邮箱所在的数据库,进行相应配置,单击"下一步"按钮,再单击"新建"按钮,再单击"完成"按钮,即可完成 jp1 邮箱用户的创建。

4. 使用客户端发送和接收邮件

在 Windows Server 2008 中安装好 Outlook 2007,通过 Outlook 2007 发送和接收邮件,但需要设置账户后才能连接到 Exchange Server。具体步骤如下。

(1) 选择"开始"→"控制面板"命令,双击"邮件"图标,出现"邮件设置"对话框。单击"电子邮件账户"按钮,在"账户设置"对话框中,单击"新建"按钮,出现"添加新电子邮件账户"对话框。保持默认选项,单击"下一步"按钮,出现"自动账户设置"对话框,设置 jp1@nzy1.com 为系统默认电子邮件账户。单击"下一步"按钮,出现添加新电子邮件账户成功对话框。单击"完成"按钮,弹出"邮件送达位置"对话框。单击"确定"按钮,出现"电子邮件账户"对话框。单击"关闭"按钮,再单击"关闭"按钮,完成默认电子邮件账户设置。

（2）选择"开始"→"所有程序"→Microsoft Office→Microsoft Office Outlook 2007命令，弹出 Outlook 默认用户界面登录窗口。默认用户为 jp1，输入对应密码。单击"确定"按钮，出现"Outlook 今日-Microsoft Outlook"窗口。在工具栏中选择"新建"下拉菜单中的"邮件"选项，弹出"邮件"窗口。输入收件人 jp1@nzy1.com 及发件人 jp1@nzy1.com相关信息，单击"发送"按钮，完成发送邮件操作。单击工具栏的"发送和接收"按钮，可以接收别人发给自己的邮件。单击"收件箱"按钮，可以看到 jp1 用户发给自己的一封邮件，表示邮件接收成功。

项目 13   组策略应用

本项目将进行组策略设置,学习组策略的基本概念、组策略的修改、组策略的创建及组策略的应用等。

13.1   项 目 问 题

为加固本机安全,强化域的管理,充分发挥活动目录的强大功能,提高单位内部局域网的安全性要求,网络管理员应该如何正确设置 Windows 环境中的"行为规范",灵活运用组策略技术,如何定制自己的策略规则?

13.2   主 要 任 务

(1) 更改组策略。
(2) 设置组策略管理模板策略。
(3) 设置组策略 Windows 设置策略。
(4) 设置软件发布策略。

13.3   项 目 目 标

(1) 掌握创建、更改组策略的具体步骤。
(2) 掌握组策略管理模板策略的管理。
(3) 掌握组策略 Windows 设置策略的管理。
(4) 掌握软件发布策略的设置。

13.4   探 索 与 实 践

13.4.1   项目实施环境

两台计算机,已安装 Windows XP(或 Windows 7)和 Windows Server 2008 系统,其中一台计算机配置成 Windows Server 2008 域控制器,另一台计算机已登录到域。

13.4.2　更改组策略

1. 修改现有策略

将域内的所有用户账户设置成都可以在域控制器上登录，也就是更改 Default Domain Controllers Policy，让 Domain Users 组内的所有成员都具备"在本地登录"的权利。

（1）依次选择"开始"→"管理工具"→"组策略管理"命令，打开"组策略管理"控制台窗口。展开"组策略管理"目录下的"林：nzy.com"目录，导航到 Domain Controllers 目录下的 Default Domain Controllers Policy 选项，如图 13.1 所示。

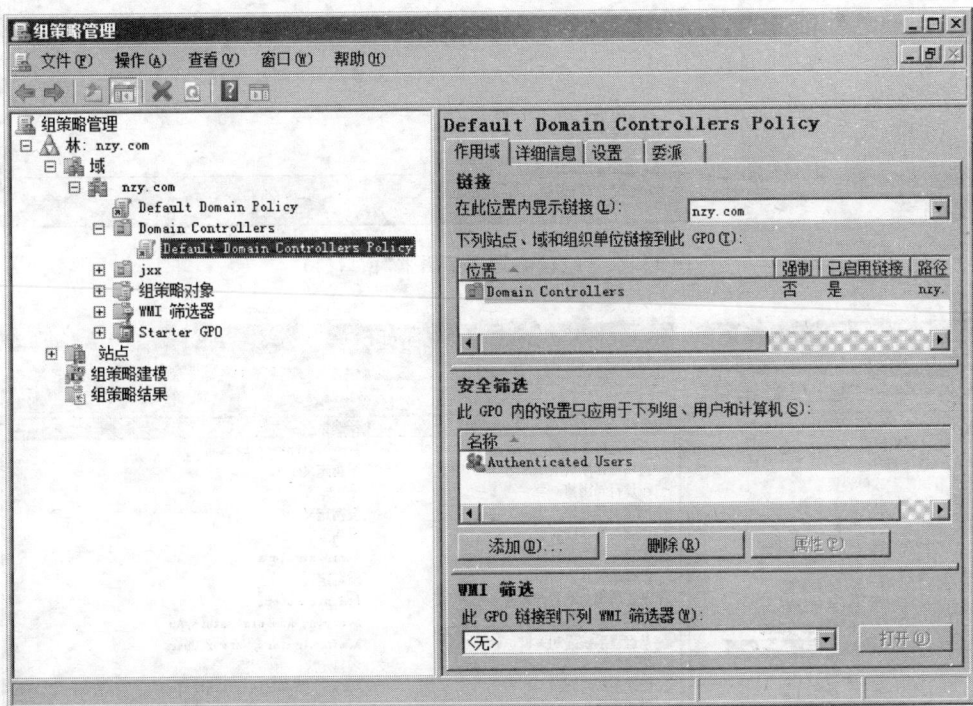

图 13.1　"组策略管理"窗口

（2）右击 Default Domain Controllers Policy 选项，然后选择"编辑"命令，打开"组策略管理编辑器"窗口，如图 13.2 所示。

（3）在"组策略管理编辑器"窗口中，依次选择"计算机配置"→"策略"→"Windows 设置"→"安全设置"→"本地策略"→"用户权限分配"选项，如图 13.3 所示。然后双击窗口右侧的"允许在本地登录"选项，打开"允许在本地登录属性"对话框，如图 13.4 所示。

（4）单击"添加用户或组"按钮，选择 Domain Users 组以便让所有的域用户都具备在本地登录的权利。完成后单击"确定"按钮关闭此对话框。

265

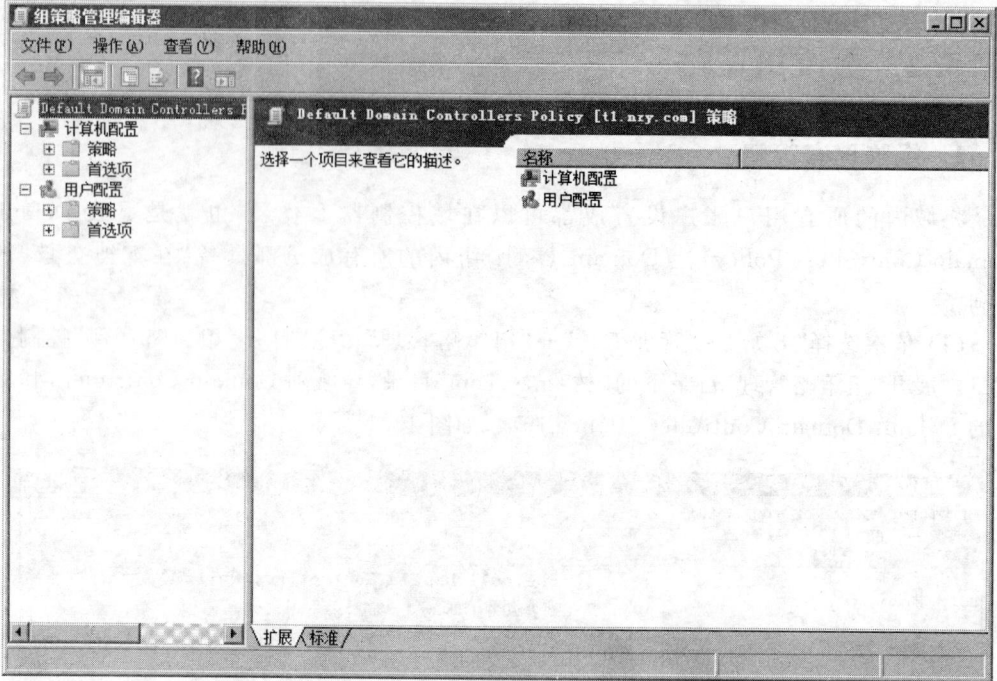

图 13.2 "组策略管理编辑器"窗口(1)

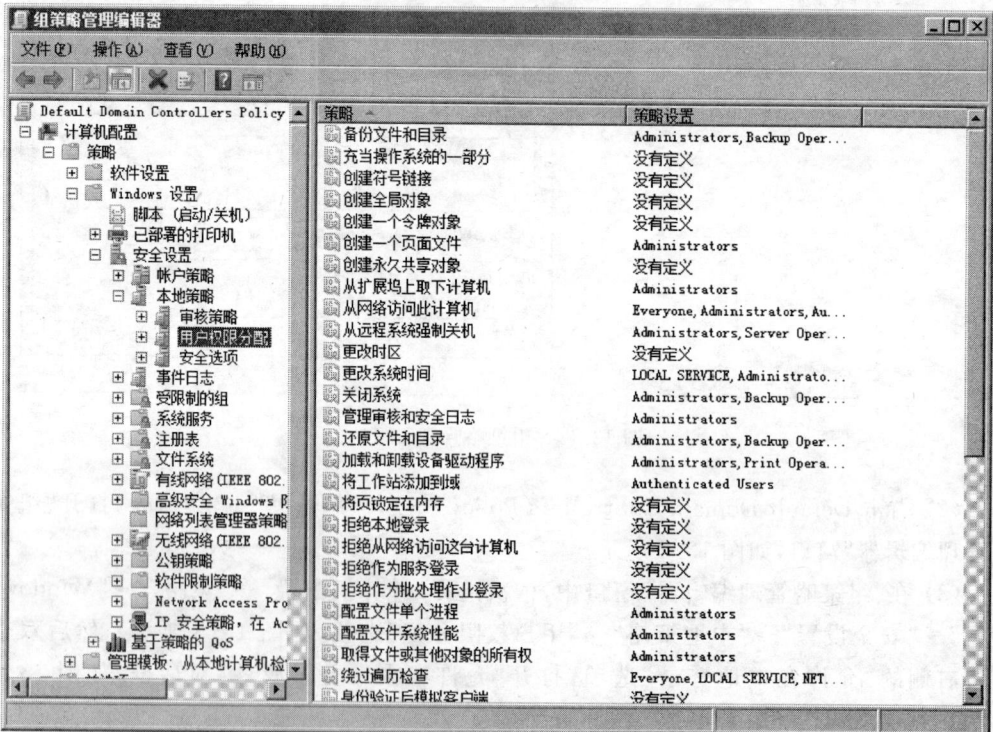

图 13.3 "组策略管理编辑器"窗口(2)

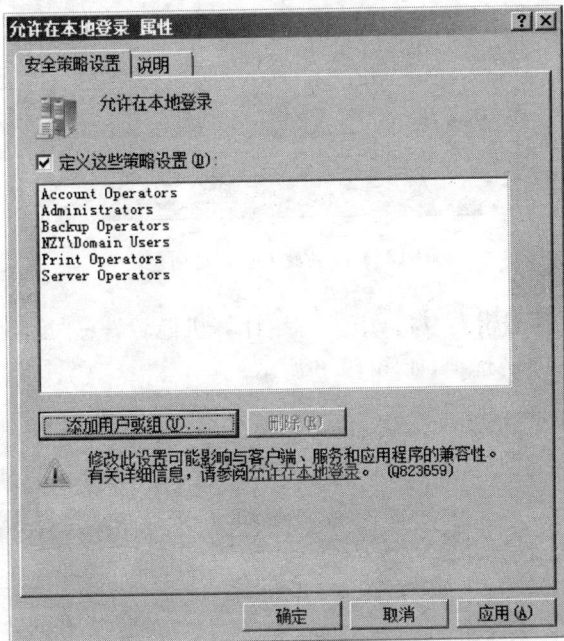

图 13.4 "允许在本地登录 属性"对话框

（5）返回"组策略管理编辑器"窗口并关闭。

2. 验证更改组策略的有效性

（1）在服务器端，以 administrator 账户登录。

（2）依次选择"开始"→"管理工具"→"Active Directory 用户和计算机"命令，从弹出的对话框中选中"Users 组织单位"并右击，然后从弹出的快捷菜单中选择"新建"→"用户"命令添加一个一般的用户账户。

（3）完成后，注销 administrator，然后等待此组策略生效；或者干脆重新启动。要使组策略立即生效，可运行命令 GPUPDATE。

（4）重新登录时，用刚建立的域用户登录，此时应该可以正常登录。

13.4.3 实现计算机的管理模板策略

建立一个组策略，实现：启动磁盘配额，防止强制实施磁盘配额限制，防止用户运行"新任务向导"。

（1）打开"组策略管理"控制台窗口，右击 Domain Controllers 选项，然后选择"在这个域中创建 GPO 并在此处链接"选项，打开"新建 GPO"对话框，输入名称，如图 13.5 所示，单击"确定"按钮，即可建立一个新的组策略。

（2）右击新建的组策略 Admin Template Policy，然后选择"编辑"命令，打开"组策略管理编辑器"窗口。

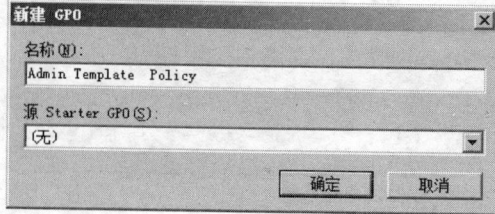

图 13.5 "新建 GPO"对话框

(3) 在"组策略管理编辑器"窗口中,选择"计算机配置"→"策略"→"管理模板:从本地计算机检索"→"系统"选项,如图 13.6 所示。

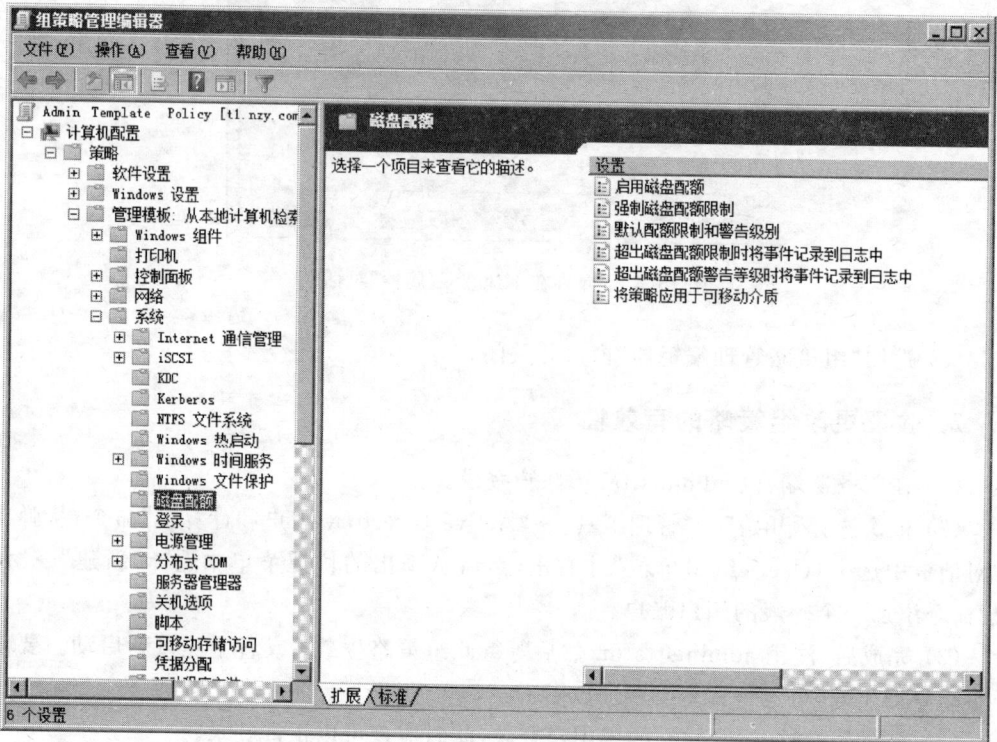

图 13.6 "组策略管理编辑器"窗口(3)

(4) 选择"磁盘配额"选项,在详细信息面板中,双击"启用磁盘配额"选项,在"启用磁盘配额 属性"对话框中,选择"已启用"选项,然后单击"确定"按钮,如图 13.7 所示。

(5) 在详细信息面板中,双击"强制磁盘配额限制"选项,在"强制磁盘配额限制 属性"对话框中,选择"已禁用"选项,然后单击"确定"按钮,如图 13.8 所示。

(6) 选择"计算机配置"→"策略"→"管理模板"→"Windows 组件"命令,选择"任务计划程序"选项,打开如图 13.9 所示的窗口。在详细信息面板中,双击"禁止创建新任务"选项,在"禁止创建新任务属性"对话框中,选择"已启用"选项,如图 13.10 所示。然后单击"确定"按钮,关闭组策略,关闭"Domain Controllers 属性"对话框。

268

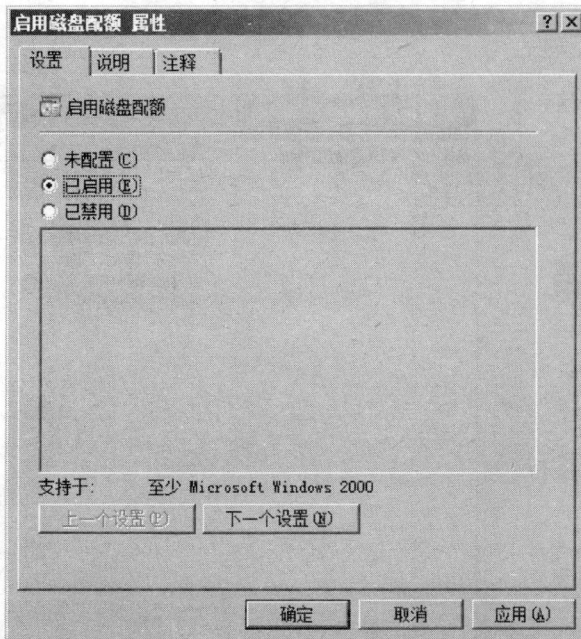

图 13.7 "启用磁盘配额 属性"对话框

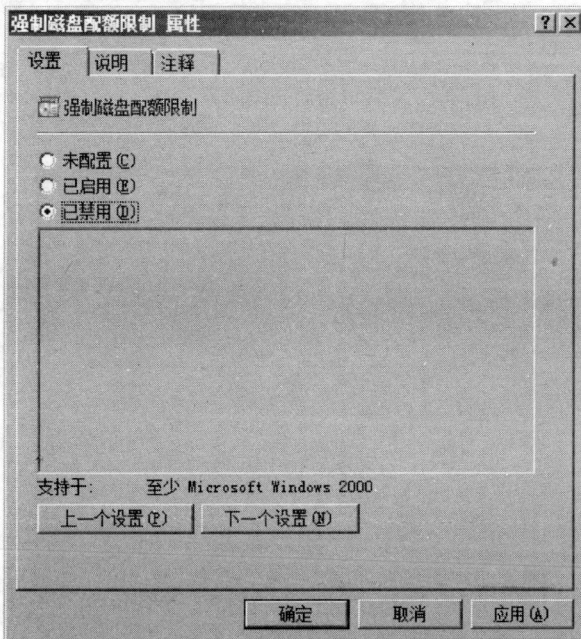

图 13.8 "强制磁盘配额限制 属性"对话框

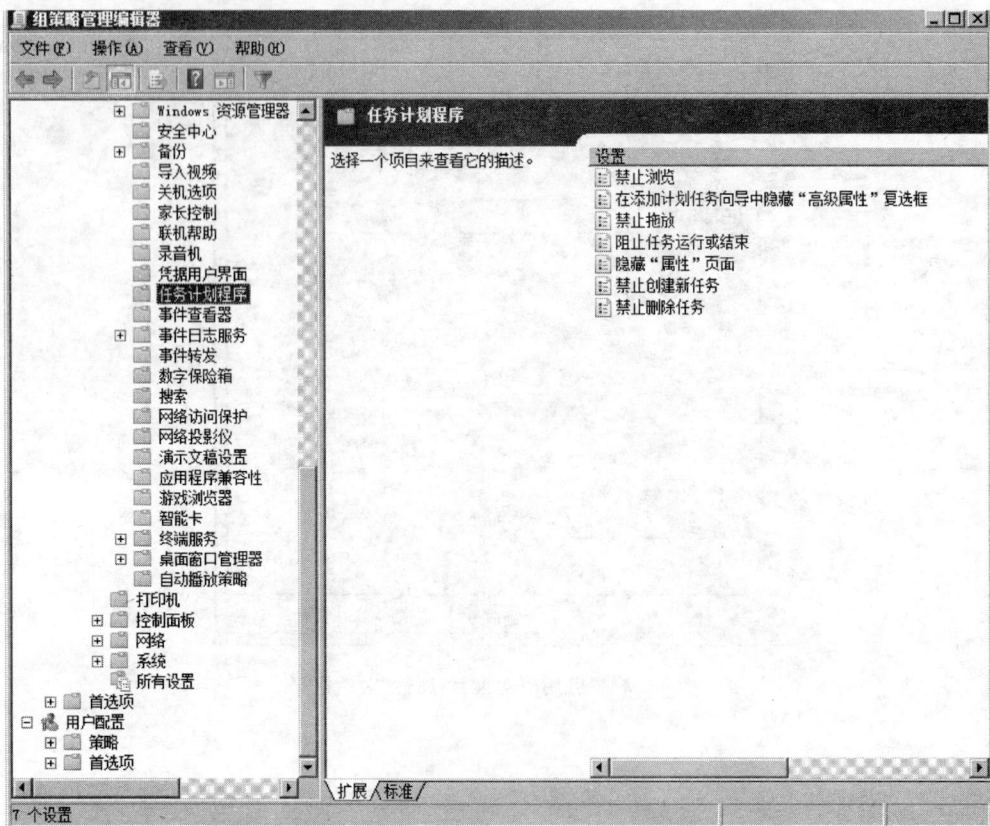

图 13.9 "组策略管理编辑器"窗口(4)

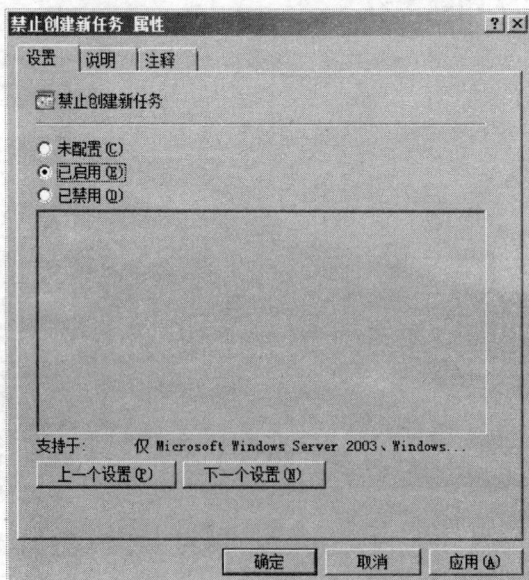

图 13.10 "禁止创建新任务 属性"对话框

13.4.4　实现用户的管理模板策略

为组织单位 jxx 建立一个组策略,防止用户利用"网上邻居"浏览网络,防止用户更改任务栏和"开始"菜单设置,防止用户访问 Windows Update,防止用户映射网络驱动器。

（1）打开"组策略管理"控制台窗口,右击组织单位 jxx,然后选择"在这个域中创建 GPO 并在此处链接"命令,打开"新建 GPO"对话框。在"名称"文本框中输入 Security Policy,单击"确定"按钮,建立一个新的组策略。

（2）右击新建的组策略 Security Policy,然后单击"编辑"命令,打开"组策略管理编辑器"窗口。

（3）在"组策略管理编辑器"窗口中,选择"用户配置"→"策略"→"管理模板"→"Windows 组件"→"Windows 资源管理器"选项,如图 13.11 所示。

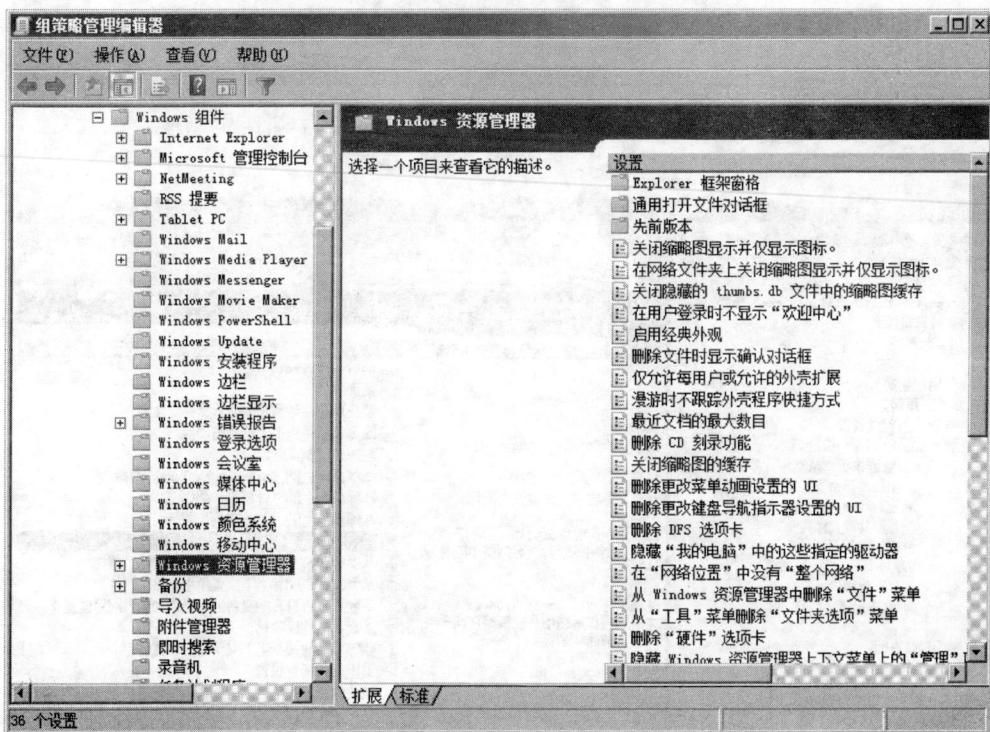

图 13.11　"组策略管理编辑器"窗口（5）

（4）在详细信息面板中,双击"删除'映射网络驱动器'和'断开网络驱动器'"选项,在"删除'映射网络驱动器'和'断开网络驱动器'属性"对话框中,选择"已启用"选项,然后单击"确定"按钮,如图 13.12 所示。

（5）选择"管理模板"目录下的"桌面"选项,打开如图 13.13 所示的窗口,在详细信息面板中,双击"在桌面上隐藏'网络位置'图标"选项,在"在桌面上隐藏'网络位置'图标 属性"对话框中,选择"已启用"选项,然后单击"确定"按钮,如图 13.14 所示。

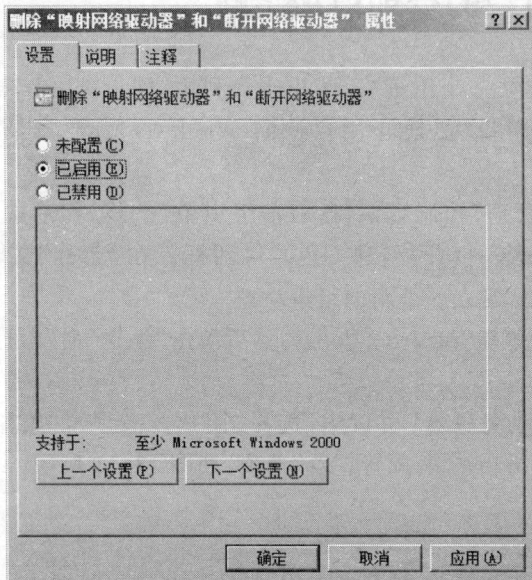

图 13.12 "删除'映射网络驱动器'和'断开网络驱动器'属性"对话框

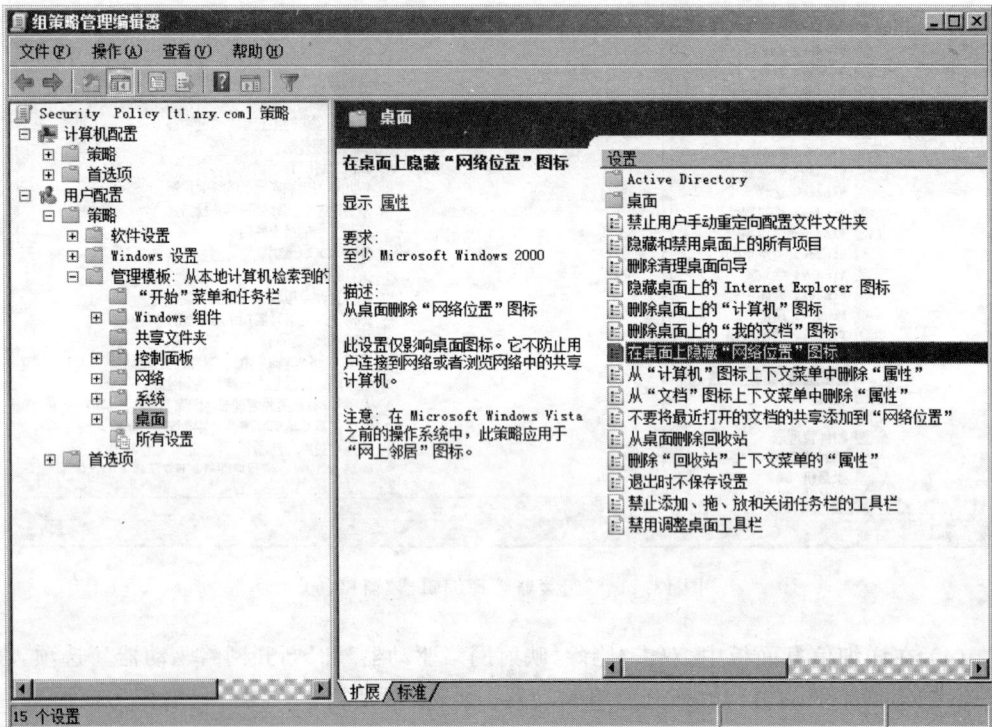

图 13.13 "组策略管理编辑器"窗口(6)

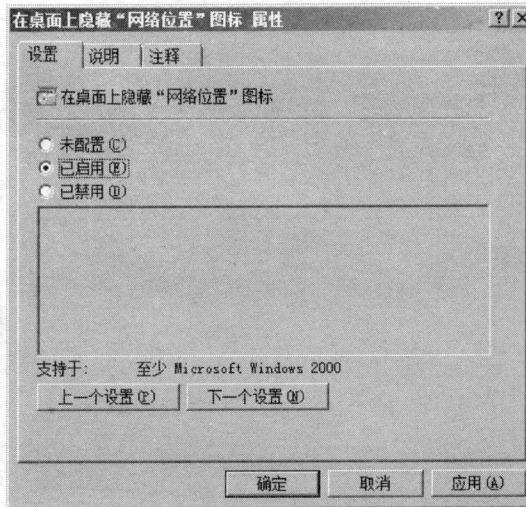

图 13.14　"在桌面上隐藏'网络位置'图标 属性"对话框

（6）选择"管理模板"目录下的"'开始'菜单和任务栏"选项，打开如图 13.15 所示的窗口，在详细信息面板中，双击"阻止更改'任务栏和「开始」菜单'设置"选项，在"阻止更改'任务栏和「开始」菜单'设置 属性"对话框中，选择"已启用"选项，然后单击"确定"，如图 13.16 所示。

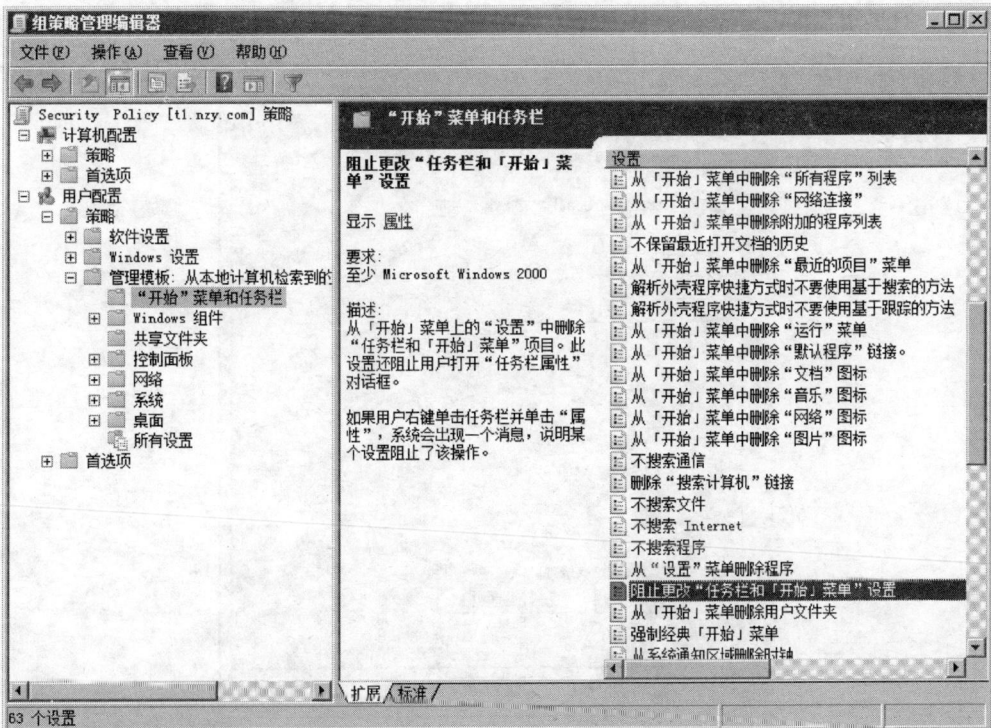

图 13.15　"组策略管理编辑器"窗口(7)

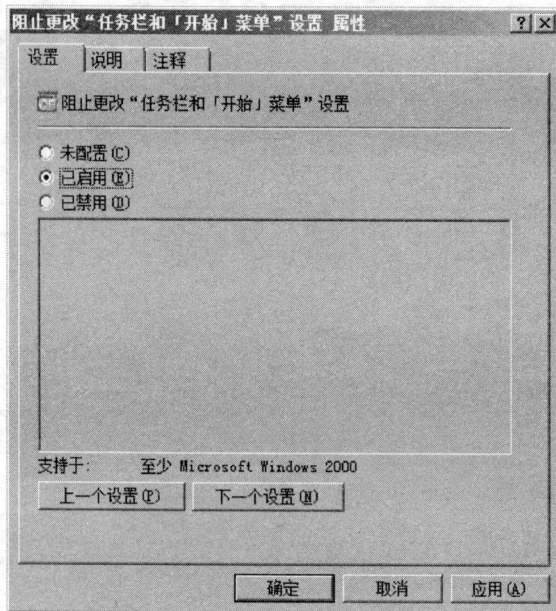

图 13.16 "阻止更改'任务栏和「开始」菜单'设置 属性"对话框

(7) 在图 13.15 所示的详细信息面板中,双击"删除到'Windows Update'的链接和访问"选项,在"删除到'Windows Update'的链接和访问 属性"对话框中,选择"已启用"选项,然后单击"确定"按钮,如图 13.17 所示。关闭组策略,关闭所有窗口,重新启动计算机。

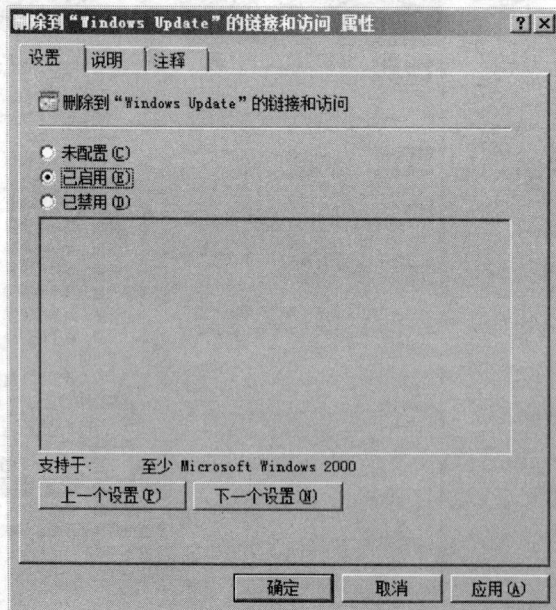

图 13.17 "删除到'Windows Update'的链接和访问 属性"对话框

13.4.5　验证管理模板策略

1. 验证包含在 Admin Template Policy 中的组策略是否被正确应用

（1）利用 administrator 账户登录，双击"计算机"，右击驱动器（D:或 E:）的图标，单击"属性"按钮，单击"配额"按钮。

问：是否启用了磁盘配额、实施了磁盘配额限制？为什么？

（2）依次选择"开始"→"管理工具"→"任务计划程序"命令，打开"任务计划程序"窗口，尝试建立新的任务。

问：可以运行创建任务吗？Admin Template Policy 中的组策略设置是否都被应用了？

2. 验证包含在 Security Policy 中的组策略是否被正确应用

以组织单位 jxx 中的用户 Liang 登录。

问：下列包含在 Security Policy 中的组策略设置是否已经实施？为什么？

"网络"没有在桌面上显示；不能修改"任务栏和「开始」菜单设置"选项；任务栏不出现 Windows Update 图标；不能映射网络驱动器。

13.4.6　实现安全策略

1. 建立安全策略

建立一个组策略，实现：密码必须至少 6 个字符，在登录过程中显示对话框，提醒用户不允许进行非授权的访问，禁用 Telnet 服务。

（1）打开"组策略管理"控制台窗口，右击 Domain Controllers 选项，然后选择"在这个域中创建 GPO 并在此处链接"命令，建立一个名为 Security Admin Policy 的组策略。

（2）右击新建的组策略 Security Admin Policy，然后单击"编辑"按钮，打开"组策略管理编辑器"窗口。

（3）在"组策略管理编辑器"窗口中，依次选择"计算机配置"→"策略"→"Windows设置"→"安全设置"→"账户策略"选项，选择"密码策略"选项，打开如图 13.18 所示的窗口。

（4）在"密码策略"详细信息面板中，双击"密码长度最小值"选项，打开"密码长度最小值 属性"对话框。选中"定义这个策略设置"选项，把密码长度最小值改为 6，然后单击"确定"按钮。

（5）在"安全设置"目录中，展开"本地策略"目录，选择"安全选项"选项，打开如图 13.19所示的窗口。

（6）在图 13.19 所示的"安全选项"详细信息面板中，双击"交互式登录：试图登录的用户的消息文本"选项，打开"交互式登录：试图登录的用户的消息文本 属性"对话框。选

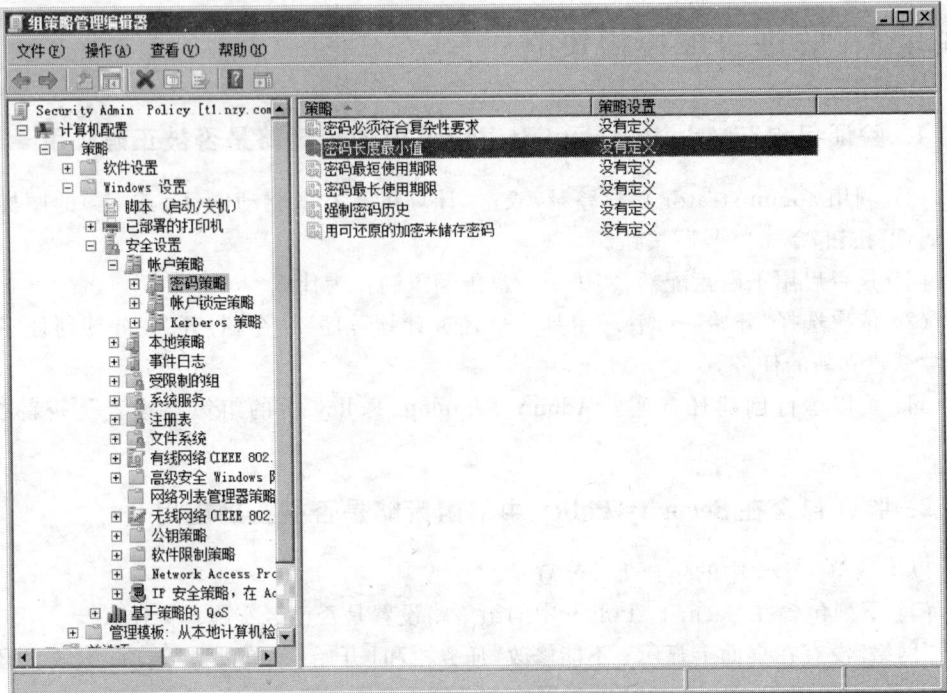

图 13.18 "组策略管理编辑器"窗口(8)

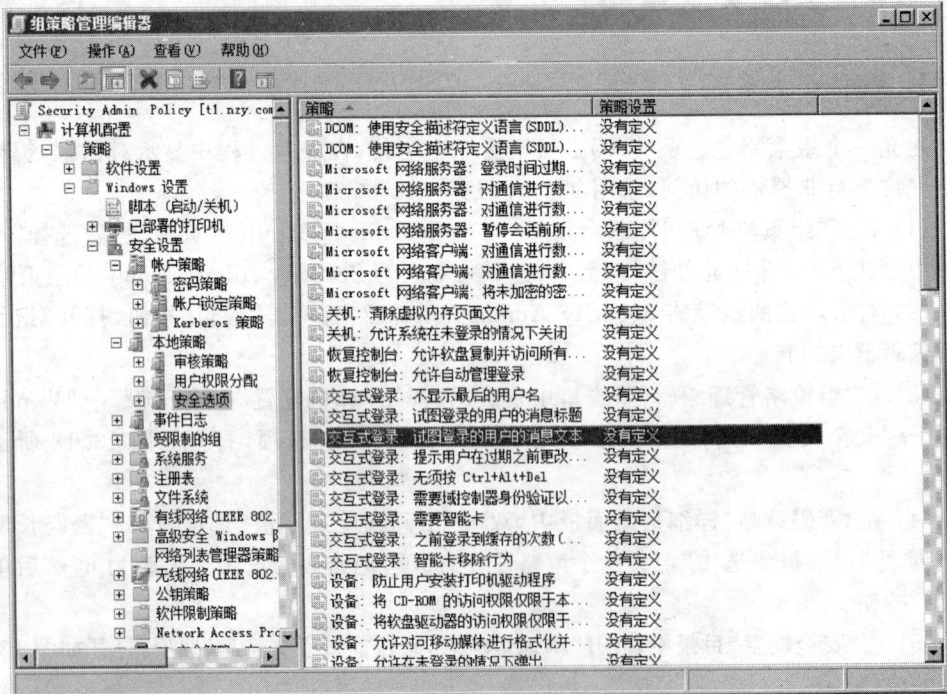

图 13.19 "组策略管理编辑器"窗口(9)

中"在模板中定义这个策略设置"复选框,在文本框中输入"只允许授权用户登录",如图 13.20 所示,然后单击"确定"按钮。

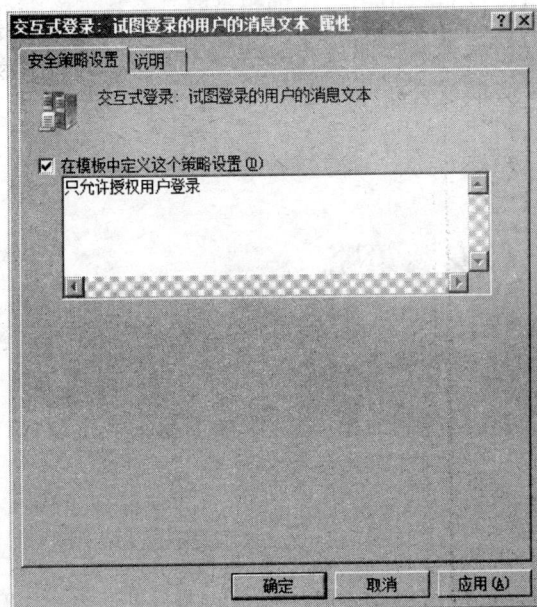

图 13.20　"交互式登录:试图登录的用户的消息文本 属性"对话框

　　(7) 在图 13.19 所示的"安全选项"详细信息面板中,双击"交互式登录:试图登录的用户的消息标题"选项,打开"交互式登录:试图登录的用户的消息标题 属性"对话框。选中"定义这个策略设置"复选框,在文本框中输入"警告",如图 13.21 所示,然后单击"确定"按钮。

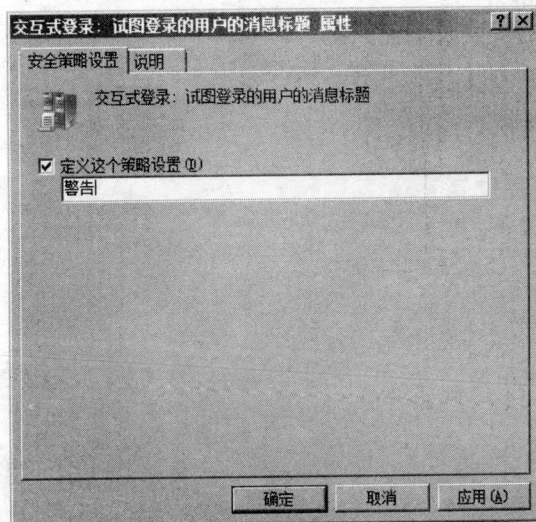

图 13.21　"交互式登录:试图登录的用户的消息标题 属性"对话框

2. 验证安全策略

验证包含在 Security Admin Policy 中的组策略是否被正确应用。

(1) 利用 administrator 账户登录。

问：在登录时警告信息有没有出现？

(2) 把密码改为"123"。

问：成功吗？为什么？

13.4.7 设置软件安装策略

通过组策略可以为域内的用户和计算机部署软件,而软件的部署分为分配和发布两种。

(1) 发布：用户可以使用控制面板中的"添加或删除程序"功能或使用文件激活来安装应用程序。

(2) 分配：用户在下次登录时(指派给用户)或计算机重新启动时(指派给计算机)将自动安装该应用程序。

可以部署的软件应为 Windows Installer Package(扩展名为.msi),Microsoft Office 就是一种 Windows Installer Package 软件。

也可以部署扩展名为.zap 或.msp 的软件,或将其他类型的软件包装成.msi 的 Windows Installer Package。

1. 建立软件发布点

(1) 在域中的任何一台服务器内(如 ljr)建立一个文件夹,如 C:\Packages,用于存放 Windows Installer Package。

(2) 将此文件夹设为共享文件夹。

(3) 在共享文件夹内创建一个用于存放发布软件包的子文件夹,然后把需要分配或发布的软件复制到这些文件夹内。

2. 设置默认封装位置

(1) 利用 administrator 账户登录,打开"组策略管理"控制台窗口,右击域 nzy.com,再从弹出的快捷菜单中选择"在这个域中创建 GPO 并在此处链接"命令,建立一个名为"软件部署策略"的组策略。

(2) 右击新建的组策略,然后单击"编辑"按钮,打开"组策略管理编辑器"窗口。

(3) 在"组策略管理编辑器"窗口中,依次选择"用户配置"→"策略"→"软件设置"选项,右击"软件安装"命令,选择"属性"命令,打开"软件安装属性"对话框,如图 13.22 所示。

(4) 在"软件安装属性"对话框的"默认程序数据包位置"处输入软件的存储位置,如\\t1\packsges,单击"确定"按钮即可。

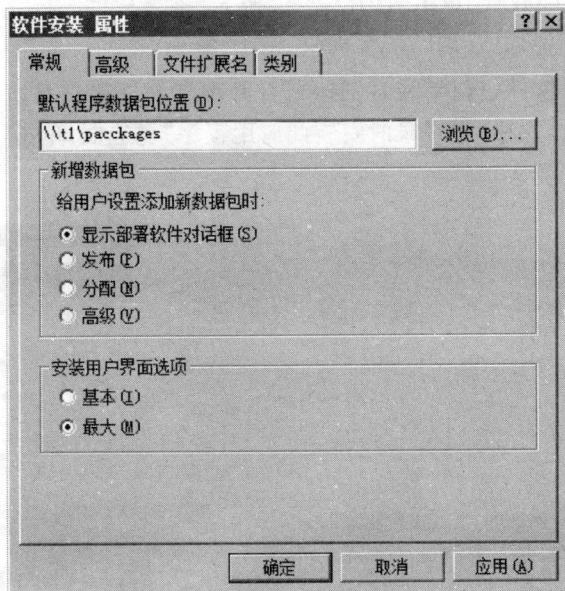

图 13.22　"软件安装 属性"对话框

3．分配软件

（1）在"组策略管理编辑器"窗口中右击"软件安装"选项，选择"新建"→"程序包"命令，打开选择软件对话框，如图 13.23 所示。

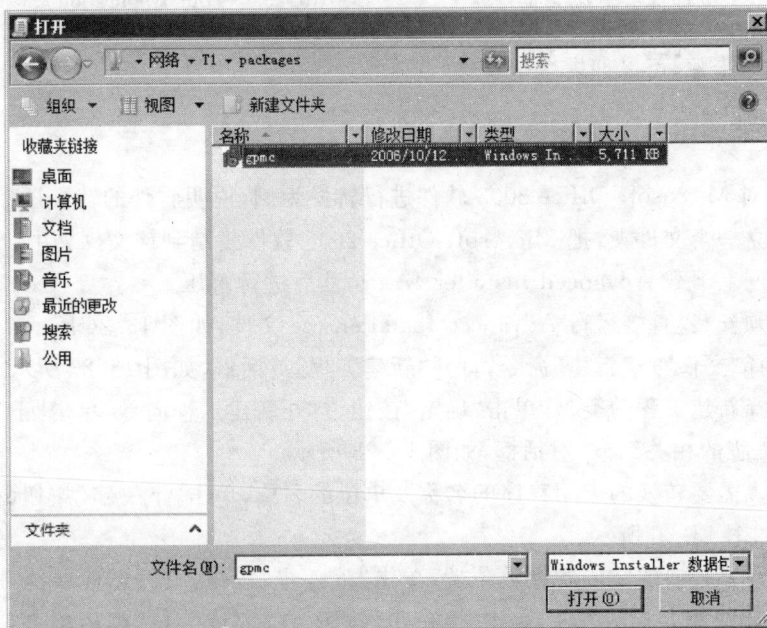

图 13.23　选择软件对话框

279

（2）选择要分配的软件，单击"打开"按钮，显示"部署软件"对话框。在"部署软件"对话框中选择"已分配"选项，如图 13.24 所示，单击"确定"按钮。

（3）右击部署的软件，选择"属性"选项，打开部署软件属性对话框，选中"部署"选项卡，如图 13.25 所示。选中"在登录时安装此应用程序"复选框，单击"确定"按钮即可完成一个软件的部署。

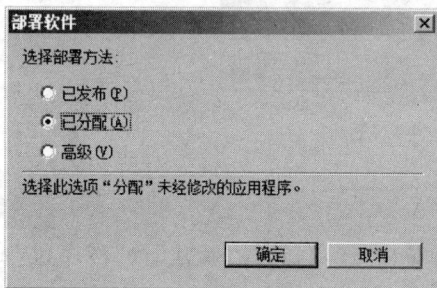

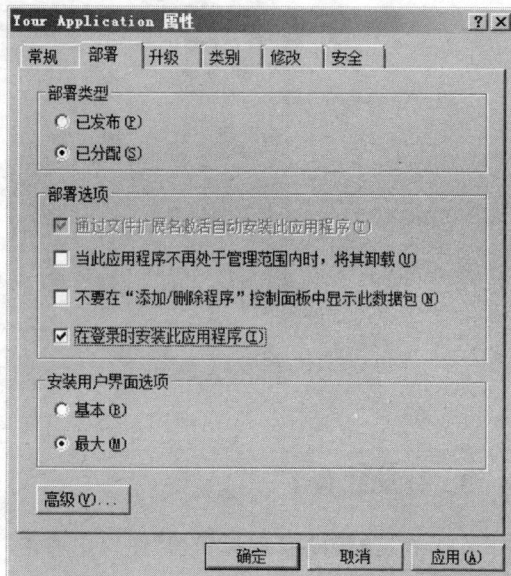

图 13.24　"部署软件"对话框　　　　图 13.25　"Your Application 属性"对话框

重复以上步骤，可以部署多个软件。

4．把"非-MSI"软件转换为 MSI 文件

下面以对 Microsoft Office 2003 软件进行转换为例，说明软件的转换过程。

（1）建立一个文件夹，把 Microsoft Office 2003 软件复制到该文件夹中。

（2）从网上下载 Advanced Installer 4.1.1，然后进行解压。

（3）无须安装，直接运行 Advanced Installer.ece 文件，如图 13.26 所示。

（4）选择"文件"→"新建"命令，打开"新建工程"对话框，如图 13.27 所示。

（5）选择新建工程的类型，单击"确定"按钮，打开新建工程向导，单击"下一步"按钮，打开"输入工程的相关细节"对话框，如图 13.28 所示。

（6）输入需要转换的应用程序的名称及单位的名称，单击"下一步"按钮，打开选择文件对话框，如图 13.29 所示。

（7）指定要转换的文件的存放位置，单击"下一步"按钮，打开创建快捷方式对话框，选择一种创建快捷方式的方法，单击"下一步"按钮，在"完成"对话框中单击"完成"按钮，打开"另存为"对话框，如图 13.30 所示，指定工程的存放位置及文件名，单击"保存"按钮即可把 exe 文件转换为 MSI 文件。

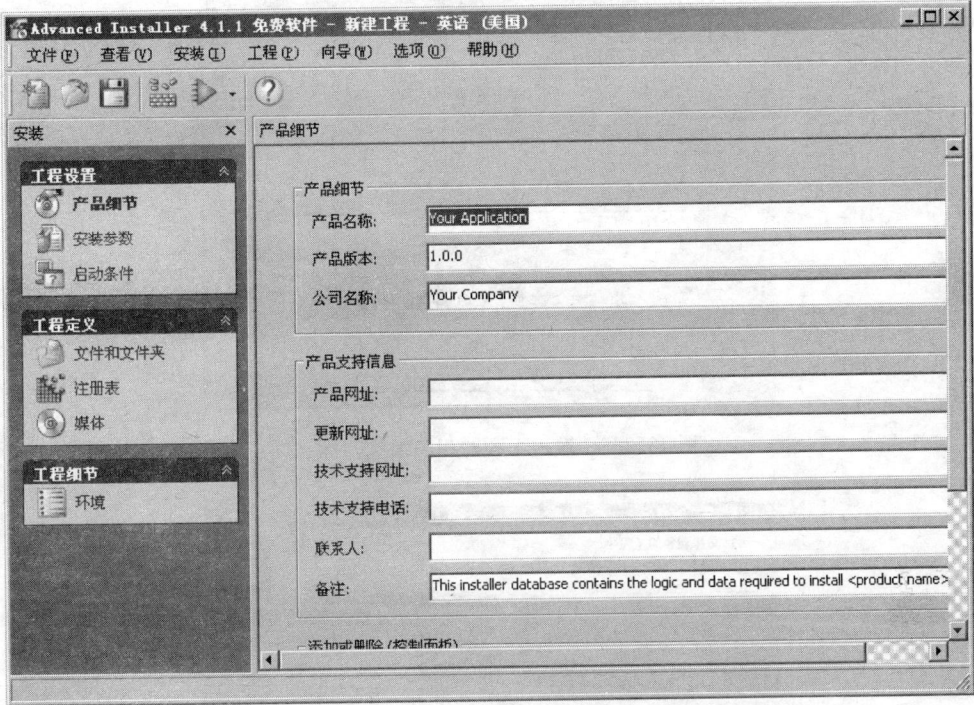

图 13.26 Advanced Installer. ece 软件窗口

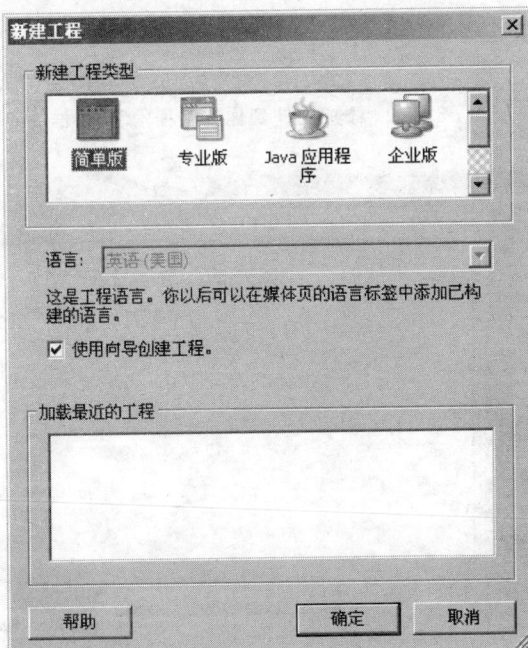

图 13.27 "新建工程"对话框

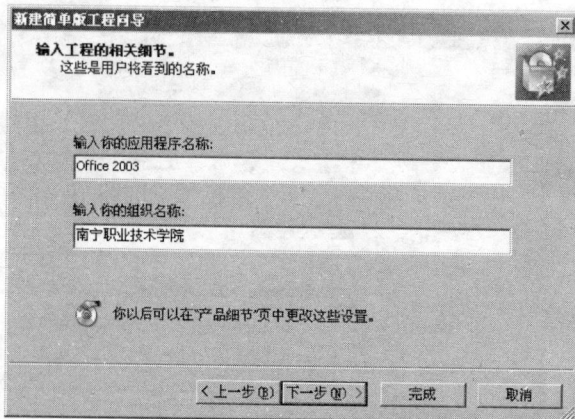

图 13.28 "输入工程的相关细节"对话框

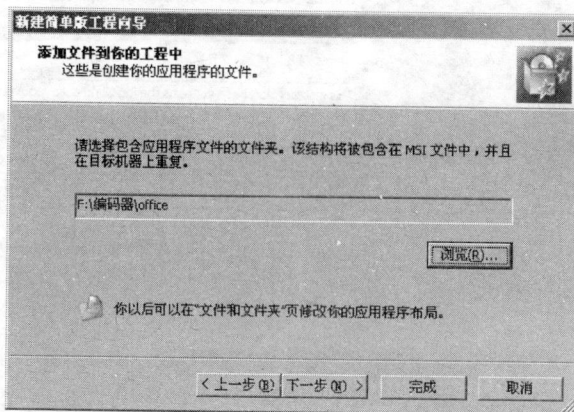

图 13.29 "添加文件到你的工程中"对话框

图 13.30 "另存为"对话框

13.5　归纳与提高

1. 组策略概念

组策略是一种允许使用用户设置和计算机设置来定义用户桌面环境的技术,是系统管理员管理用户桌面环境的组件,管理员定义好组策略后,就可以通过网络不断地执行已定义的组策略。

组策略是一种 one to many 管理模式的实现,是强制性安全配置,是灵活的软件部署方式,是简单明了的系统设置,可强化企业中的软件管理。

可以针对站点、域与组织单位设置组策略,这些组策略的数据存储到域控制器的活动目录内。组策略影响域中的所有用户和计算机,但不影响其他对象,不影响安全组。

2. 组策略设置的类型

组策略包含"计算机配置"与"用户配置"两部分的设置。

计算机配置包括操作系统行为、桌面行为、安全设定、计算机启动和关闭脚本、计算机指派应用程序选项和应用程序设定。当计算机启动时,根据"计算机配置"的内容来设置计算机的环境。

用户配置包括操作系统行为、桌面行为、安全设定、指派和发布应用程序的选项和应用程序设定、目录的重定向、用户登录、注销脚本。当用户登录时,就会根据"用户配置"的内容来设置用户的工作环境。

不管是"计算机配置"或是"用户配置",其组策略都包含以下 3 个方面的内容。

(1) 管理模板:包括 Windows 组件、网络、桌面以及任务栏和开始菜单等相关的策略。

(2) Windows 设置:包括脚本、安全设置(账户策略和本地策略)等相关的策略。

(3) 软件设置:包括软件安装策略,可以进行应用程序的指派与发布。

除了可以针对站点、域与组织单位设置组策略之外,还可以对每一台 Windows Server 2008 的计算机设置"本地组策略",该组策略只能应用到本地计算机与用户。

3. 组策略对象

所有的组策略都必须通过建立组策略对象(Group Policy Object,GPO)的方式设置。组策略对象包含组策略设置,存在于以下两个地方。

(1) 组策略容器 (GPC):存在于 Active Directory 中,向域控制器提供版本信息。

(2) 组策略模板 (GPT):域控制器的文件夹 SYSVOL 下的一个共享目录,GPT 包含所有的组策略设置和信息。

4. 组策略对象和 Active Directory 容器

如果用户在站点、域、组织单位上实现组策略,那么必须将这些容器和适当的组策略容器连接起来。

可以在一个 Active Directory 的容器上连接多个 GPO。

可以将一个 GPO 连接到多个 Active Directory 容器上。

在 Active Directory 中的默认容器上不能连接 GPO。

5. 组策略的继承与排斥

组策略可以继承,其继承原则如下。

(1) 如果是在父容器内建立了组策略,但是并未在其子容器内建立组策略,则子容器会继承在父容器内所建立的组策略。

(2) 如果在低层的容器内建立了组策略,则此组策略内的设置默认会替代由其高层的父容器所传递下来的组策略。

(3) 如果在父容器的组策略内的某个策略被设为"未被配置",则子容器并不会继承这个策略。

(4) 如果在父容器的组策略内的某个策略被设为"启用"或"禁用",但是子容器的组策略内并未设置此策略,则子容器会继承这个设置。

(5) 可以在子容器的组策略内,通过"阻止策略继承"复选框来设置不继承由父容器传递的组策略设置,也就是直接以子容器的组策略为其设置。

(6) 可以在父容器的组策略内,通过"禁止替代"复选框来强迫子容器必须继承由父容器传递的组策略设置,不论子容器的组策略内是否设置了"阻止策略继承",父容器的"禁止替代"的优先级高于在子容器内的"阻止策略继承"。

13.6　思考与自测

13.6.1　思考题

1. 默认情况下只有哪些用户才有"在本地登录"的权利?
2. 如何设置将用户桌面上的网上邻居隐藏起来?
3. 如何设置组策略的替代功能?
4. 如何设置新创建的用户账户能够直接从域控制器上登录?

13.6.2　自测题

1. 为组织单位 cw 建立一个名为 cw Policy 的组策略,防止用户利用"网上邻居"浏览

网页,防止用户访问 Windows Update。(50 分)

2. 为组织单位 cw 建立一个名为"软件安装"的组策略,为所有用户指派软件 MBSASetup-EN. msi。(50 分)

13.6.3　评分标准

评分标准见表 13.1。

表 13.1　评分标准

题号	要　　求	得分	备　注
1	① "组策略管理"控制台中,组织单位 cw 下有组策略 cw Policy	20	5 分钟完成
	② 组策略 cw Policy 的设置正确	30	
2	① "组策略管理"控制台中,组织单位 cw 下有组策略 "软件安装"	20	5 分钟完成
	② 组策略"软件安装"策略的设置正确	30	

13.7　实　训　指　导

1. 创建组策略 cw Policy

(1) 打开"组策略管理"控制台右击组织单位 cw,然后选择"在这个域中创建 GPO 并在此处链接"命令,打开"新建 GPO"对话框,在"名称"文本框中输入 cw Policy,单击"确定"按钮,建立一个新的组策略。

(2) 右击新建的组策略 cw Policy,然后选择"编辑"命令,打开"组策略管理编辑器"窗口。

(3) 在"组策略管理编辑器"窗口中,选择"用户配置"→"策略"→"管理模板"→"Windows 组件"选项。

(4) 选择"Windows 资源管理器"选项,在详细信息面板中,双击"删除'映射网络驱动器'和'断开网络驱动器'"选项,在"删除'映射网络驱动器'和'断开网络驱动器'属性"对话框中,选择"已启用"选项,然后单击"确定"按钮。

(5) 在"管理模板"目录下选择"桌面"选项,在详细信息面板中,双击"在桌面上隐藏'网络位置'图标"选项,在"在桌面上隐藏'网络位置'图标 属性"对话框中,选择"已启用"选项,然后单击"确定"按钮。

(6) 在"管理模板"目录下选择"'开始'菜单和任务栏"选项,在详细信息面板中,双击"阻止更改'任务栏和「开始」菜单'设置"选项,在"阻止更改'任务栏和「开始」菜单'设置 属性"对话框中,选择"已启用"选项,然后单击"确定"按钮。

(7) 在详细信息面板中,双击"删除到'Windows Update'的链接和访问"选项,在"删除到'Windows Update'的链接和访问 属性"对话框中,选择"已启用"选项,然后单击"确定"按钮。关闭组策略,关闭所有窗口,重新启动计算机。

2. 创建组策略"软件安装"

(1) 建立软件发布点

在域中的任何一台服务器内(如 t1)建立一个文件夹,如 D:\Packages,将此文件夹设为共享文件夹。在共享文件夹内创建一个用于存放发布软件包的子文件夹,然后把文件MBSASetup-EN.msi 复制到此文件夹内。

(2) 设置默认封装位置

利用 administrator 账户登录,打开"组策略管理"控制台,右击域 cw,再从弹出的快捷菜单中选择"在这个域中创建 GPO 并在此处链接"命令,建立一个名为"软件安装"的组策略。

右击新建的组策略"软件安装",然后选择"编辑"命令,打开"组策略管理编辑器"窗口。在"组策略管理编辑器"窗口中,依次选择"用户配置"→"策略" →"软件设置"选项,右击"软件安装"选项,选择"属性"命令,打开"软件安装属性"对话框。在"软件安装属性"对话框的"默认程序包位置"文本框中输入软件的存储位置,如\\T1\Packages,单击"确定"按钮。

(3) 分配软件

在"组策略管理编辑器"窗口右击"软件安装"选项,选择"新建"→"程序包"命令,打开选择软件窗口,选择要分配的软件。单击"打开"按钮,显示"部署软件"对话框。在"部署软件"对话框中选择"已分配"选项,单击"确定"按钮。右击部署的软件,选择"属性"命令,打开部署软件属性对话框,选择"部署"选项卡,选中"在登录时安装此应用程序"复选框,单击"确定"按钮即可完成一个软件的部署。

项目 14　电子证书服务器的安装与配置

本项目将进行电子证书服务器的安装与配置,学习 PKI 的基本概念与功能、CA 的安装与证书的申请,利用证书给邮件加密和签名,利用证书保证网站的安全。

14.1　项　目　问　题

为保证服务器通信的安全,提高单位内部局域网的网站、FTP 站点的安全性,需要安装证书服务,使得用户发送的电子邮件不会泄密,为保护网站的安全,防止数据在传输过程中被截获和篡改。网络管理员应该如何设置?

14.2　主　要　任　务

(1) 企业 CA 的安装与证书申请。
(2) 利用证书来发送和接收经过签名与加密的电子邮件。
(3) 利用证书保证网站的安全。
(4) 独立 CA 的安装与证书申请。

14.3　项　目　目　标

了解 PKI 与 IPSec 的基本概念与功能,掌握 CA 的安装与证书的申请,掌握利用证书给邮件加密和签名的方法,掌握保证网站的安全、防止数据在传输过程中被截获和篡改的设置方法。

14.4　探　索　与　实　践

证书是对网络用户进行身份验证的电子凭据,证书将公开密钥安全地绑定到持有相应私有密钥的实体中。证书由证书颁发机构(CA)数字签名,并且可以颁发给用户、计算机或服务。

    CA 有企业 CA 和独立 CA 两种，企业 CA 必须安装在域结构网络中，安装证书服务之前确保证书服务器已加入域。独立 CA 可以在域结构的网络中运行，也可以在对等网络环境中运行。

14.4.1　项目实施环境

    两台计算机，已安装 XP(或 Windows 7)和 Windows Server 2008 系统，其中一台计算机配置成 Windows Server 2008 域控制器，另一台计算机已登录到域。

14.4.2　企业 CA 的安装与证书申请

1. 安装证书服务并架设企业根 CA

    (1) 以管理员身份登录到域，然后选择"开始"→"管理工具"→"服务器管理器"命令，打开"服务器管理器"窗口。在"服务器管理器"窗口中，选择左窗格的"角色"选项，然后在右窗格中单击"添加角色"按钮，打开"添加角色向导"对话框。单击"下一步"按钮，显示如图 14.1 所示的"选择服务器角色"对话框。

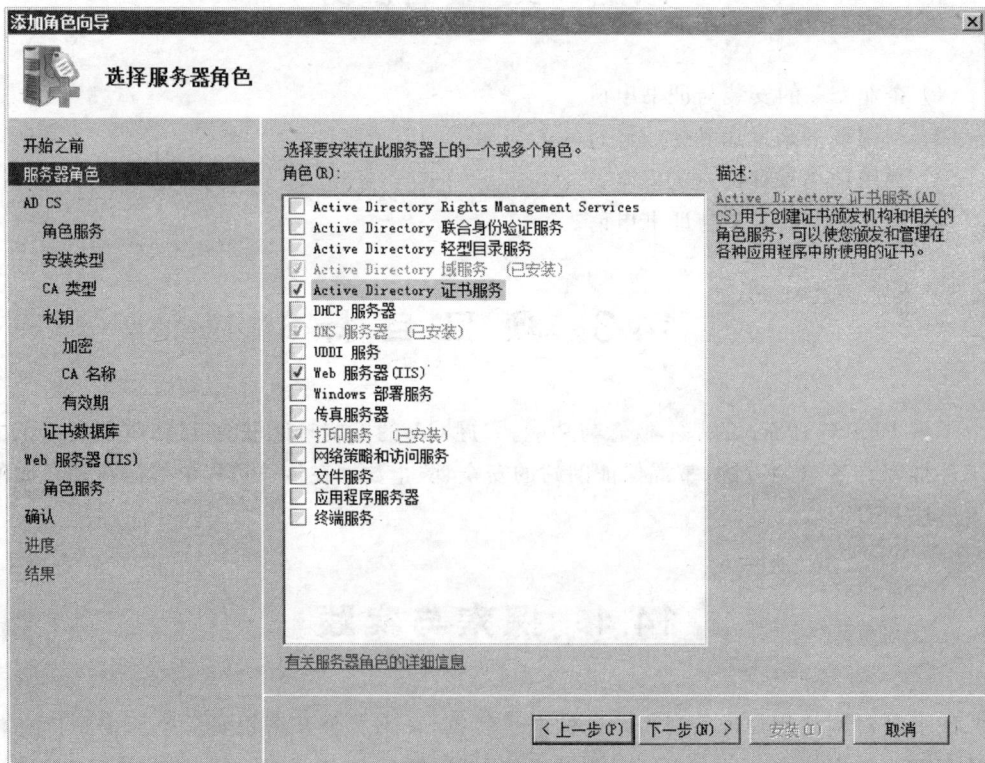

图 14.1　"选择服务器角色"对话框

（2）在"选择服务器角色"对话框中选中"Active Diretory 证书服务"复选框，单击"下一步"按钮，在"Active Diretory 证书服务简介"对话框中直接单击"下一步"按钮，显示图 14.2 所示的"选择角色服务"对话框。

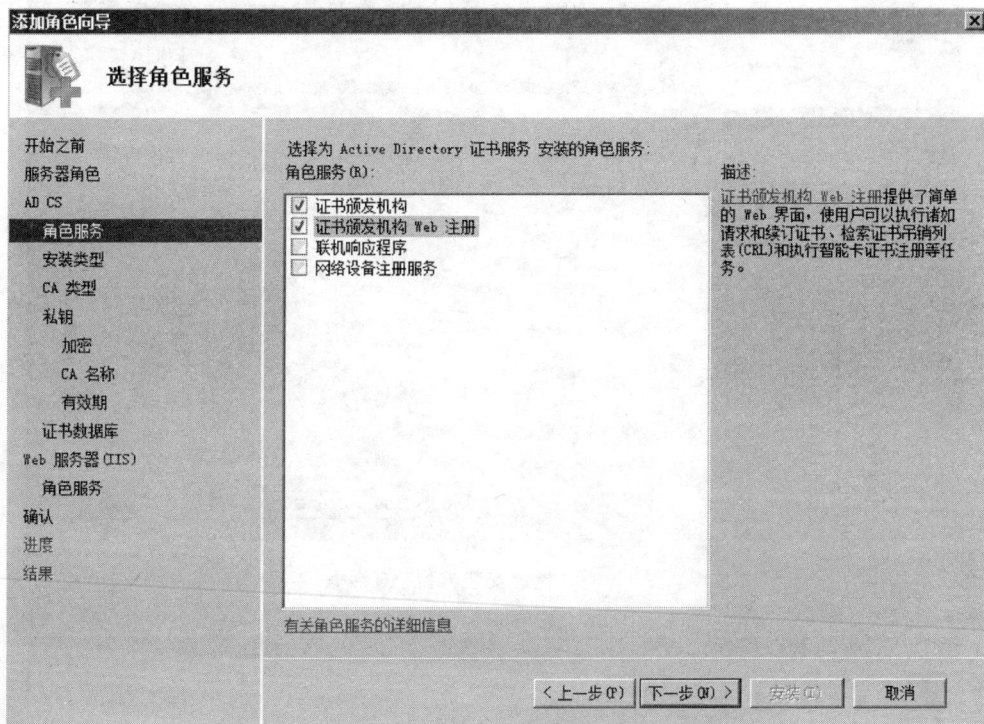

图 14.2 "选择角色服务"对话框

（3）在图 14.2 所示的"选择角色服务"对话框中选中"证书颁发机构"和"证书颁发机构 Web 注册"复选框，在弹出的提示窗口中单击"添加必需的角色服务"按钮，然后单击"下一步"按钮，显示图 14.3 所示"指定安装类型"对话框。

（4）在图 14.3 所示的"指定安装类型"对话框中选择"企业"选项，单击"下一步"按钮。显示图 14.4 所示的"指定 CA 类型"对话框。

（5）在"指定 CA 类型"对话框中选择"根 CA"选项，然后单击"下一步"按钮，显示图 14.5 所示的"设置私钥"对话框。

（6）在图 14.5 所示的"设置私钥"对话框中，选择"新建私钥"选项，然后单击"下一步"按钮，在"为 CA 配置加密"对话框中直接单击"下一步"按钮，显示图 14.6 所示的"配置 CA 名称"对话框。

（7）在图 14.6 所示的"配置 CA 名称"对话框中，输入 CA 在活动目录中的公用名称，然后单击"下一步"按钮，显示图 14.7 所示的"设置有效期"对话框。

（8）在图 14.7 所示的"设置有效期"对话框中，设置 CA 在活动目录中的有效年限，然后单击"下一步"按钮，在"配置证书数据库"对话框中直接单击"下一步"按钮，显示图 14.8 所示的"确认安装选择"对话框。

289

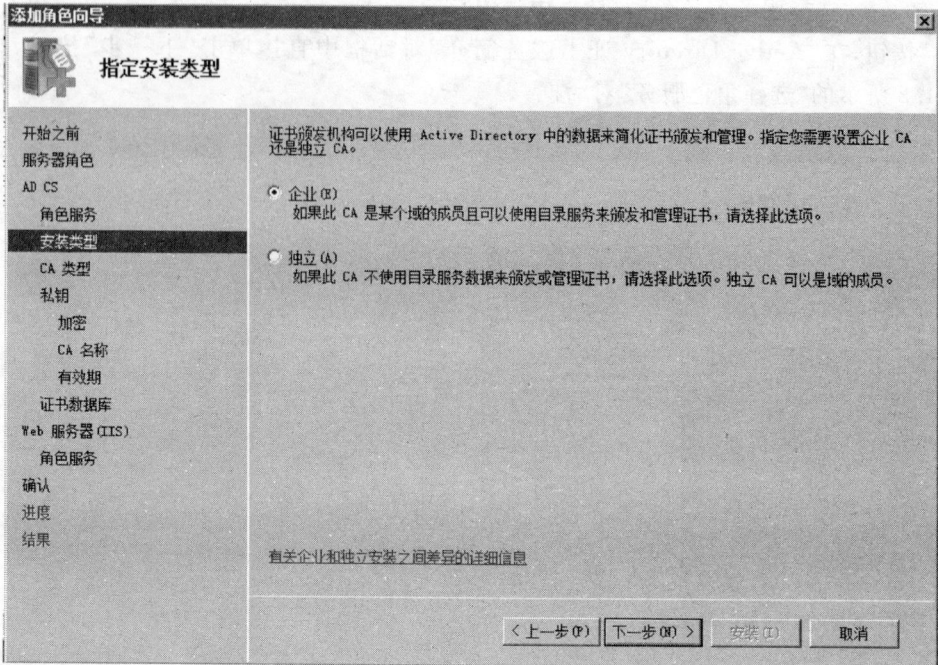

图 14.3 "指定安装类型"对话框

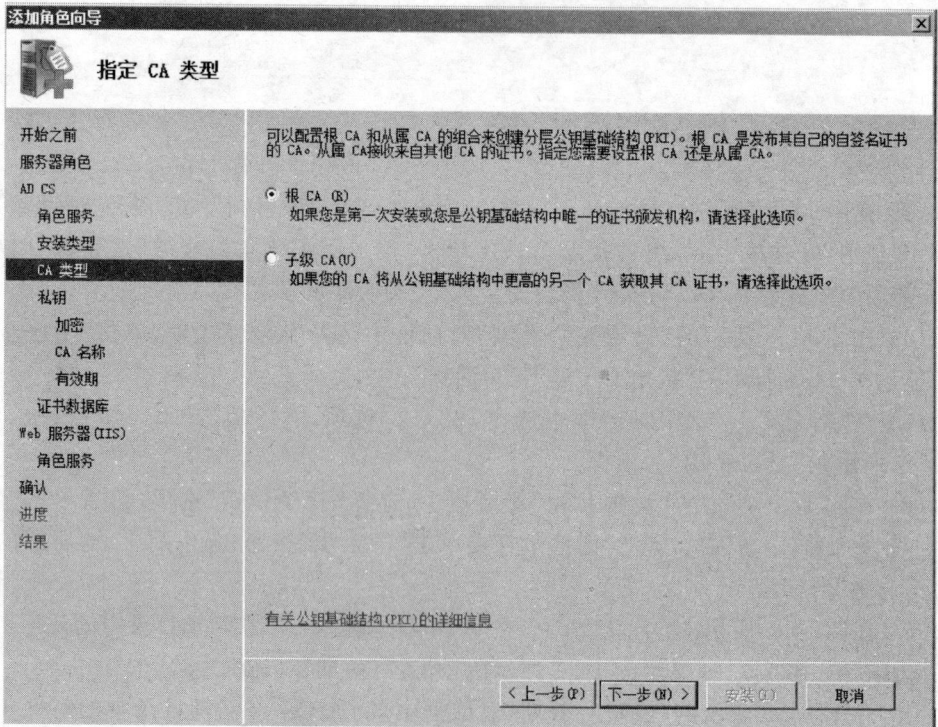

图 14.4 "指定 CA 类型"对话框

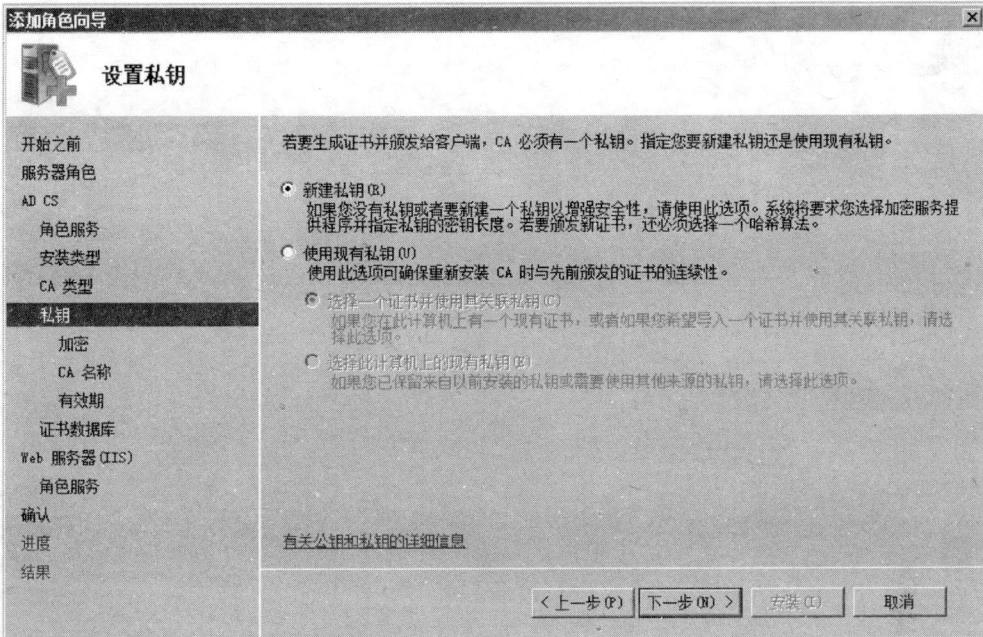

图 14.5　"设置私钥"对话框

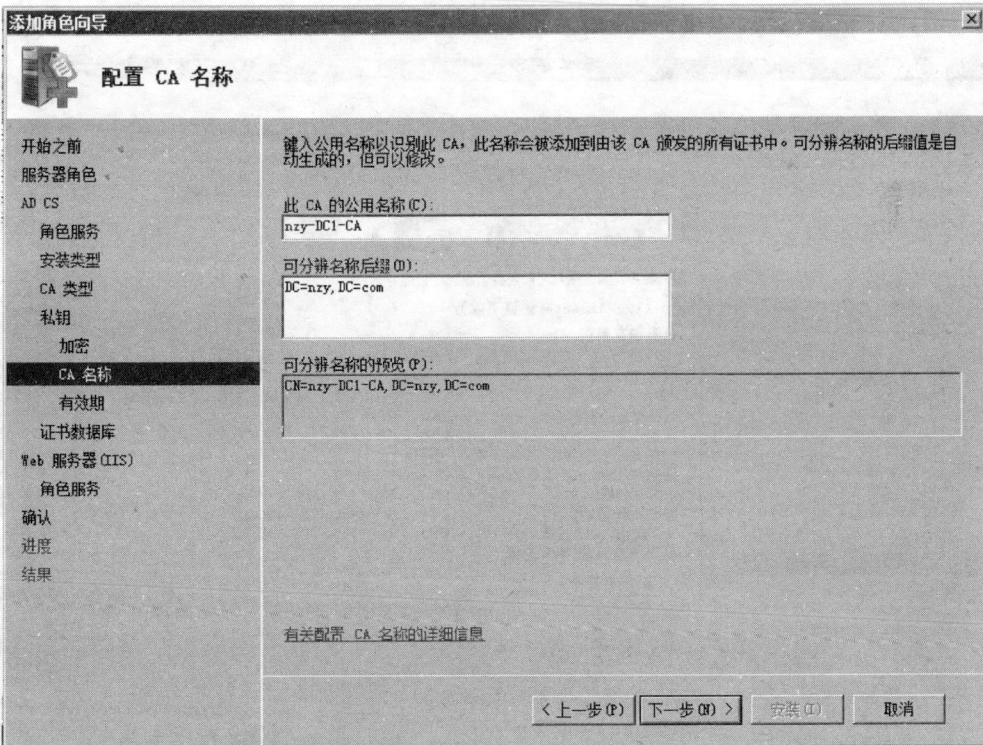

图 14.6　"配置 CA 名称"对话框

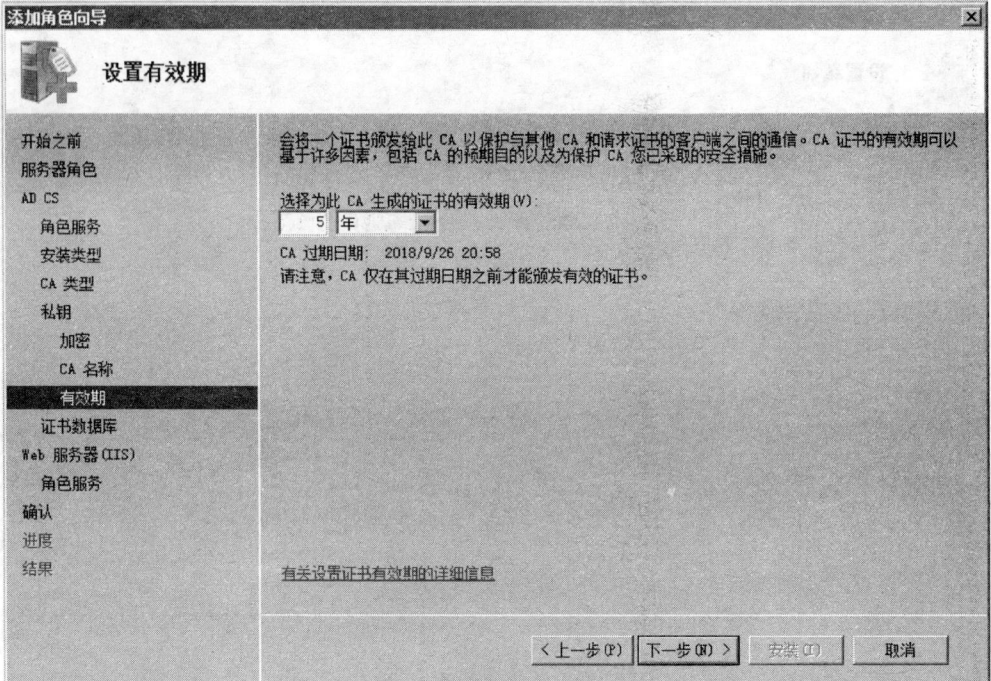

图 14.7 "设置有效期"对话框

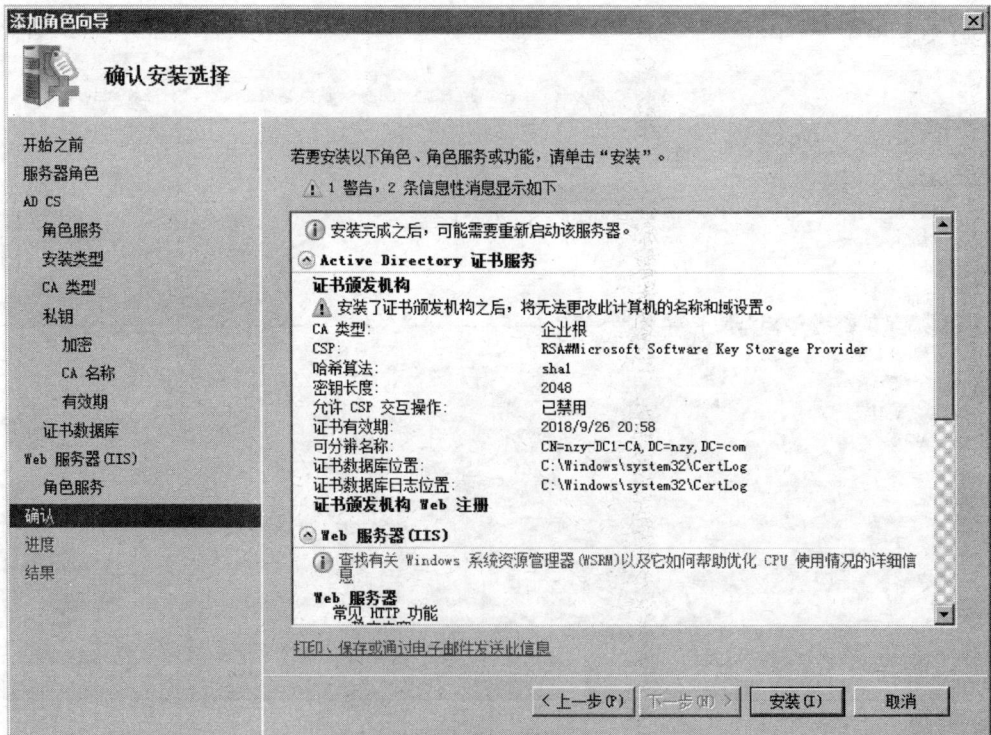

图 14.8 "确认安装选择"对话框

（9）在图 14.8 所示的"确认安装选择"对话框中，单击"安装"按钮，开始安装证书服务及相关组件。安装完成后显示图 14.9 所示的"安装结果"对话框，单击"关闭"按钮即可。

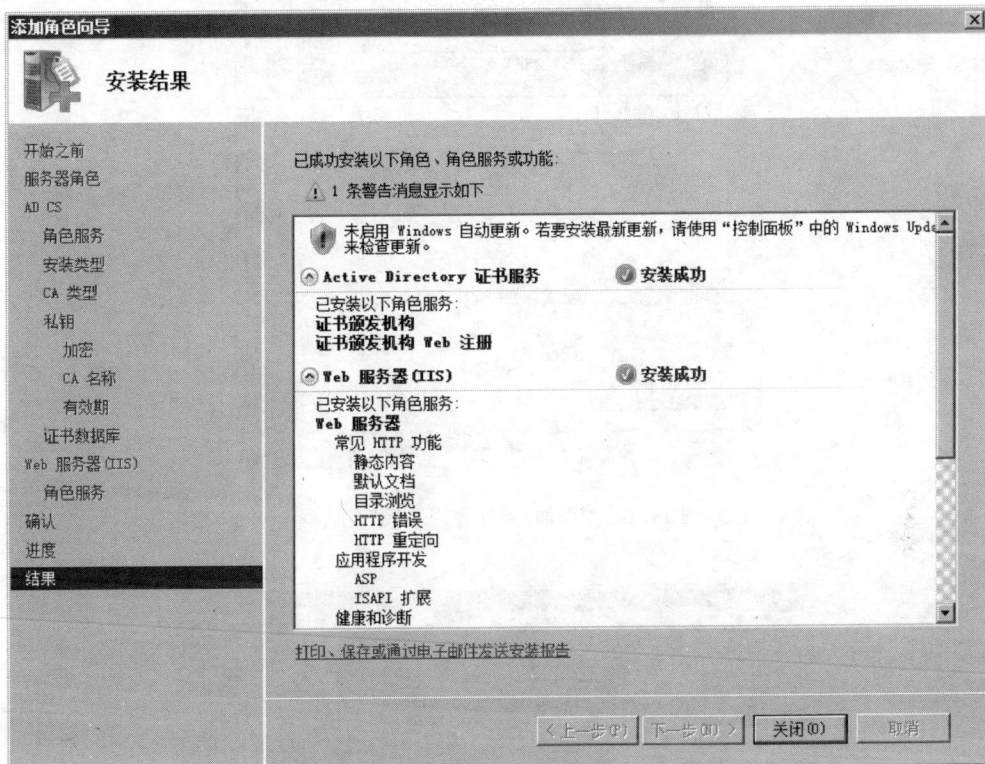

图 14.9　"安装结果"对话框

2.　申请用户证书

域用户可以用两种方式向企业 CA 申请证书，申请证书前管理员要通过 Active Directory 用户和计算机，给用户设置好电子邮件账户。

（1）利用"证书申请向导"

① 确保域控制器的"Internet 信息服务（IIS）"已启动。

② 在客户机以域用户身份（li）登录到域。

③ 选择"开始"→"运行"→MMC 命令，打开微软控制台。选择"文件"→"添加/删除管理单元"→"添加"命令，再选择"证书-当前用户"选项，单击"添加"按钮，如图 14.10 所示。

④ 在微软控制台的证书窗口中，右击"个人"选项，选择"所有任务"→"申请新证书"命令。

⑤ 出现"欢迎使用证书申请向导"对话框时单击"下一步"按钮，出现如图 14.11 所示的"证书类型"对话框。

⑥ 在图 14.11 所示的"证书类型"对话框中，选择证书类型"用户"，单击"下一步"按钮，显示图 14.12 所示的"证书的好记的名称和描述"对话框，它提供将文件加密的证书、

293

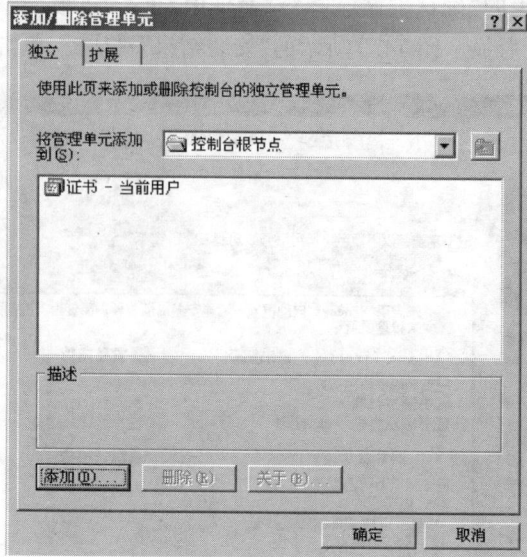

图 14.10 "添加/删除管理单元"对话框

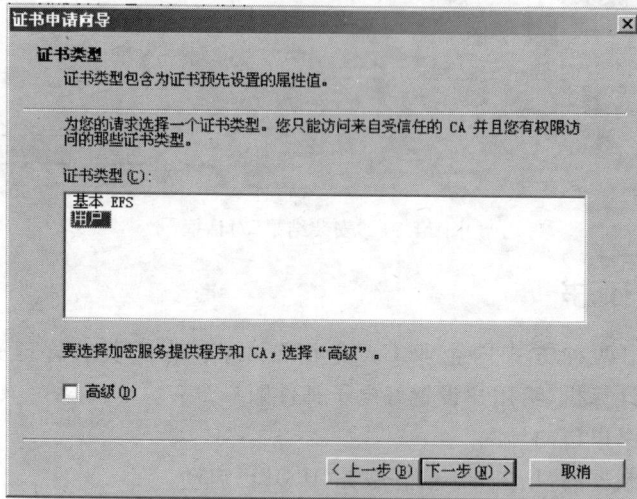

图 14.11 "证书类型"对话框

保护电子邮件安全的证书与验证客户端身份的证书。

⑦ 在图 14.12 所示的"证书的好记的名称和描述"对话框中,为证书设置一个好记的名字与描述,单击"下一步"按钮,单击"完成"按钮。

完成安装后,可以在浏览器中选择"工具"→"Internet 选项"→"内容"→"证书"→"个人"命令来检查这个证书,如图 14.13 所示。

(2) 利用 Web 浏览器来申请证书

① 确保域控制器的"Internet 信息服务(IIS)"已启动。

② 在客户机以域用户身份(li)登录到域。

294

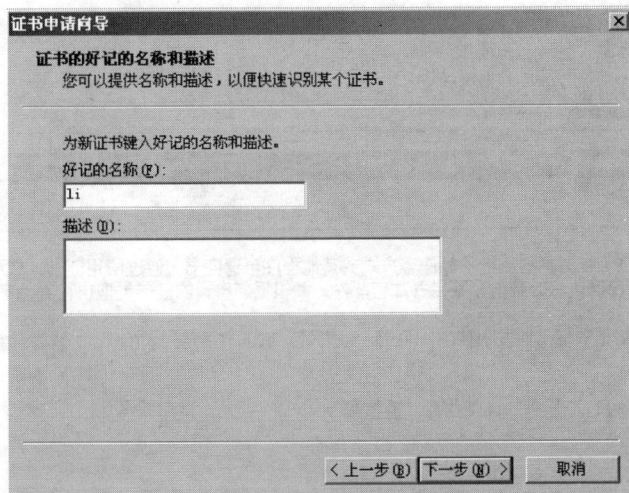

图 14.12　"证书的好记的名称和描述"对话框

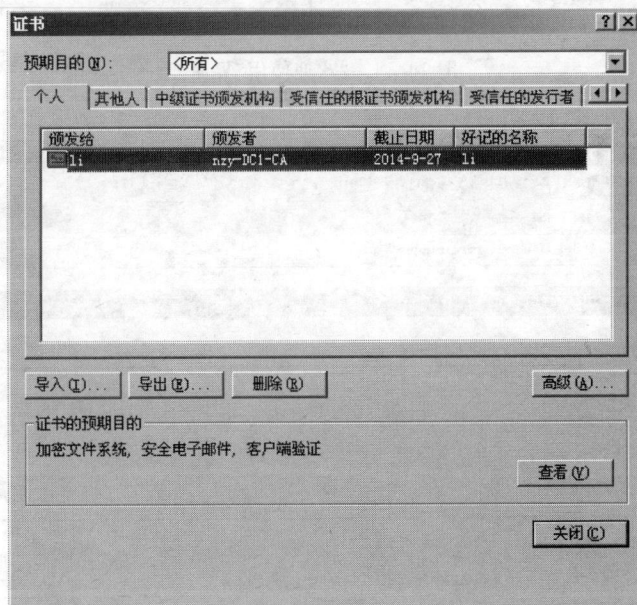

图 14.13　"证书"对话框

③ 从 IE 浏览器访问"http://CA 的计算机名称"或"IP 地址/certsrv"（如 http://192.168.1.200/certsrv），输入用户账户名称和密码，显示如图 14.14 所示的"欢迎使用"界面。

④ 在图 14.14 所示的"欢迎使用"界面中，单击"申请证书"链接，显示如图 14.15 所示的"申请一个证书"界面。

⑤ 在图 14.15 所示的"申请一个证书"界面中，单击"用户证书"链接，显示如图14.16所示的"申请证书-识别信息"界面。

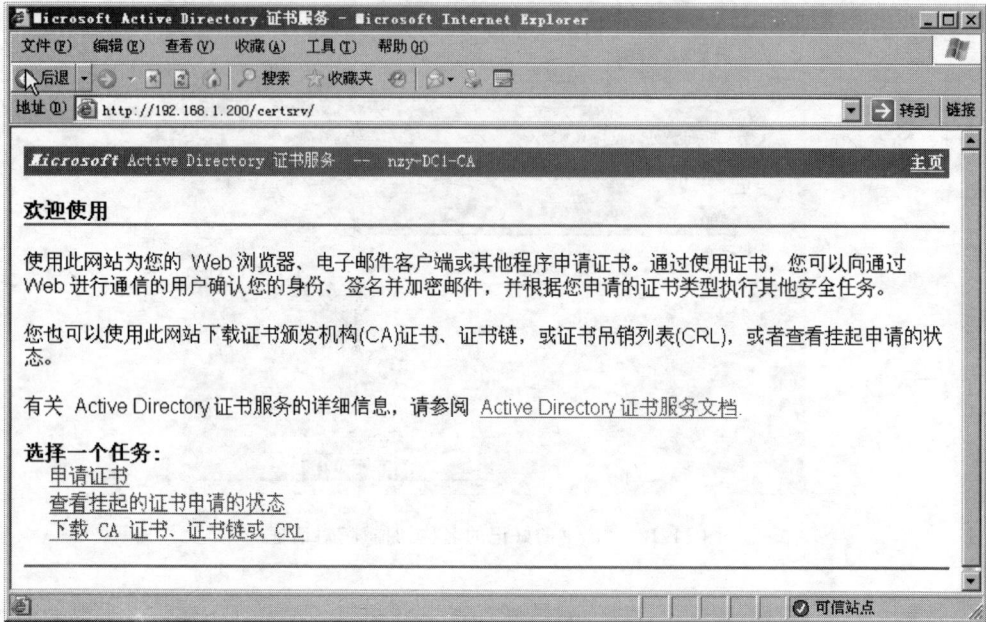

图 14.14 "欢迎使用"界面

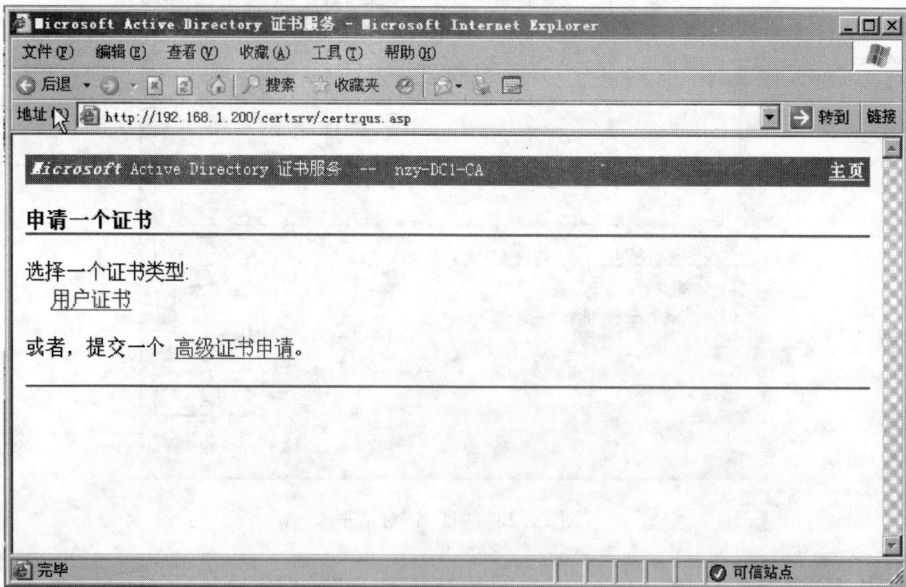

图 14.15 "申请一个证书"界面

⑥ 在图 14.16 所示的"用户证书-识别信息"界面中,单击"提交"按钮,在系统弹出提示信息时,单击"是"按钮,显示如图 14.17 所示的"证书已颁发"界面。

⑦ 在图 14.17 所示的"证书已颁发"界面中,单击"安装此证书"链接即可进行证书安装。

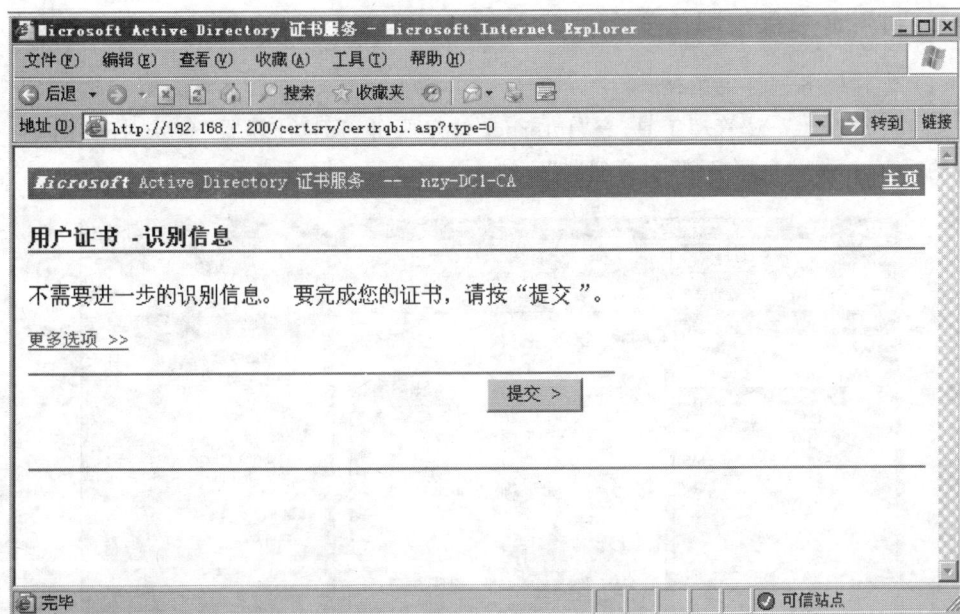

图 14.16　"用户证书-识别信息"界面

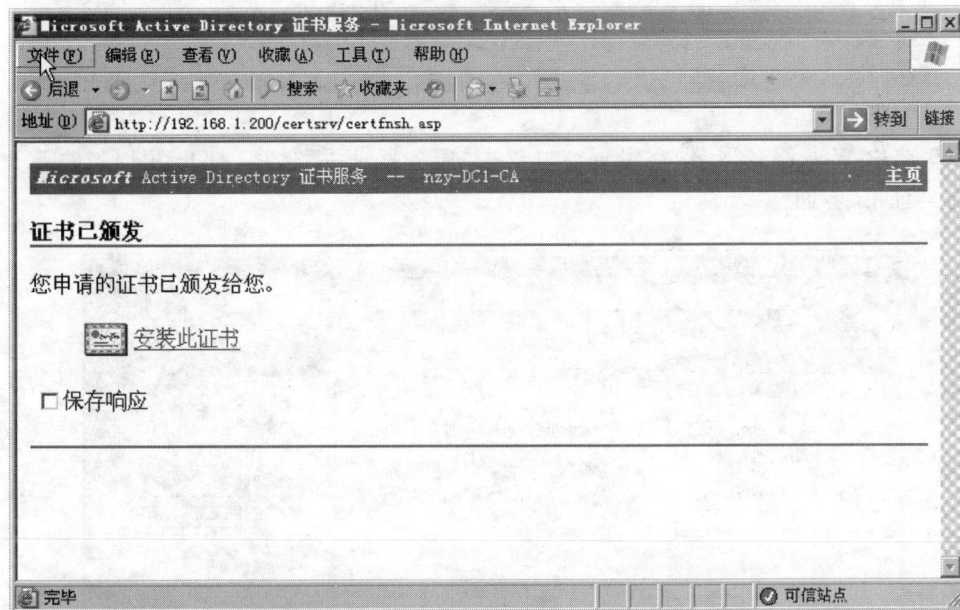

图 14.17　"证书已颁发"界面

⑧ 完成安装后，可以在浏览器中选择"工具"→"Internet 选项"→"内容"→"证书"→"个人"命令来检查这个证书。

297

3. 利用证书保证网站安全

(1) 创建服务器证书申请

① 选择"开始"→"管理工具"→"Internet 信息服务(IIS)管理器"命令,打开图 14.18 所示的"Internet 信息服务(IIS)管理器"窗口。

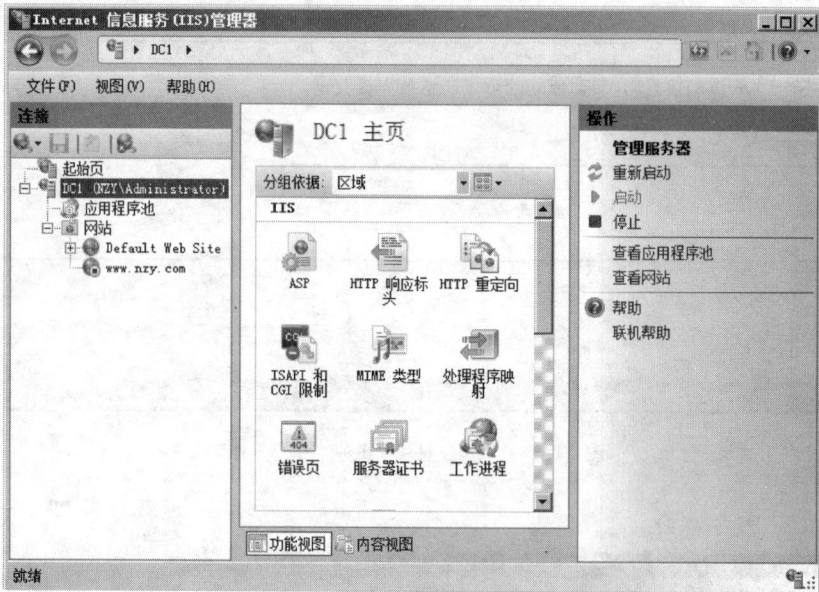

图 14.18 "Internet 信息服务(IIS)管理器"窗口

② 选中 Web 服务器名,在主页窗口双击"服务器证书"选项,打开图 14.19 所示的"服务器证书"界面。

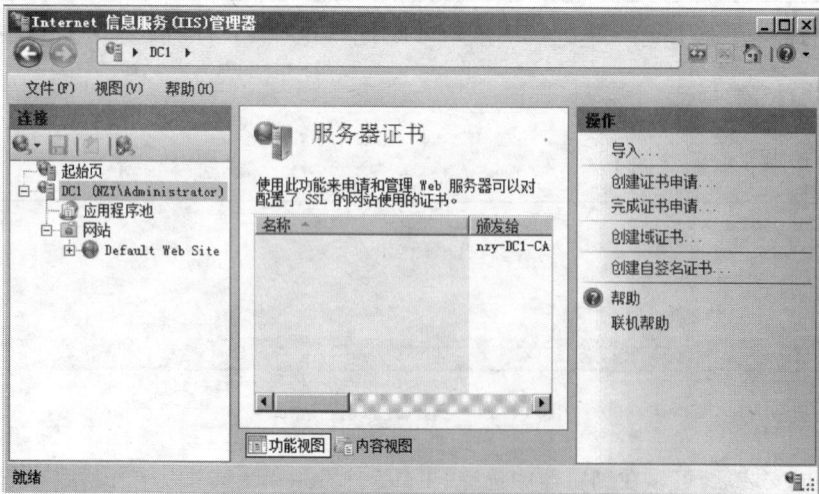

图 14.19 "服务器证书"界面

③ 单击右侧"操作"窗格的"创建证书申请"链接,打开图 14.20 所示的"可分辨名称属性"对话框。

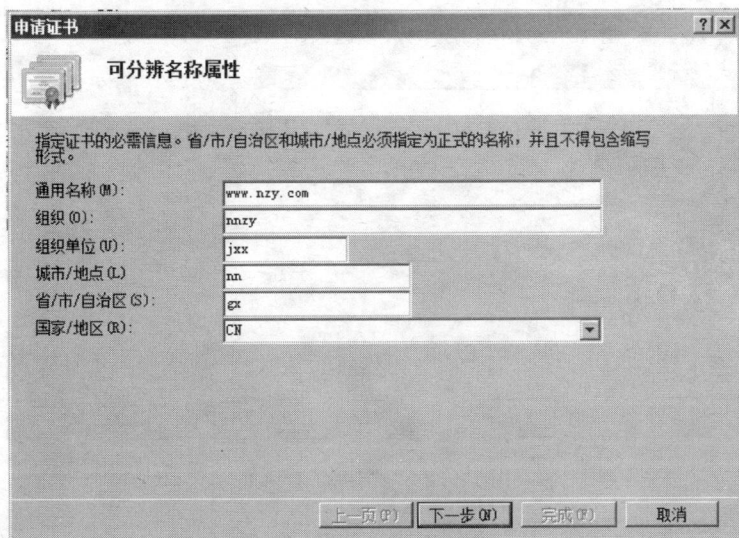

图 14.20　"可分辨名称属性"对话框

④ 在图 14.20 所示的"可分辨名称属性"对话框中,输入通用名称、组织等证书信息,其中"通用名称"文本框中必须输入用户访问网站时使用的域名。单击"下一步"按钮,打开图 14.21 所示的"加密服务提供程序属性"对话框。

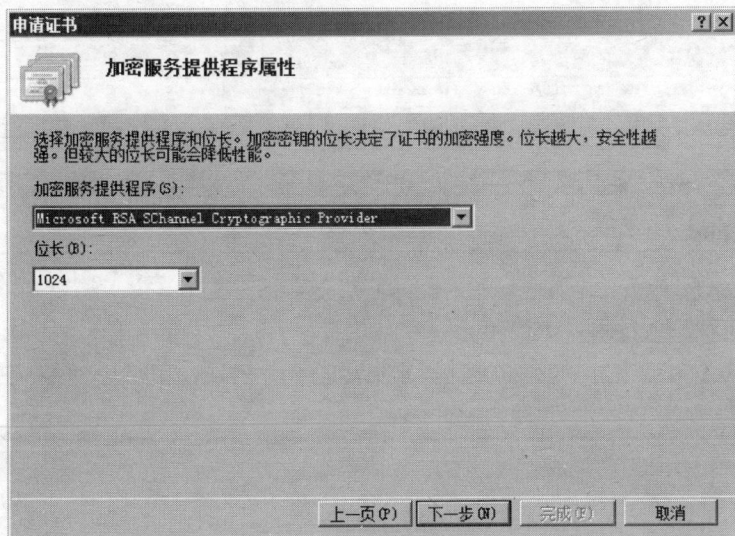

图 14.21　"加密服务提供程序属性"对话框

⑤ 在图 14.21 所示的"加密服务提供程序属性"对话框中,选择加密程序并设置证书的位长。单击"下一步"按钮,打开图 14.22 所示的"文件名"对话框。

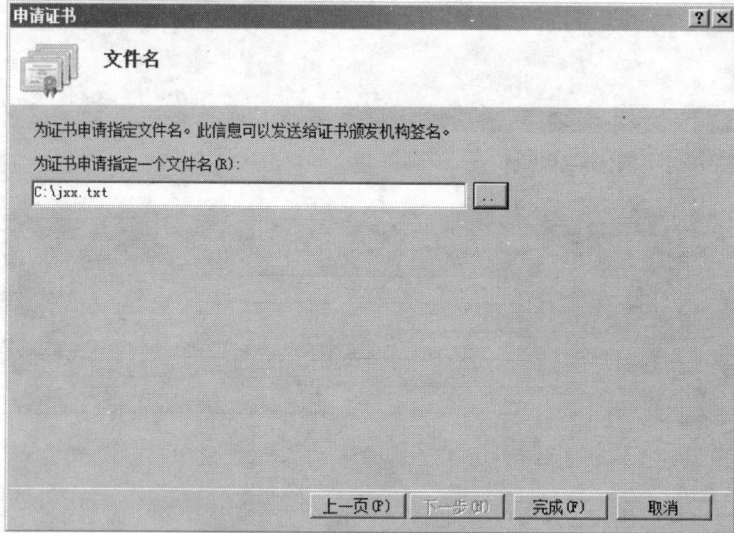

图 14.22　"文件名"对话框

⑥ 在图 14.22 所示的"文件名"对话框中,指定证书申请文件的保存路径和文件名,单击"完成"按钮,完成证书申请文件的创建。

(2) 申请服务器证书

① 从 IE 浏览器访问"http://CA 的计算机名称"或"IP 地址/certsrv"(如 http://192.168.1.200/certsrv),输入用户账户名称和密码,单击"申请证书"按钮,再单击 "高级申请证书"按钮,显示如图 14.23 所示的"高级证书申请"界面。

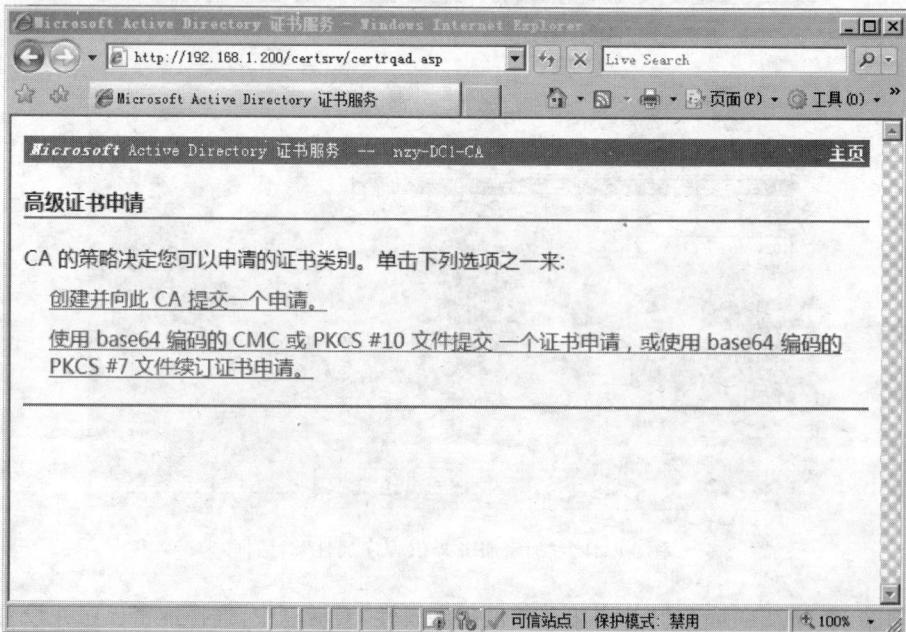

图 14.23　"高级证书申请"界面

② 在图 14.23 所示的"高级证书申请"界面中，单击"使用 base64 编码的 CMC 或 PKCS ♯10 文件提交 一个证书申请，或使用 base64 编码的 PKCS ♯7 文件续订证书申请"链接，打开图 14.24 所示的"提交一个证书申请或续订申请"界面。

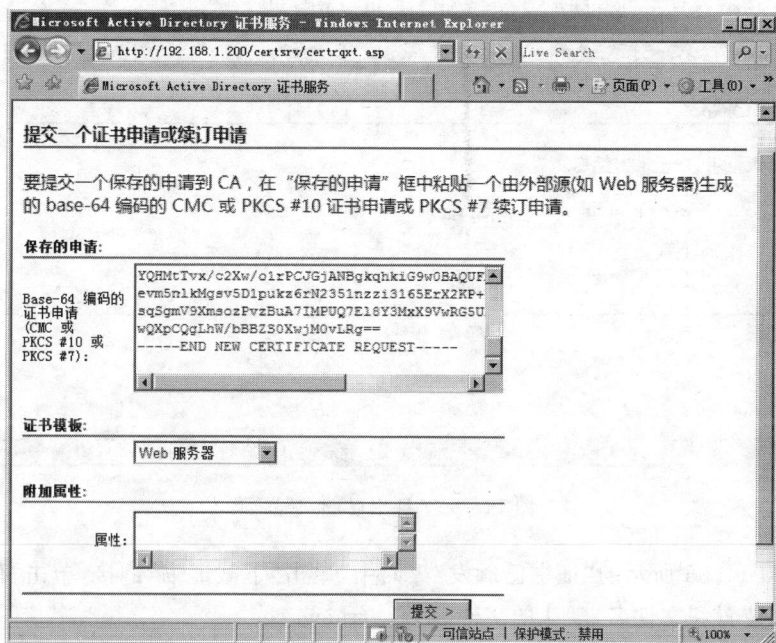

图 14.24　"提交一个证书申请或续订申请"界面

③ 在继续之前，先利用"记事本"打开前面所建立的证书申请文件 jxx. txt，如图 14.25 所示。复制整个文件的内容，并将复制的内容粘贴到图 14.24 中的"Base-64 编码的证书申请"文本框处，然后在"证书模板"下拉列表框中选择"Web 服务器"选项，单击"提交"按钮，打开图 14.26 所示的"证书已颁发"界面。

图 14.25　证书申请文件内容

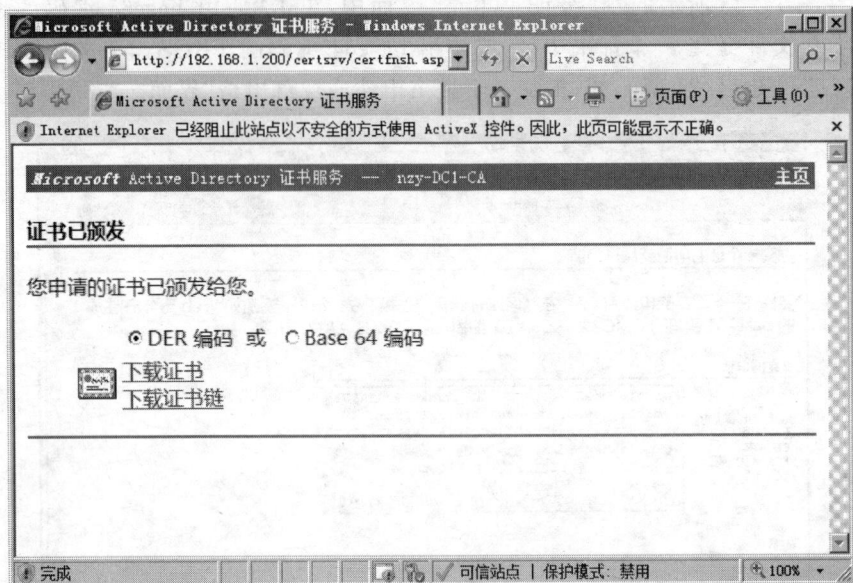

图 14.26 "证书已颁发"界面

④ 在图 14.26 所示的"证书已颁发"界面中,单击"下载证书"链接,单击"保存"按钮,指定保存的位置和文件名,默认的文件名为 certnew.cer。

⑤ 返回图 14.19 所示的"服务器证书"界面,单击右侧"操作"窗格的"完成证书申请"链接,打开图 14.27 所示的"完成证书申请"对话框。

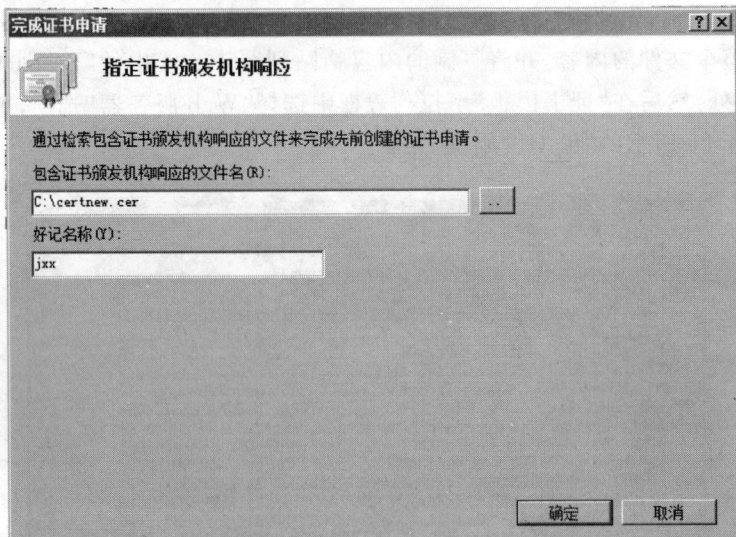

图 14.27 "完成证书申请"对话框

⑥ 在图 14.27 所示的"完成证书申请"对话框中,在"包含证书颁发响应的文件名"文本框中,输入前面所申请并下载的证书文件,并输入一个好记的名称,单击"确定"按钮,证

书申请成功,如图 14.28 所示。

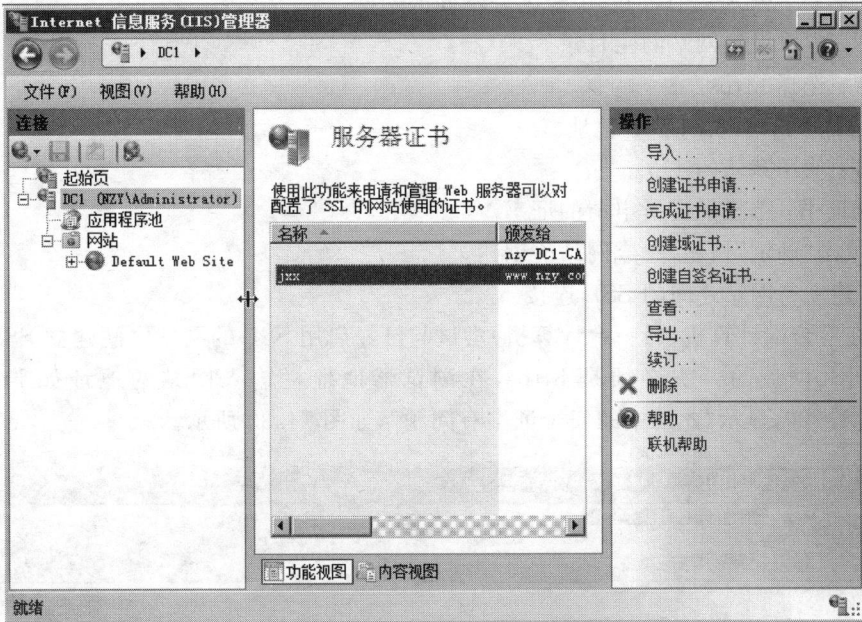

图 14.28 证书申请成功的界面

(3) 创建 SSL 网站

① 选择"开始"→"管理工具"→"Internet 信息服务(IIS)管理器"命令,打开"Internet 信息服务(IIS)管理器"窗口。右击"网站"选项,并从弹出的快捷菜单中选择"添加网站"命令,打开"添加网站"对话框,如图 14.29 所示。

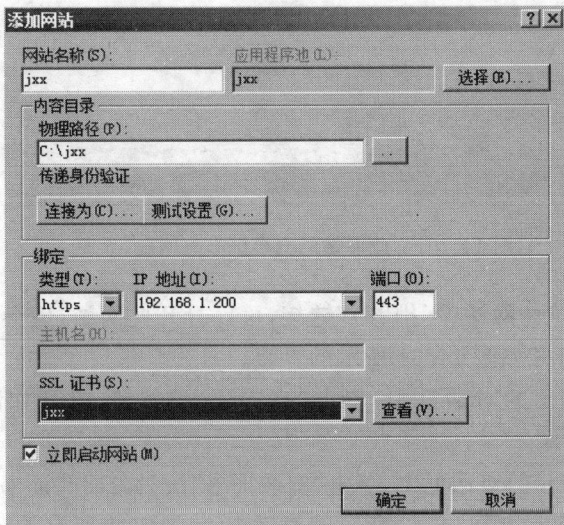

图 14.29 "添加网站"对话框

② 在图 14.29 所示的"添加网站"对话框中,输入以下信息。

网站名称:输入一个名称,用于区分不同的网站。

物理路径:设置网站的主目录。

类型:选择 https。

IP 地址:指定网站的 IP 地址。

端口:使用默认的 443。

SSL 证书:选择前面所申请的证书。

③ 单击"确定"按钮,完成网站的创建。

(4) 建立与网站之间的 SSL 连接

① 在客户端计算机(另一台计算机)尝试与已经启用 SSL 的网站之间建立 SSL 安全连接。URL 网址的开头必须是 https,在浏览器地址栏输入网站的地址如 https://192.168.1.200,显示"此网站的安全证书有问题",如图 14.30 所示。

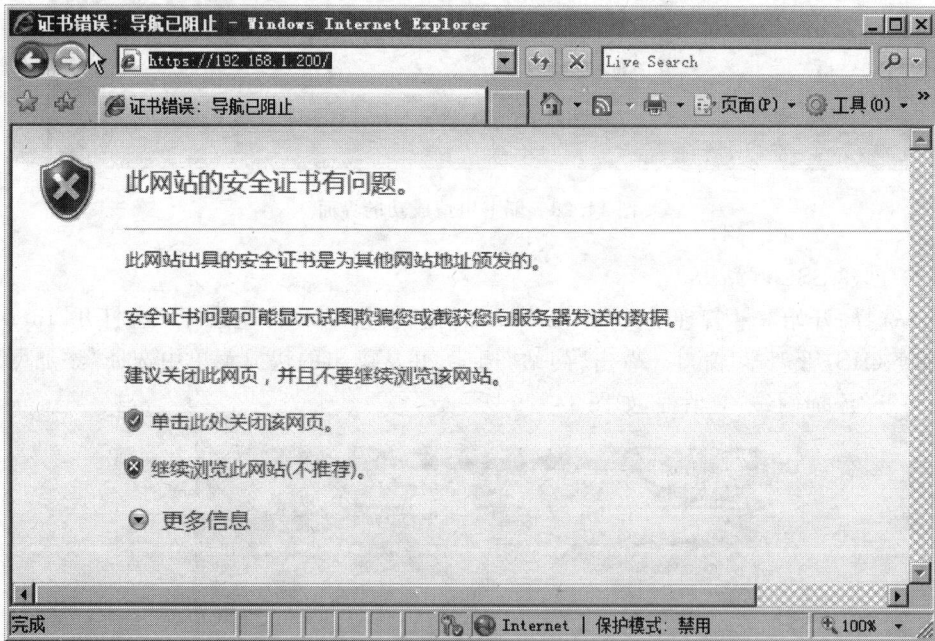

图 14.30 "此网站的安全证书有问题"界面

② 单击"继续浏览此网站(不推荐)"链接,可以打开此网站,但会提示证书错误。单击"证书错误"链接,打开如图 14.31 所示的界面。

③ 在图 14.31 所示的对话框中,单击"查看证书"按钮,打开如图 14.32 所示的对话框。

④ 在图 14.32 所示的对话框中,单击"安装证书"按钮,打开"证书导入向导"对话框。单击"下一步"按钮,显示如图 14.33 所示的对话框。选中"将所有的证书放入下列存储"选项,将证书存储在"受信任的根证书颁发机构",单击"下一步"按钮,再单击"完成"按钮,使客户端计算机信任证书服务器。

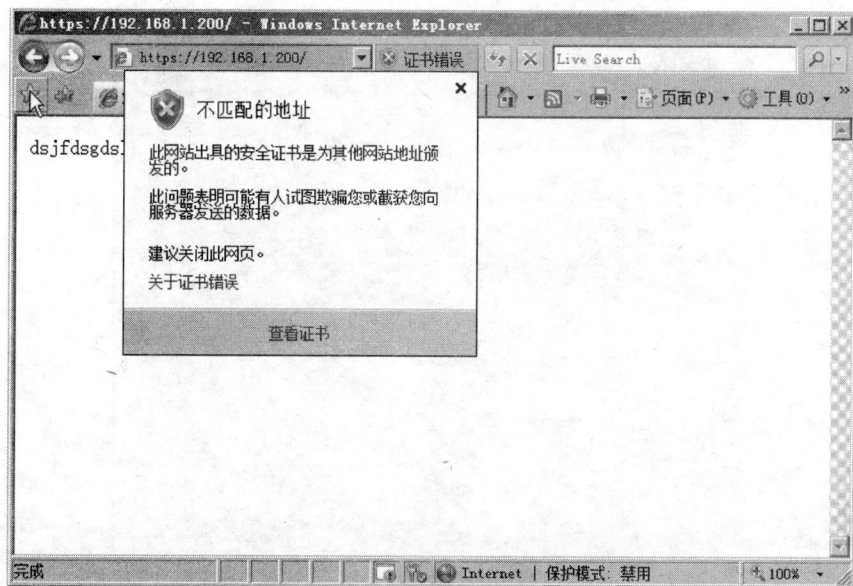

图 14.31　"不匹配的地址"界面

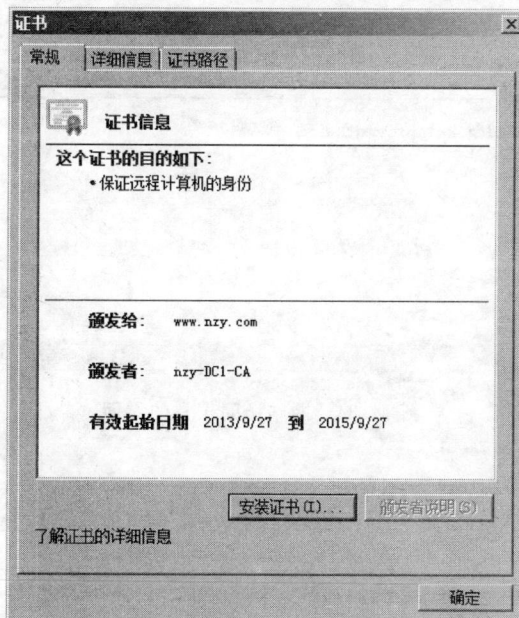

图 14.32　"证书"对话框

　　⑤ 重新打开 IE 浏览器,再次以 https 方式打开网站,不再提示证书错误,证书生效,地址栏右侧的证书图标也变为正常状态,如图 14.34 所示,表明访问网站的数据将在传输过程中被加密。

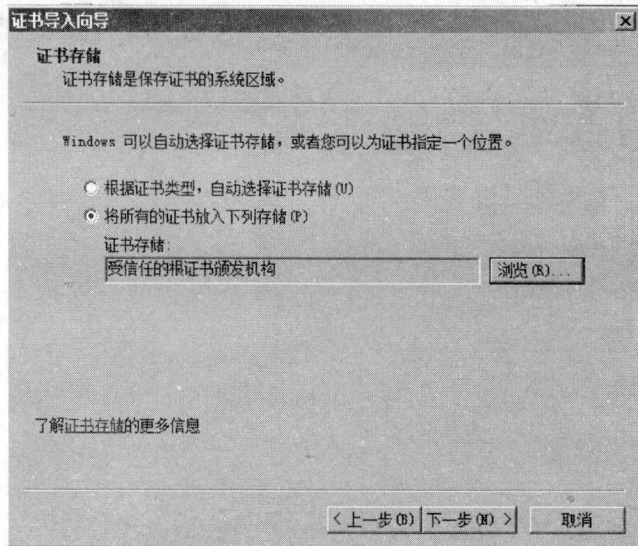

图 14.33 "证书导入向导"对话框

图 14.34 网站访问正常的界面

14.4.3 独立 CA 的安装与证书申请

1. 安装证书服务并架设独立根 CA

(1) 以管理员身份登录到证书服务器,然后选择"开始"→"管理工具"→"服务器管理器"命令,打开"服务器管理器"窗口。在"服务器管理器"窗口中,选择左窗格的"角色"选项,然后在右窗格中单击"添加角色"按钮,打开"添加角色向导"对话框,单击"下一步"按钮。

(2) 在"选择服务器角色"对话框中选中"Active Diretory 证书服务"选项,单击"下一步"按钮,在"Active Diretory 证书服务简介"对话框中直接单击"下一步"按钮。

（3）在"选择角色服务"对话框中选中"证书颁发机构"和"证书颁发机构 Web 注册"复选框，在弹出的提示窗口中单击"添加必需的角色服务"按钮，然后单击"下一步"按钮，显示图 14.35 所示的"指定安装类型"对话框。

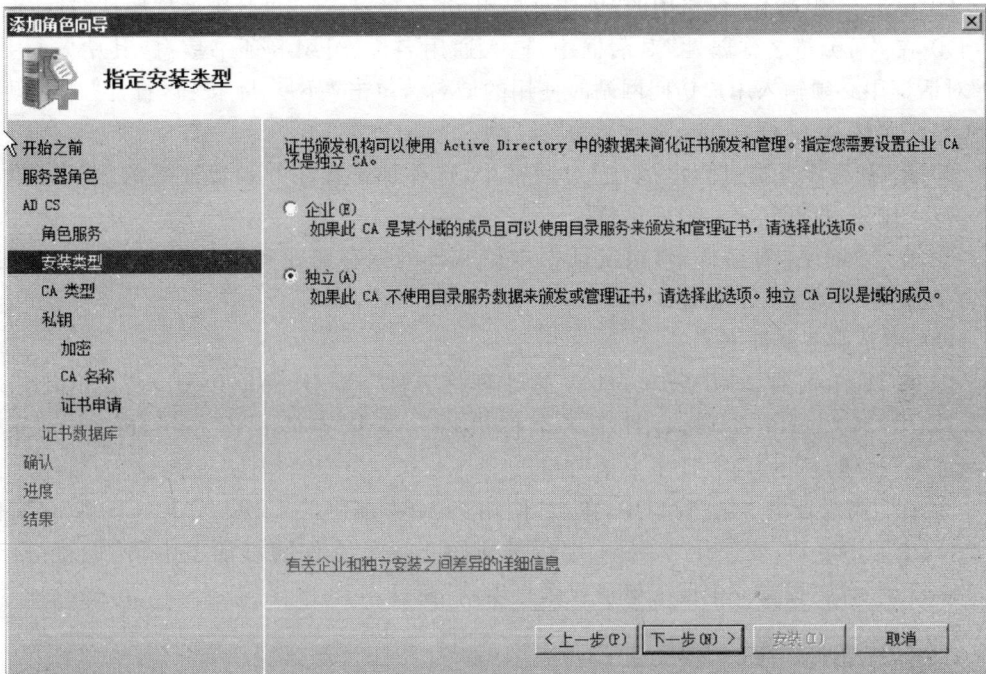

图 14.35　"指定安装类型"对话框

（4）在图 14.35 所示的"指定安装类型"对话框中选择"独立"选项，单击"下一步"按钮，显示"指定 CA 类型"对话框。

（5）在"指定 CA 类型"对话框中选择"根 CA"选项，单击"下一步"按钮，显示"设置私钥"对话框。

（6）在"设置私钥"对话框中，选择"新建私钥"选项。单击"下一步"按钮，在"为 CA 配置加密"对话框中直接单击"下一步"按钮，显示"配置 CA 名称"对话框。

（7）在"配置 CA 名称"对话框中，输入 CA 在活动目录中的公用名称，单击"下一步"按钮，显示"设置有效期"对话框。

（8）在"设置有效期"对话框中，设置 CA 在活动目录中的有效年限。单击"下一步"按钮，在"配置证书数据库"对话框中直接单击"下一步"按钮，在"确认安装选择"对话框中，单击"安装"按钮，开始安装证书服务及相关组件。安装完毕显示"安装结果"对话框时单击"关闭"按钮。

2. 利用证书保证网站安全

（1）创建服务器证书申请

① 选择"开始"→"管理工具"→"Internet 信息服务（IIS）管理器"命令，打开"Internet

307

信息服务(IIS)管理器"窗口。

② 在"Internet 信息服务(IIS)管理器"窗口中,选择"Web 服务器名"选项,在主页窗口中双击"服务器证书"选项,打开"服务器证书"窗口。

③ 单击右侧"操作"窗格中的"创建证书申请"链接,打开"可分辨名称属性"对话框。

④ 在"可分辨名称属性"对话框中,输入通用名称、组织等证书信息,其中"通用名称"对话框中必须输入用户访问网站时使用的域名。单击"下一步"按钮,打开"加密服务提供程序属性"对话框。

⑤ 在"加密服务提供程序属性"对话框中,选择加密程序并设置证书的位长。单击"下一步"按钮,打开"文件名"对话框。

⑥ 在"文件名"对话框中,指定证书申请文件的保存路径和文件名,单击"完成"按钮,完成证书申请文件的创建。

(2) 申请服务器证书

① 从 IE 浏览器访问"http://CA 的计算机名称"或"IP 地址/certsrv"(如 http://192.168.1.200/certsrv),输入用户账户名称和密码,单击"申请证书"按钮,再单击"高级申请证书"按钮,显示"高级证书申请"窗口。

② 在"高级证书申请"窗口中,单击"使用 base64 编码的 CMC 或 PKCS ♯10 文件提交 一个证书申请,或使用 base64 编码的 PKCS ♯7 文件续订证书申请"链接,打开图 14.36 所示的"提交一个证书申请或续订申请"窗口。

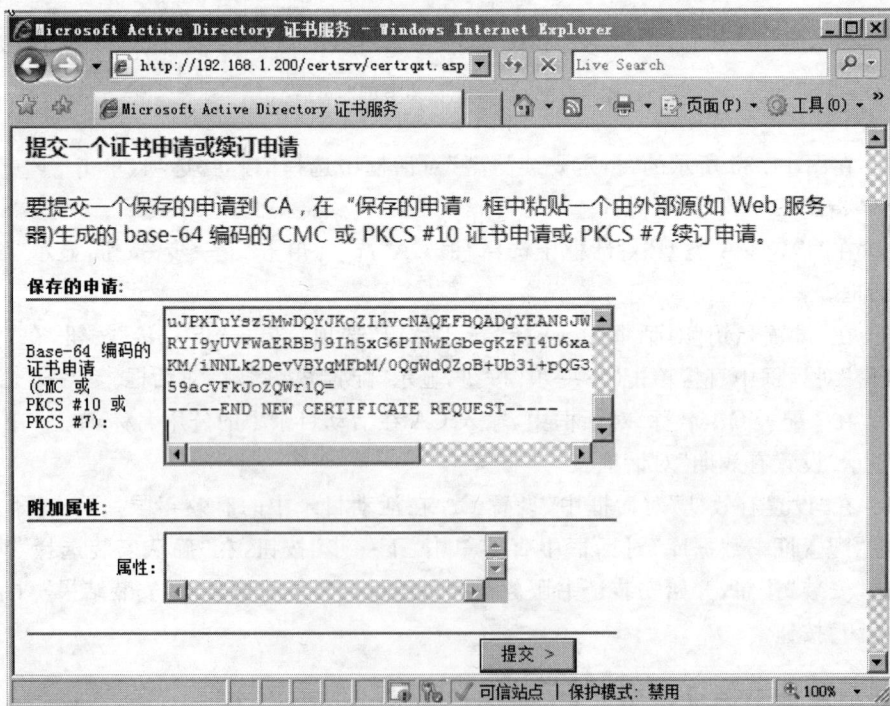

图 14.36 "提交一个证书申请或续订申请"窗口

③ 在继续之前,先利用"记事本"打开前面所建立的证书申请文件 jxx.txt,复制整个文件的内容,并将复制的内容粘贴到图 14.36 中的"Base-64 编码的证书申请"处。单击"提交"按钮,打开图 14.37 所示的"证书正在挂起"窗口,直接关闭窗口。

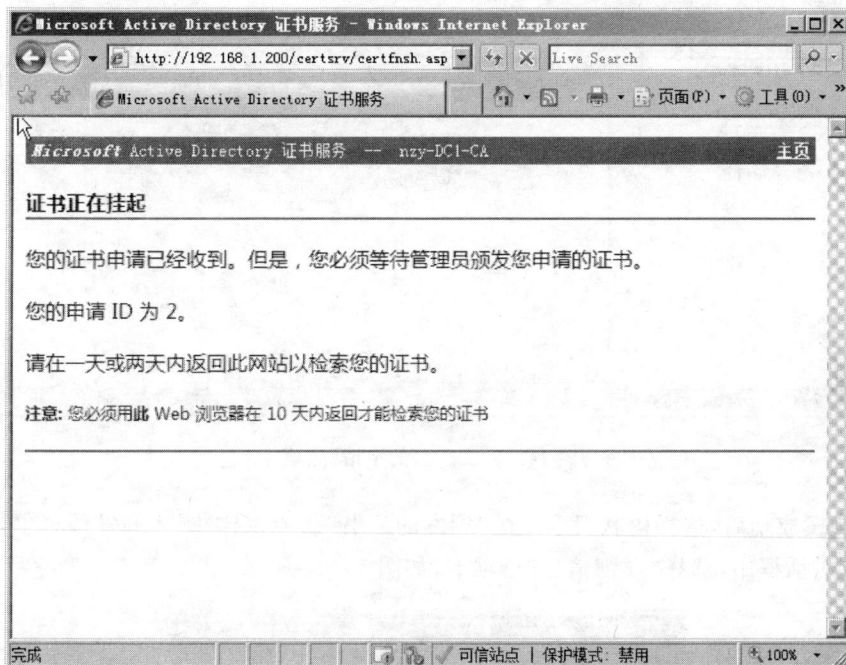

图 14.37 "证书正在挂起"窗口

④ 依次选择"开始"→"管理工具"→Certification Authority 命令,打开证书颁发机构窗口。在主窗口中展开树状目录,选择"挂起的申请"选项,如图 14.38 所示。

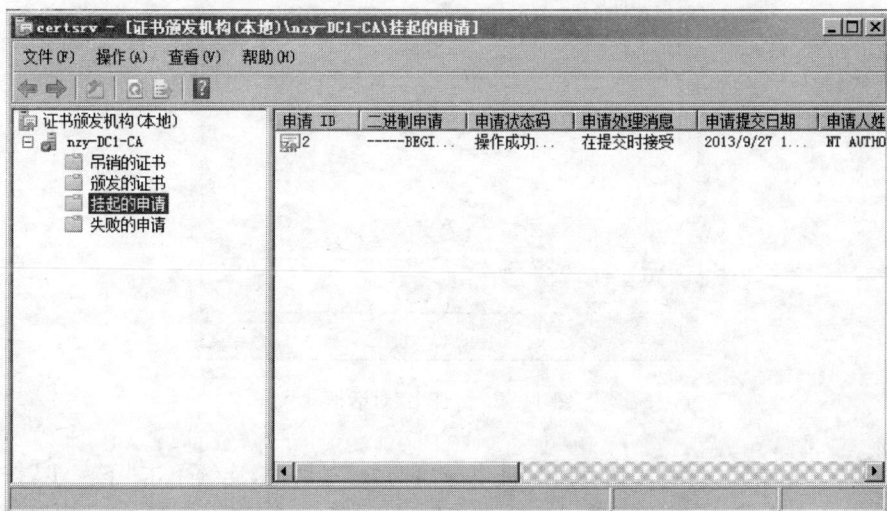

图 14.38 证书颁发机构的窗口

⑤ 在图 14.38 所示的窗口中,找到前面申请的证书,然后右击该项,选择"所有任务"→"颁发"命令,如图 14.39 所示。

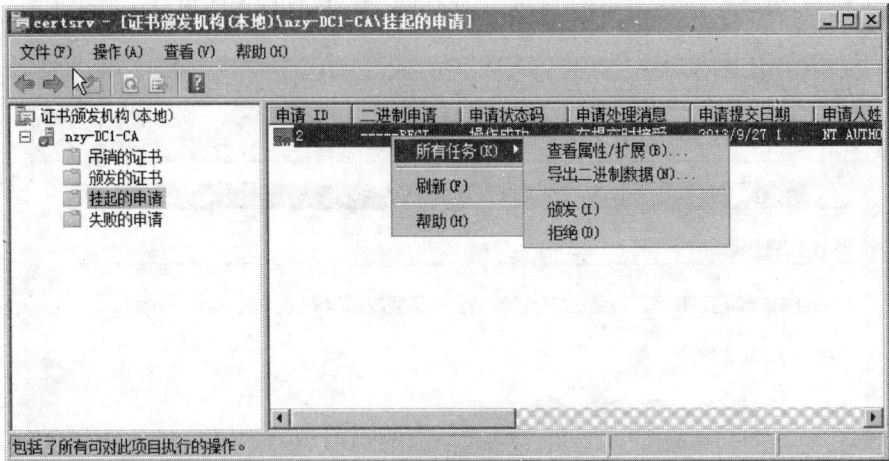

图 14.39 "挂起的申请"选项

⑥ 颁发成功后,选择树状目录中的"颁发的证书"选项,双击刚才颁发的证书,在弹出的"证书"对话框中,选择"详细信息"选项卡,如图 14.40 所示。

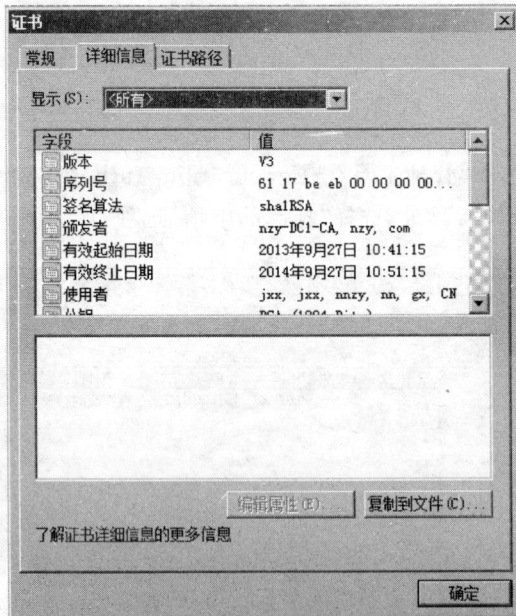

图 14.40 "证书"对话框

⑦ 单击"复制到文件"按钮,弹出"证书导出向导"对话框,连续单击"下一步"按钮,并在"要导出的文件"对话框中指定文件名,如图 14.41 所示。再单击"下一步"按钮,最后单击"完成"按钮,完成证书的导出。

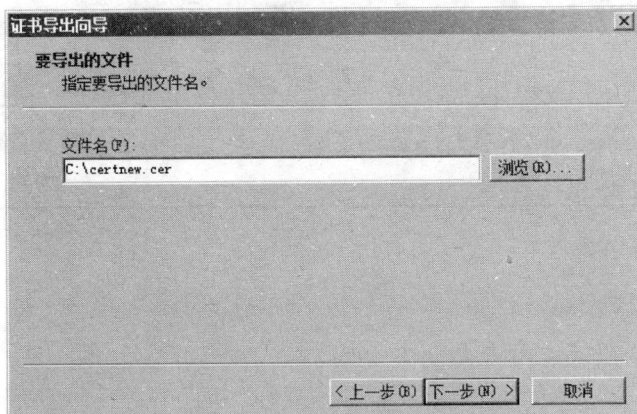

图 14.41　"证书导出向导"对话框

⑧ 返回图 14.19 所示的"服务器证书"界面,单击右侧"操作"窗格的"完成证书申请"链接,打开"完成证书申请"对话框。

⑨ 在"完成证书申请"对话框中,在"包含证书颁发响应的文件名"文本框中,输入前面所申请并下载的证书文件,并输入一个好记的名称,单击"确定"按钮,证书申请成功。

(3) 创建 SSL 网站

① 选择"开始"→"管理工具"→"Internet 信息服务(IIS)管理器"命令,打开"Internet 信息服务管理器"窗口,右击"网站"选项,并从弹出的快捷菜单中选择"添加网站"选项,打开"添加网站"对话框。

② 在"添加网站"对话框中,输入以下信息。

网站名称:输入一个名称,用于区分不同的网站。

物理路径:设置网站的主目录。

类型:选择 https。

IP 地址:指定网站的 IP 地址。

端口:使用默认的 443。

SSL 证书:选择交面所申请的证书。

③ 单击"确定"按钮,完成网站的创建。

(4) 建立与网站之间的 SSL 连接

在客户端计算机(另一台计算机)尝试与已经启用 SSL 的网站之间建立 SSL 安全连接。URL 网址的开头必须是 https,在浏览器地址栏输入网站的地址,如 https://www.nzy.com 即可。

3. 申请电子邮件保护证书

(1) 在 IE 浏览器地址栏中输入 http://CA 的计算机名称或 IP 地址/certsrv(如 http://192.168.1.200/certsrv)。在"Microsoft Active Directory 证书服务-nzy-DCI-CA"欢迎窗口中单击"申请一个证书"链接,显示图 14.42 所示的"申请一个证书"界面。

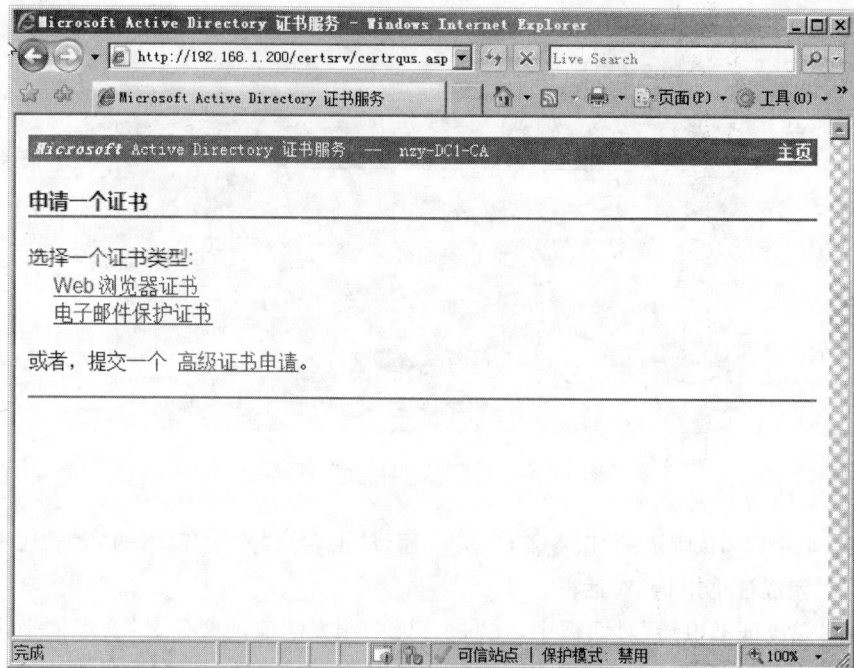

图 14.42 "申请一个证书"界面

(2) 在图 14.42 所示的"申请一个证书"界面中,单击"电子邮件保护证书"链接,显示图 14.43 所示的"电子邮件保护证书-识别信息"界面。

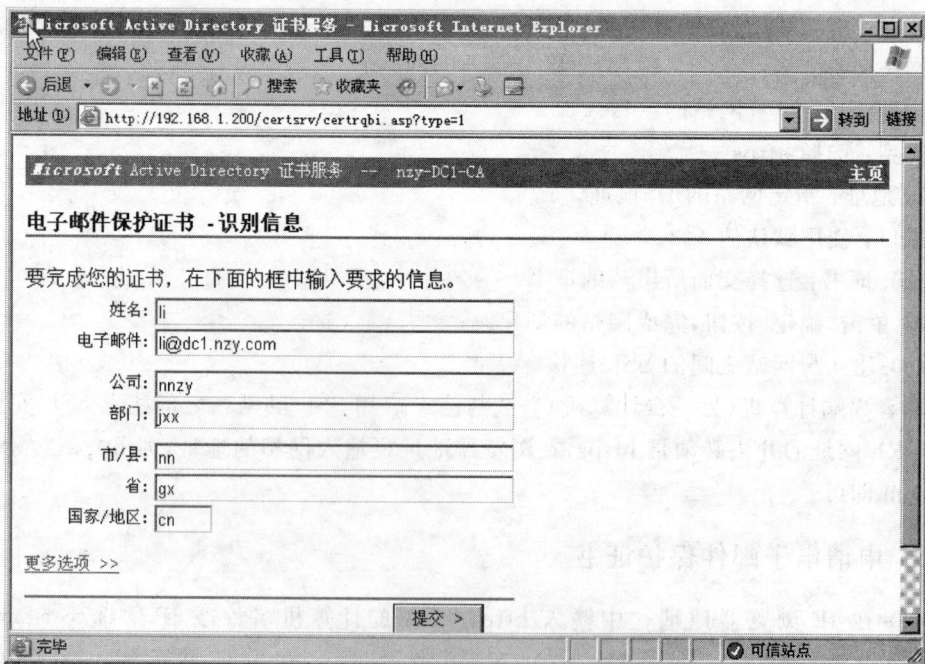

图 14.43 "电子邮件保护证书-识别信息"界面

(3) 在图 14.43 所示的"电子邮件保护证书-识别信息"界面中，输入电子邮箱的相关信息，单击"提交"按钮，显示图 14.44 所示的"证书正在挂起"界面。

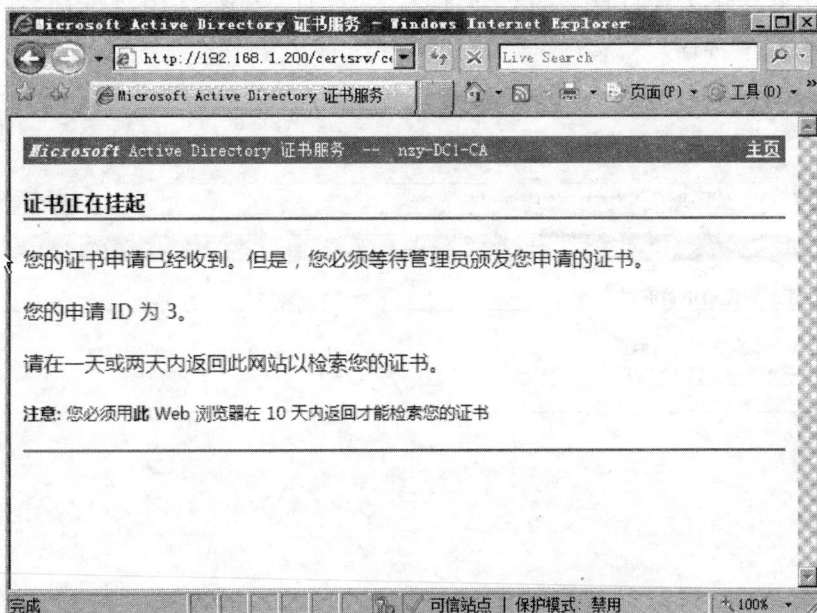

图 14.44 "证书正在挂起"界面

(4) 选择"开始"→"管理工具"→ Certification Authority 命令，在主窗口中展开树状目录。选择"挂起的申请"选项，找到刚才申请的证书，然后右击该项，选择"所有任务"→"颁发"命令，如图 14.45 所示。颁发成功后，选择树状目录中的"颁发的证书"选项，可看到刚才颁发的证书，关闭窗口即可。

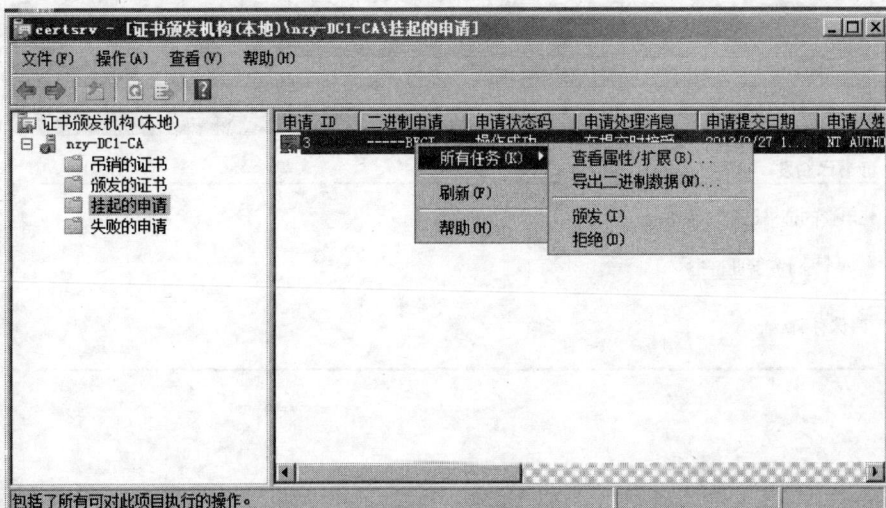

图 14.45 "挂起的申请"选项

（5）在 IE 浏览器地址栏中输入 http://CA 的计算机名称或 IP 地址/certsrv（如 http://192.168.1.200/certsrv）。在"Microsoft Active Directory 证书服务-nzy-DCI-CA" 欢迎窗口中单击"查看挂起的证书申请的状态"链接，显示如图 14.46 所示的"查看挂起的证书申请的状态"界面。

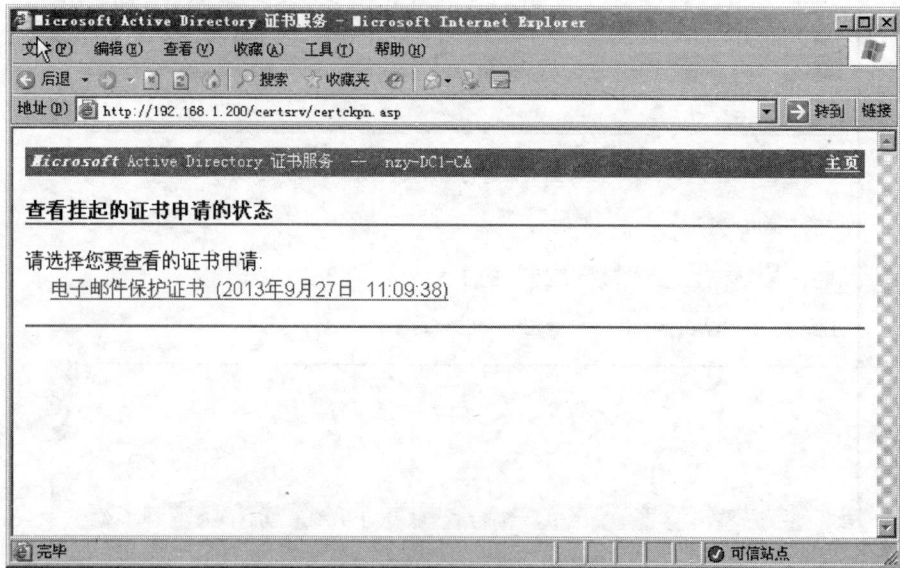

图 14.46 "查看挂起的证书申请的状态"界面

（6）在"查看挂起的证书申请的状态"界面中单击刚申请的"电子邮件保护证书"，显示如图 14.47 所示的"证书已颁发"界面。

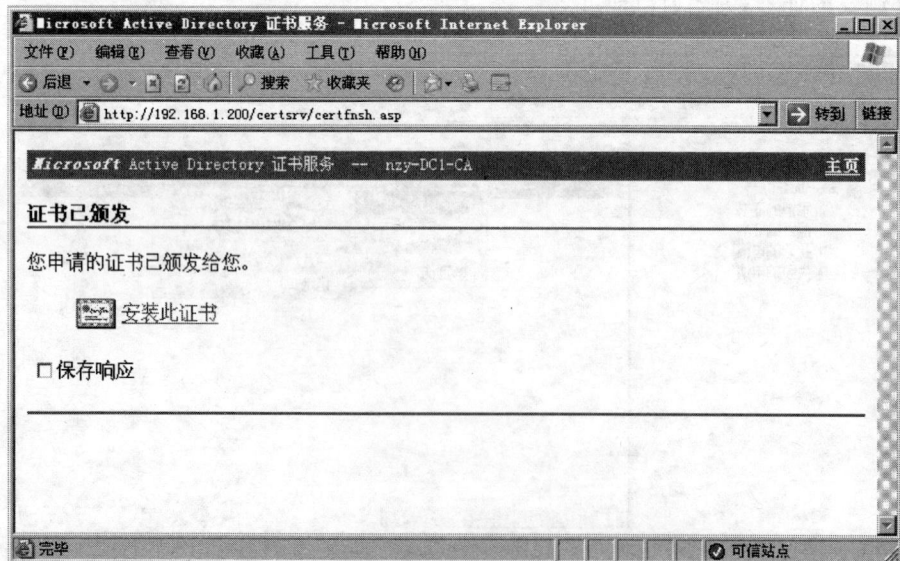

图 14.47 "证书已颁发"界面

(7) 在"证书已颁发"界面中,单击"安装此证书"链接即可。

14.5   归纳与提高

14.5.1   电子证书

1. PKI 概述

公开密钥结构（PKI）是规定并操作证书、公开密钥和私有密钥的法律、策略、标准及软件。

PKI 提供以下功能,使用户能够在网络上安全地发送信息。

(1) 加密发送的信息。

(2) 接收方收到信息后,能够验证信息是否确实是由发送方所发送来的,同时可以确认信息的完整性,也就是信息在发送的过程中是否被动过手脚。

PKI 根据公开密钥密码学（Public Key Cryptography）提供信息加密和身份验证的功能。用户需要有一对密钥支持这些功能。

① 公开密钥（Public Key）：一对密钥中非机密的一个。公钥通常用于加密会话密钥、数字签名数据,或加密可以用相应的私钥解密的数据。

② 私有密钥（Private Key）：一对密钥中机密的一个。私钥通常用于解密对称会话密钥、数字签名数据,或解密已经用相应公钥加密的数据。

2. 公开密钥加密法

公开密钥加密法使用两个数学相关的密钥：公开密钥和私有密钥,发送方使用接收方的公开密钥来加密消息。只有收件人才有能对消息进行解密的私有密钥。公钥和私钥之间关系的复杂性意味着（假如密钥足够长）不能通过计算从一个密钥判断出另一个,也称为"非对称加密"。

3. 数字签名

利用"公开密钥验证法"对欲发送的信息进行数字签名,接收方收到信息后,能够通过数字签名验证信息是否确实是由发送方所发送的,同时可以确认信息的完整性,也就是信息在发送的过程中是否被动过手脚。

4. 证书颁发机构（CA）

用户除了必须拥有公开密钥和私有密钥外,还必须申请证书才能进行信息加密和身份验证。

证书是对网络用户进行身份验证的电子凭据,证书将公开密钥安全地绑定到持有相应私有密钥的实体中。证书由证书颁发机构（CA）数字签名,并且可以颁发给用户、计算机或服务。

可以为各种功能颁发证书,例如 Web 用户身份验证、Web 服务器身份验证、安全电子邮件、Internet 协议安全性(IPSec)。证书还可以从一个证书颁发机构(CA)颁发给另一个证书颁发机构,以便创建证书层次结构。

证书颁发机构(CA)是负责建立并保证属于对象(通常是用户或计算机)或其他证书颁发机构的公开密钥的真实性的实体。证书颁发机构的活动可以包括通过已签名的证书将公开密钥绑定到可分辨的名称上、管理证书序列号以及证书吊销。

5. CA 的信任

在 PKI 的架构之下,当用户利用 CA 发放的证书发送一封签名的电子邮件时,收件者的计算机必须信任由此 CA 所发放的证书。

Windows Server 2008/XP/2000 默认信任由一些知名的 CA 所发放的 CA,可以通过打开浏览器,选择"工具"→"Internet 选项"→"内容"→"证书"→"受信任的根证书颁发机构"命令查看计算机已信任的 CA。

可以向这些 CA 申请证书,但是这些 CA 是要收费的,因此可以自行架设 CA。

6. CA 的架构

PKI 支持结构化的 CA,分为根 CA 与从属 CA,从属 CA 必须先向父 CA 取得证书之后,才可以发放证书。

14.5.2　安全套接字协议(SSL)

SSL(Secure Sockets Layer,安全套接字协议层)是一个基于公钥的安全协议,Internet 服务和客户端可使用该协议进行相互验证并确保消息完整性和保密性。SSL 使用证书进行验证,并且使用加密来保证消息完整性和保密性。

1. SSL 的功能

在网站安装了证书并启用 SSL 后,它在网站与用户之间传递信息时,提供以下功能。

(1)验证身份

它让用户的计算机可以确保信息是被传送到正确的网站,也可以让网站确认用户的身份。

(2)加密

将用户与网站之间所传递的信息加密,以确保信息不会外泄。

(3)信息完整性

它让网站与用户计算机双方可以确认所收到的信息是否在传送的过程中被拦截与篡改过。

2. SSL 的工作原理

(1)用户在浏览器内输入网站 URL 路径(协议为 https)。

（2）网站收到用户的请求后，将网站的证书信息（内含公钥）传送一份给用户的浏览器。

（3）浏览器与网站开始协商 SSL 连接的安全等级，也就是信息加密的等级，如选择40 位加密或 128 位加密，位数越多，加密强度越大，这是因为较长的加密字符串更难被没有会话密钥的攻击者所破解。

（4）浏览器根据双方同意的安全等级，建立会话密钥，然后利用网站的公钥将会话密钥加密，然后传送给网站。

（5）网站利用自己的私钥将会话密钥解密。

（6）网站与浏览器双方都利用这个会话密钥，将相互间传送的所有信息加密与解密。

14.6　思考与自测

14.6.1　思考题

1. 电子证书有什么作用？
2. CA 有哪些类型？它们用于何种环境？
3. 证书的类型有哪些？如何申请？
4. SSL 的工作原理是什么？

14.6.2　自测题

1. 在域控制器上安装服务并架设企业根 CA。（30 分）
2. 为 Web 服务器申请证书。（30 分）
3. 建立 https 网站。（20 分）
4. 建立与网站之间的 SSL 连接。（20 分）

14.6.3　评分标准

评分标准见表 14.1。

表 14.1　评分标准

题号	要　求	得分	备　注
1	管理工具菜单中有证书颁发机构	30	10 分钟完成
2	Web 服务器有证书	30	10 分钟完成
3	Web 服务器中有 https 网站	20	5 分钟完成
4	在客户端能访问 https 网站	20	5 分钟完成

14.7　实　训　指　导

1. 安装证书服务并架设企业根 CA

（1）以管理员身份登录到证书服务器,然后选择"开始"→"管理工具"→"服务器管理器"命令,打开"服务器管理器"窗口。在"服务器管理器"窗口中,选择左窗格的"角色"选项,然后在右窗格中单击"添加角色"按钮,打开"添加角色向导"对话框,单击"下一步"按钮。

（2）在"选择服务器角色"对话框中选中"Active Diretory 证书服务"选项,单击"下一步"按钮,在"Active Diretory 证书服务简介"对话框中直接单击"下一步"按钮。

（3）在"选择角色服务"对话框中选中"证书颁发机构"和"证书颁发机构 Web 注册"复选框,在弹出的提示窗口中单击"添加必需的角色服务"按钮,然后单击"下一步"按钮。

（4）在"指定安装类型"对话框中选择"企业"选项,单击"下一步"按钮,显示"指定 CA 类型"对话框。

（5）在"CA 类型"对话框中选择"根 CA"选项,单击"下一步"按钮,显示"设置私钥"对话框。

（6）在"设置私钥"对话框中,选择"新建私钥"选项。单击"下一步"按钮,在"为 CA 配置加密"对话框中直接单击"下一步"按钮,显示"配置 CA 名称"对话框。

（7）在"配置 CA 名称"对话框中,输入 CA 在活动目录中的公用名称。单击"下一步"按钮,显示"设置有效期"对话框。

（8）在"设置有效期"对话框中,设置 CA 在活动目录中的有效年限。单击"下一步"按钮,在"配置证书数据库"对话框中直接单击"下一步"按钮,在"确认安装选择"对话框中,单击"安装"按钮,开始安装证书服务及相关组件。安装完毕显示"安装结果"对话框时单击"关闭"按钮。

2. 创建服务器证书申请

（1）选择"开始"→"管理工具"→"Internet 信息服务(IIS)管理器"命令,打开"Internet 信息服务(IIS)管理器"窗口。

（2）在"Internet 信息服务(IIS)管理器"窗口中,选择"Web 服务器名"选项,在主页窗口双击"服务器证书"选项,打开"服务器证书"窗口。

（3）单击右侧"操作"窗格的"创建证书申请"链接,打开"可分辨名称属性"对话框。

（4）在"可分辨名称属性"对话框中,输入通用名称、组织等证书信息,其中"通用名称"文本框中必须输入用户访问网站时使用的域名。单击"下一步"按钮,打开"加密服务提供程序属性"对话框。

（5）在"加密服务提供程序属性"对话框中,选择加密程序并设置证书的位长。单击"下一步"按钮,打开"文件名"对话框。

（6）在"文件名"对话框中，指定证书申请文件的保存路径和文件名，单击"完成"按钮，完成证书申请文件的创建。

3. 申请服务器证书

（1）从 IE 浏览器访问 http://CA 的计算机名称或 IP 地址/certsrv（如 http://192.168.1.200/certsrv），输入用户账户名称和密码，单击"申请证书"按钮，再单击"高级申请证书"按钮。

（2）在"高级证书申请"对话框中，单击"使用 base64 编码的 CMC 或 PKCS ♯10 文件提交 一个证书申请，或使用 base64 编码的 PKCS ♯7 文件续订证书申请"链接。

（3）在继续之前，先利用"记事本"打开前面所建立的证书申请文件，复制整个文件的内容，并将复制的内容粘贴到"Base-64 编码的证书申请"文本框处，然后在"证书模板"下拉列表框处选择"Web 服务器"选项，单击"提交"按钮。

（4）在"证书已颁发"对话框中，单击"下载证书"链接，单击"保存"按钮，指定保存的位置和文件名。

（5）返回"服务器证书"窗口，单击右侧"操作"窗格的"完成证书申请"链接。

（6）在"包含证书颁发响应的文件名"文本框中，输入前面所申请并下载的证书文件，并输入一个好记的名称，单击"确定"按钮，证书申请成功。

4. 创建 SSL 网站

（1）选择"开始"→"管理工具"→"Internet 信息服务（IIS）管理器"命令，打开"Internet 信息服务管理器"窗口，右击"网站"选项，并从弹出的快捷菜单中选择"添加网站"选项，打开"添加网站"对话框。

（2）在"添加网站"对话框中，输入网站的相关信息。

5. 建立与网站之间的 SSL 连接

在客户端计算机（另一台计算机）尝试与已经启用 SSL 的网站之间建立 SSL 安全连接。URL 网址的开头必须是 https，在浏览器地址栏输入网站的地址如 https://www.nzy.com。

参 考 文 献

[1] 梁锦锐. 局域网组建与维护实验指导书[M]. 重庆：重庆大学出版社,2004.

[2] 梁锦叶. 局域网组建与维护[M]. 2版. 重庆：重庆大学出版社,2007.

[3] 李书满,等. Windows Server 2008 服务器搭建与管理[M]. 北京：清华大学出版社,2010.

[4] 易著梁. 计算机网络实用技术[M]. 北京：人民邮电出版社,2005.

[5] 戴有炜. Windows Server 2008 网络专业指南[M]. 北京：科学出版社,2009.

[6] 戴有炜. Windows Server 2008 安装与管理指南[M]. 北京：科学出版社,2009.

[7] 戴有炜. Windows Server 2008 R2 Active Directory 配置指南[M]. 北京：清华大学出版社,2011.